经典电工电路

张伯虎 主编

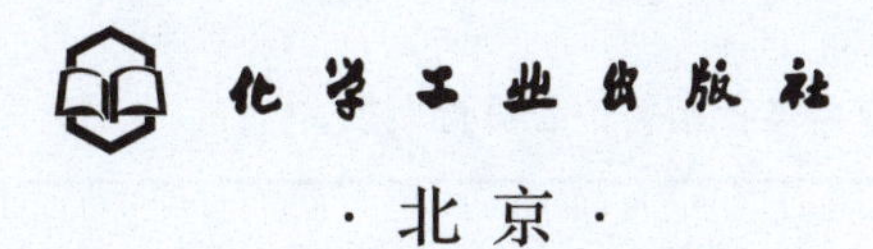

·北京·

本书以电路实物图加视频讲解的方法分别讲解了电工单元电路与整机设计、电气设备原理、识图、布线接线与调试维修技术，主要内容有：电动机启动运行控制电路；电动机降压启动控制电路；电动机正反转控制电路；电动机制动控制电路；电动机调速电路；电动机保护电路；变频器应用及与PLC组合控制电路；配电电路；照明电路；典型应用控制电路；机床设备控制电路；附录部分还有PLC、变频器的安装、接线、调试与检修，经典电气设备整机控制电路图等内容。章节中设有知识拓展，讲解了很多在实际应用中的注意事项及接线、布线的相关知识，视频教程讲解电路检修过程。

本书内容丰富，涉及知识面广，电路接线、布线实例的实用性强，是一本不可多得的集理论、实操于一体的电工书籍。本书可供电工、电子技术爱好者、电子类院校学生及设备维修、设计人员阅读。

图书在版编目（CIP）数据

经典电工电路/张伯虎主编. —北京：化学工业出版社，2019.3（2023.5重印）

ISBN 978-7-122-33648-4

Ⅰ.①经… Ⅱ.①张… Ⅲ.①电路-基本知识 Ⅳ.①TM13

中国版本图书馆CIP数据核字（2019）第003639号

责任编辑：刘丽宏　　文字编辑：陈　喆
责任校对：宋　玮　　装帧设计：王晓宇

出版发行：化学工业出版社（北京市东城区青年湖南街13号　邮政编码100011）
印　　装：涿州市般润文化传播有限公司
787mm×1092mm　1/16　印张$23^3/_4$　字数564千字　2023年5月北京第1版第7次印刷

购书咨询：010-64518888　　售后服务：010-64518899
网　　址：http://www.cip.com.cn
凡购买本书，如有缺损质量问题，本社销售中心负责调换。

定　　价：99.00元

前言
Foreword

现代电工的工作内容不是简单的接接线、换换灯泡，真正的电工不但要学会电气电路分析，掌握电路组装、调试、检修，同时由于电工电子技术高速发展，新型电气控制电路不断产生，还要学会一些电子电路分析、自动化控制电路、电气控制编程应用等技术。因此，本书详细讲解了电气线路接线、电路原理分析维修以及自动化控制电路，其中电气实例中有实物电路接线布线组装、调试检修的过程；同时，本书设有知识拓展内容，并有典型设备的整机分析及电气图供读者参考。

本书有以下特点：

· **内容全面**。书中涉及电动机启动运行控制电路、电动机降压启动控制电路、电动机正反转控制电路、电动机制动控制电路、电动机调速电路、电动机保护电路、变频器应用及与PLC组合控制电路、配电电路、照明电路、典型应用控制电路、机床设备控制电路；附录部分还有变频器的安装、接线、调试与检修，经典电气设备整机控制电路图等内容。本书电路布线接线部分为实物接线图，非常直观，避免了枯燥无味的学习，读者在组装过程中按照图接线即可，有助于读者提高对电路理解与组装布线的兴趣。

· **拓展性强**。书中设有知识拓展内容，对电工电气组装及识图过程中的细节及注意事项进行了详细的分析，使电工在作业时使自己设计组装的电路更完美。

· **进阶编排，容易理解**。本书在内容安排方面，遵循了从典型单元电路到典型整机电路再到复杂大型设备电气控制线路的编排模式，循序渐进，使读者比较容易地理解电路原理，快速掌握组装、调试、检修的步骤，因此可使读者轻松入门。

· **基础起点低，语言通俗易懂**。由于本书采用进阶式编排，内容图文并茂且循序渐进，以电路基本原理分析、元件选择、电气线路实物接线及调试维修为主，因此只要有初中基础就能看懂学会书中讲解的知识。

· **配套视频讲解**。详细讲解了电路维修技能，部分内容设有电路分析及一些技巧，有如老师亲临指导。读者如有疑问，请发邮件到 bh268@163.com 或关注下方二维码，我们会尽快给您回复解答。

全书由张伯虎主编，参加本书编写的还有曹振华、张伯龙、张振文、赵书芬、王桂英、张校铭、曹祥、焦凤敏、张校珩、张胤涵、曹振宇、王俊华、曹铮、孔凡桂、孔祥涛、张书敏、蔺书兰等。

本书内容丰富，涉及知识面广，电路制作实例的实用性强，可供电子技术爱好者、电子类院校学生及设备维修、设计人员阅读。

由于编者的水平有限，书中难免有不足之处，恳请广大读者批评指正。

编　者

致读者

——电路必备视频课与八项常识

识读电气图，需弄清识图的基本要求，掌握好识图步骤，才能提高识图的水平，加快分析电路的速度。本部分内容旨在帮助读者初步掌握电气图的基本知识，熟悉电气图中常用的图形符号、文字符号、项目代号和回路标号，以及电气图的基本构成、分类和主要特点识读电气图的基本要求和基本步骤，为以后识读、绘制各类电气图提供总体思路和引导。

一、常用电气图形符号

电气图常用图形符号如表1所示。

表1 电气图中常用的图形符号

图形符号	说明及应用	图形符号	说明及应用	图形符号	说明及应用
G	发电机		双绕组变压器		隔离开关
M 3~	三相笼型感应电动机		三绕组变压器		负荷开关
M 1~	单相笼型感应电动机		自耦变压器		具有内装的测量继电器或脱扣器触发的自动释放功能的负荷开关
M 3~	三相绕线转子感应电动机	形式1 形式2	扼流圈、电抗器		手动操作开关的一般符号
M	直流他励电动机	形式1 形式2	电流互感器脉冲变压器		具有动合触点且自动复位的按钮开关
M	直流串励电动机	形式1 形式2	电压互感器		具有复合触点且自动复位的按钮开关
M	直流并励电动机		断路器		操作器件的一般符号继电器、接触器的一般符号 具有几个绕组的操作器件，在符号内画与绕组数相等的斜线

续表

图形符号	说明及应用	图形符号	说明及应用	图形符号	说明及应用
	操作器件的一般符号继电器、接触器的一般符号 具有几个绕组的操作器件，在符号内画与绕组数相等的斜线		热继电器的热元件		接近开关的动触点
	接触器主动合触点		热继电器的动合触点		磁铁接近动作的接近开关的动合触点
	接触器主动断触点		热继电器的动断触点		通电延时时间继电器线圈吸合时，延时闭合的动合触点
	动合（常开）触点 该符号可作开关一般的符号		通电延时时间继电器线圈		通电延时时间继电器线圈吸合时，延时断开的动断触点
	动断（常闭）触点		位置开关的动合触点		断电延时时间继电器线圈
	先断后合的转换触点		位置开关的动断触点		熔断器式负荷开关
	具有动合触点且自动复位的拉拔开关		断延时时间继电器线圈释放时，延时闭合的动断触点		火花间隙
	具有动合触点但无自动复位的旋转开关		断延时时间继电器线圈释放时，延时断开的动合触点		避雷器
	位置开关先断后合的复合触点		接触敏感开关的动合触点		灯和信号灯的一般符号

续表

图形符号	说明及应用	图形符号	说明及应用	图形符号	说明及应用
	电喇叭		电阻器的一般符号		具有N型基极的单结晶体管
	熔断器的一般符号		可变（调）电阻器		NPN 型晶体管
	熔断器式开关		稳压二极管		PNP 型晶体管
	熔断器式隔离开关		半导体二极管的一般符号		反向晶体管
U	压敏电阻器	θ	热敏二极管		N 沟道结型场效应晶体管
θ	热敏电阻器		光敏二极管		P 沟道结型场效应晶体管
	光敏电阻器		发光二极管		N 沟道耗尽型绝缘栅场效应晶体管
	电容器的一般符号		双向晶闸管		P 沟道耗尽型绝缘栅场效应晶体管
+	极性电容器		双向击穿二极管		N 沟道增强型绝缘栅场效应晶体管
	电铃		双向二极管		P 沟道增强型绝缘栅场效应晶体管
	具有热元件的气体放电管荧光灯起动器		具有 P 型基极的单结晶体管		桥式整流器

图形符号通常由符号要素、一般符号和限定符号组成。

① 符号要素　符号要素是一种具有确定意义的简单图形，通常表示电气元件的轮廓或外壳。它必须同其他图形符号组合，以构成表示一个设备或概念的完整符号，如接触器的动合主触点的符号［如图 1（a)］，就由接触器的触点功能符号［如图 1（b)］和动合触点（常开）符号［如图 1（c)］组合而成。符号要素不能单独使用，而通过不同形式组合后，即能构成多种不同的图形符号。

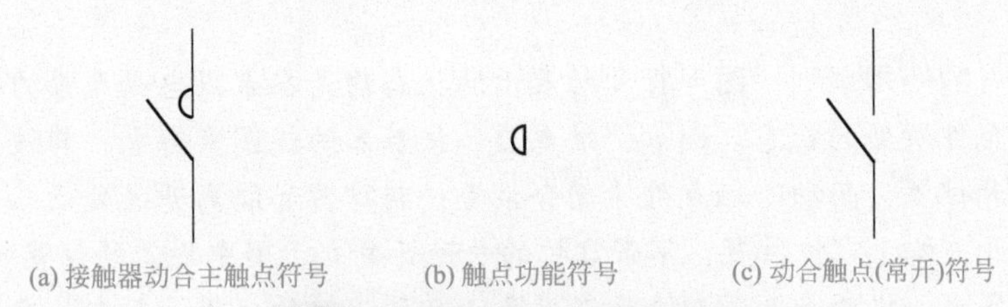

图1 接触器动合主触点符号组成

② 一般符号　一般符号用以表示某一类产品或此类产品特征的一种简单符号。一般符号可直接应用，也可加上限定符号使用。如“○”为电动机的一般符号，“-□-”为接触器或继电器线圈的一般符号。图2所示为一些常用元器件的一般符号。

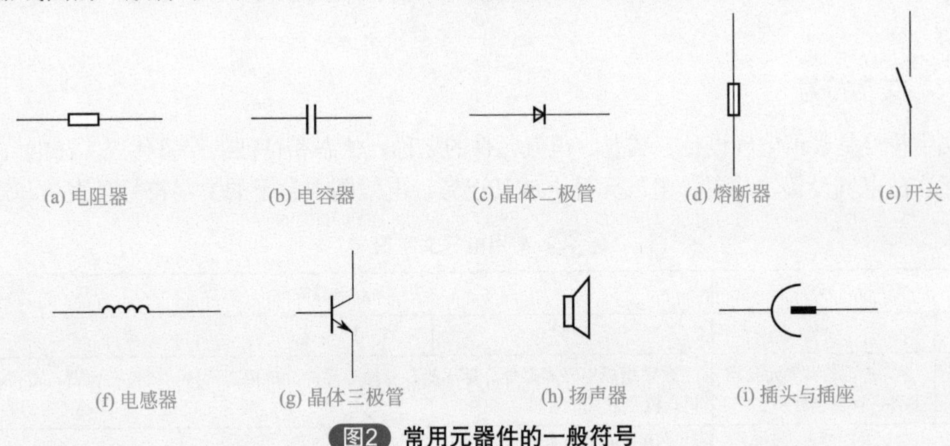

图2 常用元器件的一般符号

③ 限定符号　限定符号是指用来提供附加信息的一种加在其他图形符号上的符号，它可以表示电量的种类、可变性、力和运动的方向、（流量与信号）流动方向等。限定符号一般不能单独使用，但一般符号有时也可用作限定符号。由于限定符号的应用，图形符号更具有多样性。例如，在电阻器一般符号的基础上，分别加上不同的限定符号，则可得到可变电阻器、滑动变阻器、压敏（U）电阻器、热敏（θ）电阻器、光敏电阻器、碳堆电阻器、功率为1W的电阻器等，如图3所示。

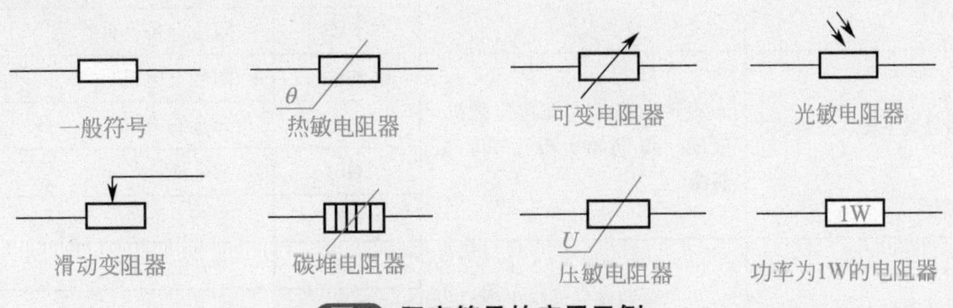

图3 限定符号的应用示例

④ 方框符号　电气图形符号还有一种方框符号，用以表示设备、元件间的组合及其功能。它既不给出设备或元件的细节，也不反映它们之间的任何关系，是一种简单的图形符号，通常只用于系统图或框图。方框符号的外形轮廓一般为正方形，如图4所示。

(a) 电动机

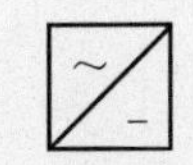

(b) 整流器

(c) 变压器

(d) 放大器

图4 方框符号的应用图例

图形符号的使用规则：图形符号所表示的状态均是在未得电或无外力作用时电气设备和电气元件所处的状态。例如，继电器、接触器的线圈未得电，其被驱动的动合触点处于断开位置，而动断触点处于闭合位置；断路器和隔离开关处于断开位置；带零位的手动开关处于零位位置，不带零位的手动开关处于图中规定的位置。

事故、备用、报警等开关应表示在设备正常使用时的位置，如在特定位置时，应在图上有说明。

机械开关或触点的工作状态与工作条件或工作位置有关，它们的对应关系在图形符号附近加以说明，以利识图时能较清楚地了解开关和触点在什么条件下动作，进而了解电路的原理和功能。按开关或触点类型的不同，采用不同的表示方法。

二、文字符号

文字符号是表示电气设备、装置、电气元件的名称、状态和特征的字符代码，在电气图中，一般标注在电气设备、装置、电气元件上或其近旁。电气图中常用的文字符号见表2和表3。

表2 常用电气文字符号

单字母符号		双字母符号		
符号	种类	举例	符号	类别
D	二进制逻辑单元延迟器件、存储器件	数字集成电路和器件、延迟线、双稳态元件、单稳态元件、磁性存储器、寄存器磁带记录机、盒式记录机		
E	其他元器件	本表其他地方未提及的元件		
		光器件、热器件	EH	发热器件
			EL	照明灯
			EV	空气调节器
F	保护器件	熔断器、避雷器、过电压放电器件	FA	具有瞬时动作的限流保护器件
			FR	具有延时动作的限流保护器件
			FS	具有瞬时和延时动作的限流保护器件
			FU	熔断器
			FV	限压保护器件
G	信号发生器、发电机、电源	旋转发电机、旋转变频机、电池、振荡器、石英晶体振荡器	GS	同步发电机
			GA	异步发电机
			GB	蓄电池
			GF	变频机
H	信号器件	光指示器、声响指示器、指示灯	HA	声光指示器
			HL	光指示器
			HL	指示灯
K	继电器、接触器		KA	电流继电器
			KA	中间继电器
			KL	闭锁接触继电器
			KL	双稳态继电器
			KM	接触器

续表

单字母符号		双字母符号		
符号	种类	举例	符号	类别
K	继电器、接触器		KP	压力继电器
			KT	时间继电器
			KH	热继电器
			KR	簧片继电器
L	电感器、电抗器	感应线圈、线路限流器、电抗器（并联和串联）	LC	限流电抗器
			LS	启动电抗器
			LF	滤波电抗器
M	电动机		MD	直流电动机
			MA	交流电动机
			MS	同步电动机
			MV	伺服电动机
N	模拟集成电路	运算放大器、模拟 / 数字混合器件		
P	测量设备、试验设备	指示、记录、计算、测量设备，信号发生器、时钟	PA	电流表
			PC	（脉冲）计数据
			PJ	电能表
			PS	记录仪器
			PV	电压表
			PT	时钟、操作时间表
Q	电力电路的开关	断路、隔离开关	QF	断路器
			QM	电动机保护开关
			QS	隔离开关
			QL	负荷开关
R	电阻器	电位器、变阻器、可变电阻器、热敏电阻、测量分流器	RP	电位器
			RS	测量分流器
			RT	热敏电阻
			RV	压敏电阻
S	控制、记忆、信号电路的开关器件	控制开关、按钮、选择开关、限制开关	SA	控制开关
			SB	按钮
			SP	压力传感器
			SQ	位置传感器（包括接近传感器）
			SR	转速传感器
			ST	温度传感器
T	变压器	电压互感器、电流互感器	TA	电流互感器
			TM	电力变压器
			TS	磁稳压器
			TC	控制电路电力变压器
			TV	电压互感器

续表

单字母符号		双字母符号		
符号	种类	举例	符号	类别
V	电真空器件、半导体器件	电子管、气体放电管、晶体管、晶闸管、二极管	VE	电子管
			VT	晶体三极管
			VD	晶体二极管
			VC	控制电路用电源的整流器
X	端子、插头、插座	插头和插座、端子板、连接片、电缆封端和接头测试插孔	XB	连接片
			XJ	测试插孔
			XP	插头
			XS	插座
			XT	端子板
Y	电气操作的机械装置	制动器、离合器、气阀	YA	电磁铁
			YB	电磁制动器
			YC	电磁离合器
			YH	电磁吸盘
			YM	电动阀
			YV	电磁阀

注：实际电路图中可根据实际需要参考此表标识或调整。

表3 常用电气辅助文字符号

H	高	RD	红	ADD	附加
L	低	GN	绿	ASY	异步
U	升	YE	黄	SYN	同步
D	降	WH	白	A（AUT）	自动
M	主	BL	蓝	M（MAN）	手动
AUX	辅	BK	黑	ST	启动
N	中	DC	直流	STP	停止
FW	正	AC	交流	C	控制
R	反	V	电压	S	停号
ON	开启	A	电流	IN	输入
OFF	关闭	T	时间	OUT	输出

文字符号的使用：

① 一般情况下，编制电气图及编制电气技术文件时，应优先选用基本文字符号、辅助文字符号以及它们的组合。而在基本文字符号中，应优先选取用单字母符号，只有当单字母符号不能满足要求时方可采用双字母符号。基本文字符号不能超过两位字母，辅助文字符号不能超过3位字母。

② 辅助文字符号可单独使用，也可将首位字母放在表示项目种类的单字母符号后面组成双字母符号。

③ 当基本文字符号和辅助文字符号不够用时，可按有关电气名词术语国家标准或专业标准中规定的英文术语缩写进行补充。

④ 由于字母“I”“O”易与数字“1”“0”混淆，因此不允许用这两个字母作文字符号。

⑤ 文字符号可作为限定符号与其他图形符号组合使用，以派生出新的图形符号。

⑥ 文字符号一般标在电气设备、装置或电气元件的图形符号上或其近旁。

⑦ 文字符号不适于电气产品型号编制与命名。

三、项目代号

在电气图上，通常用一个图形符号表示的基本件、部件、组件、功能单元、设备、系统等，称为项目。项目有大有小，可能相差很多，大至电力系统、成套配电装置，以及发电机、变压器等，小至电阻器、端子、连接片等，都可以称为项目，因此项目具有广泛的概念。

项目代号是用以识别图、表图、表格中和设备上的项目种类，并提供项目的层次关系、实际位置等信息的一种特定的代码，是电气技术领域中极为重要的代号。由于项目代号是以一个系统、成套装置或设备的依次分解为基础来编定的，它建立了图形符号与实物间一一对应的关系，因此可以用来识别、查找各种图形符号所表示的电气元件、装置和设备及它们的隶属关系、安装位置。

项目代号由高层代号、位置代号、种类代号、端子代号根据不同场合的需要组合而成，它们分别用不同的前缀符号来识别。前缀符号后面跟字符代码，字符代码可由字母、数字或字母加数字构成，其意义没有统一的规定（种类代号的字符代码除外），通常可以在设计文件中找到说明，大写字母和小写字母具有相同的意义（端子标记例外），但优先采用大写字母。一个完整的项目代号包括 4 个代号段，其名称及前缀符号见表 4。

表4 项目代号段及前缀符号

分段	名称	前缀符号	分段	名称	前缀符号
第一段	高层代号	=	第三段	种类代号	—
第二段	位置代号	+	第四段	端子代号	:

① 高层代号　系统或设备中任何较高层次（对给予代号的项目而言）的项目代号，称为高层代号。由于各类子系统或成套配电装置、设备的划分方法不同，某些部分对其所属下一级项目就是高层。例如，电力系统对其所属带的变电所，电力系统的代号就是高层代号，但对该变电所中的某一开关（如高压继路器）的项目代号，则该变电所代号就为高层代号。因此，高层代号具有项目总代号的含义，但其命名是相对的。

② 位置代号　项目在组件、设备、系统或建筑物中实际位置的代号，称为位置代号。位置代号通常由自行规定的拉丁字母及数字组成，在使用位置代号时，应画出表示该项目位置的示意图。

③ 种类代号　种类代号是用于识别所指项目属于什么种类的一种代号，是项目代号中的核心部分。

④ 端子代号　端子代号是指项目（如成套柜、屏）内、外电路进行电气连接的接线端

子的代号。电气图中端子代号的字母必须大写。

电气接线端子与特定导线（包括绝缘导线）相连接时，规定有专门的标记方法。例如，三相交流电机的接线端子若与相位有关系时，字母代号必须是“U”“V”“W”并且与交流三相导线“L_1”“L_2”“L_3”一一对应。电气接线端子的标记见表5，特定导线的标记见表6。

表5 电气接线端子的标记

电气接线端子的名称		标记符号	电气接线端子的名称	标记符号
交流系统	1相	U	接地	E
	2相	V	无噪声接地	TE
	3相	W	机壳或机架	MM
	中性线	N	等电位	CC
保护接地	PE			

表6 特定导线的标记

电气接线端子的名称		标记符号	电气接线端子的名称	标记符号
交流系统	1相	L_1	保护接线	PE
	2相	L_2	不接地的保护导线	PU
	3相	L_3	保护接地线和中性线公用一线	PEN
	中性线	N	接地线	E
直流系统的电源	正	L_+	无噪声接地线	TE
	负	L_-	机壳或机架	MM
	中性线	L_M	等电位	CC

项目代号的应用：为了根据电气图能够很方便地对电路进行安装、检修、分析或查找故障，在电气图上要标注项目代号。但根据使用场合及详略要求的不同，在一张图上的某一项目不一定都有4个代号段。如有的不需要知道设备的实际安装位置时，可以省掉位置代号；当图中所有高层项目相同时，可省掉高层代号而只需要另外加以说明。

四、回路标号

电路图中用来表示各回路种类、特征的文字和数字统称回路标号，也称回路线号，其用途为便于接线和查线。

1. 回路标号的一般原则

① 回路标号按照“等电位”原则进行标注，即电路中连接在同一点上的所有导线具有同一电位而应标注相同的回路标号。

② 由电气设备的线圈、绕组、电阻、电容、各类开关、触点等电气元件分隔开的线段，应视为不同的线段，标注不同的回路标号。

③ 在一般情况下，回路标号由3位或3位以下的数字组成。

2. 直流回路标号

在直流一次回路中，用个位数字的奇、偶数来区别回路的极性，用十位数字的顺序来区分回路中的不同线段，如正极回路用11、21、31、…顺序标号。用百位数字来区分不同供电电源的回路，如电源 A 的正、负极回路分别标注 101、111、121、131、…；电源 B 的正、负极回路分别标注 201、211、221、231、…和 201、212、222、232、…

在直流二次回路中，正极回路的线段按奇数顺序标号，如 1、3、5、…；负极回路用偶数顺序标号，如 2、4、6、…

3. 交流回路标号

在交流一次回路中，用个位数字的顺序来区别回路的相别，用十位数字的顺序来区分回路中的线段。第一相按 11、21、31、…顺序标号，第二相按 12、22、32、…顺序标号，第三相按 13、23、33、…顺序标号。对于不同供电电源的回路，也可用百位数字来区分不同供电电源的回路。

交流二次回路的标号原则与直流二次回路的标号原则相似。回路的主要降压元件两侧的不同线段分别按奇数、偶数的顺序标号，如一侧按 1、3、5、…标号，另一侧按 2、4、6、…标号。

当要表明电路中的相别或某些主要特征时，可在数字标号的前面或后面增注文字符号，文字符号用大写字母表示，并与数字标号并列。在机床电气控制电路图中，回路标号实际上是导线的线号。

4. 电力拖动、自动控制电路的标号

① 主（一次）回路的标号　主回路的标号由文字标号和数字标号两部分组成。文字标号用来表示主回路中电气元件和线路的种类和特征，如三相交流电动机绕组用 U、V、W 表示；三相交流电源端用 L_1、L_2、L_3 表示；直流电路电源正、负极导线和中间线分别用 L_+、L_-、L_M 标记；保护接地线用 PE 标记。数字标号由 3 位数字构成，用来区分同一文字标号回路中的不同线段，并遵循回路标号的一般原则。

主回路的标号方法如图 5 所示，三相交流电源端用 L_1、L_2、L_3 表示，“1”“2”“3” 分别表示三相电源的相别；由于电源开关 QS_1 两端属于不同线段，因此，经电源开关 QS_1 后，标号为 L_{11}、L_{12}、L_{13}。

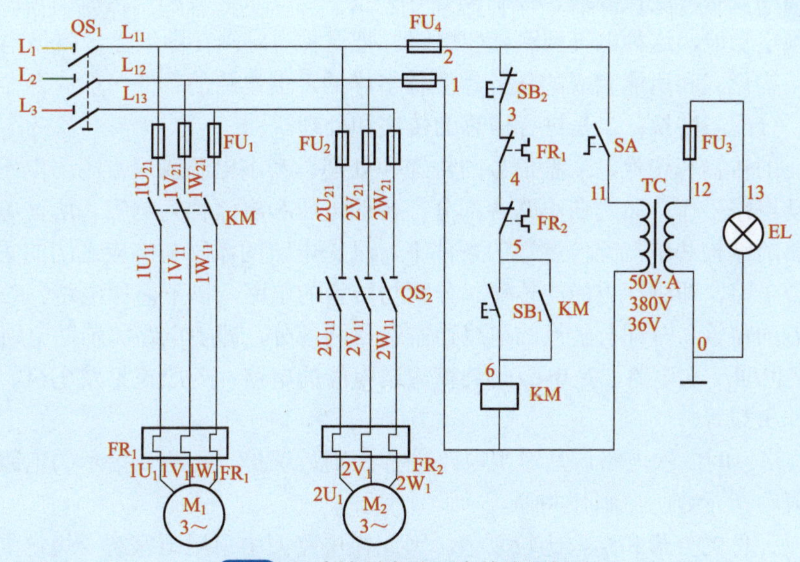

图5　机床控制电路图中的线号标记

带 9 个接线端子的三相用电器（如电动机），首端分别用 U_1、V_1、W_1 标记；尾端分别用 U_2、V_2、W_2 标记；中间抽头分别用 U_3、V_3、W_3 标记。

对于同类型的三相用电器，在其首端、尾端标记字母 U、V、W 前冠以数字来区别，即用 $1U_1$、$1V_1$、$1W_1$ 与 $2U_1$、$2V_1$、$2W_1$ 来标记两个同类型的三相用电器的首端，用 $1U_2$、$1V_2$、$1W_2$ 与 $2U_2$、$2V_2$、$2W_2$ 来标记两个同类型的三相用电器的尾端。

电动机动力电路的标号应从电动机绕组开始，自下而上标号。以电动机 M_1 的回路为例，电动机定子绕组的标号为 $1U_1$、$1V_1$、$1W_1$，热继电器 FR_1 的上接线端为另一组导线，标号为 $1U_{11}$、$1V_{11}$、$1W_{11}$；经接触器 KM 主触点的静触点，标号变为 $1U_{21}$、$1V_{21}$、$1W_{21}$；再与熔断器 FU_1 和电源开关的动触点相接，并分别与 L_{11}、L_{12}、L_{13} 同电位，因此不再标号。电动机 M_2 的主回路的标号可依次类推。由于电动机 M_1、M_2 的主回路共用一个电源，因此省去了其中的百位数字。若主电路为直流回路，则按数字的个位数的奇偶性来区分回路的极性，正电源则用奇数，负电源则用偶数。

② 辅助（二次）回路的标号　以压降元件为分界，其两侧的不同线段分别按其个位数的奇偶数来依次标号，压降元件包括继电器线圈、接触器线圈、电阻、照明灯和电铃等。有时回路较多，标号可连续递增两位奇偶数，如：“11、13、15、…”“12、14、16…”等。

在垂直绘制的回路中，标号采用自上至中、自下至中的方式标号，这里的“中”指压降元件所在位置，标号一般标在连接线的右侧。在水平绘制的回路中，标号采用自左至中、自右至中的方式标号，这里的“中”同样指压降元件所在位置，标号一般标在连接线的上方。如图 5 所示的垂直绘制的辅助电路中，KM 为压降元件，因此，它们上、下两侧的标号分别为奇、偶数。

五、电气图的组成

电气图一般由电路、技术说明和标题栏三部分组成。

1. 电路

电路是电流的通路，用导线将电源（提供电能的电气设备）、负载（消耗电能的电气设备）和其他辅助设备（连接导线、控制设备等）按一定要求连接起来构成闭合回路，以实现电气设备的预定功能，这种电气回路就叫电路。把这种电路画在图纸上，就是电路图。

电路的结构形式和所能完成的任务是多种多样的，但电路的目的一般有两个：一是进行电能的传输、分配与转换；二是进行信息的传递和处理。

不论电能的传输和转换，或者信号的传递和处理，其中电源或信号源的电压或电流称为激励，它推动电路工作；激励在电路各部分产生的电压和电流称为响应。所谓电路分析，就是在已知电路的结构和电气元件参数的条件下，讨论电路的激励与响应之间的关系。本书着重介绍前一类电路，即进行电能的传输、分配与转换的电路，以下简称电路。

进行电能的传输、分配与转换的电路通常包括两部分，即主电路和辅助电路。

• 主电路也叫一次电路，是电源向负载输送电能的电路，一般包括发电机、变压器、开关、熔断器和负载等。

• 辅助电路也叫二次电路，是对主电路进行控制、保护、监测、指示的电路，一般包括继电器、仪表、指示灯、控制开关等。

由于电气元件的外形和结构比较复杂，因此在电路图中采用国家统一规定的图形符号和文字符号来表示电气元件的不同种类、规格及安装方式。根据电气图的不同用途，电路要绘制成不同的形式。如有的电路只绘制电路图，以便了解电路的工作过程及特点；有的电路只绘制装配图，以便了解各电气元件的安装位置及配线方式。对于比较复杂的电路，通常还绘制安装接线图，必要时，还要绘制分开表示的接线图（俗称“展开接线图”）、平面布置图等，以供生产部门和用户使用。

2. 技术说明

电气图中文字说明和元件明细表等总称为技术说明。文字说明注明电路的某些要点、安装要求及注意事项等，通常写在电路图的右上方，若说明较多，也可附页说明。元件明细表列出电路中元件的名称、符号、规格和数量等。元件明细表以表格形式写在标题栏的上方，元件明细表中序号自下而上逐项列出。

3. 标题栏

标题栏画在电路图的右下角，其中注有工程名称、设计类别、设计单位、图名、图号，还有设计人、制图人、审核人、批准人的签名和日期等。标题栏是电气图的重要技术档案，栏目中的签名人，对图中的技术内容各负其责。

六、电气控制电路图的绘制规则

① 电气控制电路图一般分为主电路和辅助电路两部分

• 主电路是电气控制电路中通过大电流的部分，包括从电源到电动机之间相连的电气元件，一般由组合开关、熔断器、接触器主触点、热继电器的热元件和电动机等组成。

• 辅助电路是控制电路中除主电路以外的电路，其流过的电流比较小。辅助电路包括控制电路、信号电路、保护电路和照明电路，由继电器和接触器的线圈、继电器的触点、接触器的辅助触点、热继电器的触点、按钮、照明灯、信号灯、控制变压器等电气元件组成。

② 电路图中应将电源电路、主电路、控制电路和信号电路分开绘制　电路图中电路一般垂直绘制，电源电路绘成水平线，相序 L_1、L_2、L_3 由上而下排列，中性线 N 和保护线 PE 放在相线之下。

主电路用垂直线绘制在图的左侧，辅助电路绘制在图的右侧，辅助电路中的耗能元件画在电路的最下端。绘制应布置合理、排列均匀。

电气控制电路中的全部电动机、电器和其他器械的带电部件，都应在电气控制电路图中表示出来。

电气元件应按功能布置，并尽可能按工作顺序排列，其布局顺序应该是从上到下，从左到右。垂直布置时，类似项目应横向对齐；水平布置时，类似项目应纵向对齐。

③ 绘制电路图中，应尽量减少线条和避免交叉　电气控制电路图中，应尽量减少线条和避免交叉，各导线之间有电联系时，在导线十字交叉处画实心黑圆点。根据图面布置的需要，可以将图形符号旋转绘制，一般顺时针方向旋转 90°，但文字符号不可倒置。

④ 图幅分区及符号位置的索引　为了便于确定图上的内容，也为了在识图时查找各项目的位置，往往需要将图幅分区。图幅分区的方法是：在图的边框处，竖的方向按行用大写拉丁字母，横的方向按列用阿拉伯数字，编号顺序从左上角开始。

在机床电气控制电路图中，由于控制电路内的支路多，且支路元件布置与功能也不相同，图幅分区可采用图 6 的形式，只对一个方向分区。这种方式不影响分区检索，又可反映支路的用途，有利于识图。

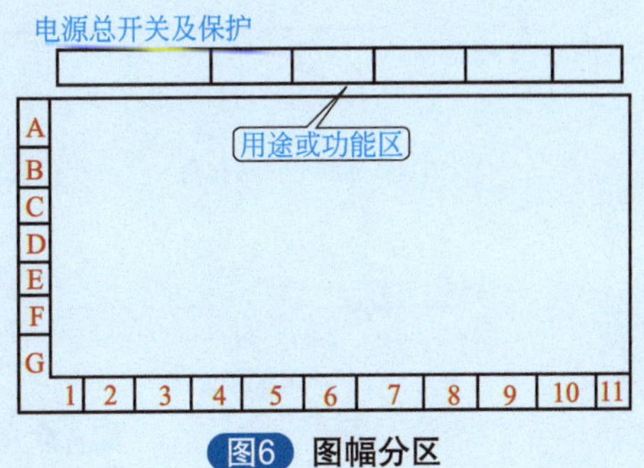

图6　图幅分区

图纸下方的1、2、3、…数字是图区的编号，它是为了检索电气控制电路，方便阅读分析从而避免遗漏而设置的。图区编号也可设置在图的上方。

图区编号上方的“电源总开关及保护……”文字，表明它对应的下方元器件或电路的功能，使读者能清楚地知道某个元器件或某个电路的功能，以利于理解全部电路的工作原理。

电气控制电路图中的接触器、继电器和线圈与受其控制的触点的从属关系（即触点位置）应按下述方法标志。

在每个接触器线圈的文字符号下面画两条竖直线，分成左、中、右3栏，把受其控制而动作的触点所处的图区号数字，按表7规定的内容填上。对备而未用的触点，在相应的栏中用记号“×”标出。

在每个继电器线圈的文字符号（如KT）下面画一条竖直线，分成左、右两栏，把受其控制而动作的触点所处的图区号数字，按表8规定的内容填上，同样，对备而未用的触点在相应的栏中用记号“×”标出。

表7 接触器线圈符号下的数字标志

左栏	中栏	右栏
主触点所处的图区号	辅助动合（常开）触点所处的图区号	辅助动断（常闭）触点所处的图区号

表8 继电器线圈符号下的数字标志

左栏	右栏
动合（常开）触点所处的图区号	动断（常闭）触点所处的图区号

七、电路连接线的表示方法

电气图上各种图形符号之间的相互连线，统称为连接线。连接线可能是表示传输能量流、信息流的导线，也可能是表示逻辑流、功能流的某种特定的图线。

1. 连接线的一般表示方法

① 导线的一般表示符号如图7（a）所示，它可用于表示单根导线、导线组、母线、总线等，并根据情况通过图线粗细、加图形符号及文字、数字来区分各种不同的导线，如图7（b）所示的母线及图7（c）所示的电缆等。

② 导线根数的表示法。如图7（d）所示，若根数较少时，用斜线（45°）数量代表线根数；根数较多时，用一根小短斜线旁加注数字n表示，图中n为正整数。

③ 导线特征的标注方法。如图7（e）所示，导线特征通常采用字母、数字符号标注。

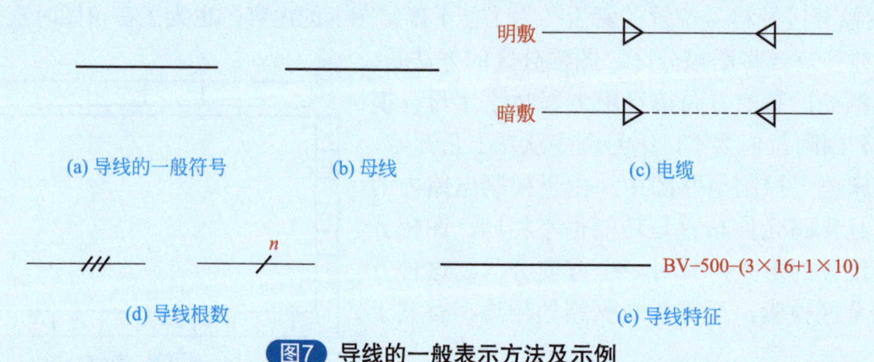

图7 导线的一般表示方法及示例

2. 导线连接点的表示

“T”形连接点可加实心黑圆点“ • ”，也可不加实心黑圆点，如图 8（a）所示。对“+”形连接点，则必须加实心黑圆点，如图 8（b）所示。

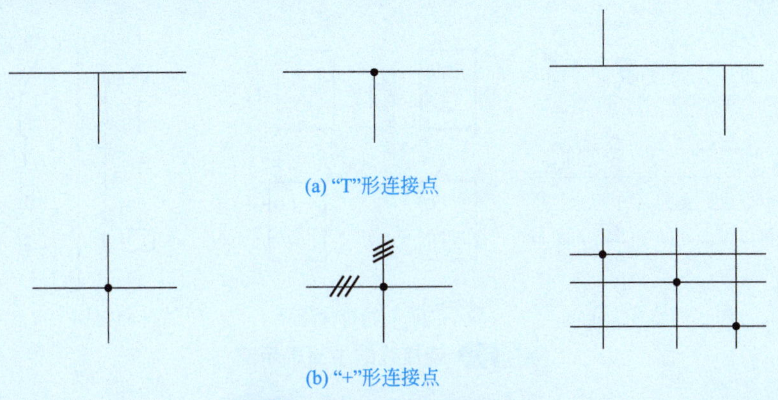

(a) “T”形连接点

(b) “+”形连接点

图8 导线连接点的表示方法

3. 连接线的连续表示法

连接线的连续表示法是将表示导线的连接线用同一根图线首尾连通的方法。连接线既可用多线也可用单线表示。当图线太多时，为使图面清晰、易画易读，对于多条去向相同的连接线常用单线法表示。

若多条线的连接顺序不必明确表示，可采用图 9（a）的单线表示法，但单线的两端仍用多线表示；导线组的两端位置不同时，应标注相对应的文字符号，如图 9（b）所示。

当导线中途汇入、汇出用单线表示的一组平行连接线时，汇接处用斜线表示导线去向，其方向应易于识别线进入或离开汇总线的方向，如图 9（c）所示；当需要表示导线的根数时，可如图 9（d）所示来表示。

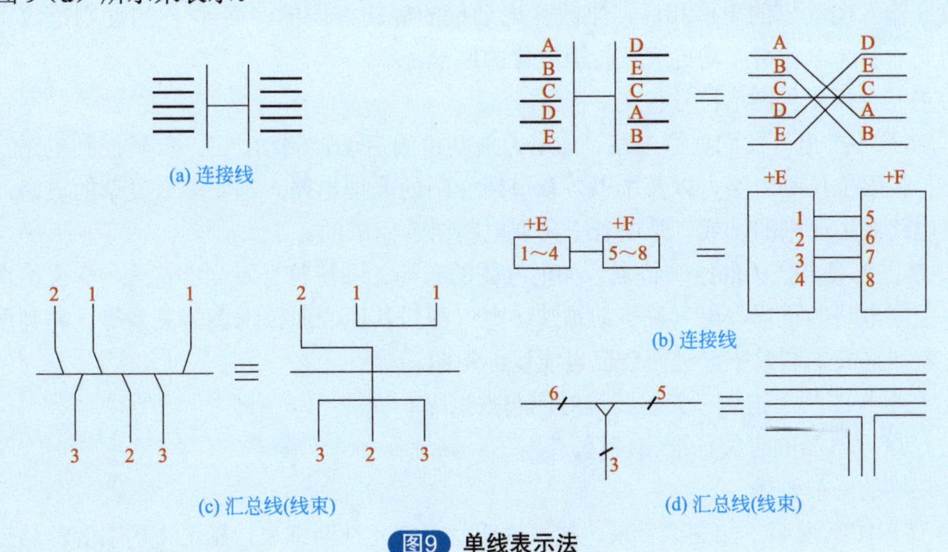

(a) 连接线

(b) 连接线

(c) 汇总线(线束)

(d) 汇总线(线束)

图9 单线表示法

4. 连接线的中断表示法

中断表示法是将去向相同的连接线导线组，在中间中断，在中断处的两端标以相应的文字符号或数字编号，如图 10（a）所示。

两设备或电气元件之间连接线的中断，如图10（b）所示，用文字符号及数字编号表示中断。

连接线穿越图线较多区域时，将连接线中断，在中断处加相应的标记，如图10（c）所示。

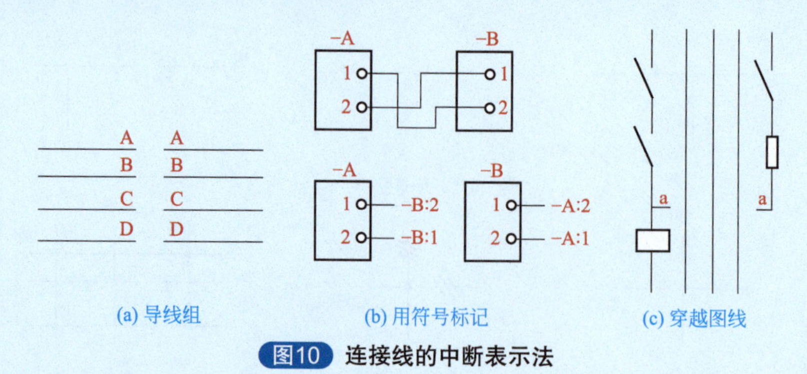

图10 连接线的中断表示法

5. 电气设备特定接线端子和特定导线端的识别

与特定导线直接或通过中间设备相连的电气设备接线端子应按表5和表6的字母进行标记。

八、识读电气图的方法和步骤

1. 识图的方法

① 从简单到复杂，循序渐进地识图　复杂的电路都是简单电路的组合，从识读简单的电路图开始，弄清每一电气符号的含义，明确每一电气元件的作用，理解电路的工作原理，为识读复杂电气图打下基础。

② 掌握电工学、电子技术的基础知识　如三相笼型感应电动机的正转和反转控制，就是利用电动机的旋转方向是由三相电源的相序来决定的原理，用倒顺开关或两个接触器进行切换，改变输入电动机的电源相序，来改变电动机的旋转方向的。而Y-△启动则是应用电源电压的变动引起电动机启动电流及转矩变化的原理。

③ 熟记会用电气图形符号和文字符号。

④ 熟悉各类电气图的典型电路　如电力拖动中的启动、制动、正/反转控制电路，联锁电路，行程限位控制电路，以及本书各章节所介绍的典型电路。不管多么复杂的电路，总是由典型电路派生而来的，或者是由若干典型电路组合而成的。

⑤ 掌握各类电气图的绘制特点　如电气图的布局、图形符号及文字符号的含义、图线的粗细、主副电路的位置、电气触点的画法、电气图与其他专业技术图的关系等，并利用这些规律，就能提高识图效率，进而自己也能设计制图。

⑥ 把电气图与土建图、管路图等对应起来识图。

⑦ 了解电气图的有关标准和规程。

2. 识图的一般步骤

① 详识图纸说明　如图纸目录、技术说明、电气元件明细表、施工说明书等，结合已有的电工、电子技术知识，对该电气图的类型、性质、作用有一个明确的认识，从整体上理解图纸的概况和所要表述的重点。

② 识读概略图和框图　概略图和框图多采用单线图，只有某些380V/220V低压配电系统概略图才部分地采用多线图表示。

③ 识读电路图　分清主电路和辅助电路、交流回路和直流回路；按照先识读主电路，再识读辅助电路的顺序进行识图。

九、视频课——电路相关控制器件的识别、检测与应用

CONTENTS

目录

视频页码

001, 005, 007, 012, 014, 024, 027, 029, 032, 035, 042, 046, 048, 051, 054

致读者——电路必备视频课与八项常识

CONTENTS

目录

CONTENTS

目录

视频页码

115, 117, 118, 119, 121, 124, 126, 128, 131, 134, 136, 137, 141, 142, 145, 146, 150, 153, 155, 158, 162

CONTENTS
目录

CONTENTS
目录

视频页码

219, 220, 221, 223, 224, 225, 226, 227, 228, 230, 231, 233, 235, 238, 239, 240, 241, 245, 246, 247

视频页码
277

CONTENTS

目录

视频页码

352

第一章 电动机启动运行控制电路

一、三相电动机点动启动控制电路

1. 电路原理图与工作原理

点动控制电路是电动机控制电路中最常用的电路，由按钮开关的交流接触器构成。

三相电动机点动启动控制电路如图 1-1 所示。

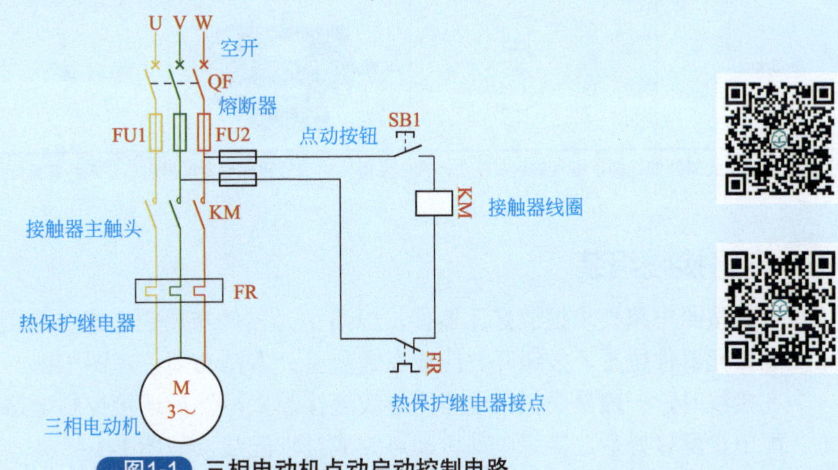

图1-1 三相电动机点动启动控制电路

当合上空开时，电动机不会启动运转，因为 KM 线圈未通电，只有按下按钮 SB1 使线圈 KM 通电，主电路中的 KM 主触点闭合，电动机 M 才可启动。这种只有按下启动按钮电动机才会运转，松开按钮电动机即停转的线路，称为点动控制线路。

2. 电气控制部件与作用

电路所选元器件作用表见表 1-1。

表1-1 电路所选元器件作用表

名称	符号	元器件外形	元器件作用
断路器（空开）	QF		主回路过流保护
熔断器（熔丝）	FU		当线路大负荷超载或短路电流增大时熔断器被熔断，起到切断电流、保护电路的作用
按钮开关	SB		启动或停止控制的设备
交流接触器	KM		快速切断交流主回路的电源，开启或停止设备的工作
热继电器	FR		保护电动机不会因为长时间过载而烧毁
电动机	M		拖动、运行

注：对于元器件的选择，电气参数要符合，具体元器件的型号和外形要根据现场要求和实际配电箱结构选择。

3. 电路接线组装

首先按照电路要求摆放好元器件，电路中元器件布局应考虑实际接线箱，按照实际接线箱安放好元器件位置，按钮开关应放在盒盖上。本例布局参考图 1-2。

在接线时，一般是先把主电路用导线连接起来，然后连接控制电路，如图 1-2 所示。

配电盘配接好后，接好电动机即可完成全部配线，如图 1-3 所示。

4. 电路调试与检修

（1）调试维修方法

检查接线无误后，接通交流电源，“合”开关 QF，此时电动机不转。按下按钮 SB1，电动机即可启动，松开按钮电动机即停转。若发现电动机不能点动控制或熔断器熔断等故障，则应“分”断电源，分析排除故障后使之正常工作。

① 电路接好后，按动按钮开关没有任何反应，怀疑熔断器坏，如图 1-4 所示。

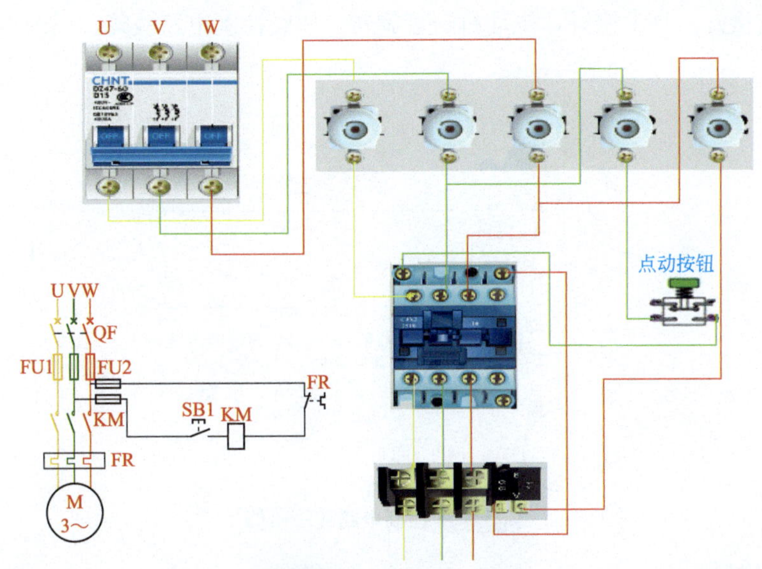

图1-2 配电盘布局与接线

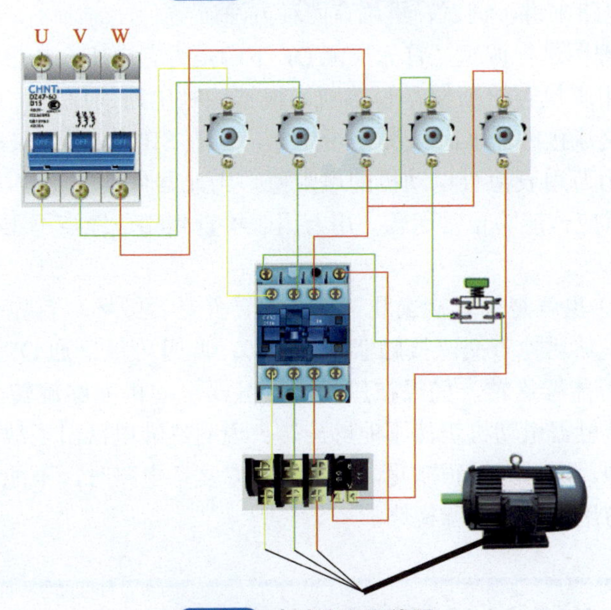

图1-3 电路实际配线图

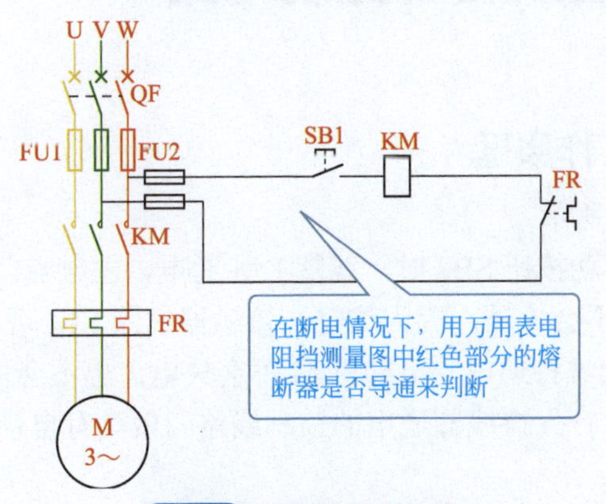

图1-4 熔断器毁坏检修

② 电路连接好，合上空开，电动机一直旋转，怀疑控制电路故障，如图 1-5 所示。

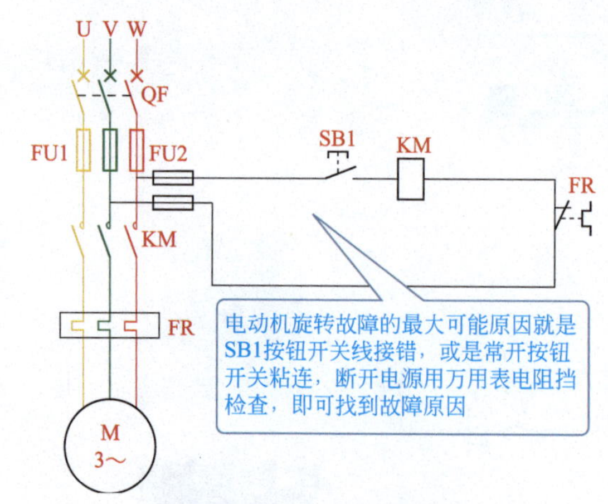

图1-5 控制电路故障检修

(2) 故障检修

对于点动启动电路来讲，调试、维修有两种方法。

① 按照电路原理图进行调试，首先检测 QF 下端是否有电压，如果没有电压说明是上端的故障，然后用万用表检查熔断器是否熔断，根据控制电路的原理，用万用表检查热继电器是否毁坏，检查交流接触器 KM 线圈是否熔断，检查 SB1 按钮开关是否能够接通。若上述元件全部正常，用万用表检查电动机的电阻值，当元器件均完好时，接通 QF，按动 SB1 按钮开关，电动机就应该能够正常运转。用万用表检查到哪个地点不正常，就更换相应的元器件。

② 直观检查法，也就是说直接去观察这些元器件是否毁坏。首先把熔断器座拧开，检查熔断器是否熔断，然后检查交流接触器是否毁坏，此时可以接通 QF，用改锥按压交流接触器，看电动机是否能够旋转，如果按压交流接触器电动机能够旋转，说明故障在控制电路；如果按压交流接触器电动机仍然不能够旋转，说明热继电器出现故障，应直接更换热继电器。在实际应用中，这种方法很常见，只有在维修复杂电路时，不能够直接用这种方法排除故障时，才应用万用表直接进行检修。

二、自锁式直接启动控制电路

1. 电路原理图与工作原理

电路原理图如图 1-6 所示。

工作过程：当按下启动按钮 SB2 时，线圈 KM 通电，主触点闭合，电动机 M 启动运转，当松开按钮，电动机 M 不会停转，因为这时，接触器线圈 KM 可以通过并联 SB2 两端已闭合的辅助触点使 KM 继续维持通电，电动机 M 不会失电，也不会停转。

这种松开按钮而能自行保持线圈通电的控制线路叫做具有自锁的接触器控制线路，简称自锁控制线路。

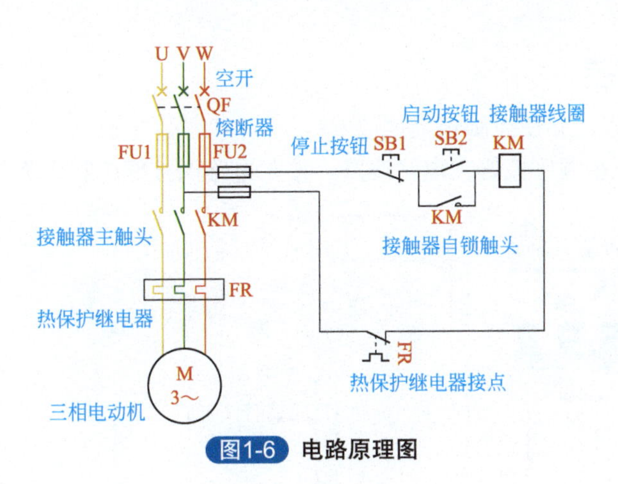

图1-6　电路原理图

2. 电气控制部件与作用

带热继电器保护自锁正转控制线路所选元器件作用表如表 1-2 所示。

表1-2　电路所选元器件作用表

名称	符号	元器件外形	元器件作用
断路器	QF		主回路过流保护
熔断器	FU		当线路大负荷超载或短路电流增大时熔断器被熔断，起到切断电流、保护电路的作用
按钮开关	SB		启动控制的设备
	SB		停止控制的设备
交流接触器	KM		快速切断交流主回路的电源，开启或停止设备的工作
热继电器	FR		保护电动机不会因为长时间过载而烧毁
电动机	M		拖动、运行

注：对于元器件的选择，电气参数要符合，具体元器件的型号和外形要根据现场要求和实际配电箱结构选择。

3. 电路接线组装

① 准备好元器件，并在控制箱上摆放好。

② 按照 ABC 三相顺序接好主电路线路，按照电路图接好控制电路，如图 1-7 所示。

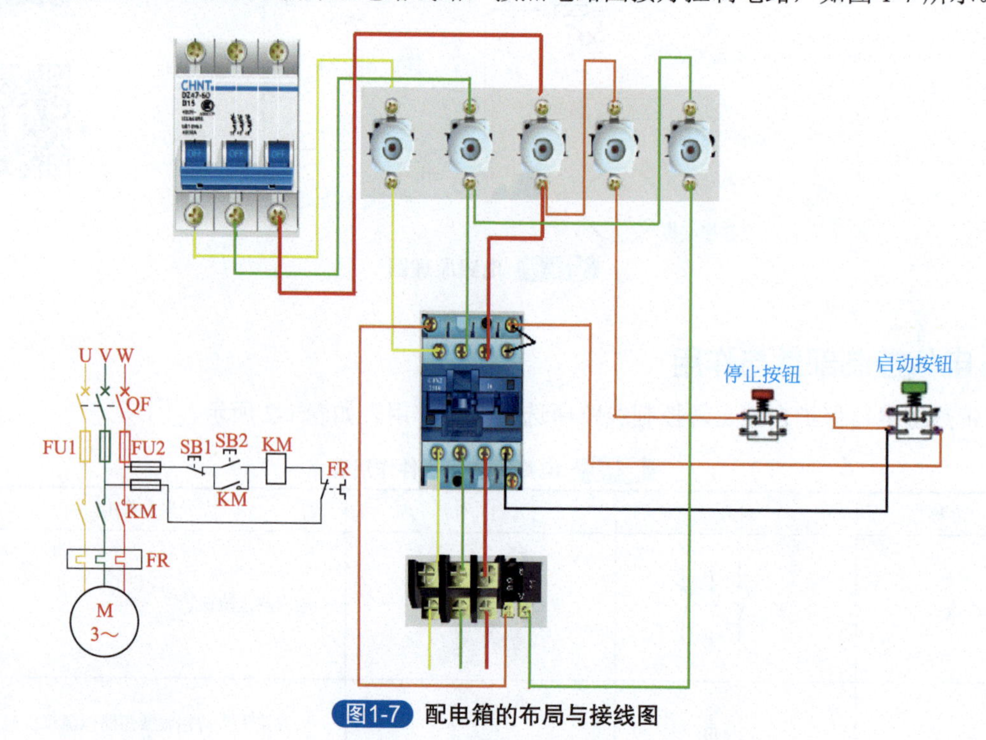

图1-7 配电箱的布局与接线图

③ 配电盘配接好后，接好电动机即可完成全部配线，并可通电运行，如图 1-8 所示。

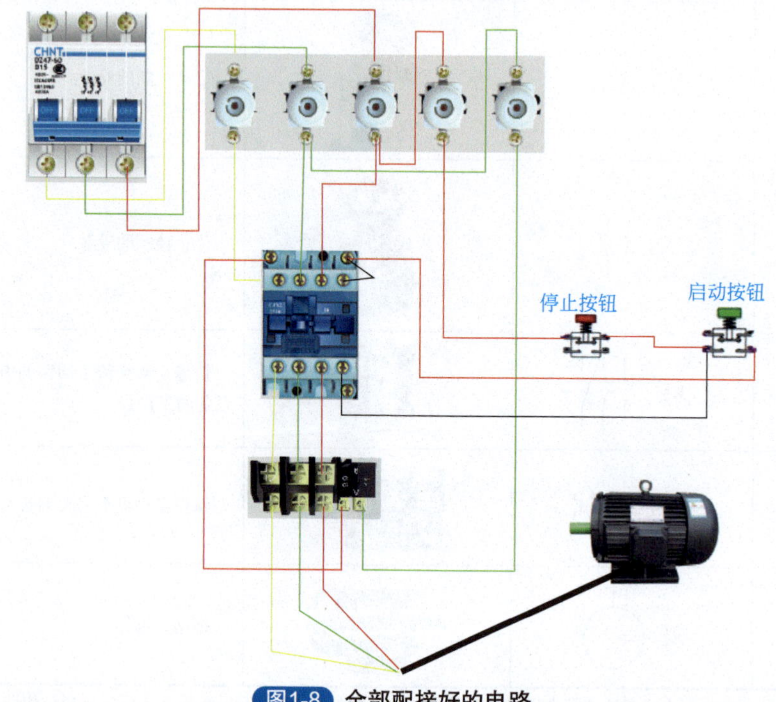

图1-8 全部配接好的电路

4. 电路调试与检修

用直观检查法进行调试与维修，把所有配线全部配好以后，只要配线无误，按动启动按钮开关，电动机应当能够进行旋转，然后按动停止按钮开关，电动机应能够自动停止。如果按动启动按钮开关以后，电动机不能够进行旋转，可直接按压交流接触器看电动机是否旋转，如不能旋转，应检查交流接触器是否毁坏、热继电器是否毁坏。如果按压交流接触器触点能够直接启动，应检查控制电路，启动按钮开关、停止按钮开关的接点是否毁坏。

用直观检查法查不到故障时，可用万用表测量空开下端的电压，熔断器的输入、输出电压，交流接触器的输入、输出电压，热继电器接点的输入、输出电压，电动机的输入电压，如到电动机有输入电压，说明电动机毁坏，直接维修或更换电动机。

三、带保护电路的直接启动自锁运行控制电路

1. 电路原理图与工作原理

带保护电路的直接启动自锁运行电路原理图如图 1-9 所示。

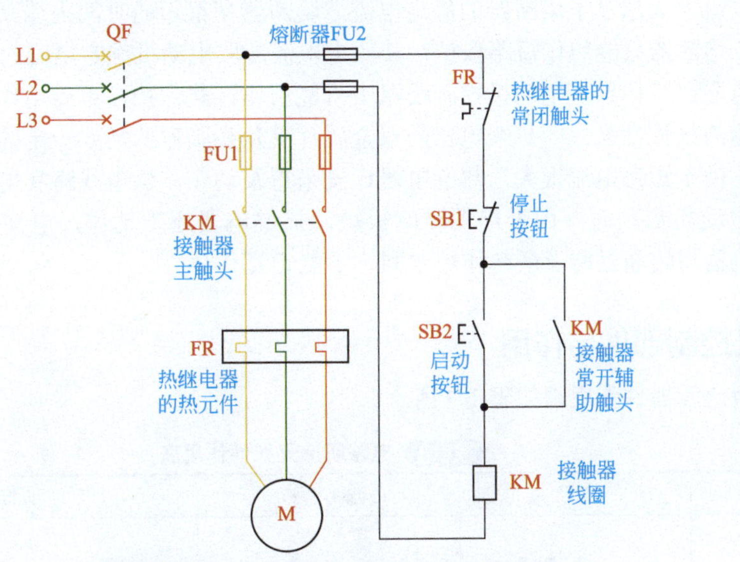

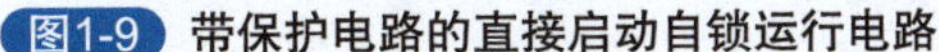

图1-9 带保护电路的直接启动自锁运行电路

（1）启动

合上空开 QF，按动启动按钮 SB2，KM 线圈得电后常开辅助触头闭合，同时主触头闭合，电动机 M 启动连续运转。

当松开 SB2，其常开触头恢复分断后，因为交流接触器 KM 的常开辅助触头闭合时已将 SB2 短接，控制电路仍保持接通，所以交流接触器 KM 继续得电，电动机 M 实现连续运转。像这种当松开启动按钮 SB2 后，交流接触器 KM 通过自身常开辅助头而使线圈保持得电的作用叫做自锁（或自保）。与启动按钮 SB2 并联起自锁作用的常开辅助触头叫做自锁触头（或自保触头）。

（2）停止

按动停止按钮开关 SB1，KM 线圈断电，自锁辅助触头和主触头分断，电动机停止转动。

当松开 SB1，其常闭触头恢复闭合后，因交流接触器 KM 的自锁触头在切断控制电路时已分断，解除了自锁，SB2 也是分断的，所以交流接触器 KM 不能得电，电动机 M 也不会转动。

（3）线路的保护设置

① 短路保护　由熔断器 FU1、FU2 分别实现主电路与控制电路的短路保护。

② 过载保护　电动机在运行过程中，长期负载过大、启动操作频繁或者缺相运行等原因，都可能使电动机定子绕组的电流增大，超过其额定值。在这种情况下，熔断器往往并不熔断，从而引起定子绕组过热使温度升高，若温度超过允许温升就会使绝缘损坏，缩短电动机的使用寿命，严重时甚至会使电动机的定子绕组烧毁。因此，采用热继电器对电动机进行过载保护。过载保护是指电动机出现过载时能自动切断电动机电源、使电动机停转的一种保护。

在照明、电加热等一般电路里，熔断器 FU 既可以用作短路保护，也可以用作过载保护。但对三相异步电动机控制线路来说，熔断器只能用作短路保护。这是因为三相异步电动机的启动电流很大（全压启动时的启动电流能达到额定电流的 4 ～ 7 倍），若用熔断器作过载保护，则选择熔断器的额定电流就应等于或略大于电动机的额定电流，这样电动机在启动时，由于启动电流大大超过了熔断器的额定电流，熔断器在很短的时间内爆断，造成电动机无法启动，所以熔断器只能用作短路保护，其额定电流应取电动机额定电流的 1.5 ～ 3 倍。

热继电器在三相异步电动机控制线路中只能用作过载保护，不能用作短路保护。这是因为热继电器的热惯性大，即热继电器的双金属片受热膨胀弯曲需要一定的时间。当电动机发生短路时，由于短路电流很大，热继电器还没来得及动作，供电线路和电源设备可能已经损坏；而在电动机启动时，由于启动时间很短，热继电器还未动作，电动机已启动完毕。总之，热继电器与熔断器两者所起作用不同，不能相互代替。

2. 电气控制部件与作用

电路所选元器件作用表如表 1-3 所示。

表1-3 电路所选元器件作用表

名称	符号	元器件外形	元器件作用
断路器	QF		主回路过流保护
熔断器	FU		当线路大负荷超载或短路电流增大时熔断器被熔断，起到切断电流、保护电路的作用
按钮开关	SB E-		启动控制的设备

续表

名称	符号	元器件外形	元器件作用
按钮开关	SB		停止控制的设备
交流接触器	KM		快速切断交流主回路的电源，开启或停止设备的工作
热继电器	FR		保护电动机不会因为长时间过载而烧毁
接线端子			将屏内设备和屏外设备的线路相连接，起到信号（电流、电压）传输的作用
电动机	M　M 3～		拖动、运行

注：对于元器件的选择，电气参数要符合，具体元器件的型号和外形要根据现场要求和实际配电箱结构选择。

3. 电路接线组装

（1）元器件排布图

元器件的布局可以根据现场的配电箱确定，或者根据个人习惯排布。如图 1-10 所示为两种不同形式的布局图。

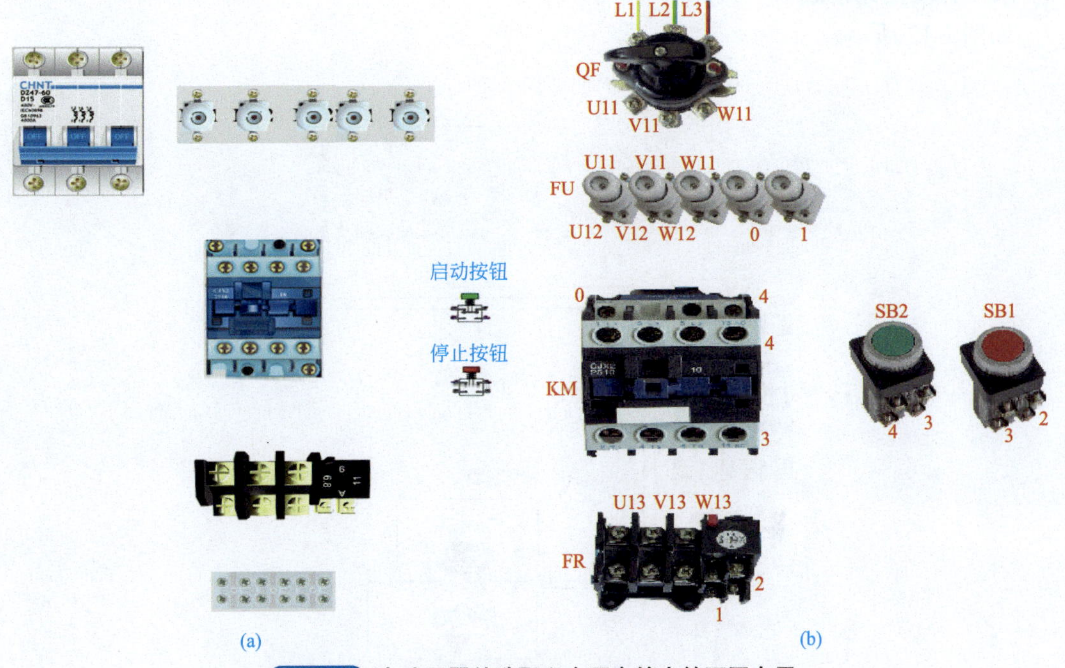

图1-10 电路元器件选取和在配电箱中的不同布局

说明：配电箱中的布局是因地制宜的，虽后面章节所讲电路不同，但配电箱布局大同小异，因此，在有限篇幅内为使读者能看到更多内容，后面章节省去器件的不同布局内容。

（2）主电路接线

如图 1-11 所示。

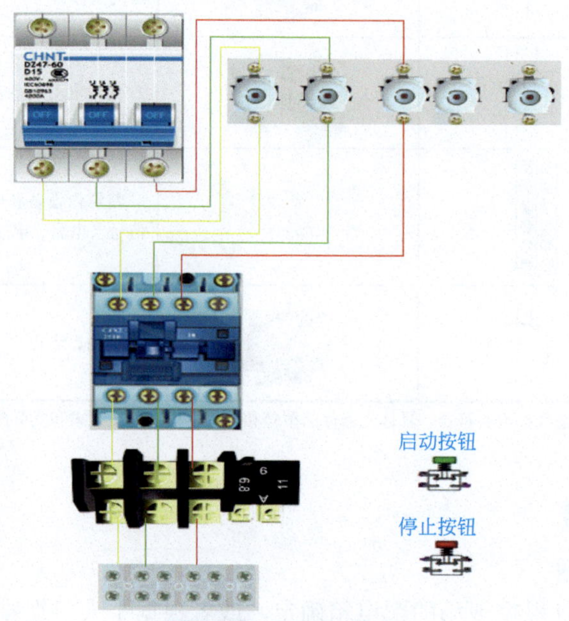

图1-11 主电路接线图

（3）控制电路接线

如图 1-12 所示。

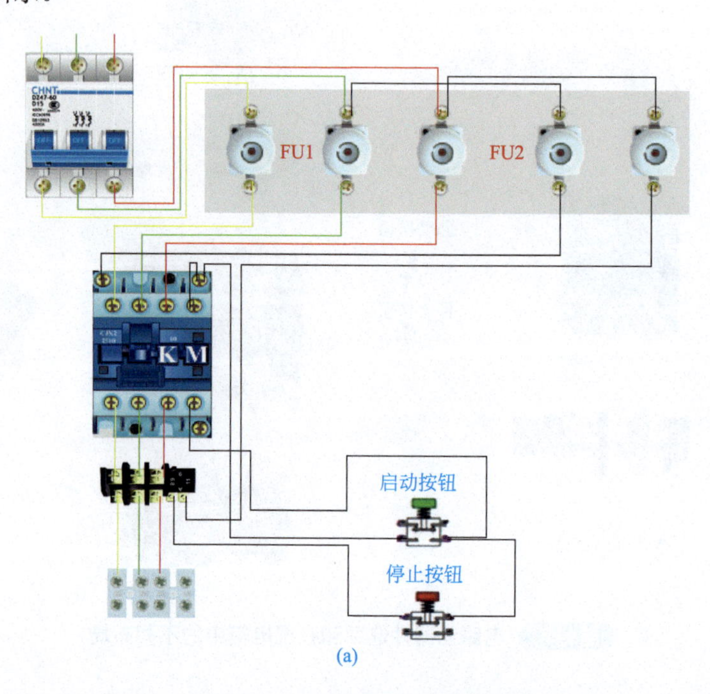

(a)

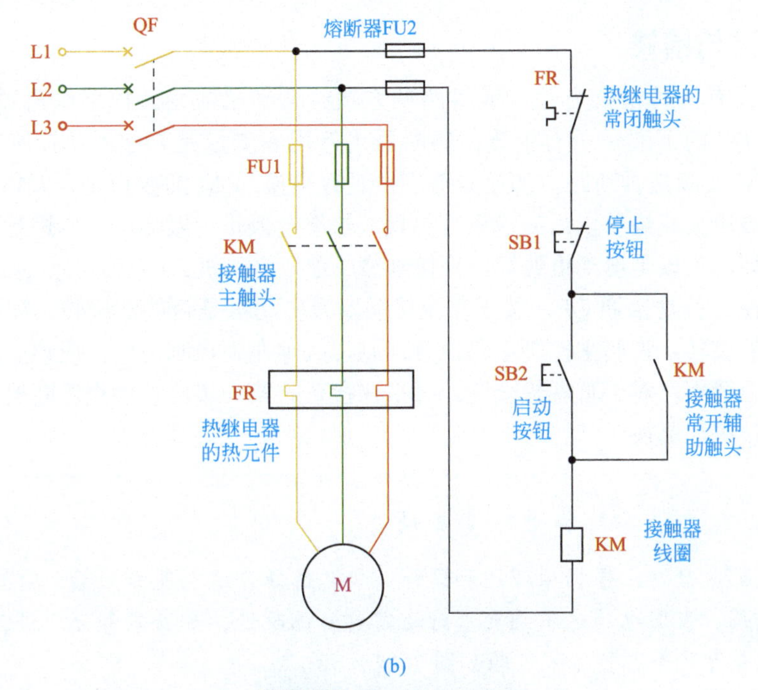

(b)

图1-12 控制电路接线图

（4）带保护电路的直接启动自锁运行电路实际运行接线图

图 1-13 所示为电气实际布线图。在实际布线过程中，要求引线尽可能平直，长度适中，如使用线槽走线，尤其是软导线应尽可能装入，这样可以保证线路美观。

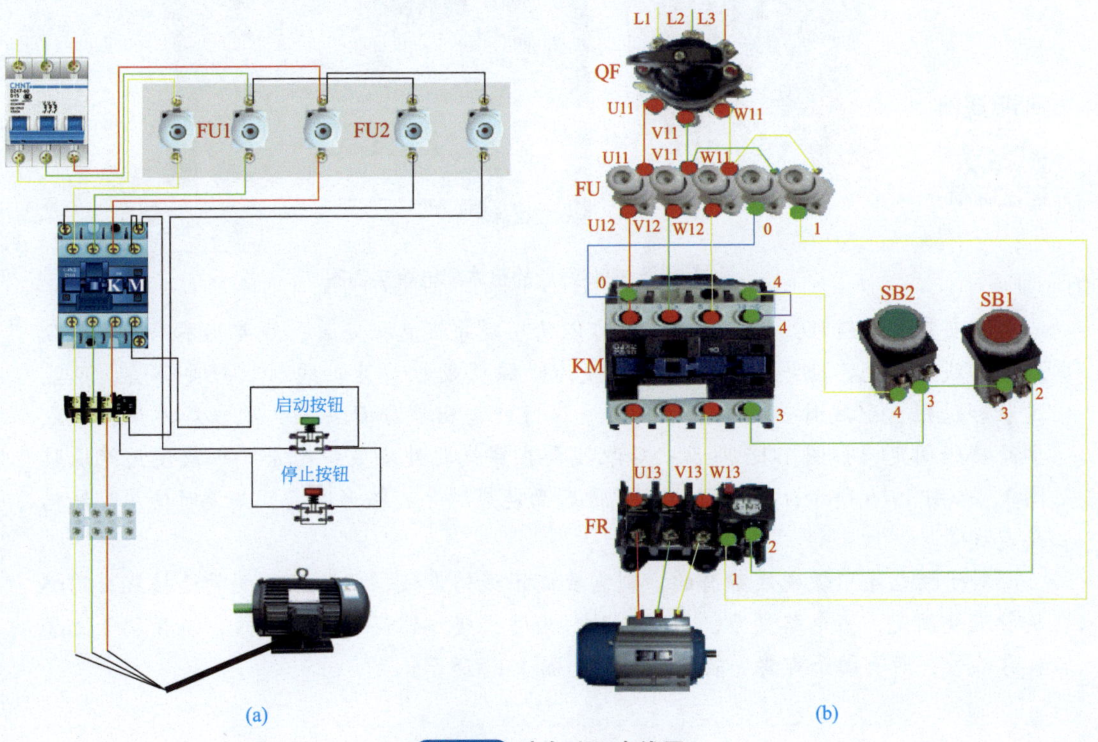

(a) (b)

图1-13 电气实际布线图

4. 电路调试与检修

此电路同样有两种检修方法，或将两种方法结合起来应用。根据电路原理图检修时，用万用表检测 QF 的下端是否有电压；熔断器用万用表测量是否熔断；控制回路元件 FR、SB1、SB2、KM 线圈是否断路，如果断路直接进行更换；KM 的接点是否毁坏，KM 接点毁坏（有粘连、被电火花烧着以后）应进行更换；热继电器是否毁坏，毁坏进行更换；若上述元件均没有毁坏，应该是电动机毁坏，直接维修或更换电动机。

直观检查法，就是接通 QF，按压交流接触器看电动机是否能够旋转，如果按压交流接触器电动机能够旋转，说明主控制电路没有问题，故障在副控制电路，应该去检查启动按钮和停止按钮是否毁坏。对于直观检查法，每次在检查时第一步应该检查熔断器是否熔断，熔断器熔断时直接进行更换。

知识拓展：配电盘实际组装注意事项

在组装配电盘时，根据原理图和设计需要，选择合适电气布线后，需要选择一款合适的配电箱，当配电箱达不到要求时还需要自己改造，如安装部分压板、在需要安装器件的位置开孔等。整体配电箱如图 1-14 所示。

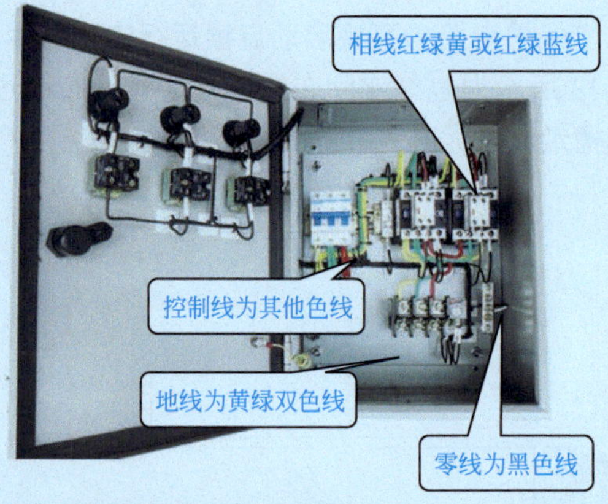

配电箱的布线

图1-14 安装好后的整体配电箱实物图

在安装配电箱时，简单的配电箱可以使用硬导线直接安装，线要用不同的颜色分开，零线为黑色、地线为黄绿色、相线为红绿蓝或红黄蓝。线材长短要合适，不能过长和过短，配线时一般要求横平竖直，进线与出线分开安装，配线后要用扎带或卡子将线固定，如图 1-15 所示，后配线要在穿线孔处安装绝缘层（一般使用绝缘胶圈），如图 1-16 所示，在后配线的背板后面也应对导线整形固定，必要时使用走线槽或走线管。

对于配电箱中软硬线都有的，则需要使用线槽走线，门与板之间的连接线应用螺旋管缠绕固定，当电路复杂、引线多时，为防止接线错误和便于检修，应在端子上套标号线管，所有端子都要安装标记号，如图 1-17 所示。

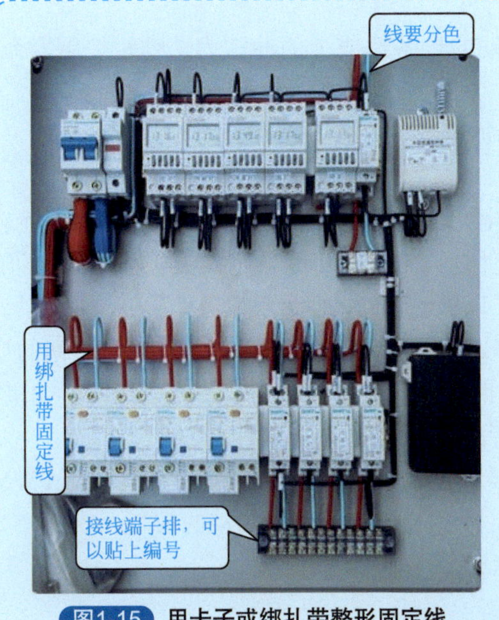

图1-15 用卡子或绑扎带整形固定线

图1-16 后配线形式的配电箱

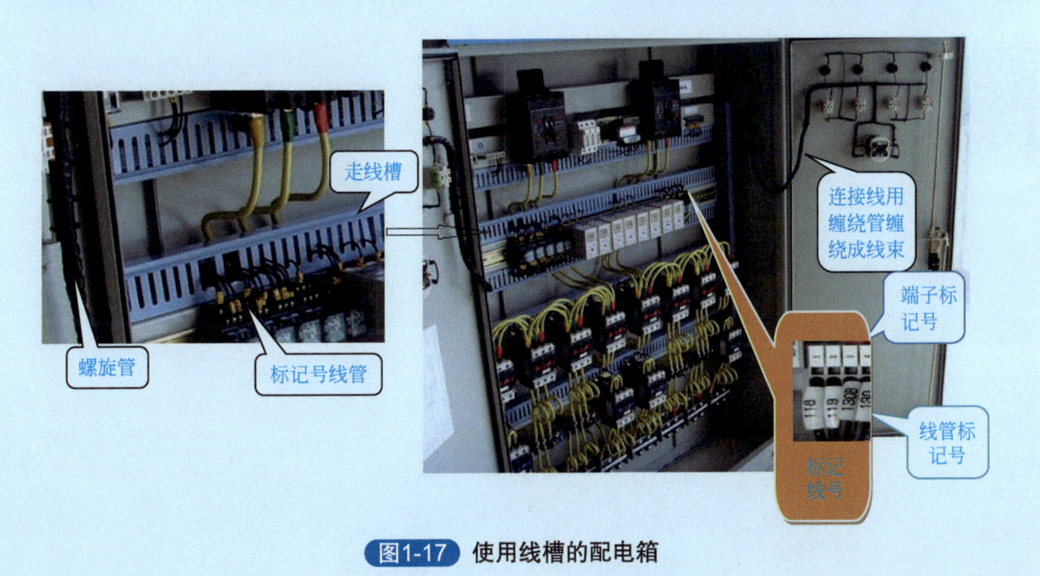

图1-17 使用线槽的配电箱

四、晶闸管控制软启动（软启动器）控制电路

1. 电路原理图与工作原理

（1）电动机直接启动的危害

电气方面：

① 启动时可达 5 ～ 7 倍的额定电流，造成电动机绕组过热，从而加速绝缘老化。

② 供电网络电压波动大，当电压≤ $0.85U_N$ 时，影响其他设备的正常使用。

机械方面：

① 过大的启动转矩产生机械冲击，对被带动的设备造成大的冲击力，缩短使用寿命，影响精确度。如使联轴器损坏、皮带撕裂等。

② 造成机械传动部件的非正常磨损及冲击，加速老化，缩短寿命。

（2）软启动的分类和基本工作原理

在电动机定子回路，通过串入有限流作用的电力器件实现的软启动，叫做降压或限流软启动。它是软启动中的一个重要类别。以限流器件划分，软启动可分为：以电解液限流的液阻软启动，以晶闸管为限流器件的晶闸管软启动，以磁饱和电抗器为限流器件的磁控软启动。

变频调速装置也是一种软启动装置，它是比较理想的一种，可以在限流同时保持高的启动转矩，但较高的价格制约了其作为软启动装置的发展。传统的软启动均是有级的，如星/三角变换软启动、自耦变压器软启动、电抗器软启动等。具体电路在后面进行介绍。

日常软启动应用中最具有性价比的是晶闸管软启动，其原理是通过控制单元发出 PWM 波来控制晶闸管触发脉冲，以控制晶闸管的导通，从而实现对电动机启动的控制。

晶闸管软启动器内部结构和主电路图如图 1-18 所示。

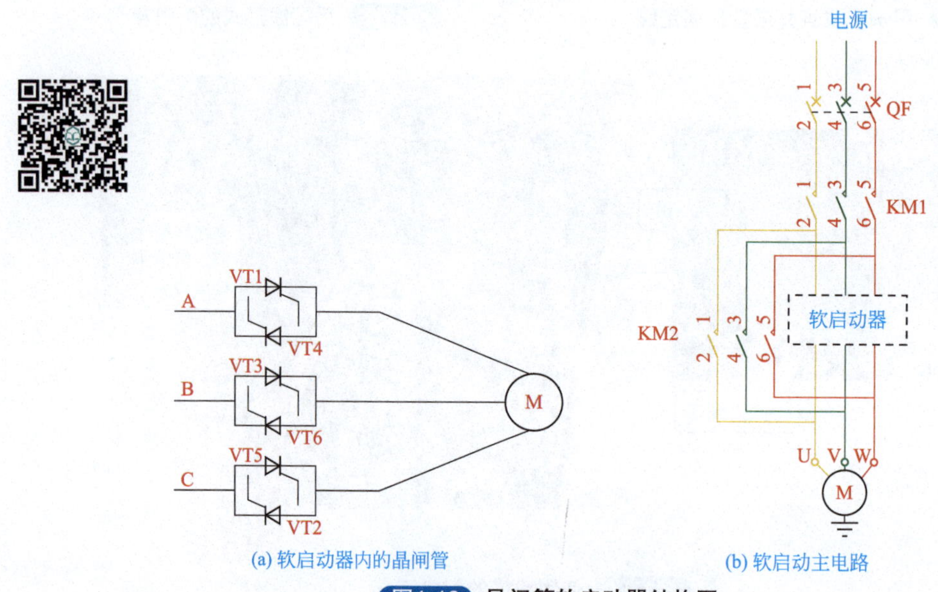

(a) 软启动器内的晶闸管　　(b) 软启动主电路

图1-18 晶闸管软启动器结构图

由晶闸管调压软启动主电路图中，调压电路由六只晶闸管两两反向并联组成，串接在电动机的三相供电线路中。在启动过程中，晶闸管的触发角由软件控制，当启动器的微机控制系统接到启动指令后，便进行有关的计算，输出触发晶闸管的信号，通过控制晶闸管的导通角 θ，使启动器按照所设计的模式调节输出电压，使加在交流电动机三相定子绕组上的电压由零逐渐平滑地升至全电压。同时，电流检测装置检测三相定子电流并送给微处理器进行运算和判断，当启动电流超过设定值时，软件控制升压停止，直到启动电流下降到低于设定值之后，再使电动机继续升压启动。若三相启动电流不平衡并超过规定的范围，则停止启动。当启动过程完成后，软启动器将旁路接触器吸合，短路掉所有的晶闸管，使电动机直接投入电网运行，以避免不必要的电能损耗。

软启动器采用三相反并联晶闸管作为调压器，将其接入电源和电动机定子之间。这种电路如三相全控桥式整流电路，使用软启动器启动电动机时，晶闸管的输出电压逐渐增加，电动机逐渐加速，直到晶闸管全导通，电动机工作在额定电压的机械特性上，实现平滑启动，降低启动电流，避免启动过流跳闸。待电机达到额定转数时，启动过程结束，软启动器自动用旁路接触器取代已完成任务的晶闸管，为电动机正常运转提供额定电压，以降低晶闸管的热损耗，延长软启动器的使用寿命，提高其工作效率，使电网避免谐波污染。

（3）实际应用的 CMC-L 软启动器电路

① 实际电路图如图 1-19 所示。软启动器端子 1L1、3L2、5L3 接三相电源，2T1、4T2、6T3 接电动机。当采用旁路交流接触器时，可采用内置信号继电器通过端子的 6 脚和 7 脚控制旁路交流接触器接通，达到电动机的软启动。

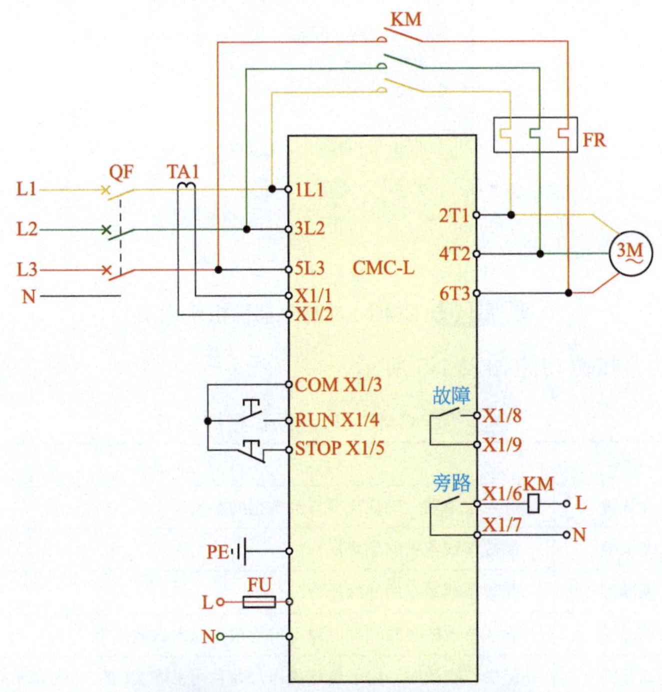

图1-19　CMC-L软启动器实际电路图

② CMC-L 软启动器端子说明：CMC-L 软启动器有 12 个外引控制端子，为大家实现外部信号控制、远程控制及系统控制提供方便，端子说明如表 1-4 所示。

表1-4　CMC-L软启动器端子说明

端子号		端子名称	说明
主回路	1L1、3L2、5L3	交流电源输入端子	接三相交流电源
	2T1、4T2、6T3	软启动输出端子	接三相异步电动机
控制回路	X1/1	电流检测输入端子	接电流互感器
	X1/2		
	X1/3	COM	逻辑输入公共端
	X1/4	外控启动端子（RUN）	X1/3 与 X1/4 短接则启动
	X1/5	外控停止端子（STOP）	X1/3 与 X1/5 断开则停止
	X1/6	旁路输出继电器	输出有效时 K21—K22 闭合，接点容量 AC250V/5A，DC30V/5A
	X1/7		

续表

端子号		端子名称	说明
控制回路	X1/8	故障输出继电器	输出有效时 K11—K12 闭合，接点容量 AC250V/5A，DC30V/5A
	X1/9		
	X1/10	PE	功能接地
	X1/11	控制电源输入端子	AC110V ～ AC220V（+15%）50/60Hz
	X1/12		

③ CMC-L 软启动器显示及操作说明：CMC-L 软启动器面板示意图如图 1-20 所示。

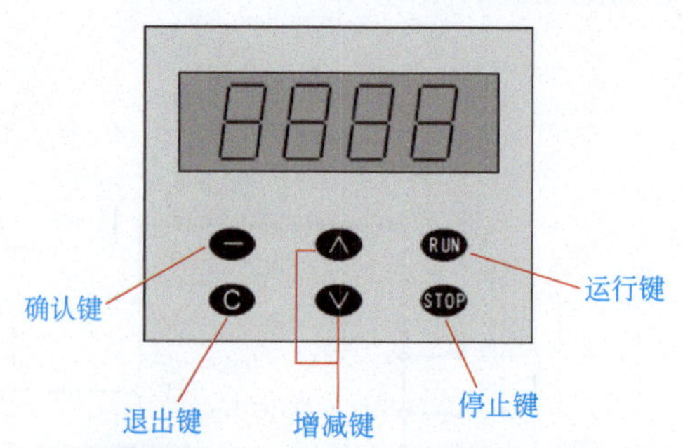

图1-20 CMC-L软启动器面板示意图

CMC-L 软启动器按键功能如表 1-5 所示。

表1-5 CMC-L软启动器按键功能

符号	名称	功能说明
—	确认键	进入菜单项，确认需要修改数据的参数项
∧	递增键	参数项或数据的递增操作
∨	递减键	参数项或数据的递减操作
C	退出键	确认修改的参数数据、退出参数项，退出参数菜单
RUN	运行键	键操作有效时，用于运行操作，并且端子排 X1 的 3、5 端子短接
STOP	停止键	键操作有效时，用于停止操作，故障状态下按下 STOP 键 4s 以上可复位当前故障

CMC-L 软启动器显示状态说明如表 1-6 所示。

表1-6 CMC-L软启动器显示状态说明

序号	显示符号	状态说明	备注
1	STOP	停止状态	设备处于停止状态
2	P020	编程状态	此时可阅览和设定参数
3	AUA	运行状态 1	设备处于软启动过程状态
4	AUA	运行状态 2	设备处于全压工作状态
5	AUA	运行状态 3	设备处于软停车状态
6	Err	故障状态	设备处于故障状态

④ CMC-L 软启动器的控制模式：CMC-L 软启动器有多种启动方式：限流启动、斜坡限流启动、电压斜坡启动；多种停车方式：软停车、自由停车方式。在使用时可根据负载及具体使用条件选择不同的启动方式和停车方式。

• 限流启动。使用限流软启动模式时，启动时间设置为零，软启动器得到启动指令后，其输出电压迅速增加，直至输出电流达到设定电流限幅值 I_m，输出电流不再增大，电动机运转加速持续一段时间后电流开始下降，输出电压迅速增加，直至全压输出，启动过程完成，如表 1-7 所示。

表1-7　限流启动使用限辩驳软启动模式参数表

参数项	名称	范围	设定值	出厂值
P1	启动时间	0 ～ 60s	0	10
P3	限流倍数	（1.5 ～ 5）I_e 8 级可调	—	3

注：“—”表示用户自己根据需要进行设定（下同）。

• 斜坡限流启动。输出电压以设定的启动时间按照线性特性上升，同时输出电流以一定的速率增加，当启动电流增至限幅值 I_m 时，电流保持恒定，直至启动完成，如表 1-8 所示。

表1-8　斜坡限流启动模式参数表

参数项	名称	范围	设定值	出厂值
P0	起始电压	（10% ～ 70%）U_e	—	30%
P1	启动时间	0 ～ 60s	—	10
P3	限流倍数	（1.5 ～ 5）I_e 8 级可调	—	3

• 电压斜坡启动。这种启动方式适用于大惯性负载，而对启动平稳性要求比较高的场合，可大大降低启动冲击及机械应力，如表 1-9 所示。

表1-9　电压斜坡启动模式参数表

参数项	名称	范围	设定值	出厂值
P0	起始电压	（10% ～ 70%）U_e	—	30%
P1	启动时间	0 ～ 60s	—	10

• 自由停车。当停车时间为零时为自由停车模式，软启动器接到停机指令后，首先封锁旁路交流接触器的控制继电器并随即封锁主回路晶闸管的输出，电动机依负载惯性自由停机，如表 1-10 所示。

表1-10　自由停车模式参数表

参数项	名称	范围	设定值	出厂值
P2	停车时间	0 ～ 60s	0	0

• 软停车。当停车时间设定不为零时，在全压状态下停车则为软停车，在该方式下停机，软启动器首先断开旁路交流接触器，软启动器的输出电压在设定的停车时间降为零。

⑤ CMC-L 软启动器参数项及其说明如表 1-11 所示。

表1-11 CMC-L软启动器参数项及其说明

参数项	名称	范围	出厂值
P0	起始电压	（10%～70%）U_e 设为99%时为全压启动	30%
P1	启动时间	0～60s 选择0为限流软启动	10
P2	停车时间	0～60s 选择0为自由停车	0
P3	限流倍数	（1.5～5）I_e 8级可调	3
P4	运行过流保护	（1.5～5）I_e 8级可调	1.5
P5	未定义参数	0——接线端子控制 1——操作键盘控制	
P6	控制选择	2——键盘、端子同时控制 0——允许SCR保护	2
P7	SCR保护选择	1——禁止SCR保护 0——双斜坡启动无效 非0——双斜坡启动有效	0
P8	双斜坡启动	设定值为第一次启动时间（范围：0～60s）	0

2. 电气控制部件与作用

带热继电器保护自锁正转控制线路所选元器件及作用表如表1-12所示。

表1-12 电路所选元器件作用表

名称	符号	元器件外形	元器件作用
断路器	QF 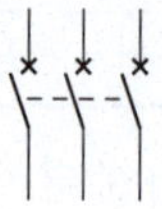		主回路过流保护
漏电保护器	QF 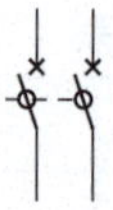	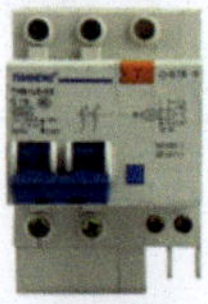	在设备发生漏电故障时对人身进行保护。同时可用来防止线路或电动机的过载和短路
按钮开关	SB 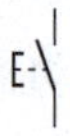		启动控制的设备
	SB 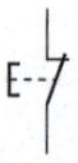		停止控制的设备
旁路交流接触器	KM 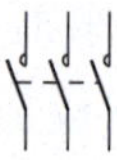		当电动机完成启动过程后，软启动装置可以根据设定的时间启动旁路交流接触器，将软启从电动机主回路切除，由旁路交流接触器接通电动机动力回路

续表

名称	符号	元器件外形	元器件作用
软启动器	RQ RQ		实现电动机平滑启动，降低电动机启动电流，避免启动过流跳闸
中间继电器	KA		转换和传递控制信号
电动机	M M 3～		拖动、运行

注：对于元器件的选择，电气参数要符合，具体元器件的型号和外形要根据现场要求和实际配电箱结构选择。

3. 电路接线组装

① 外接控制回路 CMC-L 软启动器整体电路设计安装原理图，如图 1-21 所示。

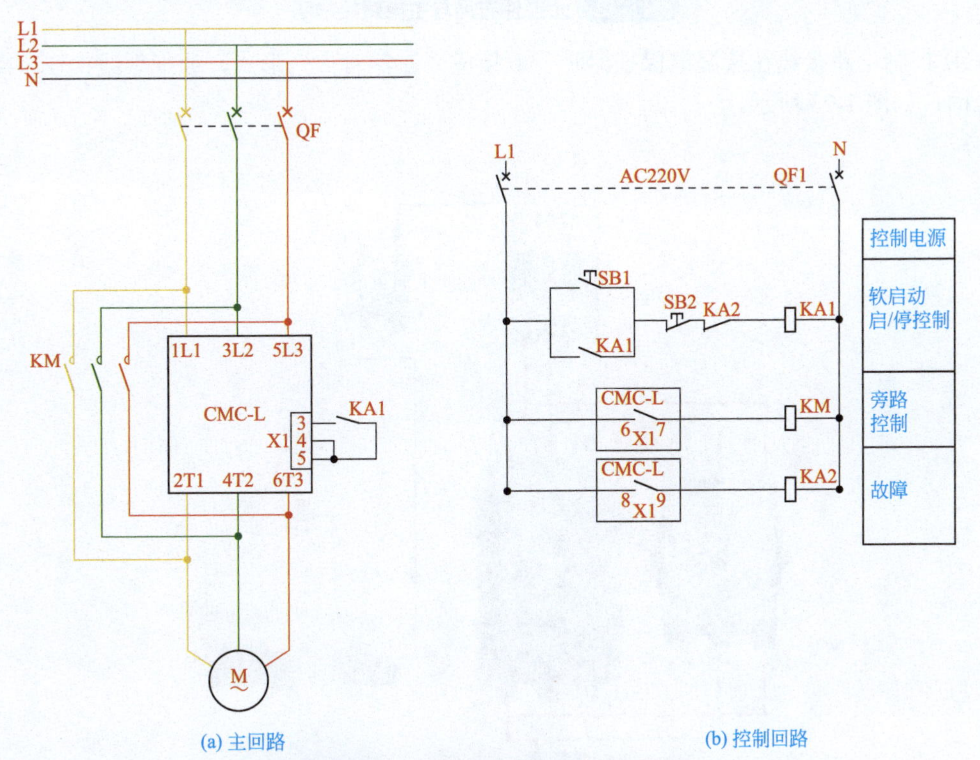

图1-21　外接控制回路CMC-L软启动器

② 外接控制回路 CMC-L 软启动器元器件布置。这里为方便理解，把中间继电器电路图放到布局图里，如图 1-22 所示。

③ 主电路接线如图 1-22 所示。

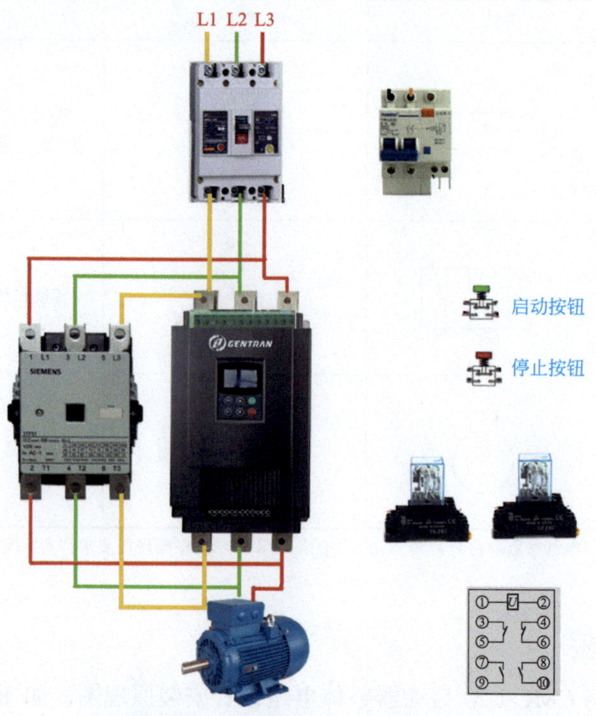

图1-22 元器件布局与主电路接线图

④ 控制电路接线在接漏电保护器时一般接成“左零右火”形式，或把零线接在“N”标识上面，如图 1-23 所示。

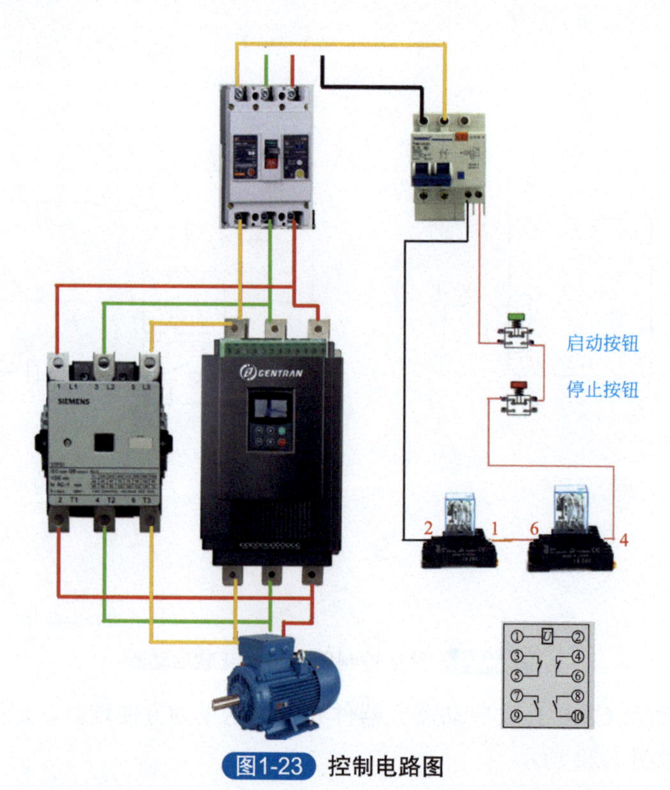

图1-23 控制电路图

⑤ 继电器接线：KA1 常开触点要并联在启动按钮开关上，停止按钮开关 SB2 和 KA2 常闭触点串联接到 KA1 线圈上，如图 1-24 所示。

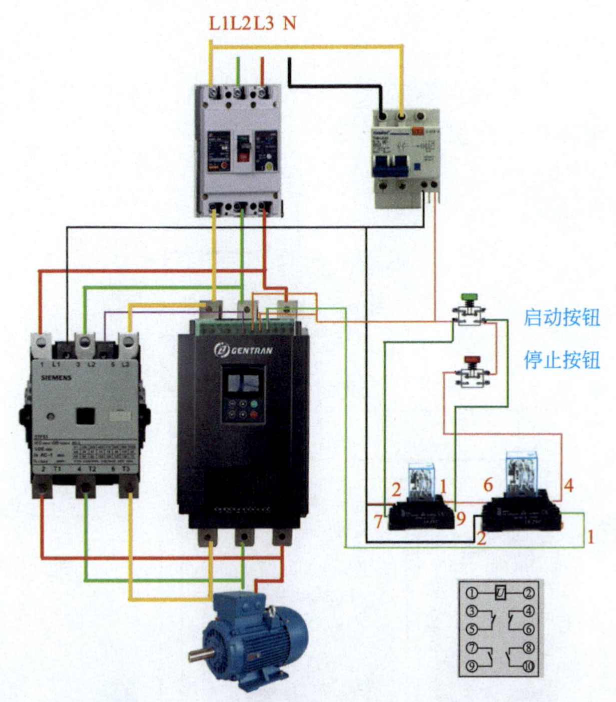

图1-24　停止按钮SB2和KA2常闭触点串联接线图

⑥ 旁路交流接触器接线：220V 火线经过软启动端子 6、7 接到旁路交流接触器线圈上，控制旁路交流接触器，如图 1-25 所示。

图1-25　旁路交流接触器接线图

当出现故障不能启动时，220V 火线经过软启动端子 8、9 接到中间继电器 KA2 线圈，中间继电器 KA2 吸合，串联在 KA1 中间继电器线圈的 220V 电压被切断，软启动控制器停止工作。

说明：接线时别忘了软启动控制器 11、12 号端子的 220V 控制电源必须接好，如图 1-26 所示。

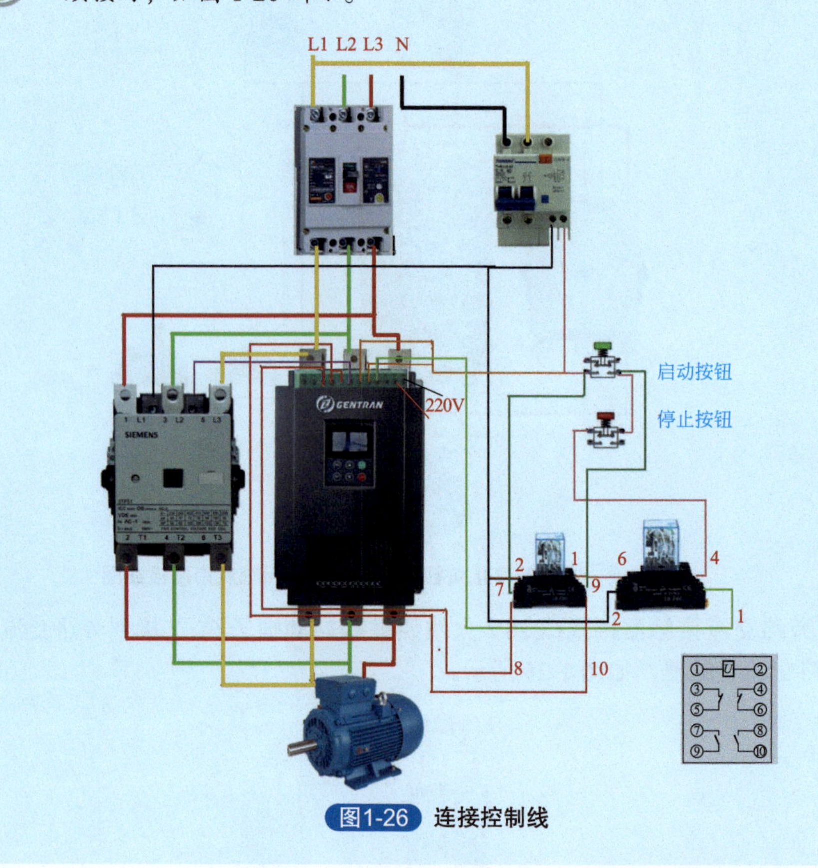

图1-26 连接控制线

4. 电路调试与检修

当软启动器保护功能动作时，软启动器立即停机，显示屏显示当前故障。用户可根据故障内容进行故障分析。

说明：不同的软启动器故障代码不完全相同，因此实际故障代码应参看使用说明书，如表 1-13 所示。

表1-13 实际故障代码使用说明

显示	状态说明	处理方法
STOP	给出启动信号电动机无反应	① 检查端子 3、4、5、是否接通 ② 检查控制电路连接是否正确，控制开关是否正常 ③ 检查控制电源是否过低 ④ C200 参数设置不对

续表

显示	状态说明	处理方法
无显示	—	① 检查端子 X3 的 8 和 9 是否接通 ② 检查控制电源是否正常
Err1	电动机启动时缺相	检查三相电源各相电压，判断是否缺相并予以排除
Err2	可控硅过热	① 检查软启动器安装环境是否通风良好且垂直安装 ② 检查散热器是否过热或过热保护开关是否被断开 ③ 启动频次过高，降低启动频次 ④ 控制电源过低，启动过程电源跌落过大
Err3	启动失败故障	① 逐一检查各项工作参数设定值，核实设置的参数值与电动机实际参数是否匹配 ② 启动失败（C105 设定时间内未完成），检查限流倍数是否设定过小或核对互感器变比正确性
Err4	软启动器输入与输出端短路	① 检查旁路接触器是否卡在闭合位置上 ② 检查可控硅是否击穿或损坏
	电动机连接线开路（C104 设置为 0）	① 检查软启动器输出端与电动机是否正确且可靠连接 ② 判断电动机内部是否开路 ③ 检查可控硅是否击穿或损坏 ④ 检查进线是否缺相
Err5	限流功能失效	① 检查电流互感器是否接到端子 X2 的 1、2、3、4 上，且接线方向是否正确 ② 查看限流保护设置是否正确 ③ 电流互感器变比是否正确
	电动机运行过流	① 检查软启动器输出端连接是否有短路 ② 负载突然加重 ③ 负载波动太大 ④ 电流互感器变化是否与电动机相匹配
Err6	电动机漏电故障	电动机与地绝缘阻抗过小
Err7	电子热过载	是否超载运行
Err8	相序错误	调整相序或设置为不检测相序
Err9	参数丢失	此故障发现时，暂停软启动器的使用，速与供货商联系

绕线转子异步电动机启动控制电路

1. 电路原理图与工作原理

绕线转子异步电动机的启动控制电路如图 1-27 所示。

三相绕线转子异步电动机较直流电动机结构简单、维护方便，调速和启动性能比笼型异步电动机优越。有些生产机械要求电动机有较大的启动转矩和较小的启动电流，而对调速要求不高。但笼型异步电动机不能满足上述启动性能的要求，此种情况下可采用绕线转子异步

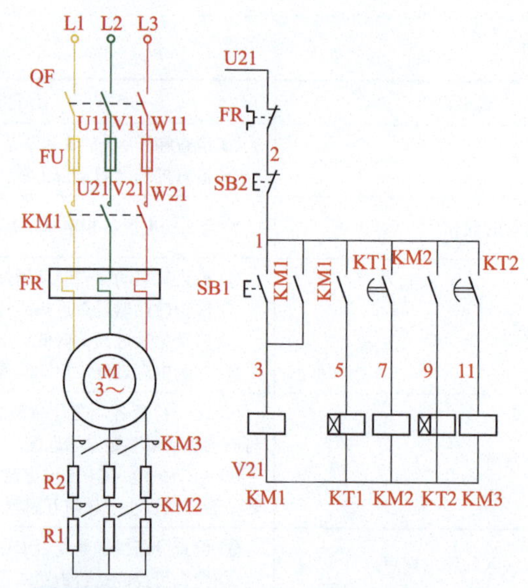

图1-27 绕线转子异步电动机的启动控制电路

电动机拖动，通过滑环可以在转子绕组中串接外加电阻或频敏变阻器，从而达到限制启动电流、增大启动转矩及调速的目的。

启动时，启动电阻全部接入；启动过程中，启动电阻逐段被短接。本线路在启动过程中，通过时间继电器的控制，将转子电路中的电阻分段切除，达到限制启动电流的目的。

按下启动按钮 SB1，KM1 线圈得电，常开触点闭合自锁，同时另一副常开触点闭合，KT1 线圈得电，KT1 的延时闭合触点闭合。KM2 线圈获电，KM2 的主触点闭合，切除电阻 R1，KM2 的常开辅助触点闭合，使 KT2 线圈得电，KT2 的延时闭合触点闭合，KM3 线圈得电，KM3 主触点闭合，电阻 R2 切除。

三相绕线转子异步电动机优点是：可通过滑环在转子绕组串接外加电阻达到减小启动电流的目的，启动转矩大，而且可调速，在电力拖动中经常使用。

2. 电气控制部件与作用

热继电器保护自锁正转控制线路所选元器件作用表如表 1-14 所示。

表1-14 电路所选元器件作用表

名称	符号	元器件外形	元器件作用
断路器	QF		主回路过流保护
熔断器	FU		当线路大负荷超载或短路电流增大时熔断器被熔断，起到切断电流、保护电路的作用
按钮开关	SB		启动控制的设备

续表

名称	符号	元器件外形	元器件作用
按钮开关	SB		停止控制的设备
交流接触器	KM		快速切断交流主回路的电源，开启或停止设备的工作
时间继电器	KT		当电器或机械给出输入信号时，在预定的时间后输出电气关闭或电气接通信号
热继电器	FR		保护电动机不会因为长时间过载而烧毁
电阻	R		既是启动电阻，又是改变转速的电阻
接线端子			将屏内设备和屏外设备的线路相连接，起到信号（电流、电压）传输的作用
绕线电动机	M　M 3～		拖动、运行

注：对于元器件的选择，电气参数要符合，具体元器件的型号和外形要根据现场要求和实际配电箱结构选择。

3. 电路接线组装

电路接线如图 1-28 所示。

电路接线图说明：为便于识别成套装置中各种导线的作用和类别，电路中规定了很多规则，比如在标准接线中，给定的标准单相电中，红线代表火线，绿线代表零线；三相四线制中，黄、绿、红三条线代表三条火线，黑线代表零线；三相五线制中，黄、绿、红三条线代表三条火线，黑线代表零线，黄、绿线代表接地线。一般规定 A 相为黄色，B 相为绿色，C 相为红色，便于相序的识别和电气人员操作施工的方便。但是由于标准不断修订及其实际工作中的需要，除去对设备有安全隐患的和明文规定的标准必须按照规则执行外，有些规则可以因地制宜自己制定，如在没有严格规定相序的情况下，三相线可以全部使用黑色或其他同颜色线，单相线可以使用红、黑线或者黄、黑线布线，也就是说一般只要黄绿接地线不弄错，其他颜色线均可以应用。对于直流电路，也并非是必须红正极、蓝负极，一般红正、黑负都可以。

另外对于隔离开关和负荷隔离开关、漏电开关，在使用时可以用负荷隔离开关代替隔离开关，用漏电开关代替隔离负荷开关等。

很多人对空气开关和漏电开关分不清楚，空气开关只有过流跳开，漏电开关过流和漏电都跳开，远距离控制时使用空气开关，电器旁的最好使用漏电开关。如果隔离开关、负荷开关、漏电开关同时在一个支路中，则最前端为隔离开关（或者叫刀闸），中间是负荷空气开关，最后为漏电开关。

因此对于电路中符号应用也可以用如上的方法代用，活学活用，在不违背标准及安全规则时因地制宜设计接线。

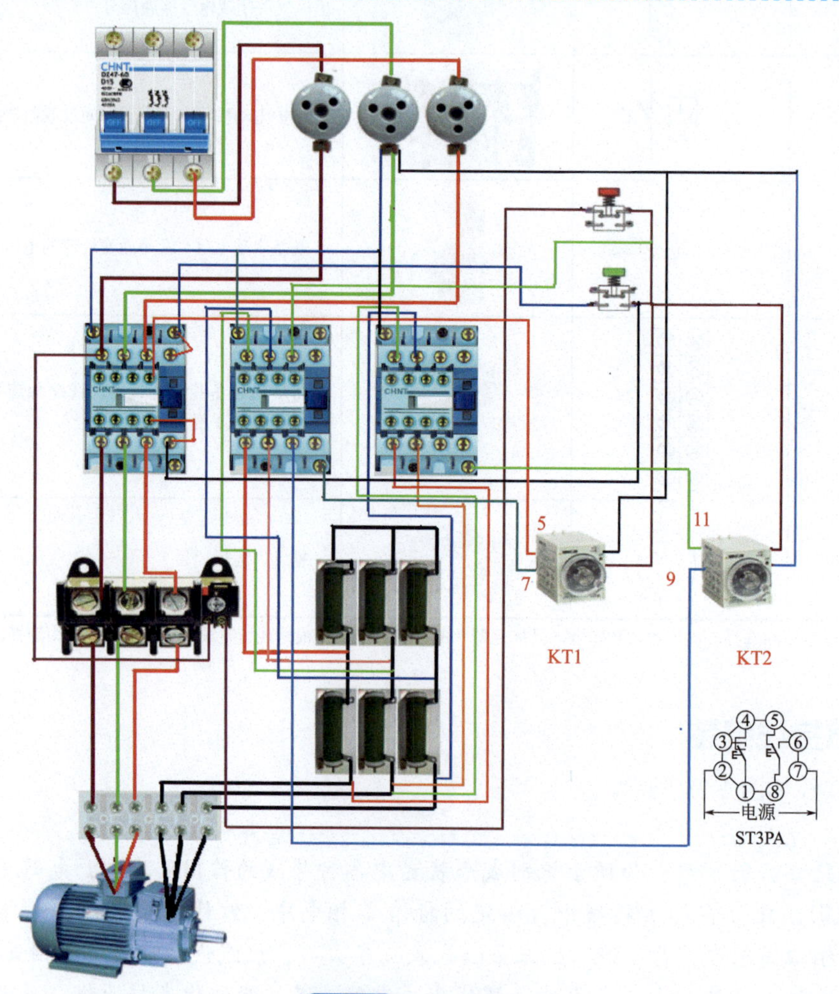

图1-28 电路接线图

4. 电路调试与检修

电阻降压式启动电路实际是在启动时串入电阻器，使转子绕组中的电压由低向高变化，直到全压运行，在电路中是由交流接触器来控制电阻的接通和断开的。在检修过程当中，用直观检查法先观察交流接触器是否有毁坏现象，比如接点粘连、接点变形。检查熔断器是否毁坏，按钮开关是否毁坏，直接看电阻是否有烧毁现象（采用大功率的线绕电阻），如有毁坏，可以直观看出。若通过直观检查法，上述元件没有问题，利用电压跟踪法去检测故障位置，比如接通电源后，测量交流接触器的下口没有电压，而上口有电压，说明是交流接触器毁坏，如果交流接触器的下口有电压，熔断器的上口有电压，熔断器下口没有电压，说明是熔断器熔断。熔断器下口有电压，到各个交流接触器的上口有电压，如主交流接触器下口没有电压，说明是主交流接触器毁坏，或主交流接触器的控制电路毁坏，用万用表检查按钮开关是否接通，交流接触器的线圈是否毁坏，如有毁坏进行更换。查主交流接触器的下口有电压，查热继电器的输入端是否有电压，如有电压查输出端是否有电压，如输入端有电压，输出端没有电压，说明热继电器毁坏。如果输出端有电压，电动机仍不能正常运转，应检查电动机是否毁坏。主控制电路有电压，电动机不能运行，说明在转子控制电路，应去检查启动控制的两个交流接触器、启动电阻、时间继电器是否毁坏，检查到哪个元器件出现故障，可以直接将其更换。

时间继电器更换时应按原型号进行选购，因为有延时断开和延时接通之分，不能接错。

六、单相电容运行控制电路

1. 电路原理图与工作原理

电路如图 1-29 所示。电容运行式异步电动机新型号代号为 DO_2。副绕组串接一个电容器后与主绕组并接于电源，副绕组和电容器不仅参与启动还长期参与运行，如图 1-29 为单相电容运行式异步电动机接线原理图。单相电容运行式异步电动机的电容器长期接入电源工作，因此不能采用电解电容器，通常一般采用纸介或油浸纸介电容器。电容器的容量主要是根据电动机运行性能来选取，一般比电容启动式的电动机要小一些。

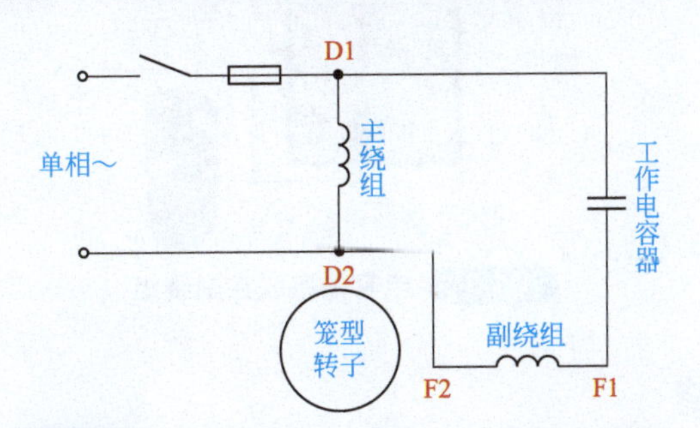

图1-29　单相电容运行式异步电动机接线原理图

2. 电气控制部件与作用

所选元器件作用表如表 1-15 所示。

表1-15 电路所选元器件作用表

名称	符号	元器件外形	元器件作用
断路器	QF		主回路过流保护
熔断器	FU		当线路大负荷超载或短路电流增大时熔断器被熔断，起到切断电流、保护电路的作用
电容器	C		启动单相异步电动机
单相电动机	M (M)		拖动、运行

注：对于元器件的选择，电气参数要符合，具体元器件的型号和外形要根据现场要求和实际配电箱结构选择。

3. 电路接线组装

在电路接线中，把电容器串联在副绕组中，如图 1-30 所示。

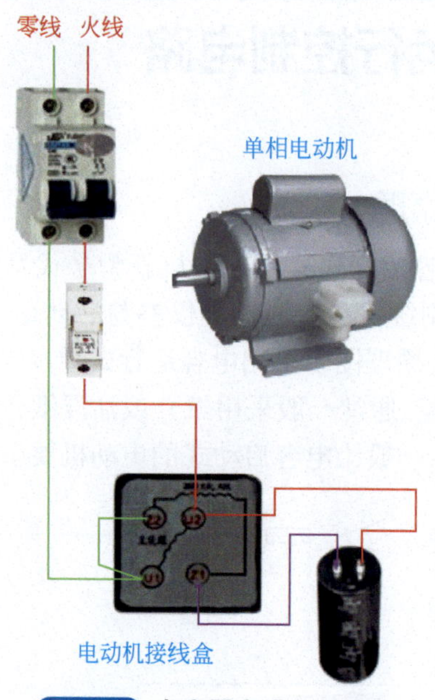

图1-30 电容器串联在副绕组

4. 电路调试与检修

当接通空开以后，电动机不能正常运转，首先检查空开、熔断器是否毁坏，用万用表的电阻挡去测量电容器是否有充放电现象，如有充放电现象，说明电容器是完好的；如果没有充放电现象，说明电容器毁坏了。如不会用万用表测量电容器好坏，可以采用原型号电容器直接代换法更换电容器，若更换以后电动机仍不能正常运转，说明电动机毁坏，应维修或更换电动机。

七、单相 PTC 或电流继电器、离心开关启动运行电路

PTC 或电流继电器或离心开关启动运行电路都是在启动瞬间接通启动绕组，在电动机进入正常运行后切断运行绕组，同时都可以配合运行或启动电容器一起工作。因此，将三个电路合在一起进行讲解。

1. 电路原理图与工作原理

(1) PTC 启动器控制电路原理

PTC 启动器及启动控制电路如图 1-31 所示。最新式的启动元件是“PTC”，它是一种能“通”或“断”的热敏电阻。PTC 热敏电阻是一种新型的半导体元件，可用作延时型启动开关。使用时，将 PTC 元件与电容启动或电阻启动电动机的副绕组串联。在启动初期，因 PTC 热敏电阻尚未发热，阻值很低，副绕组处于通路状态，电动机开始启动。随着时间的推移，电动机的转速不断增加，PTC 元件的温度因本身的焦耳热而上升，当超过居里点 T_c（即电阻急剧增加的温度点），电阻剧增，副绕组电路相当于断开，但还有一个很小的维持电流，并有 2 ～ 3W 的损耗，使 PTC 元件的温度维持在居里点 T_c 值以上。当电动机停止运行后，PTC 元件温度不断下降，约 2 ～ 3min 其电阻值降到 T_c 点以下，这时又可以重新启动。

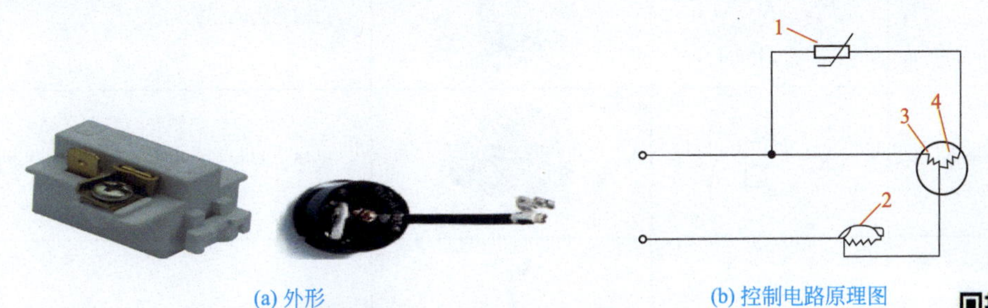

(a) 外形　(b) 控制电路原理图

图1-31 PTC启动器外形与控制电路

1—半导体启动器；2—热保护继电器；3—运行绕组；4—启动绕组

(2) 电流启动继电器控制电路

启动器外形、结构与接线如图 1-32 所示。有些电动机，如气泵电动机，由于它与压缩机组装在一起，并放在密封的罐子里，不便于安装离心开关，就用启动继电器代替。继电器

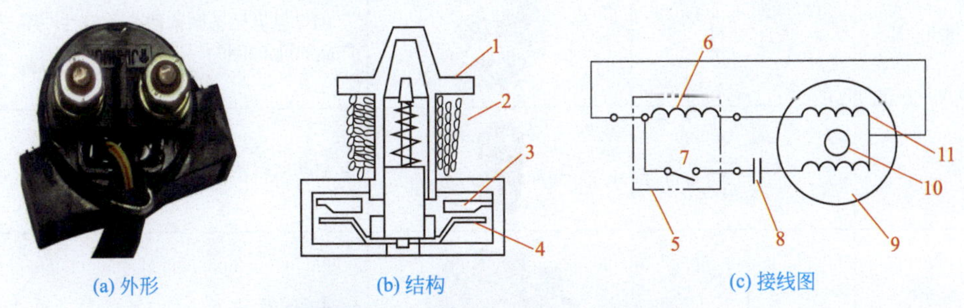

(a) 外形　(b) 结构　(c) 接线图

图1-32 电流启动器外形、结构与接线

1—绝缘壳体；2—励磁线圈；3—静触点；4—动触点；5—启动器；6—线圈；7—接点；8—启动电容器；9—启动绕组；10—转子；11—运转绕组

的吸铁线圈串联在主绕组回路中，启动时，主绕组电流很大，衔铁动作，使串联在副绕组回路中的动合触点闭合。于是副绕组接通，电动机处于两相绕组运行状态。随着转子转速上升，主绕组电流不断下降，吸引线圈的吸力下降。当到达一定的转速，电磁铁的吸力小于触点的反作用弹簧的拉力，触点被打开，副绕组就脱离电源。

(3)离心开关启动控制电路

对于离心开关启动控制电路，定子线槽主绕组、副绕组分布与电阻启动式电动机相同，但副绕组线径较粗，电阻大，主副绕组为并联电路。副绕组和一个容量较大的启动电容串联，再串联离心开关。副绕组只参与启动而不参与运行。当电动机启动后达到 75% ～ 80% 的转速时通过离心开关将副绕组和启动电容器切离电源，由主绕组单独工作（图 1-33）。

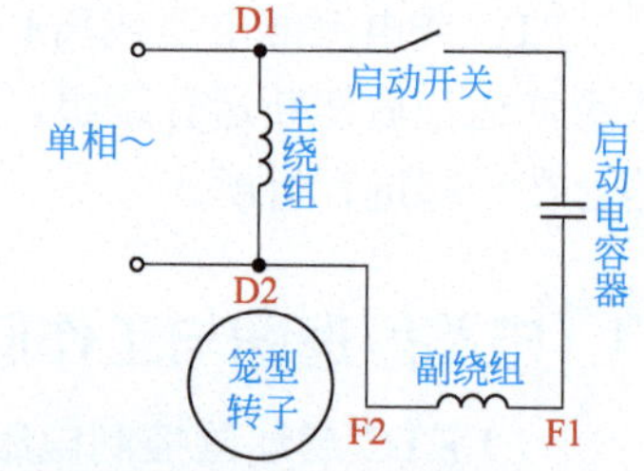

图1-33 单相电容启动异步电动机接线原理图

2. 电气控制部件与作用

所选元器件作用表如表 1-16 所示。

表1-16 电路所选元器件作用表

名称	符号	元器件外形	元器件作用
断路器	QF		主回路过流保护
启动继电器	KA		接通、断开主绕组线圈和副绕组线圈电路
热保护器	FR		如果电路温度升高超过了设定值，就会自动断开，起到保护电路作用
离心开关	SF		控制单相电动机的启动线圈达到一定转速时开关断开（在电动机内部）
半导体启动器	PTC		PTC 具有阻值瞬间跳变的特性，用于电气类产品的过流保护
电容器	C		启动单相异步电动机的交流电容器
单相电动机	M		拖动、运行

注：对于元器件的选择，电气参数要符合，具体元器件的型号和外形要根据现场要求和实际配电箱结构选择。

3. 电路接线组装

(1) PTC 启动器控制电路接线

把启动器串联在副绕组上，保护继电器起到过流发热、断开电路供电作用，所以把它接到零线回路。PTC 启动器控制电路接线如图 1-34 所示。

(2) 电流启动控制电路接线

在电路接线过程中采用不同的元件达到控制目的，电流启动控制电路接线就是另外一种采用不同元件的接线方法，如图 1-35 所示。

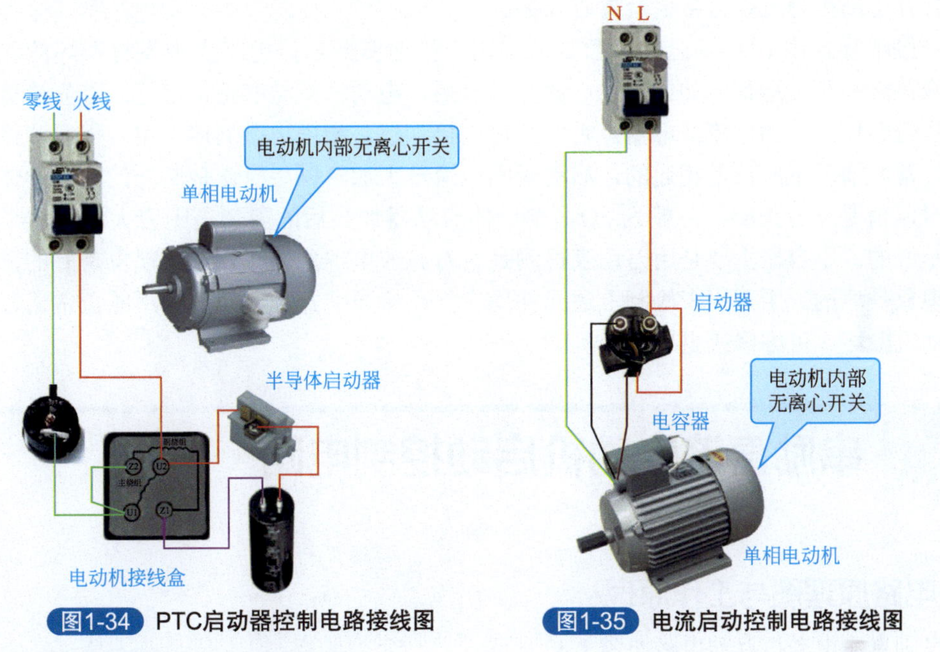

图1-34 PTC启动器控制电路接线图

图1-35 电流启动控制电路接线图

(3) 离心开关启动控制电路接线

把离心开关串联在启动绕组即可，在实际电路中离心开关在电动机内部，外界看不到，接线时要注意，如图 1-36 所示。

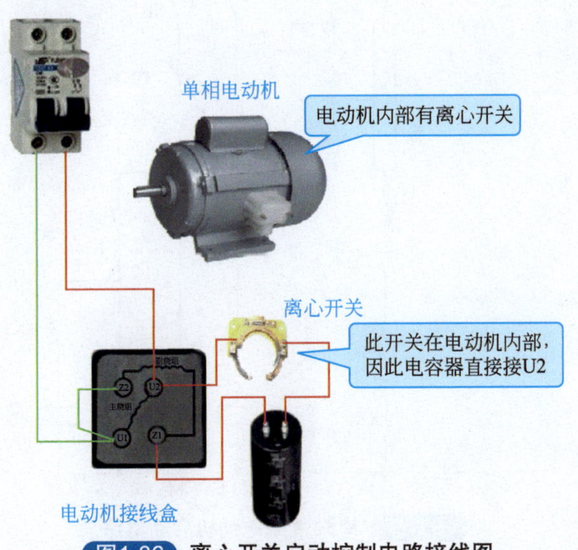

图1-36 离心开关启动控制电路接线图

4. 电路调试与检修

电动机内部设有离心开关，离心开关在电动机内部，随电动机的高速运转就可以把电容器断开，对于这种电路，接通空开，如果电容器没有毁坏，电动机能够正常运转，能听到开关断开的声音。如果接通电源，电动机不能够正常运转，应检测空开下端电压，电动机的接线柱的电压是否正常，如果接通空开后电动机有“嗡嗡”声，但是不能启动，说明是电容器毁坏，更换电容器就可以了。如果接通空开，电动机能够运转，“嗡嗡”声比较大，能够直观看到电动机的轴转速比较慢，或是听不能瞬间开关断开声音，说明是内部离心开关毁坏，可以打开电动机修理或直接更换离心开关。

一般半导体用 PTC 正温度系数热敏电阻，接通空开后，电路当中没有毁坏的元件，电动机应该能够正常运行。如果接通电源开关以后，电动机不能够正常运行，首先检查过流继电器是否毁坏。检测过流继电器是否毁坏可直接加热，如里边有响声，用万用表测量两端的阻值，常温情况下应该是相通的，启动瞬间电流过大加热以后应该是断开的。半导体启动器常温时阻值是 9 ～ 19Ω，一般为 5Ω，半导体启动器加热后的阻值是无穷大，说明半导体启动器是好的。电容器主要是用万用表检测是否有充放电现象，有充放电现象是好的，没有充放电现象是坏的。用万用表检测上述元件均完好，接通空开，电动机仍不能正常运行，说明是电动机毁坏，可维修或更换电动机。

串励直流电动机启动控制电路

1. 电路原理图与工作原理

串励直流电动机启动电路如图 1-37 所示。

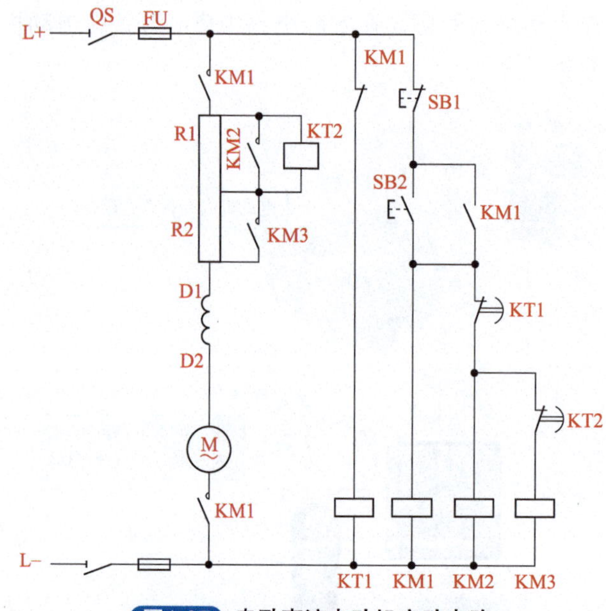

图1-37 串励直流电动机启动电路

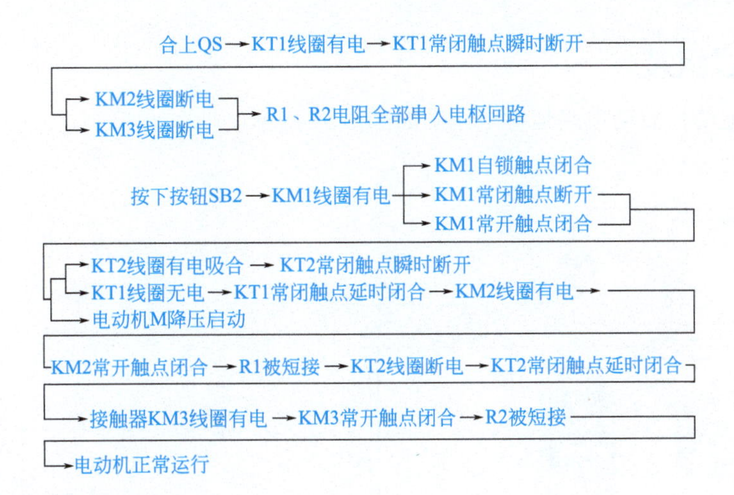

2. 电气控制部件与作用

串励直流电动机启动电路所选元器件作用表如表1-17所示。

表1-17　电路所选元器件作用表

名称	符号	元器件外形	元器件作用
断路器	QS		主回路过流保护
熔断器	FU		当线路大负荷超载或短路电流增大时熔断器被熔断，起到切断电流、保护电路的作用
按钮开关	SB		启动控制的设备
	SB		停止控制的设备
交流接触器	KM		快速切断主回路的电源，开启或停止设备的工作
时间继电器	KT		当电器或机械给出输入信号时，在预定的时间后输出电气关闭或电气接通信号
电阻	R		平滑快速启动
接线端子			将屏内设备和屏外设备的线路相连接，使信号（电流、电压）传输
直流电动机	M		拖动、运行

注：对于元器件的选择，电气参数要符合，具体元器件的型号和外形要根据现场要求和实际配电箱结构选择。

3. 电路接线组装

串励直流电动机启动电路运行电路图如图 1-38 所示。

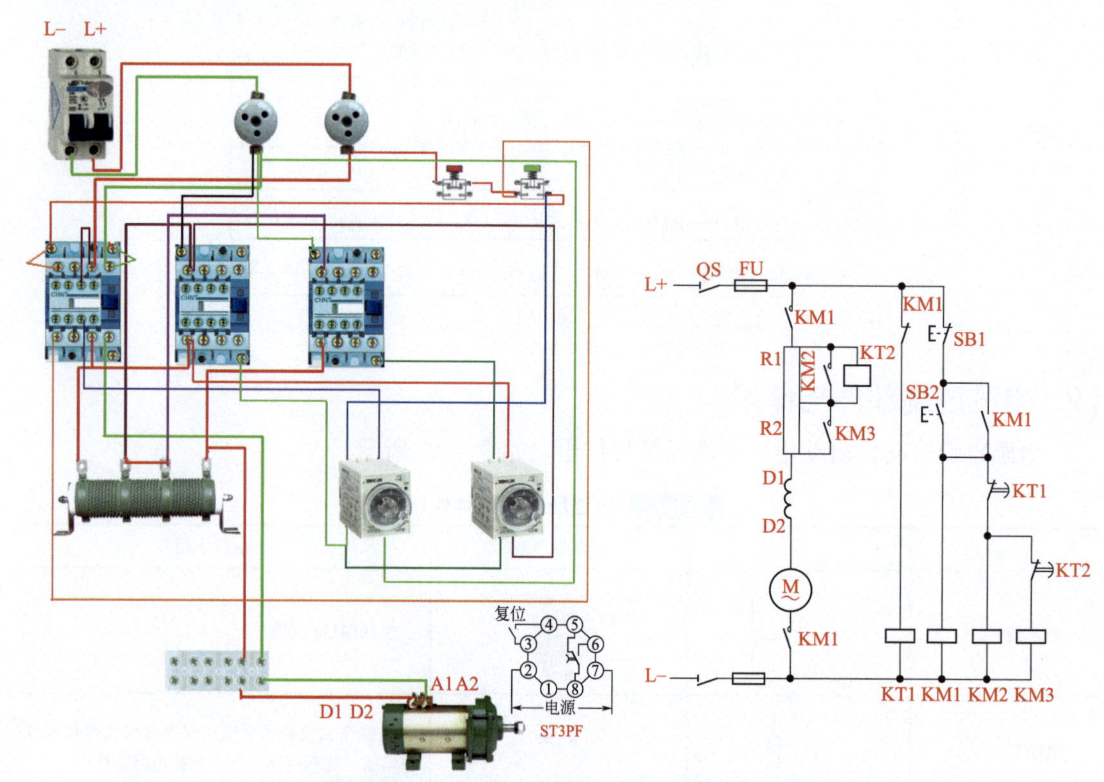

图1-38 串励直流电动机启动电路运行电路图

4. 电路调试与检修

当接通电源后，电动机不能够正常启动，主要去查找空开的下端是否有直流电压，熔断器是否熔断，按钮开关是否毁坏，直接观察和万用表测量交流接触器的触点、线圈是否毁坏，时间继电器是否毁坏，启动电阻是否有断线的现象，如上述元件均无故障，电动机仍不能正常运行，说明是直流电动机出现故障，可以维修或更换直流电动机。

九、并励直流电动机启动控制电路

1. 电路原理图与工作原理

并励直流电动机的启动电路如图 1-39 所示。图中，KA1 是过电流继电器，用作直流电动机的短路和过载保护。KA2 是欠电流继电器，用作励磁绕组的失磁保护。

启动时先合上电源开关 QS，励磁绕组获电励磁，欠电流继电器 KA2 线圈获电，KA2 常开触点闭合，控制电路通电；此时时间继电器 KT 线圈获电，KT 常闭触点瞬时断开。然后

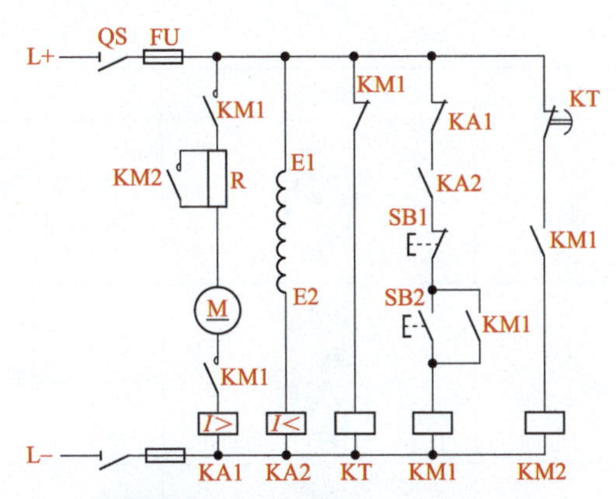

图1-39 并励直流电动机启动电路

按下启动按钮 SB2，接触器 KM1 线圈获电，KM1 主触点闭合，电动机串电阻器 R 启动；KM1 的常闭触点断开，KT 线圈断电，KT 常闭触点延时闭合，接触器 KM2 线圈获电，KM2 主触点闭合将电阻器 R 短接，电动机在全压下运行。

过电流和欠电流继电器工作原理：只要在线圈两端加上一定的电压，线圈中就会流过一定的电流，从而产生电磁效应，衔铁就会在电磁力吸引的作用下克服返回弹簧的拉力吸向铁芯，从而带动衔铁的动触点与静触点（常开触点）吸合。当线圈断电后，电磁的吸力也随之消失，衔铁就会在弹簧的反作用力返回原来的位置，使动触点与原来的静触点（常闭触点、动断触点）吸合。这样吸合、释放，从而达到了在电路中的导通、切断的目的。对于继电器的常开、常闭触点，可以这样来区分：继电器线圈未通电时处于断开状态的静触点称为常开触点；处于接通状态的静触点称为常闭触点（动断触点）。

在设备中使用的直流继电器如图 1-40（a）所示，共有 2 组常开和常闭触点（动断触点），接线方法如图 1-40（b）所示。在接线时应注意继电器底座和继电器插针的对应关系。

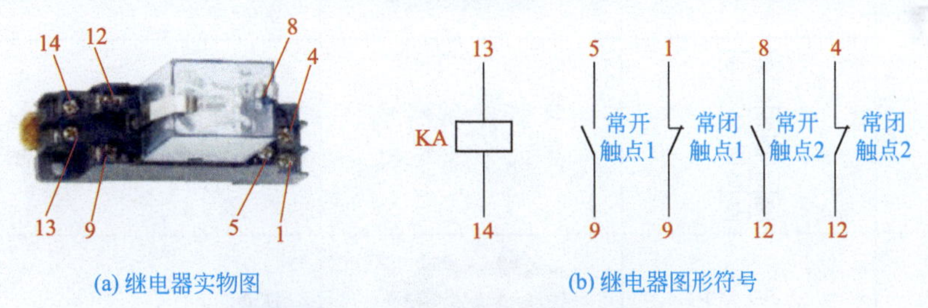

(a) 继电器实物图　　(b) 继电器图形符号

图1-40 直流继电器实物图和图形符号

2. 电气控制部件与作用

所选元器件作用表如表 1-18 所示。

表1-18 电路所选元器件作用表

名称	符号	元器件外形	元器件作用
断路器	QS		主回路过流保护

续表

名称	符号	元器件外形	元器件作用
熔断器	FU		当线路大负荷超载或短路电流增大时熔断器被熔断，起到切断电流、保护电路的作用
按钮开关	SB		启动控制的设备
	SB		停止控制的设备
交流接触器	KM		快速切断主回路的电源，开启或停止设备的工作
时间继电器	KT		当电器或机械给出输入信号时，在预定的时间后输出电气关闭或电气接通信号
电阻	R		平滑快速启动
过电流和欠电流继电器	KA $I>$ $I<$		当主设备或输配电系统出现过负荷及短路故障，欠电流时，该继电器能按预定的时限可靠动作切除故障部分，保证主设备及输配电系统的安全
接线端子			接线端子作用是将屏内设备和屏外设备的线路相连接，使信号（电流、电压）传输
直流电动机	M　M		拖动、运行

注：对于元器件的选择，电气参数要符合，具体元器件的型号和外形要根据现场要求和实际配电箱结构选择。

3. 电路接线组装

电路接线和整体电路运行效果图如图 1-41 所示。

4. 电路调试与检修

当正常接线后，接通空开，电动机应该能够正常运行。如果不能运行，首先检查熔断器是否熔断，交流接触器的触点是否有毁坏现象，电阻是否有断线的现象，时间继电器是否毁

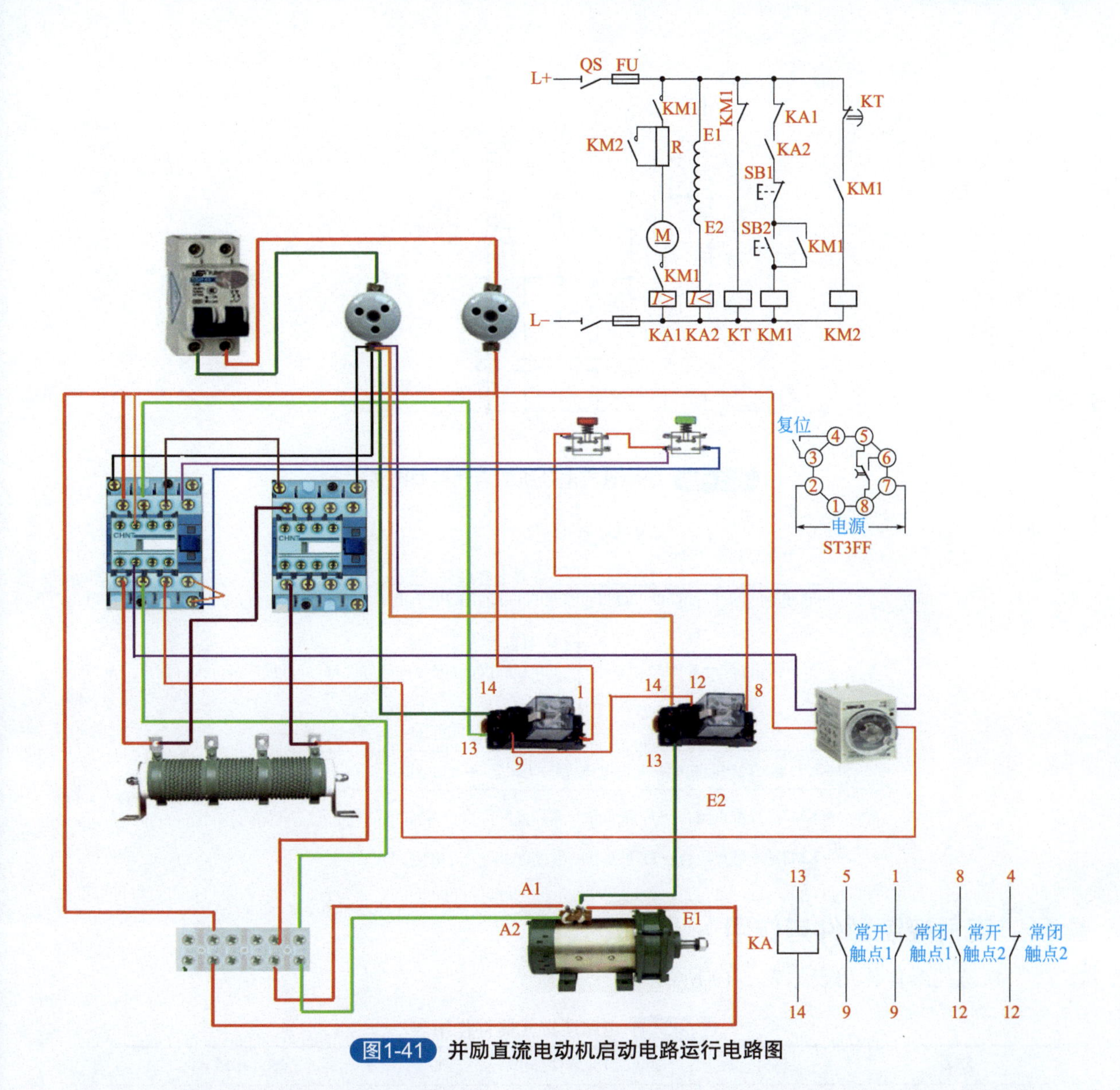

图1-41　并励直流电动机启动电路运行电路图

坏，万用表测量交流接触器的线圈断开，没有问题的接通电源，用电压挡测量交流接触器下口是否有电压，熔断器是否有输出电压，交流接触器的上口、下口是否有电压，继电器是否有电压，某一点没有电压说明相对应的控制电路故障，如果有正常电压不能工作，说明是本身器件的故障，应进行更换元器件，如果元器件均完好，说明是直流电动机的故障，应维修或更换直流电动机。

十、他励直流电动机启动控制电路

1. 电路原理图与工作原理

他励直流电动机的启动控制电路如图 1-42 所示。

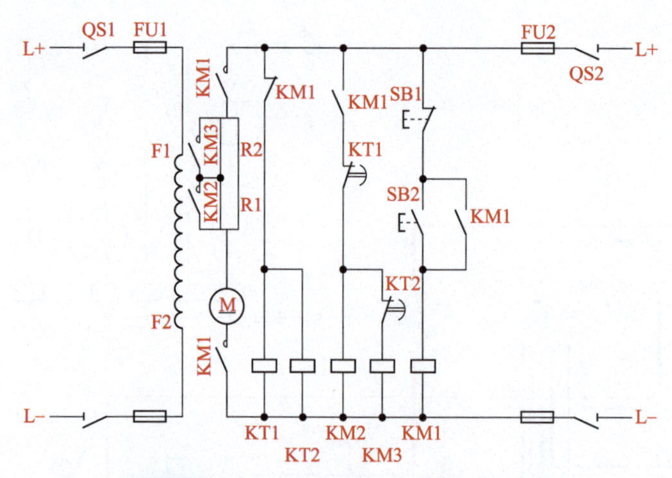

图1-42 他励直流电动机的启动控制电路

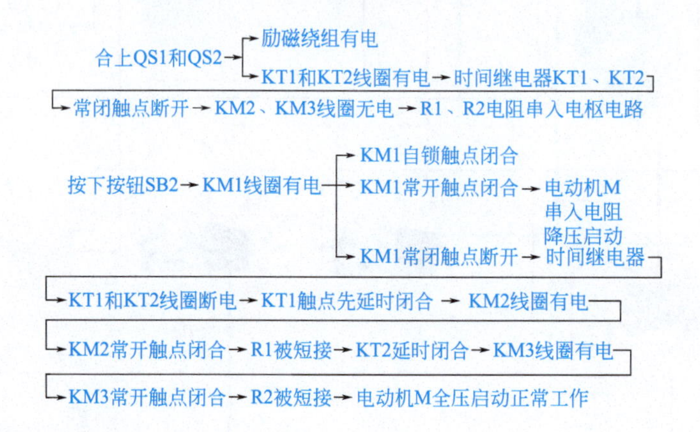

2. 电气控制部件与作用

所选元器件作用表如表 1-19 所示。

表1-19 电路所选元器件作用表

名称	符号	元器件外形	元器件作用
断路器	QS		主回路过流保护
熔断器	FU		当线路大负荷超载或短路电流增大时熔断器被熔断，起到切断电流、保护电路的作用
按钮开关	SB		启动控制的设备

续表

名称	符号	元器件外形	元器件作用
按钮开关	SB		停止控制的设备
交流接触器	KM		快速切断主回路的电源，开启或停止设备的工作
时间继电器	KT		当电器或机械给出输入信号时，在预定的时间后输出电气关闭或电气接通信号
电阻	R		平滑快速启动
接线端子			将屏内设备和屏外设备的线路相连接，使信号（电流、电压）传输
直流电动机	M		拖动、运行

注：对于元器件的选择，电气参数要符合，具体元器件的型号和外形要根据现场要求和实际配电箱结构选择。

3. 电路接线组装

他励直流电动机的启动电路运行电路图如图 1-43 所示。

4. 电路调试与检修

当接线无误时电动机应该能正常运转。如果不能正常运转，首先用直观法检查交流接触器、按钮开关、时间继电器、启动电阻是否明显毁坏，熔断器是否熔断，若上述元件用直观法判断均正常，用万用表测量交流接触器的、空开的下口电压，熔断器的输出电压、交流接触器的上端电压、交流接触器的输出端电压、时间继电器控制电压、电阻的输入电压、电动机的输入电压、如果利用电压跟踪法，测到电动机的输入端电压都正常，电动机仍然不能正常运转，属于电动机毁坏，应维修或更换电动机。假如测量交流接触器的上口有电压，按压按钮开关或按压交流接触器触点时下端没有电压，说明交流接触器毁坏，应进行更换。

说明：时间继电器如毁坏，应用原型号代换，因为不同型号的延时和断开是不同的。

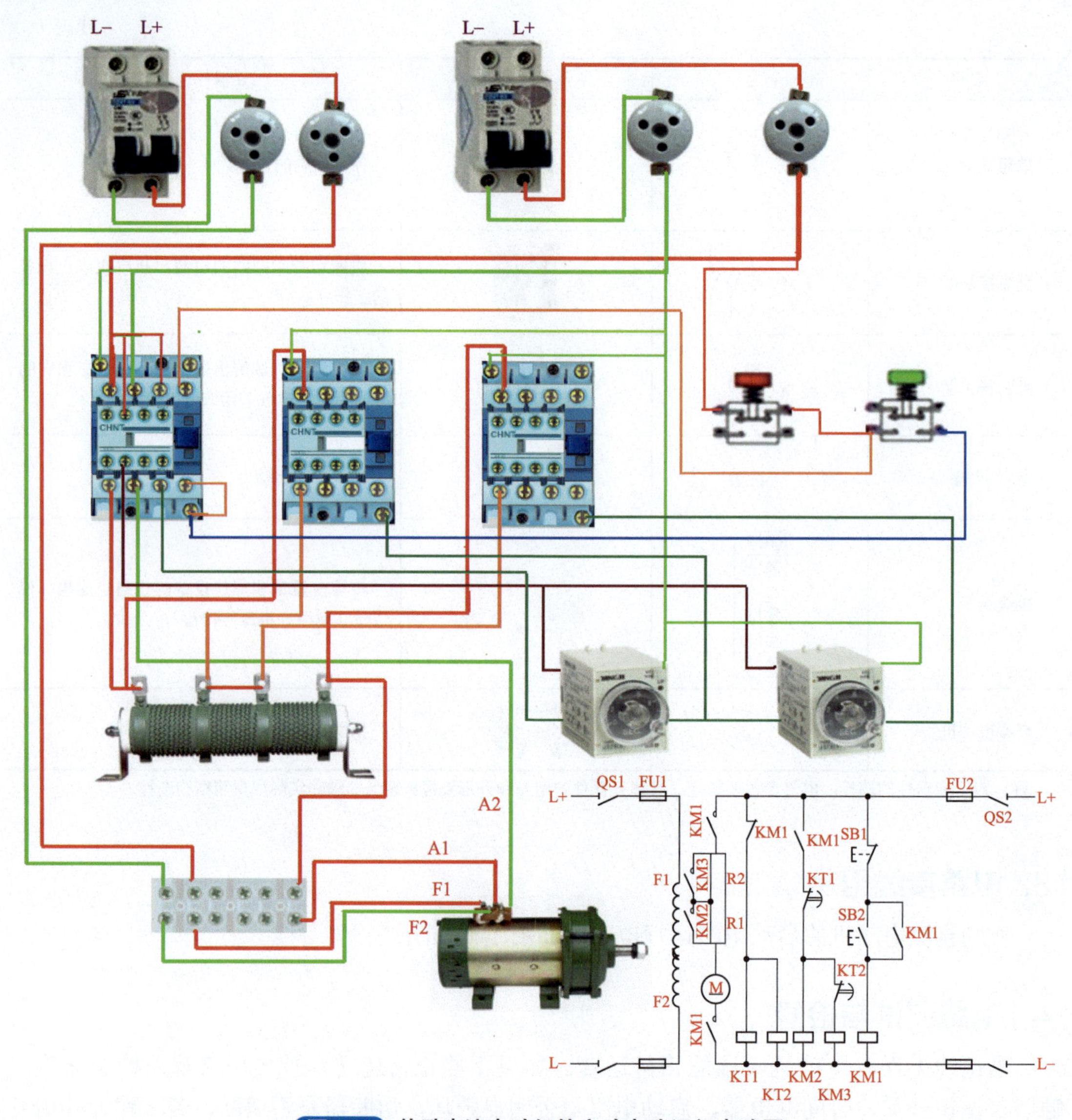

图1-43 他励直流电动机的启动电路运行电路图

第二章 电动机降压启动控制电路

一、自耦变压器降压启动控制电路

1. 自耦变压器降压启动原理

自耦变压器高压侧接电网，低压侧接电动机。启动时，利用自耦变压器分接头来降低电动机的电压，待转速升到一定值时，自耦变压器自动切除，电动机与电源相接，在全压下正常运行。

自耦变压器降压启动是利用自耦变压器来降低加在电动机定子绕组上的电压，达到限制启动电流的目的。电动机启动时，定子绕组加上自耦变压器的二次电压。启动结束后，甩开自耦变压器，定子绕组上加额定电压，电动机全压运行。自耦变压器降压启动分为手动控制和自动控制两种。

（1）手动控制电路原理

自耦变压器降压启动控制电路如图 2-1 所示。对正常运行时为星形接线及要求启动容量较大的电动机，不能采用星－三角（Y-△）启动法，常采用自耦变压器启动方法，自耦变压器启动法是利用自耦变压器来实现降压启动的。用来降压启动的三相自耦变压器又称为启动补偿器，其原理和外形如图 2-1（b）所示。

用自耦变压器降压启动时，先合上电源开关 Q1，再把转速开关 Q2 的操作手柄推向“启动”位置，这时电源电压接在三相自耦变压器的全部绕组上（高压侧），而电动机在较低电压下启动，当电动机转速上升到接近于额定转速时，将转换开关 Q2 的操作手柄迅速从“启动”位置投向“运行”位置，这时自耦变压器从电网中切除。

（2）自动控制电路原理

图 2-2 是交流电动机自耦降压启动自动切换控制电路，自动切换靠时间继电器完成，用时间继电器切换能可靠地完成由启动到运行的转换过程，不会造成启动时间的长短不一的情况，也不会因启动时间长造成烧毁自耦变压器事故。

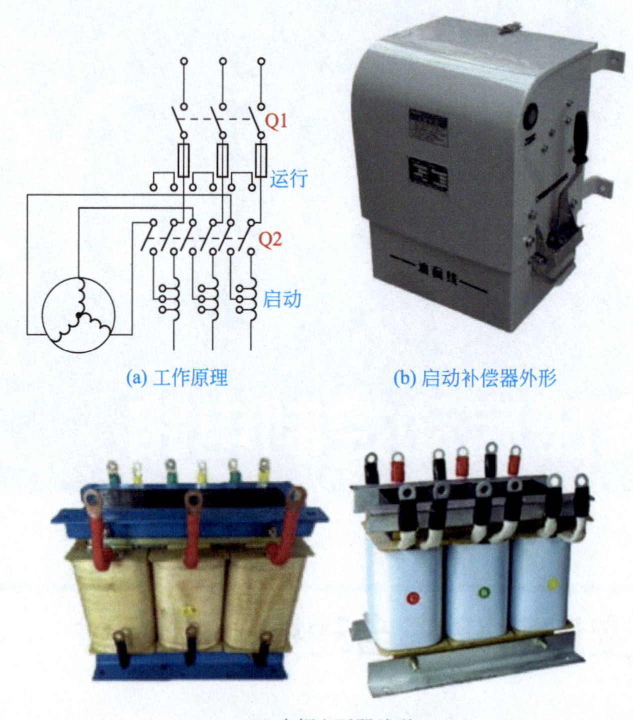

(a) 工作原理 (b) 启动补偿器外形

(c) 自耦变压器外形

图2-1 自耦变压器启动

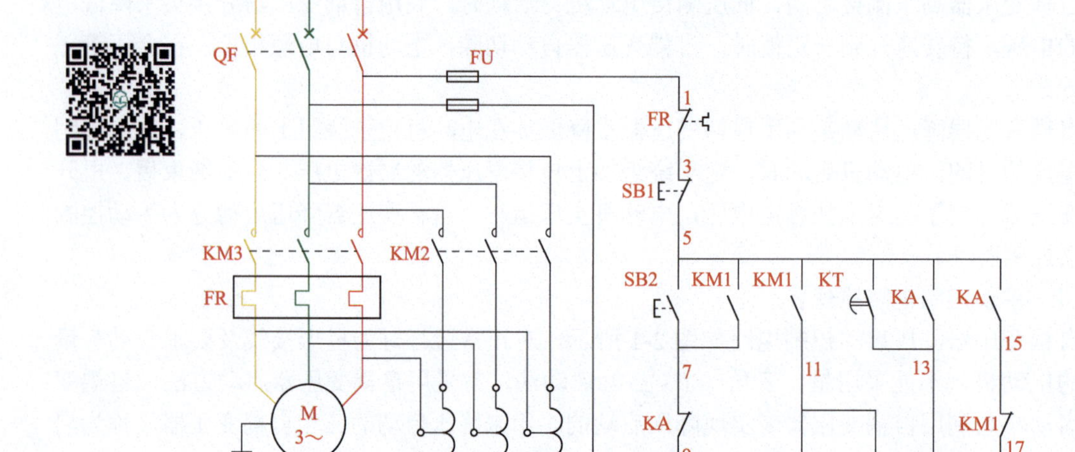

图2-2 电动机自耦变压器降压启动（自动控制）电路原理图

控制过程如下：

① 合上空气开关 QF，接通三相电源。

② 按启动按钮 SB2，交流接触器 KM1 线圈通电吸合并自锁，其主触头闭合，将自耦变压器线圈接成星形，与此同时 KM1 辅助常开触点闭合，使得接触器 KM2 线圈通电吸合，

KM2 的主触头闭合，由自耦变压器的低压抽头（如 65%）将三相电压的 65% 接入电动机。

③ KM1 辅助常开触点闭合，使时间继电器 KT 线圈通电，并按已整定好的时间开始计时，当时间到达后，KT 的延时常开触点闭合，使中间继电器 KA 线圈通电吸合并自锁。

④ 由于 KA 线圈通电，其常闭触点断开使 KM1 线圈断电，KM1 常开触点全部释放，主触头断开，使自耦变压器线圈封星端打开；同时，KM2 线圈断电，其主触头断开，切断自耦变压器电源。KA 的常闭触点闭合，通过 KM1 已经复位的常闭触点，使 KM3 线圈得电吸合，KM3 主触头接通，电动机在全压下运行。

⑤ KM1 的常开触点断开也使时间继电器 KT 线圈断电，其延时闭合触点释放，也保证了在电动机启动任务完成后，使时间继电器 KT 可处于断电状态。

⑥ 欲停车时，可按 SB1，则控制回路全部断电，电动机切除电源而停转。

⑦ 电动机的过载保护由热继电器 FR 完成。

2. 电气控制部件与作用

线路所选元器件作用表如表 2-1 所示。

表2-1 电路所选元器件作用表

名称	符号	元器件外形	元器件作用
断路器	QF		主回路过流保护
熔断器	FU		当线路大负荷超载或短路电流增大时熔断器被熔断，起到切断电流、保护电路的作用
按钮开关	SB E-\		启动控制的设备
	SB E-7		停止控制的设备
交流接触器	KM		快速切断交流主回路的电源，开启或停止设备的工作
中间继电器	KA		用于继电保护与自动控制系统中，以增加触点的数量及容量。它可以在控制电路中传递中间信号
时间继电器	KT		当电器或机械给出输入信号时，在预定的时间后输出电气关闭或电气接通信号

续表

名称	符号	元器件外形	元器件作用
热继电器	FR		保护电动机不会因为长时间过载而烧毁
自耦变压器	TA		作为降压变压器使用
电动机	M M 3～		拖动、运行

注：对于元器件的选择，电气参数要符合，具体元器件的型号和外形要根据现场要求和实际配电箱结构选择。

3. 电路接线组装

自耦变压器降压启动自动控制电路运行电路图如图 2-3 所示。

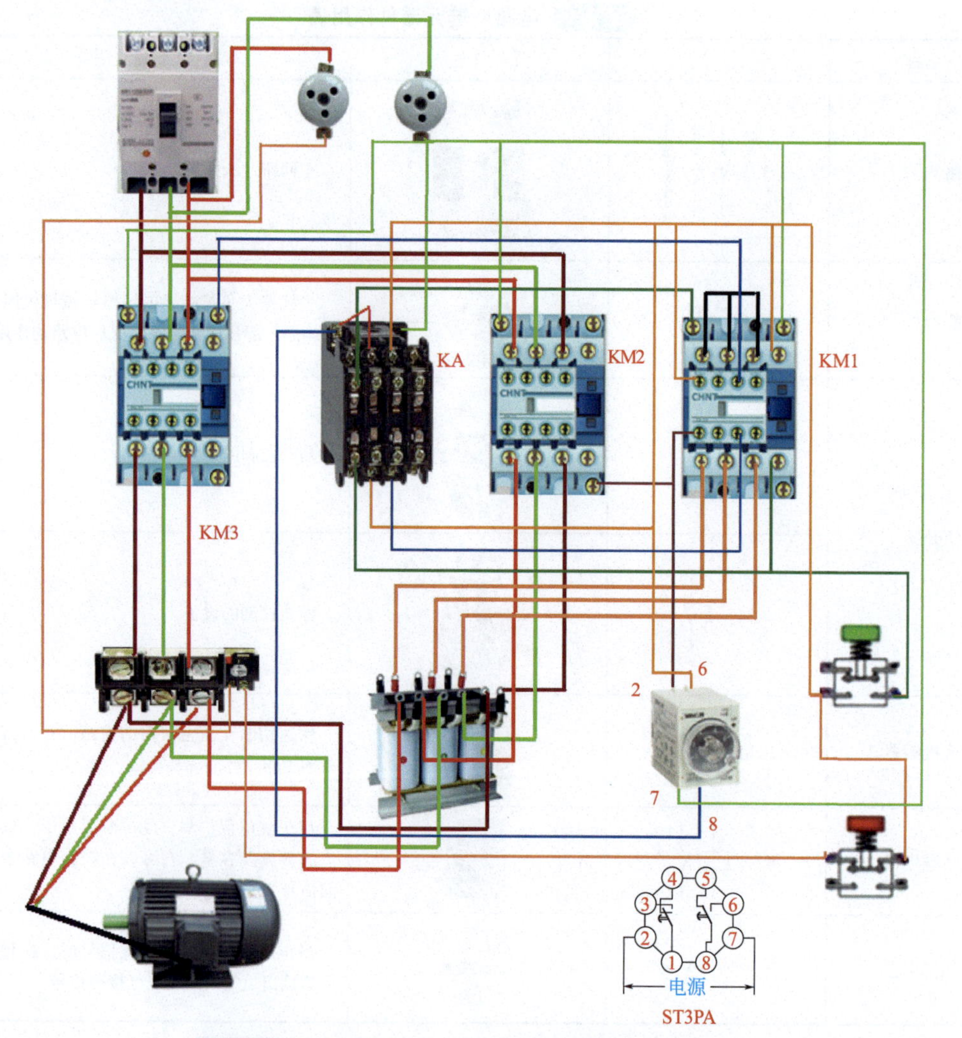

图2-3 自耦变压器降压启动自动控制电路运行电路图

4. 电路调试与检修

① 电动机自耦降压电路适用于任何接法的三相笼式异步电动机。

② 自耦变压器的功率应与电动机的功率一致，如果小于电动机的功率，自耦变压器会因启动电流大发热损坏而绝缘烧毁绕组。

③ 对照原理图核对接线，要逐相检查核对线号，防止接错线和漏接线。

④ 由于启动电流很大，应认真检查主回路端子接线的压接是否牢固，确保无虚接现象。

⑤ 空载试验：拆下热继电器 FR 与电动机端子的连接线，接通电源，按动 SB2 启动 KM1 与 KM2 动作吸合，KM3 与 KA 不动作。时间继电器的整定时间到达时，KM1 和 KM2 释放以及 KA 和 KM3 动作吸合切换正常，反复试验几次检查线路的可靠性。

⑥ 带电动机试验：经空载试验无误后，恢复与电动机的接线。在带电动机试验中应注意启动与运行的接换过程，注意电动机的声音及电流的变化，电动机启动是否困难，有无异常情况，如有异常情况应立即停车处理。

⑦ 再次启动：自耦降压启动电路不能频繁操作，如果启动不成功，第二次启动应间隔 4min 以上，在 60s 连续两次启动后，应停电 4h 再次启动运行，这是为了防止自耦变压器绕组内启动电流太大而发热损坏自耦变压器的绝缘。

⑧ 带负荷启动时，电动机声音异常，转速低不能接近额定转速，转换到运行时有很大的冲击电流。

分析现象：电动机声音异常，转速低不能接近额定转速，说明电动机启动困难，怀疑是自耦变压器的抽头选择不合理，电动机绕组电压低，启动力矩小，拖动的负载大所造成的。处理：将自耦变压器的抽头改接在 80%位置后，再试车故障排除。

⑨ 电动机由启动转换到运行时，仍有很大的冲击电流，甚至掉闸。

分析现象：这是电动机启动和运行的接换时间太短，时间太短，电动机的启动电流还未下降至转速接近额定转速就切换到全压运行状态所致。处理：调整时间继电器的整定时间，延长启动时间，现象排除。

二、电动机定子串电阻降压启动控制电路

1. 电路原理图与工作原理

电动机定子串电阻降压启动电路如图 2-4 所示。电动机启动时在三相定子电路中串接电阻，使电动机定子绕组电压降低，启动后再将电阻短路，电动机仍然在正常电压下运行。这种启动方式由于不受电动机接线形式的限制，设备简单，因而在中小型机床中也有应用。机床中也常用这种串接电阻的方法限制点动调整时的启动电流。

按动 SB2 → KM1 得电（电动机串电阻启动），按 SB2 → KT 得电，延时一段时间 KM2 得电（短接电阻，电动机正常运行）。

只要 KM2 得电就能使电动机正常运行。

接触器 KM2 得电后，其动断触点将 KM1 及 KT 断电，KM2 自锁。这样，在电动机启动后，只要 KM2 得电，电动机便能正常运行。

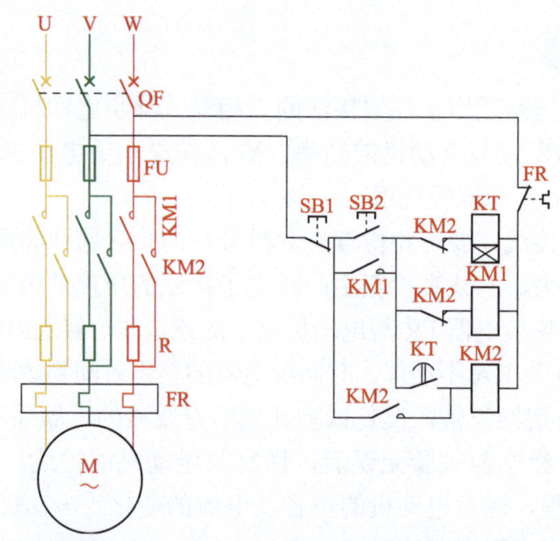

图2-4 电动机定子串电阻降压启动电路原理图

2. 电气控制部件与作用

线路所选元器件作用表如表 2-2 所示。

表2-2 电路所选元器件作用表

名称	符号	元器件外形	元器件作用
断路器	QF		主回路过流保护
熔断器	FU		当线路大负荷超载或短路电流增大时熔断器被熔断，起到切断电流、保护电路的作用
按钮开关	SB		启动控制的设备
	SB		停止控制的设备
交流接触器	KM		快速切断交流主回路的电源，开启或停止设备的工作
时间继电器	KT		当电器或机械给出输入信号时，在预定的时间后输出电气关闭或电气接通信号
热继电器	FR		保护电动机不会因为长时间过载而烧毁

续表

名称	符号	元器件外形	元器件作用
电阻	R		既是启动绕组，又是改变转速的电阻
接线端子			将屏内设备和屏外设备的线路相连接，使信号（电流、电压）传输
电动机	M M 3～		拖动、运行

注：对于元器件的选择，电气参数要符合，具体元器件的型号和外形要根据现场要求和实际配电箱结构选择。

3. 电路接线组装

电路运行图如图 2-5 所示。

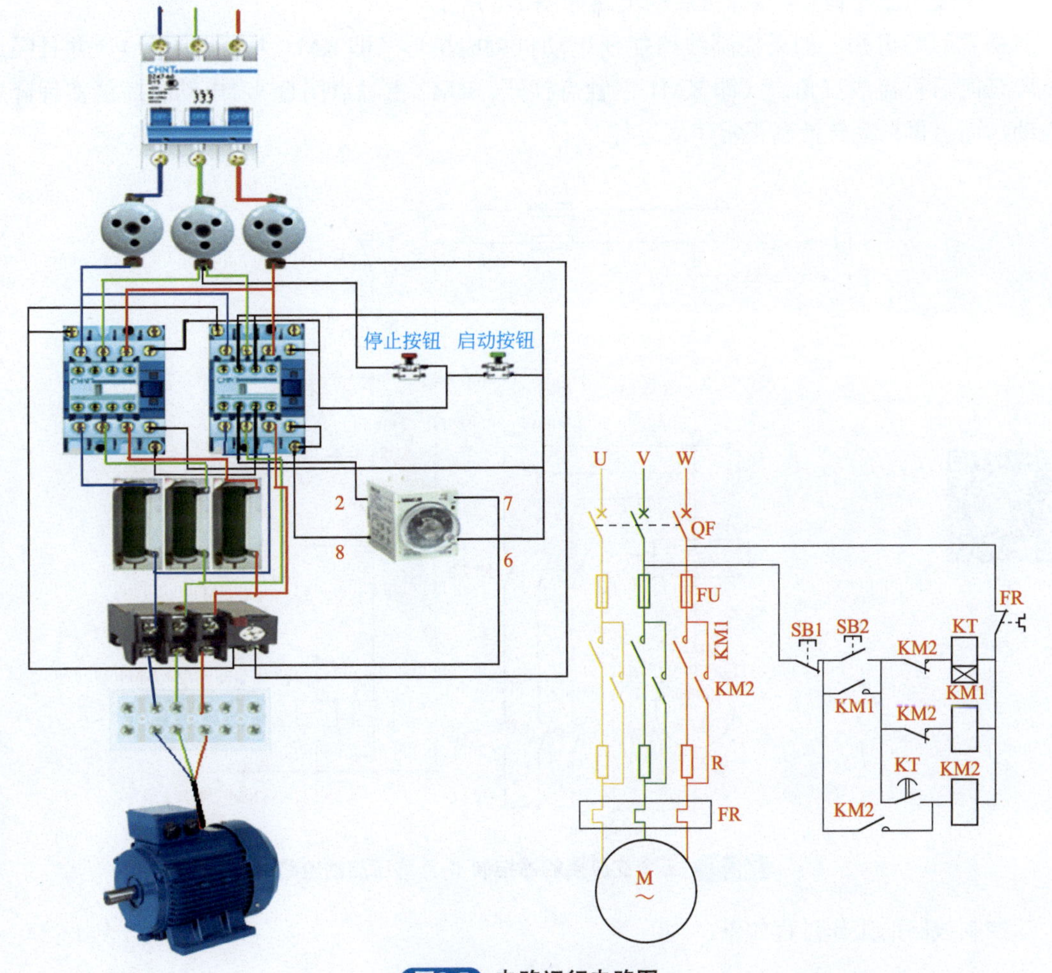

图2-5 电路运行电路图

4. 电路调试与检修

若接通电源后电动机不能够正常运转，首先用直观法检查交流接触器、熔断器、空开、时间继电器、启动电阻、热继电器是否有明显的毁坏现象，如有明显的毁坏现象，应直接进行更换。比如启动电阻有明显的断路必须要进行更换，如交流接触器有明显的烧痕或有烟味，说明交流接触器毁坏，直接更换交流接触器。当不能直观判断出有毁坏现象，应用万用表检测交流接触器、熔断器、空开、电阻、时间继电器、热接点的电阻值，用电阻挡进行测量，接通电源，测量它的电压，如果电阻值正常，电压值正常，电动机仍不能正常旋转，而测量电动机输入端电压值正常，即属于电动机的故障，应维修或更换电动机。

三、三个交流接触器控制Y-△降压启动控制电路

1. 电路原理图与工作原理

三个接触器控制Y-△降压启动电路如图 2-6 所示。

从主回路可知，如果控制线路能使电动机接成星形（即 KM1 主触点闭合），并且经过一段延时后再接成三角形（即 KM1 主触点打开，KM2 主触点闭合），电动机就能实现降压启动，而后再自动转换到正常速度运行。

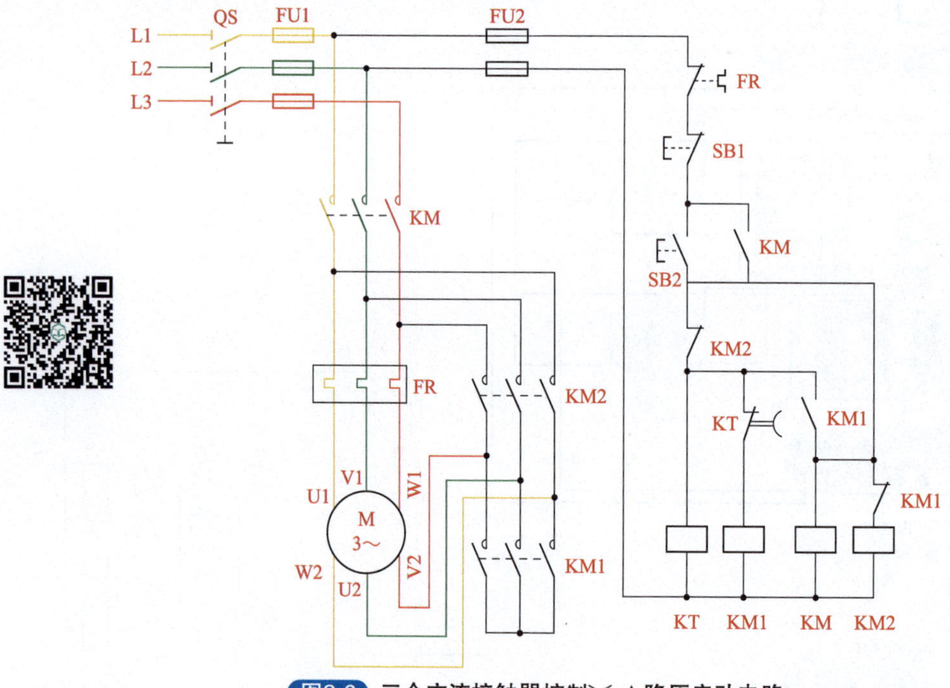

图2-6 三个交流接触器控制Y-△降压启动电路

控制线路的工作过程如下：

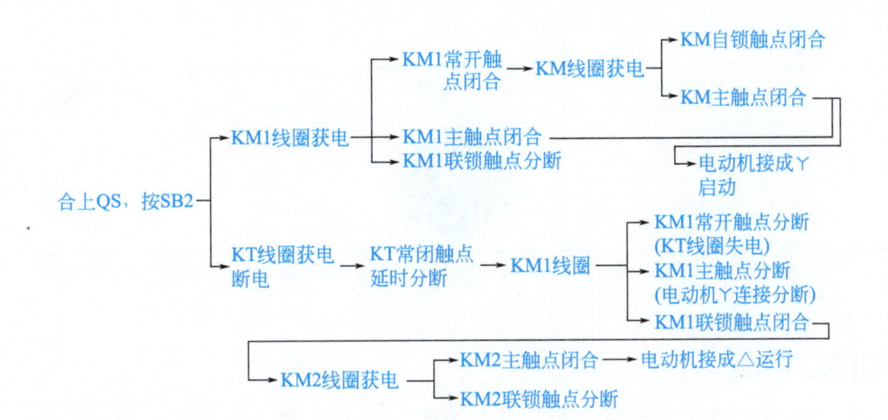

2. 电气控制部件与作用

电路所选元器件作用表如表2-3所示。

表2-3 电路所选元器件作用表

名称	符号	元器件外形	元器件作用
断路器	QS		主回路过流保护
熔断器	FU		当线路大负荷超载或短路电流增大时熔断器被熔断，起到切断电流、保护电路的作用
按钮开关	SB		启动控制的设备
	SB		停止控制的设备
热继电器	FR		电动机或其他电气设备、电气线路的过载保护
接线端子			将屏内设备和屏外设备的线路相连接，使信号（电流、电压）传输
时间继电器	KT		当电器或机械给出输入信号时，在预定的时间后输出电气关闭或电气接通信号
交流接触器	KM		快速切断交流主回路的电源，开启或停止设备的工作

续表

名称	符号	元器件外形	元器件作用
电动机	M (M 3～)		拖动、运行

注：对于元器件的选择，电气参数要符合，具体元器件的型号和外形要根据现场要求和实际配电箱结构选择。

3. 电路接线组装

三个交流接触器控制Y-△降压启动电路运行电路图如图 2-7 所示。

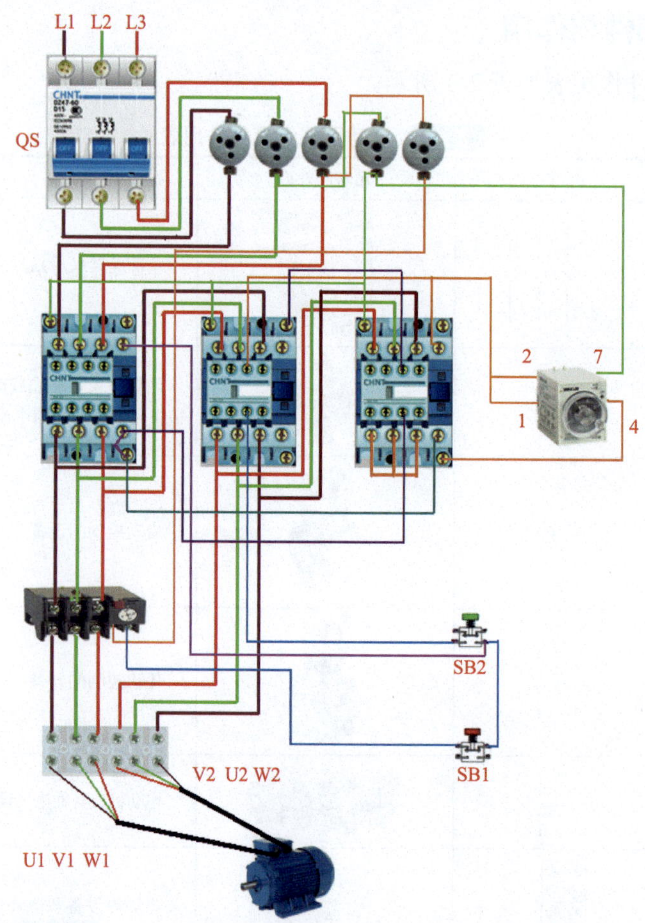

图2-7 三个交流接触器控制Y-△降压启动电路运行电路图

4. 电路调试与检修

这是用三个交流接触器来控制的Y-△启动电路，是在小功率电路当中应用最多的控制电路。接通电源后，若电动机不能够正常旋转，首先检查熔断器是否熔断，断开空开，用万用表电阻挡测量熔断器是否是通的，如果不通，说明熔断器毁坏，应进行更换。然后用万用表电阻挡直接检查三个交流接触器的线圈是否毁坏，如有毁坏应进行更换。检查时间继电器是否毁坏，时间继电器可以应用代换法进行检修。检查热继电器是否毁坏，按钮开关的接点是否毁坏，若上述元件均无故障，属于电动机的故障，可以维修或更换电动机。在检修交流接触器Y-△启动电路的时候，判断出交流接触器毁坏，在更换交流接触器时应注意用原型号的交流接触器进行代换，同时它的接线不要接错。

四、两个交流接触器控制Y-△降压启动控制电路

1. 工作原理

图 2-8 所示是用两个接触器实现Y-△降压启动的控制电路。图中 KM1 为线路接触器，KM2 为Y-△转换接触器，KT 为降压启动时间继电器。

启动时，合上电源开关 QS，按下启动按钮 SB2，使接触器 KM1 和时间继电器 KT 线圈同时得电吸合并自锁，KM1 主触点闭合，接入三相交流电源，由于 KM1 的常闭辅助触点（8-9）断开，使 KM2 处于断电状态，电动机接成星形连接进行降压启动并升速。

当电动机转速接近额定转速时，时间继电器 KT 动作，其通电延时断开触点 KT（4-7）断开，通电延时闭合触点（4-8）闭合。前者使 KM1 线圈断电释放，其主触点断开，切断电动机三相电源。而触点 KM1（8-9）闭合与后者 KT（4-8）一起，使 KM2 线圈得电吸合并自锁，其主触点闭合，电动机定子绕组接成三角形连接，KM2 的辅助常开触点断开，使电动机定子绕组尾端脱离短接状态，另一触点 KM2（4-5）断开，使 KT 线圈断电释放。由于 KT（4-7）复原闭合，使 KM1 线圈重新得电吸合，于是电动机在三角形连接下正常运转。所以 KT 时间继电器延时动作的时间就是电动机连成星形降压启动的时间。

本电路与其他Y-△换接控制电路相比，节省一个接触器，但由于电动机主电路中采用 KM2 辅助常闭触点来短接电动机三相绕组尾端，容量有限，故该电路适用于 13kW 以下电动机的启动控制。

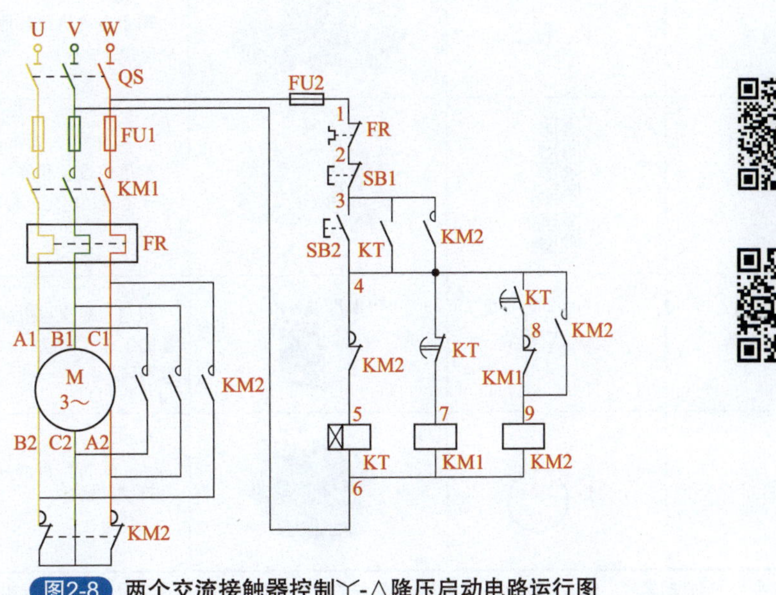

图2-8　两个交流接触器控制Y-△降压启动电路运行图

2. 电气控制部件与作用

电路所选元器件作用表如表2-4所示。

表2-4 电路所选元器件作用表

名称	符号	元器件外形	元器件作用
断路器	QS		主回路过流保护
熔断器	FU		当线路大负荷超载或短路电流增大时熔断器被熔断，起到切断电流、保护电路的作用
按钮开关	SB		启动控制的设备
	SB		停止控制的设备
时间继电器	KT		当电器或机械给出输入信号时，在预定的时间后输出电气关闭或电气接通信号（注意本电路时间继电器型号和上例不同）
热继电器	FR		用于电动机或其他电气设备、电气线路的过载保护
接线端子			将屏内设备和屏外设备的线路相连接，使信号（电流、电压）传输
交流接触器	KM		快速切断交流主回路的电源，开启或停止设备的工作（注意在本电路中两只交流接触器型号不同）
电动机	M（M 3～）		拖动、运行

注：对于元器件的选择，电气参数要符合，具体元器件的型号和外形要根据现场要求和实际配电箱结构选择。

3. 电路接线组装

两个交流接触器控制的Y-△降压启动电路运行图如图 2-9 所示。图中时间继电器旁的数字编号是按照时间继电器的接点编写标注，便于接线。

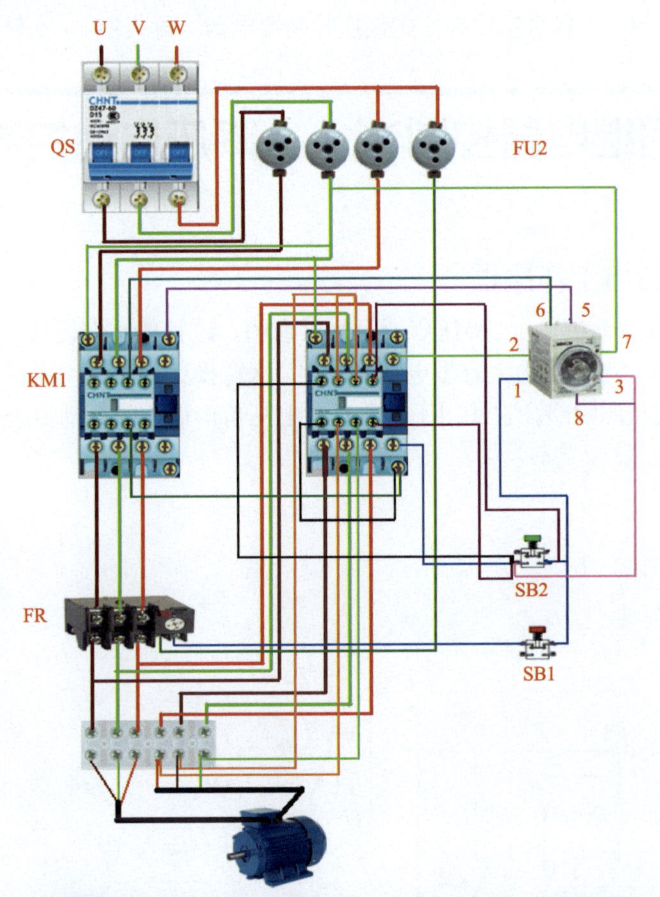

图2-9 两个交流接触器控制的Y-△降压启动电路运行图

注意：在这个电路图中 KM1 选择 CJX2 3210 交流接触器，KM2 选择 3201 交流接触器，其最后一位（最右边）触点状态一个是常开触点，另一个是常闭触点，接线时注意区别。另外，时间继电器旁的数字编号是按照继电器的接点编号标注，便于接线。

4. 电路调试与检修

一般两个交流接触器控制的Y-△电路所控制电动机的功率相对比较小（十几千瓦）。电路中接线正常，按动启动按钮开关，电动机正常旋转。如果按动启动按钮开关电动机不能正常旋转，首先用直观法检查空开是否毁坏，熔断器是否熔断，交流接触器是否有烧毁现象，时间继电器是否有故障；若直观法不能检测出元件毁坏，可以用电阻挡检测交流接触器的线圈是否熔断，时间继电器线圈是否熔断，熔断器是否熔断，热继电器的接点是否断；若用电阻挡检测元件均完好，可以闭合空开，利用电压跟踪法检查空开下端电压，熔断器的输出电压，交流接触器的输入、输出电压是否都正常，如果均正常，电动机能够正常旋转。不能旋转是电动机的故障，维修或更换电动机即可。如果接通电源，电动机能够启动，不能够正常运行，应检查Y - △转换的交流接触器是否有触点接触不良，或直接更换Y - △转换交流接触器。同时，检查时间继电器是否能够按照正常的时间接通或断开，两种都可用代换法来更换，时间继电器采用插拔型的，可以直接更换。先代换时间继电器，再代换Y - △转换交流接触器。

五、中间继电器控制Y－△降压启动控制电路

1. 电路原理图与工作原理

图 2-10 所示为电动机Y - △降压启动电路原理图。这种电路在设计上增加了一个中间继电器和时间继电器，可以防止大容量电动机在Y - △转换过程中，由于转换时间短，电弧不能完全熄灭而造成相间短路。它适用于 55kW 以上三角形连接的电动机。

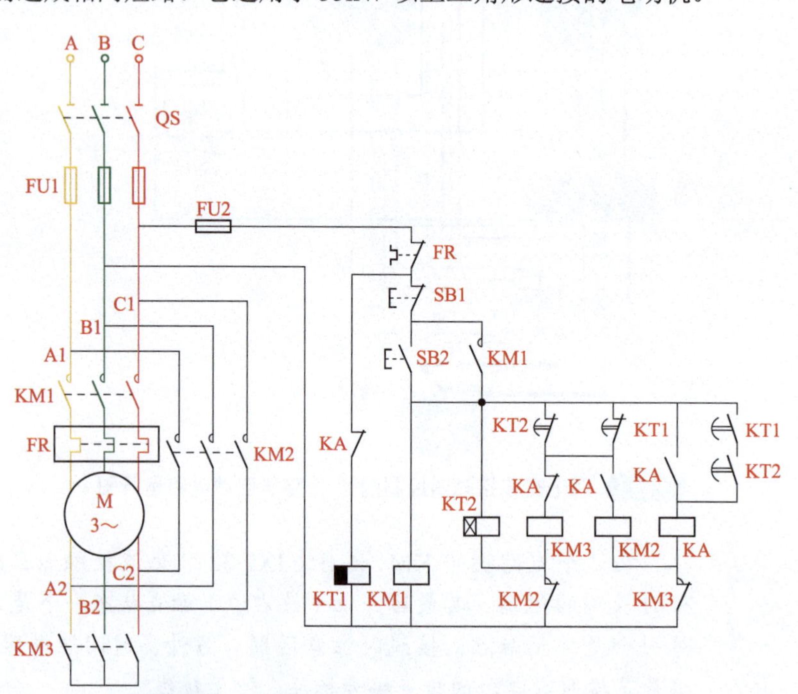

图2-10 中间继电器控制Y-△降压启动电路原理图

当合上开关 QS，时间继电器 KT1 得电动作，为启动做好准备。按下启动按钮 SB2，接触器 KM1、时间继电器 KT2、接触器 KM3 同时得电并吸合，KM1 的常开触点闭合并自锁，电动机作Y形启动。当 KT2 延时到规定时间，电动机转速也接近稳定时，时间继电器 KT2 的延时断开常闭触点断开，KM3 断电并释放，同时 KT2 的延时闭合常开触点闭合，使中间继电器 KA 得电动作，其常闭触点断开使 KT1 断电释放，同时 KA 的常开触点闭合。当 KT1 断电，到达延时时间（0.5 ～ 1s）后，其延时闭合常闭触点闭合，KM2 才得电动作，电动机转换为三角形连接运转。时间继电器的动作时间可根据电动机的容量及启动负载大小来进行调整。

2. 电气控制部件与作用

电路所选元器件作用表如表 2-5 所示。

表2-5 电路所选元器件作用表

名称	符号	元器件外形	元器件作用
断路器	QS		主回路过流保护
熔断器	FU		当线路大负荷超载或短路电流增大时熔断器被熔断，起到切断电流、保护电路的作用
按钮开关	SB		启动控制的设备
	SB		停止控制的设备
热继电器	FR		用于电动机或其他电气设备、电气线路的过载保护
接线端子			将屏内设备和屏外设备的线路相连接，使信号（电流、电压）传输
时间继电器	KT		当电器或机械给出输入信号时，在预定的时间后输出电气关闭或电气接通信号（注意本电路时间继电器型号选取不同）
交流接触器	KM		快速切断交流主回路的电源，开启或停止设备的工作
中间继电器	KA		转换和传递控制信号
电动机	M		拖动、运行

注：对于元器件的选择，电气参数要符合，具体元器件的型号和外形要根据现场要求和实际配电箱结构选择。

3. 电路接线组装

中间继电器控制的Y-△降压启动运行电路如图 2-11 所示。

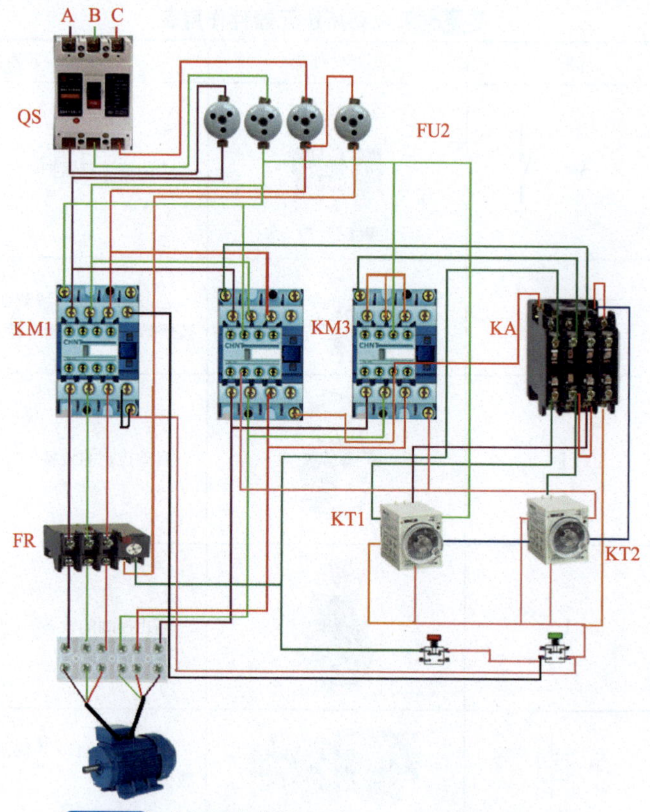

图2-11 中间继电器控制的Y-△降压启动运行电路

注意：KT1 和 KT2 时间继电器型号选择不同，KT1 选择 ST3 PG，KT2 选择 ST3 PA。

4. 电路调试与检修

一般情况下，用中间继电器控制的Y-△启动电路可以控制一些大功率电动机的Y-△启动。接通电源后，按动启动按钮开关，电动机能够正常运行。如果不能正常运行，首先用直观法检查空开、熔断器、交流接触器、中间继电器、时间继电器、热继电器、按钮开关是否有明显的毁坏现象，如果没有明显毁坏现象，可以用万用表电阻挡测量各接点是否毁坏，熔断器是否熔断，交流接触器、时间继电器、热继电器、中间继电器的线圈是否有短路和开路现象；若用电阻挡检测元件均完好，可以利用电压跟踪法由空开的下端、熔断器、各交流接触器的上端到下端再到电动机的电压，检测哪个位置电压不正常，再检查相应的元器件或直接进行更换。在实际应用中，如果用电阻挡检测元器件各接点都正常，接通电源以后，电动机能够正常工作，则注意在检测电路时，首先用电阻挡进行检测，然后利用电压跟踪法进行检测，最后用代换法进行更换元器件。

第三章 电动机正反转控制电路

一、用倒顺开关实现三相正反转控制电路

1. 电路原理图与工作原理

三相电动机实现正反转方法如图 3-1 所示。

电路原理图如图 3-2 所示。

改变通入电动机定子绕组的电源相序

正转：L1—U　反转：L1—W
L2—V　L2—V
L3—W　L3—U

倒顺开关图形符号

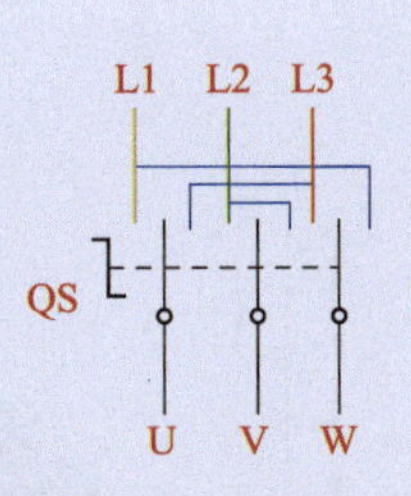

图3-1　倒顺开关实物图、符号及其实现正反转方法

L1
L2
L3
FU
QS
U
V
W
PE
M

图3-2　电路原理图

手柄向左扳至“顺”位置时，QS 闭合，电动机 M 正转；手柄向右扳至逆位置时，QS 闭合，电动机 M 反转。

2. 电气控制部件与作用

电路所选元器件作用表如表 3-1 所示。

表3-1 电路所选元器件作用表

名称	符号	元器件外形	元器件作用
断路器	QF		主回路过流保护
熔断器	FU		当线路大负荷超载或短路电流增大时熔断器被熔断，起到切断电流、保护电路的作用
倒顺开关	QS		连通、断开电源或负载，可以使电动机正转或反转
电动机	M 3～		拖动、运行

注：对于元器件的选择，电气参数要符合，具体元器件的型号和外形要根据现场要求和实际配电箱结构选择。

3. 电路组装接线

倒顺开关正反转接线如图3-3所示。

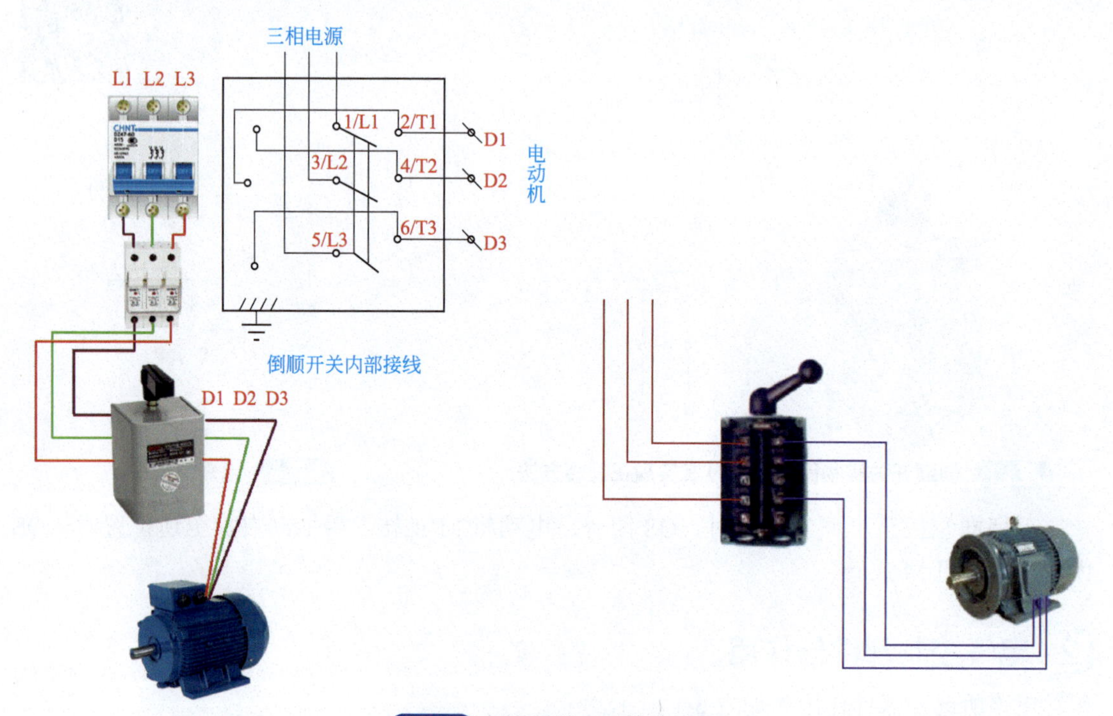

图3-3 倒顺开关正反转接线图

4. 电路调试与检修

这是电动机的正反转控制电路，只是用了倒顺开关进行控制电动机的正反转，实际倒顺开关只是倒了相线，就可以控制电动机的正转和反转。当出现故障时，直接检查空开、熔断器、倒顺开关是否毁坏，如果没有毁坏，接通电源电动机能够正常旋转，如果有正转无倒转，说明倒顺开关有故障，更换倒顺开关就可以了。

二、交流接触器联锁三相正反转启动运行电路

1. 电路原理图与工作原理

电动机正反转电路如图 3-4 所示。

按下 SB2，正向接触器 KM1 得电动作，主触点闭合，使电动机正转。按停止按钮 SB1，电动机停止。按下 SB3，反向接触器 KM2 得电动作，其主触点闭合，使电动机定子绕组与正转时的相序相反，则电动机反转。

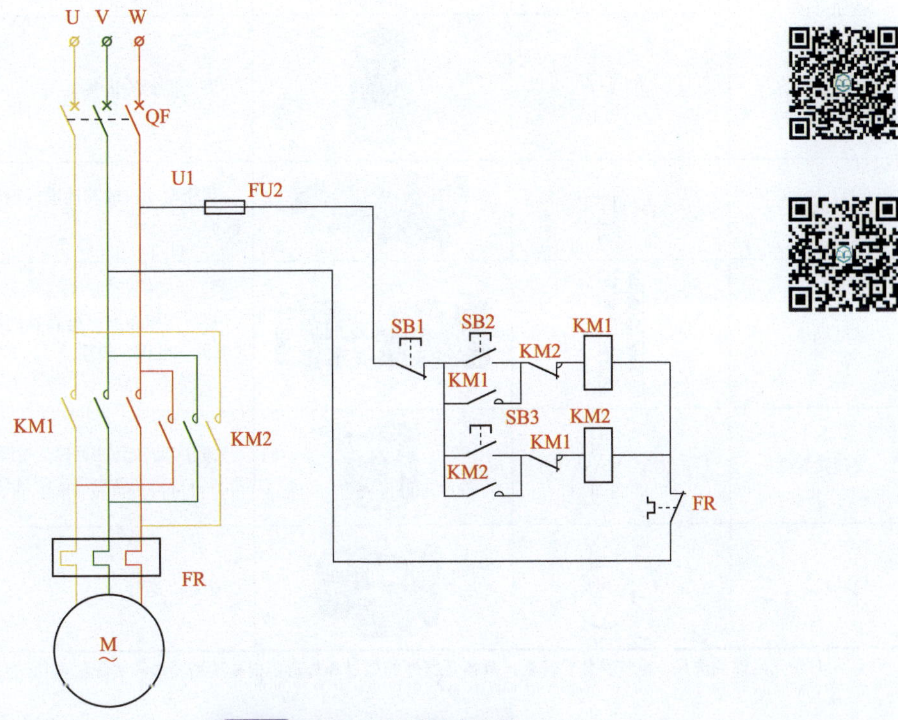

图3-4 电动机正反转电路图

接触器的动断辅助触点互相串联在对方的控制回路中进行联锁控制。这样当 KM1 得电时，由于 KM1 的动作触点打开，使 KM2 不能通电。此时即使按下 SB3 按钮，也不能造成短路。反之也是一样。接触器辅助触点的这种互相制约关系称为“联锁”或“互锁”。

需要注意的是，对于此种电路，如果电动机正在正转，想要反转，必须先按停止按钮 SB1 后，再按反向按钮 SB3 才能实现。

2. 电气控制部件与作用

电路所选元器件作用表如表 3-2 所示。

表3-2 电路所选元器件作用表

名称	符号	元器件外形	元器件作用
断路器	QF		主回路过流保护
熔断器	FU		当线路大负荷超载或短路电流增大时熔断器被熔断，起到切断电流、保护电路的作用
按钮开关	SB		启动控制的设备
	SB		停止控制的设备
热继电器	FR		用于电动机或其他电气设备、电气线路的过载保护
接线端子			将屏内设备和屏外设备的线路相连接，使信号（电流、电压）传输
交流接触器	KM		快速切断交流主回路的电源，开启或停止设备的工作（注意在本电路中两只交流接触器型号）
电动机	M　M 3～		拖动、运行

注：对于元器件的选择，电气参数要符合，具体元器件的型号和外形要根据现场要求和实际配电箱结构选择。

3. 电路接线组装

如图 3-5 所示为电路接线组装图。

4. 电路调试与检修

接通电源，按动顺启动按钮开关，顺启动交流接触器应吸合，电动机能够旋转。按动停

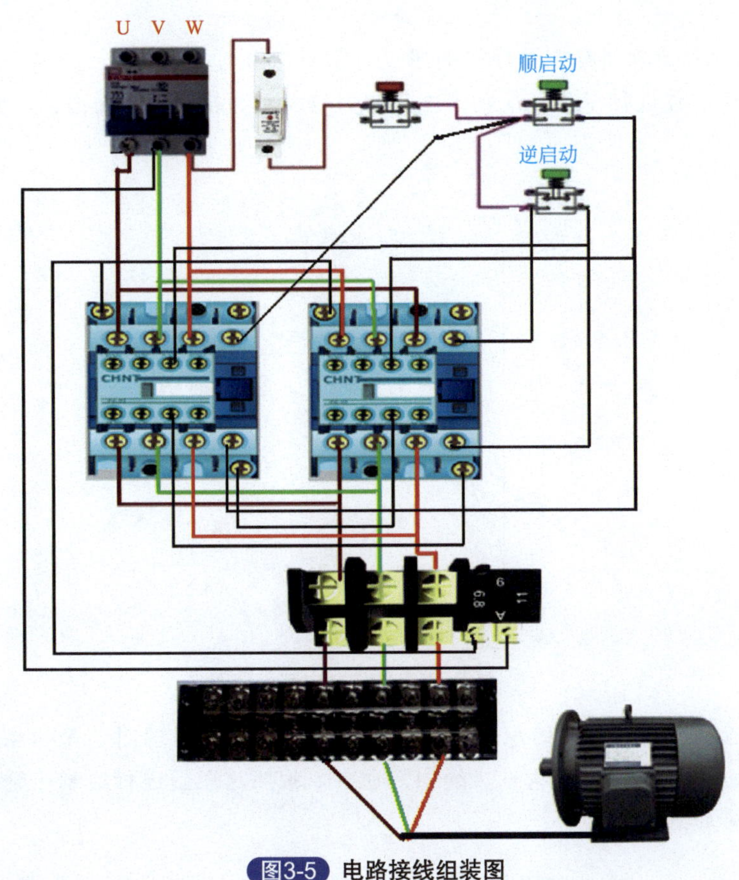

图3-5 电路接线组装图

止按钮开关，再按动逆启动按钮开关时，逆启动交流接触器应工作，电动机应能够旋转。如果不能够正常顺启动，检查顺启动交流接触器是否毁坏，如果毁坏则进行更换；同样，如果不能够进行逆启动，检查逆启动交流接触器是否毁坏，如果没有毁坏，看按钮开关是否毁坏，如果没有毁坏，说明是电动机出现了故障，无论是顺启动还是逆启动，电动机能够启动运行，都说明电动机没有故障，是交流接触器和它相对应的按钮开关出现了故障，应进行更换。

知识拓展：如何将原理图转换成实际布线图

前面已经看了很多电路的布线图，相信大家对电路图有了一定的了解，那么这些布线图是如何生成的呢？下面就讲解如何将电路原图生成接线图。

一个复杂的电气控制线路要想转换成实际接线，对于初学者来说有时会感觉遥不可及，但是只要掌握了方法和技巧，就会迎刃而解，轻松学会原理图到接线图的转换。

对于电路图转换为原理图，一般要经过以下步骤，就可以完成接线：

绘制接线平面布置图 → 原理图上编号 → 平面图上填号 → 整理号码 → 固定器件号码连接 → 安装完毕检查实验

下面以电动机正反转控制电路为例，介绍电动机控制电路原理图转换为实际接线图的方法技巧。

① 根据电气原理图绘制接线平面图。当拿到一张电气原理图，准备接线前应对电气控制箱内元器件进行布局，绘制出电气控制柜或配电箱电气平面图，如图 3-6 所示。

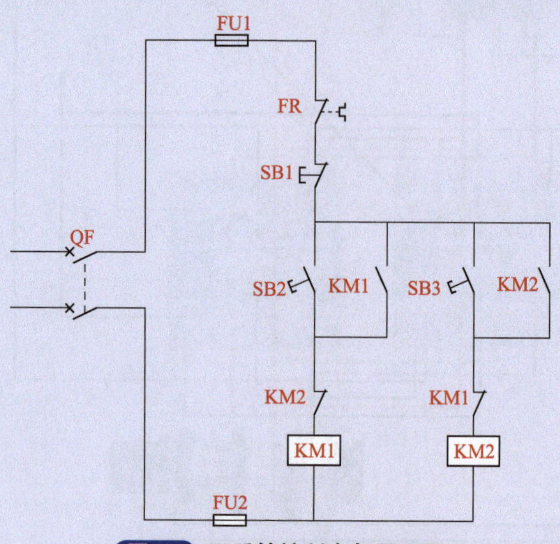

图3-6 正反转控制电气原理图

根据图 3-7 绘制出元件的原理图布局平面图，并画出原理图电气部件的符号，绘制过程中可以按照器件的结构一次绘制，也可以按照原理图进行绘制（绘制图时元器件可用方框带接点代替）。

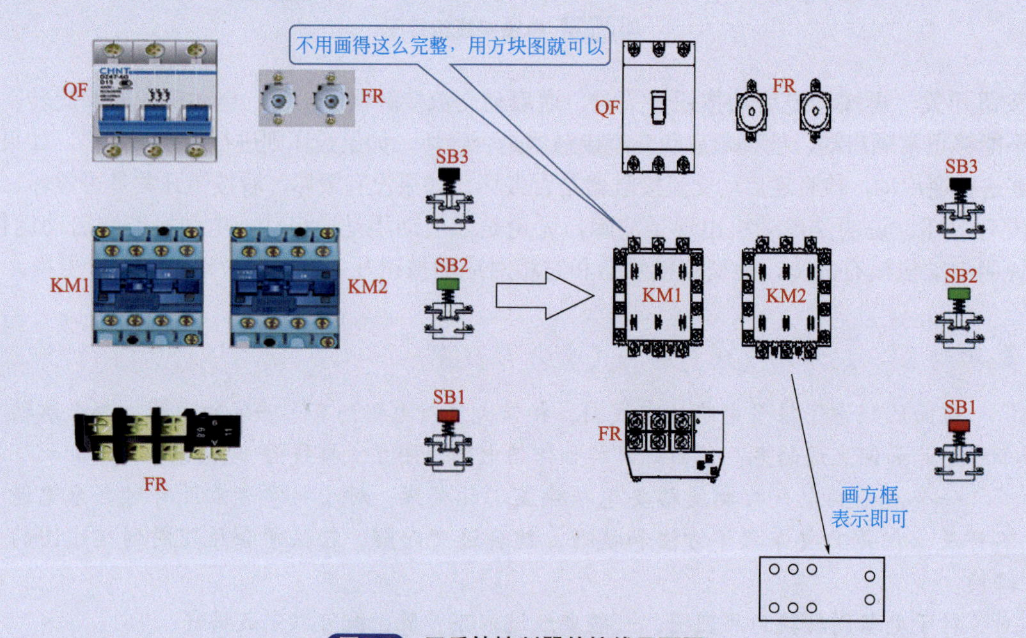

图3-7 正反转控制器件接线平面图

布局原理图中的器件符号应根据原理图进行标注，不能标错。引线位置应以实物标注上下或左右，总之尽可能与实际电路中元件保持一致。当熟练后，可以不绘制平面图，直接绘制成图 3-8 所示的平面图。

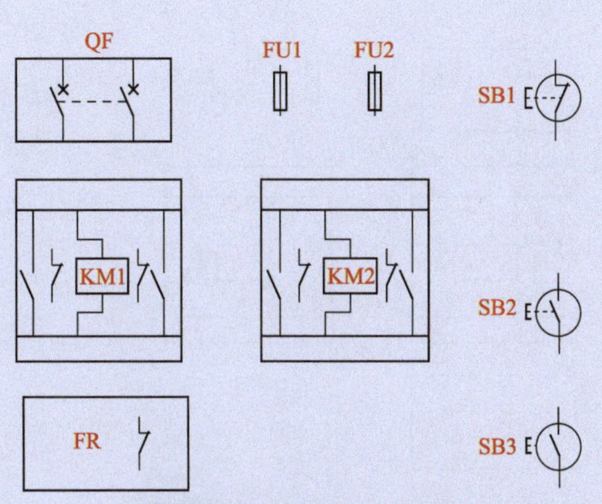

图3-8 直接绘制成平面图

② 在电气原理图与电气原理平面图上进行标号。首先对原理图上的接线点进行编号，每个编号必须是唯一的，每个元件两端各有一个编号，不能重复。在编号时，可以从上到下，每编完一列再由上到下编下一列，这样可保证不会有漏编的元件，如图3-9所示。

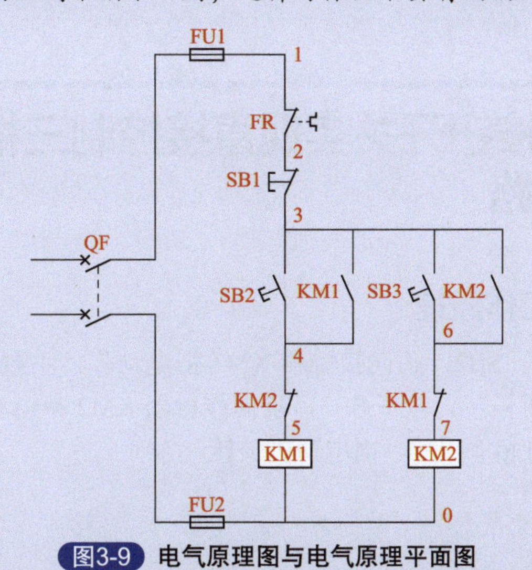

图3-9 电气原理图与电气原理平面图

③ 在布局平面原理图上编号。根据原理图上的编号，对布局平面原理图进行编号，如图3-10所示就是将图3-9的编号填入平面图中，注意不能填写错误。如KM1的常开触点是3、4号，KM1/KM2两个线圈的一端都是0号等。填写号时要注意区分常开常闭触点（动断触点）不能编错，填号时可不分上下左右，填对即可。

④ 整理编号号码。对于复杂的电路，要对号码进行校对整理，一是防止错误，二是将元器件接线尽可能集中布线（使同号码元件尽可能同侧，或尽可能相邻）。布置规则一是元件两端号码对调（如图中KM1的6、7对调），注意电路不能变，二是同一个器件上功能相同的元件（接点），左右两边可以互换正对（如KM2中的3、6与4、5互换），电路不能变。

⑤ 接线。平面图上的编号整理好后，在实际的电气柜（配电箱）中将元件摆放好并固定，就可以根据编号进行接线了（也就是将对应的编号用导线连起来）。需要注

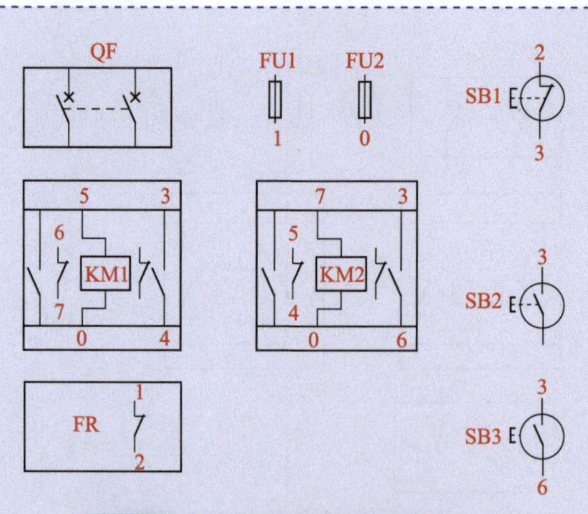

图3-10 原理图3-9的编号填入平面图

意的是，对于复杂的电路最好用不同的颜色线进行接线，如主电路用粗红/绿/蓝（红/黄/蓝）色线，零线用黑色线，其他路用细的不同颜色的线等，一是防止接错，二是便于后续维修查线。

三、用复合按钮开关实现直接控制三相电动机正反转控制电路

1. 电路原理图与工作原理

如图 3-11 所示，按下 SB2，正向接触器 KM1 得电动作，主触点闭合，使电动机正转。按停止按钮 SB1，电动机停转。按下 SB3，反向接触器 KM2 得电动作，其主触点闭合，使电动机定子绕组与正转时相序相反，则电动机反转。

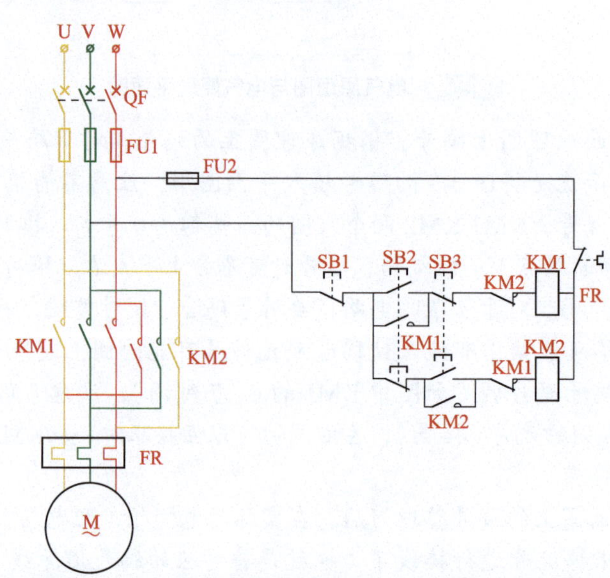

图3-11 复合按钮和接触器联锁复合电动机正反转控制线路

接触器的动断辅助触点互相串联在对方的控制回路中进行联锁控制。这样当 KM1 得电时，由于 KM1 的动作触点打开，使 KM2 不能通电。此时即使按下 SB3 按钮，也不能造成短路。反之也是一样。接触器辅助触点这种互相制约关系称为“联锁”或“互锁”。

按下 SB2 时，只有 KM1 可得电动作，同时 KM2 回路被切断。同理按下 SB3 时，只有 KM2 得电，同时 KM1 回路被切断。采用复合按钮，还可以起到联锁作用。

2. 电气控制部件与作用

电路所选元器件作用表如表 3-3 所示。

表3-3　电路所选元器件作用表

名称	符号	元器件外形	元器件作用
断路器	QF		主回路过流保护
熔断器	FU		当线路大负荷超载或短路电流增大时熔断器被熔断，起到切断电流、保护电路的作用
按钮开关	SB		启动控制的设备
	SB		停止控制的设备
热继电器	FR		用于电动机或其他电气设备、电气线路的过载保护
接线端子			将屏内设备和屏外设备的线路相连接，使信号（电流、电压）传输
交流接触器	KM		快速切断交流主回路的电源，开启或停止设备的工作（注意在本电路中两只交流接触器型号）
电动机	M　M 3～		拖动、运行

注：对于元器件的选择，电气参数要符合，具体元器件的型号和外形要根据现场要求和实际配电箱结构选择。

3. 电路接线组装

用复合按钮开关实现直接控制三相电动机正反转运行电路图如图 3-12 所示。

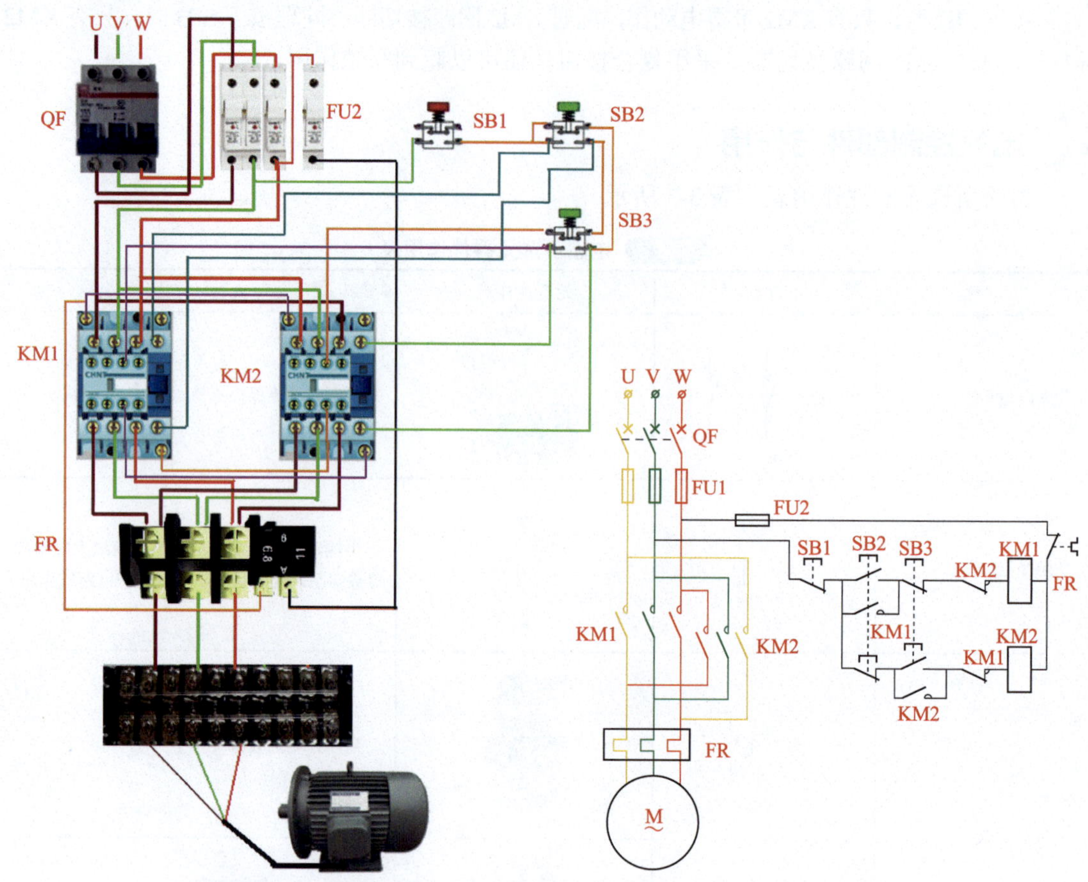

图3-12 用复合按钮开关实现直接控制三相电动机正反转运行电路图

4. 电路调试与检修

利用复合按钮开关进行控制的顺启动和逆启动控制电路，在顺启动和逆启动时不需要按动停止按钮开关，就可以进行顺启动和逆启动。实际在检修时，当接通电源不能够启动时，应该首先用万用表的电阻挡去检查熔断器是否熔断，接触器的线圈、接点是否毁坏，按钮开关的接点是否毁坏，由于使用的复合按钮开关，应该把它的常开触点和常闭触点全部测量一遍，热继电器的接点是否毁坏，上述元件用电阻挡测量均未发现毁坏，应检查电动机的阻值是否异常，若均未发现故障，可以应用电压测量法，检测空开的下端、熔断器、交流接触器的上端和下端电压、热继电器的上端和下端电压、电动机的电压，这就是电压跟踪法。检测到哪一级没有电压，就检查相应级的控制元件，比如检测到逆启动控制交流接触器的上端有电压，下端没有电压，首先判定逆启动交流接触器是否接通，如果没有接通，应检查逆启动按钮开关是否正常，逆启动的交流接触器的线圈是否毁坏，当元件均没有毁坏，按压逆启动按钮开关，交流接触器应能够吸合，它的下端就应该有电压。这是电压跟踪法的检修步骤。

四、三相正反转点动控制电路

1. 电路原理图与工作原理

① 合上开关 QF 接通三相电源。

② 按动正向启动按钮开关 SB2，SB2 的常开触点接通 KM1 线圈线路，交流接触器 KM1 线圈通电吸合，KM1 主触头闭合接通电动机电源，电动机正向运行。

③ 按动反向启动按钮开关 SB3，SB3 的常开触点接通 KM2 线圈线路，交流接触器 KM2 线圈通电吸合，KM2 主触头闭合接通电动机电源，电动机反向运行。

④ 在运行的过程中，只要松开按钮开关，控制电路立即无电，交流接触器断电主触头释放，电动机停止运行。

⑤ 电动机的过载保护由热继电器 FR 完成。

⑥ 电路利用 KM1 和 KM2 常闭辅助触头互锁，避免线路短路（图 3-13）。

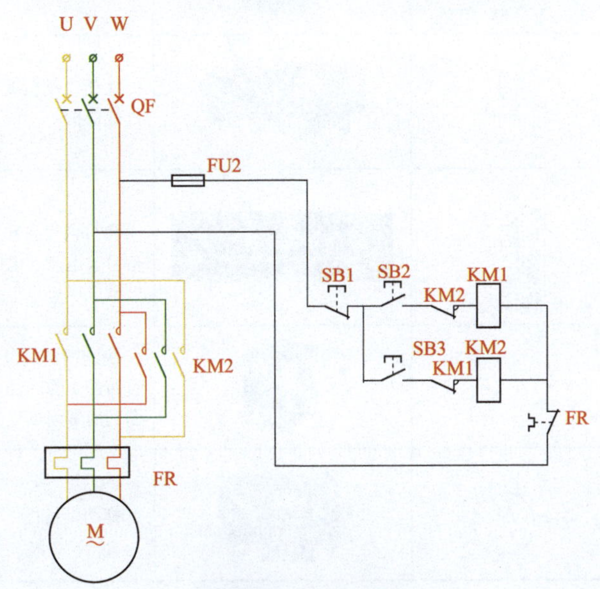

图3-13 电路原理图

2. 电气控制部件与作用

电路所选元器件作用表如表 3-4 所示。

表3-4 电路所选元器件作用表

名称	符号	元器件外形	元器件作用
断路器	QF		主回路过流保护

续表

名称	符号	元器件外形	元器件作用
熔断器	FU		当线路大负荷超载或短路电流增大时熔断器被熔断，起到切断电流、保护电路的作用
按钮开关	SB		启动控制的设备
	SB		停止控制的设备
热继电器	FR		用于电动机或其他电气设备、电气线路的过载保护
接线端子			将屏内设备和屏外设备的线路相连接，使信号（电流、电压）传输
交流接触器	KM		快速切断交流主回路的电源，开启或停止设备的工作（注意在本电路中两只交流接触器利用常闭点互锁）
电动机	M		拖动、运行

注：对于元器件的选择，电气参数要符合，具体元器件的型号和外形要根据现场要求和实际配电箱结构选择。

3. 电路接线组装

三相电动机正反转控制运行电路图如图 3-14 所示。

4. 电路调试与检修

接通电源以后，按动顺启动钮、逆启动钮电动机正常旋转。如果不能正常旋转，应该检查交流接触器、热保护器是否毁坏，按钮开关是否毁坏，如果毁坏则直接进行更换，电路比较简单，维修也比较方便。如果只能顺启动，不能逆启动，只要检查相应的启动按钮开关和交流接触器就可以了，说明是它对应的电路出现了问题。

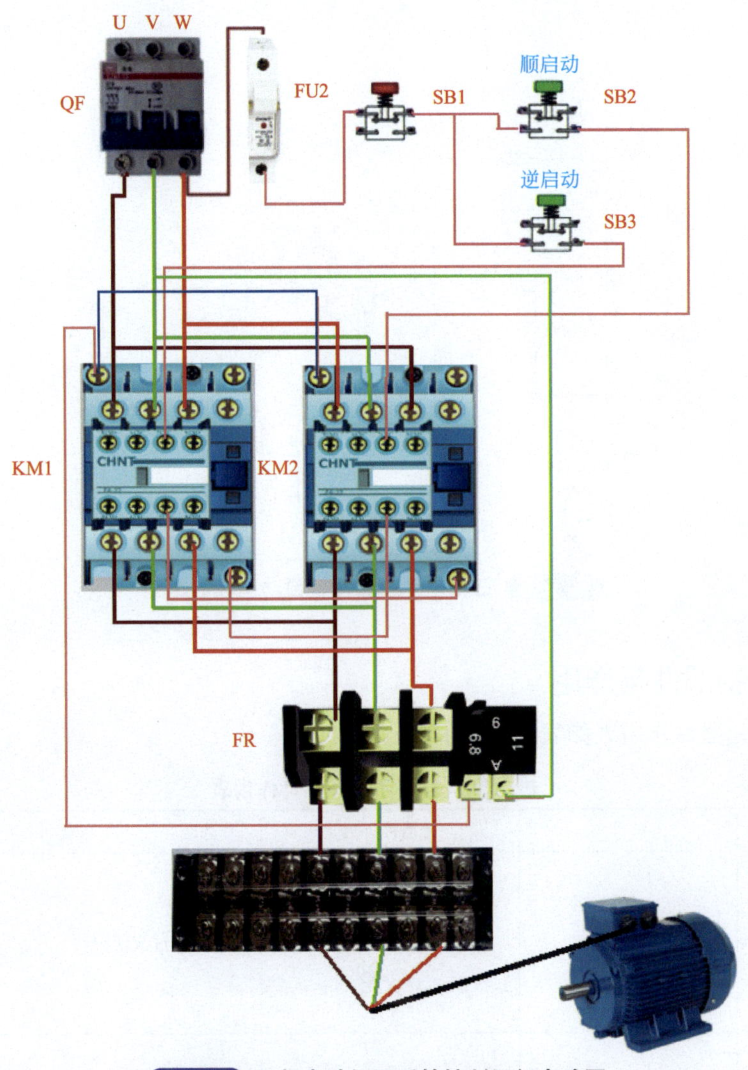

图3-14 三相电动机正反转控制运行电路图

五、三相电动机正反转自动循环电路

1. 电路原理图与工作原理

如图 3-15 所示，按动正向启动按钮开关 SB2，交流接触器 KM1 得电动作并自锁，电动机正转使工作台前进。当运动到 ST2 限定的位置时，挡块碰撞 ST2 的触头，ST2 的动断触点使 KM1 断电，于是 KM1 的动断触点复位闭合，关闭了对 KM2 线圈的互锁。ST2 的动合触点使 KM2 得电自锁，且 KM2 的动断触点断开将 KM1 线圈所在支路断开（互锁）。这样电动机开始反转使工作台后退。当工作台后退到 ST1 限定的极限位置时，挡块碰撞 ST1 的触头，KM2 断电，KM1 又得电动作，电动机又转为正转，如此往复。SB1 为整个循环运动的停止按钮开关，按动 SB1 自动循环停止。

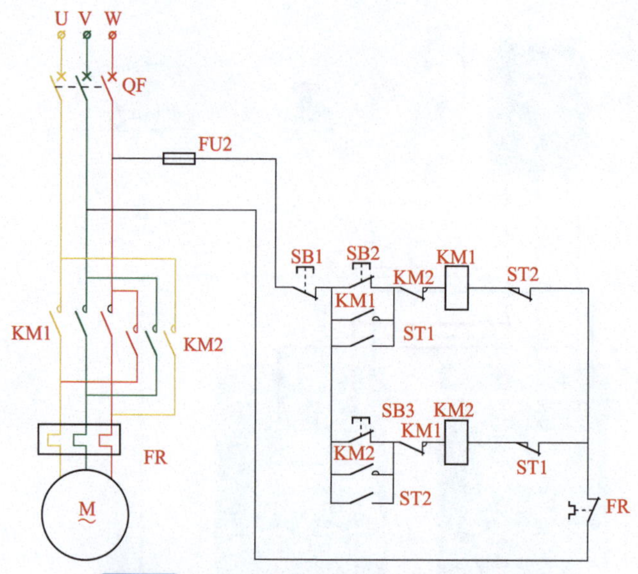

图3-15 三相电动机正反转自动循环电路图

2. 电气控制部件与作用

电路所选元器件作用表如表 3-5 所示。

表3-5 电路所选元器件作用表

名称	符号	元器件外形	元器件作用
断路器	QF		主回路过流保护
熔断器	FU		当线路大负荷超载或短路电流增大时熔断器被熔断，起到切断电流、保护电路的作用
按钮开关	SB		启动控制的设备
	SB		停止控制的设备

续表

名称	符号	元器件外形	元器件作用
行程开关	SQ		通过其他物体的位移碰触来控制电路的通断
热继电器	FR		用于电动机或其他电气设备、电气线路的过载保护
接线端子			将屏内设备和屏外设备的线路相连接，使信号（电流、电压）传输
交流接触器	KM		快速切断交流主回路的电源，开启或停止设备的工作
电动机	M		拖动、运行

注：对于元器件的选择，电气参数要符合，具体元器件的型号和外形要根据现场要求和实际配电箱结构选择。

3. 电路接线组装

电路接线如图 3-16 所示。

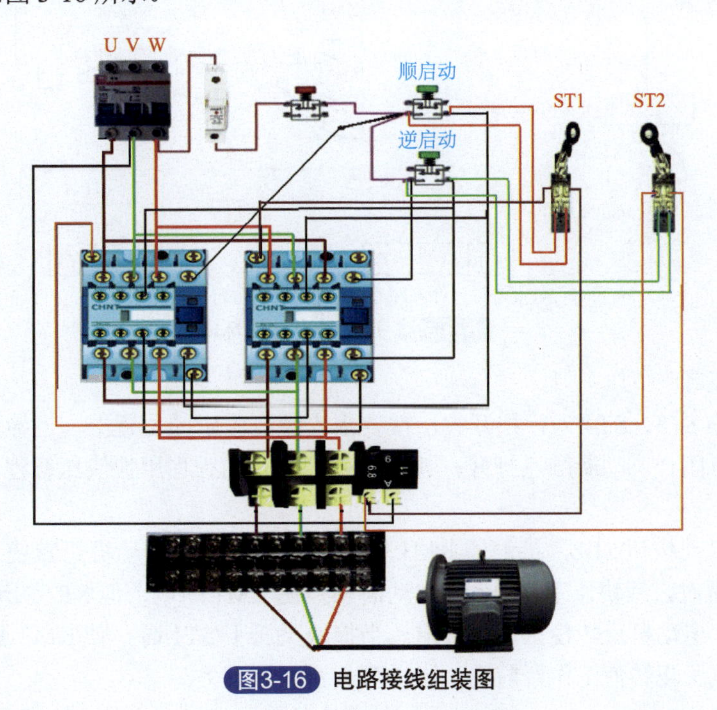

图3-16 电路接线组装图

4. 电路调试与检修

接通电源以后，直接按动任意交流接触器，电动机应可以转动，如不能转动，说明故障在主电路，可直接用观察法或万用表电压跟踪法检修；若电动机可以转动，说明故障在控制电路，检查行程开关和按钮开关，用万用表测量接点应能正常接通和断开，若不能则为坏，维修或更换即可。

六、行程开关自动循环控制电路

1. 电路原理图与工作原理

（1）电路原理图

正反转自动循环电路如图 3-17 所示，它是用行程开关来自动实现电动机正反转的。组合机床、龙门刨床、铣床的工作台常用这种线路实现往返循环。

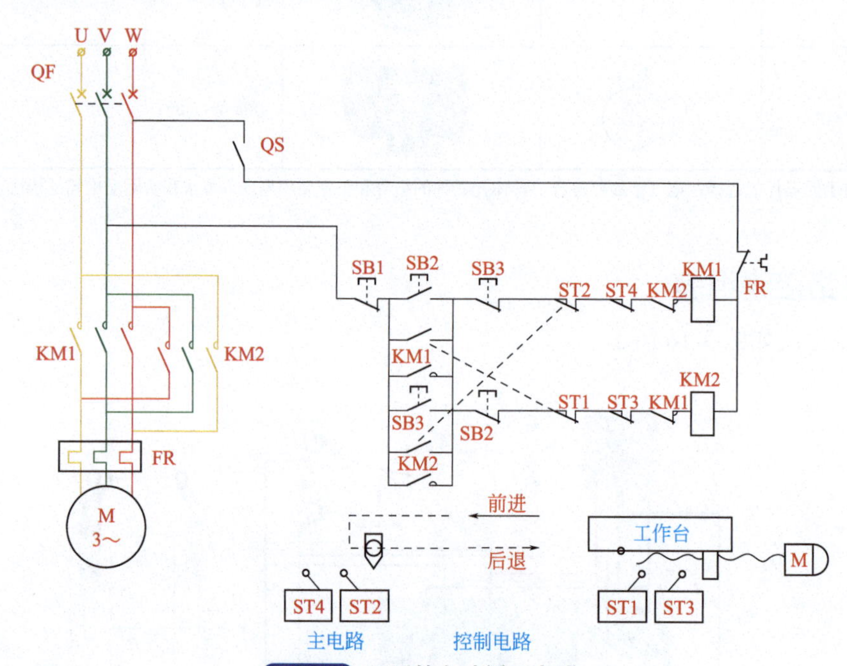

图3-17 正反转自动循环电路

（2）工作原理

ST1、ST2、ST3、ST4 为行程开关，按要求安装在固定的位置上，当撞块压下行程开关时，其动合触点闭合，动断触点打开。其实这是按一定的行程用撞块压行程开关，代替了人按按钮。

按下正向启动按钮 SB2，接触器 KM1 得电动作并自锁，电动机正转使工作台前进。当运行到 ST2 位置时，撞块压下 ST2，ST2 动断触点使 KM1 断电，但 ST2 的动合触点使 KM2 得电动作自锁，电动机反转使工作台后退。当撞块又压下 ST1 时，使 KM2 断电，KM1 又得电动作，电动机又正转使工作台前进，这样可一直循环下去。

SB1 为停止按钮。SB2 与 SB3 为不同方向的复合启动按钮。之所以用复合按钮，是为了满足改变工作台方向时，不按停止按钮可直接操作。限位开关 ST2 与 ST4 安装在极限位置，当由于某种故障，工作台到达 ST1（或 ST2）位置，未能切断 KM2（或 KM3）时，工作台将继续移动到极限位置，压下 ST3（或 ST4），此时最终把控制回路断开，使 ST3、ST4 起限位保护作用。

上述这种用行程开关按照机床运动部件的位置或机件的位置变化所进行的控制，称作按行程原则的自动控制，或称行程控制。行程控制是机床和生产自动线应用较为广泛的控制方式。

2. 电气控制部件与作用

控制线路所选元器件作用表如表 3-6 所示。

表3-6　电路所选元器件作用表

名称	符号	元器件外形	元器件作用
断路器	QF		主回路过流保护
断路器	QS		控制回路过流保护
按钮开关	SB		启动控制的设备
	SB		停止控制的设备
行程开关	SQ		通过其他物体的位移碰触来控制电路的通断
热继电器	FR		用于电动机或其他电气设备、电气线路的过载保护
接线端子			将屏内设备和屏外设备的线路相连接，使信号（电流、电压）传输

续表

名称	符号	元器件外形	元器件作用
交流接触器	KM		快速切断交流主回路的电源，开启或停止设备的工作
电动机	M (M 3～)		拖动、运行

注：对于元器件的选择，电气参数要符合，具体元器件的型号和外形要根据现场要求和实际配电箱结构选择。

3. 电路接线组装

电路接线组装图如图 3-18 所示。

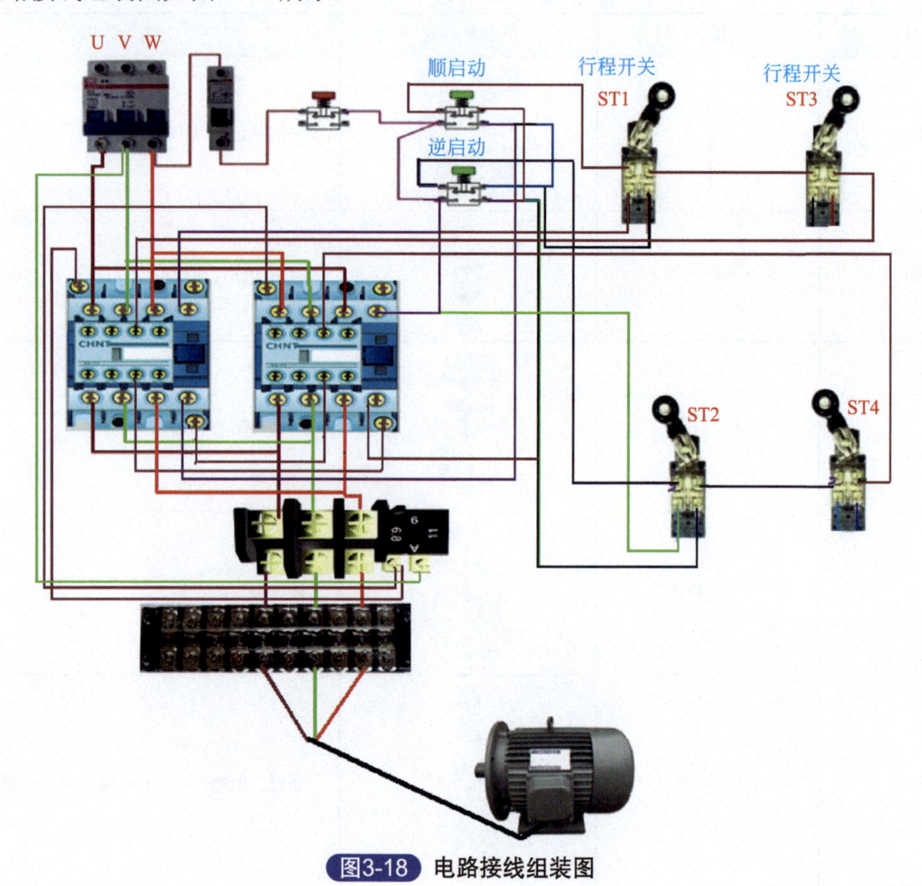

图3-18 电路接线组装图

4. 电路调试与检修

接通电源以后，直接按动任意交流接触器，电动机应可以转动，如不能转动，说明故障在主电路，可直接用观察法或万用表电压跟踪法检修；若电动机可以转动，说明故障在控制电路，用万用表检查四只行程开关和按钮开关，测量接点能否正常接通和断开，若不能则为坏，维修或更换即可。

七、正反转到位返回控制电路

1. 电路原理图与工作原理

如图 3-19 所示为电路原理图。

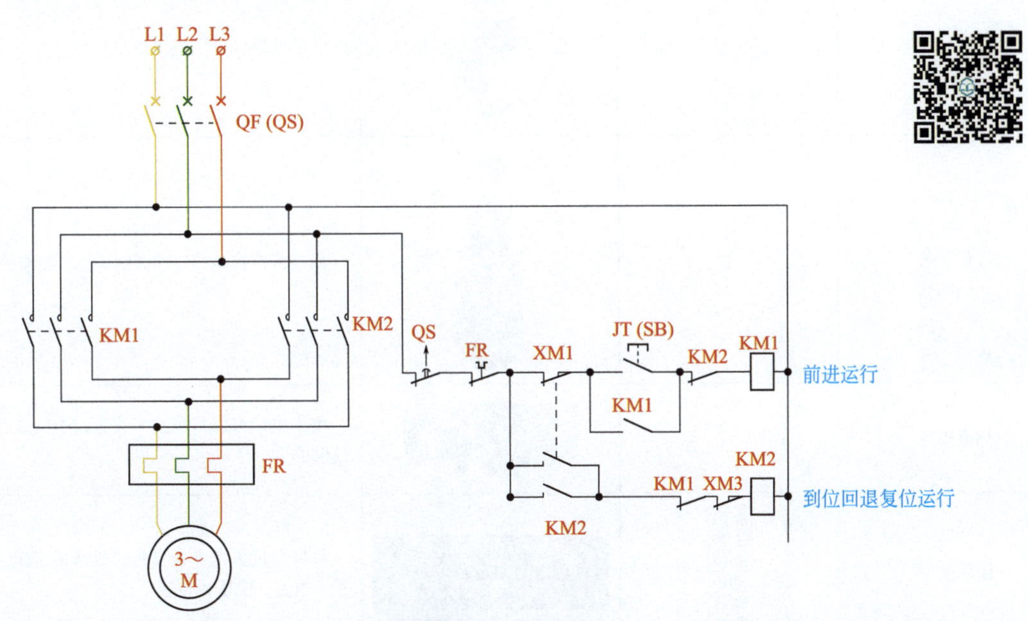

图3-19 电路原理图

接通电源，按压启动开关 JT，此时电源通过 QS、FR、XM1 常闭触点（动断触点）、JT、KM2 常闭触点（动断触点）使 KM1 得电吸合，KM1 主触点吸合，设电动机启动正向运行，与 JT 并联 KM1 辅助触点闭合自锁，与 KM2 线圈相连的触点断开，实现互锁，防止 KM2 无动作。

当电动机运行到位置时，触动行程开关 XM1，则其常闭触点（动断触点）断开，KM1 断电，常开触点接通、KM1 常闭触点（动断触点）接通，KM2 得电吸合，主触点控制电动机反转，与 XM1 相连的辅助触点自锁。当电动机回退到位时，触动 XM3、触点断开，KM2 线圈失电断开，电动机停止运行。

2. 电气控制部件与作用

电路所选元器件作用表如表 3-7 所示。

表3-7 电路所选元器件作用表

名称	符号	元器件外形	元器件作用
断路器	QF		主回路过流保护

续表

名称	符号	元器件外形	元器件作用
熔断器	QS 		控制回路过流保护
按钮开关	SB 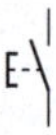		启动或停止控制的设备
行程开关	SQ 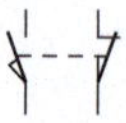		通过其他物体的位移碰触来控制电路的通断
热继电器	FR 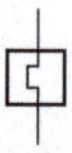		用于电动机或其他电气设备、电气线路的过载保护
接线端子		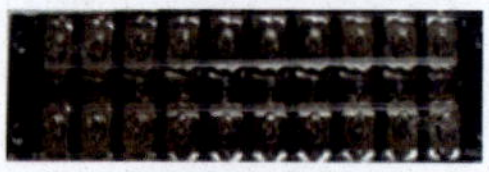	将屏内设备和屏外设备的线路相连接，使信号（电流、电压）传输
交流接触器	KM 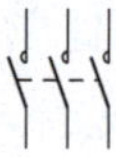		快速切断交流主回路的电源，开启或停止设备的工作
电动机	M  M 3～		拖动、运行

注：对于元器件的选择，电气参数要符合，具体元器件的型号和外形要根据现场要求和实际配电箱结构选择。

3. 电路接线组装

如图 3-20 所示为电路接线组装图。

4. 电路调试与检修

接通电源以后，直接按动任意交流接触器，电动机应可以转动，如不能转动，说明故障在主电路，可直接用观察法或万用表电压跟踪法检修；若电动机可以转动，说明故障在控制电路，用万用表检查两只行程开关，测量接点能否正常接通和断开，若不能则为坏，维修或更换即可。

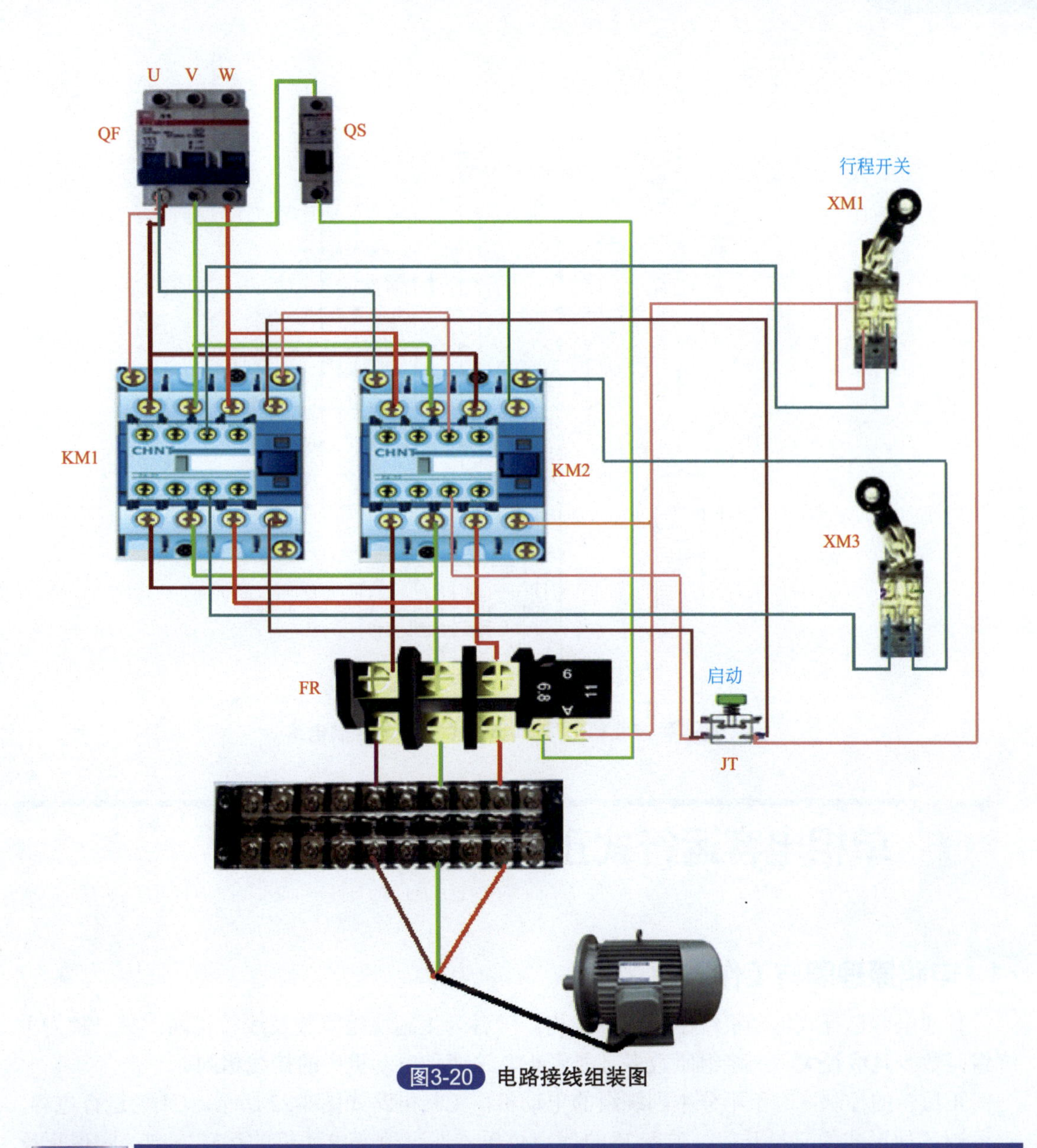

图3-20　电路接线组装图

八、绕线转子异步电动机的正反转控制电路

绕线转子异步电动机的正反转控制电路如图 3-21 所示。

图 3-21 中凸轮控制器共有九对常开触点，其中四对触点用来控制电动机的正反转，另外五对触点与转子电路中所串的电阻相接，控制电动机的转速，凸轮控制的手轮除“0”位置外，其左右各有五个位置，当手轮处在各个位置时，各对触点接通。

手轮由“0”位置向右转到“1”位置时，由图可知，电动机 M 通入 U、V、W 的相序开始正转，启动电阻全部接入转子回路，如手轮反转，即由“0”位置向左转到“1”位置时，从图中可看出电源改变相序，电动机反转。

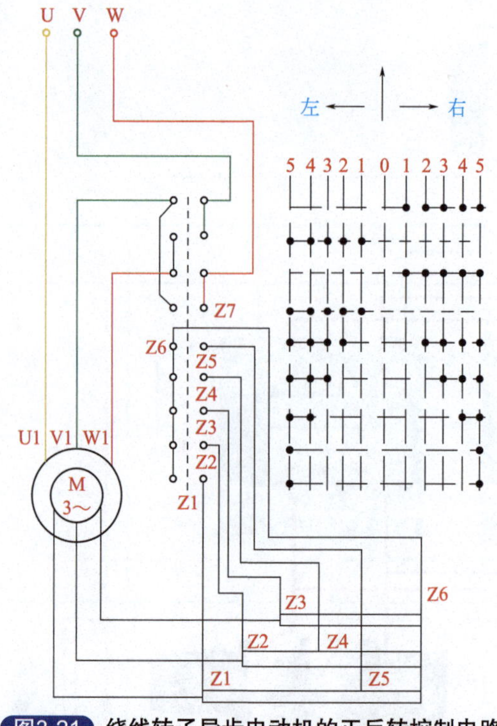

图3-21 绕线转子异步电动机的正反转控制电路

九、单相电容运行式正反转电路

1. 电路原理图与工作原理

普通电容运行式电动机绕组有两种结构。一种为主副绕组匝数及线径相同；另一种为主绕组匝数少且线径大，副绕组匝数多且线径小。这两种电动机内的接线相同。

正反转的控制：对于不分主副绕组的电动机，控制电路如图3-22所示。C1为运行电容，K可选各种形式的双投开关。改变K的接点位置，即可改变电动机的运转方向，实现正反转控制。对于有主副绕组之分的单相电动机，要实现正反转控制，可改变内部副绕组与公共端接线，也可改变定子方向。

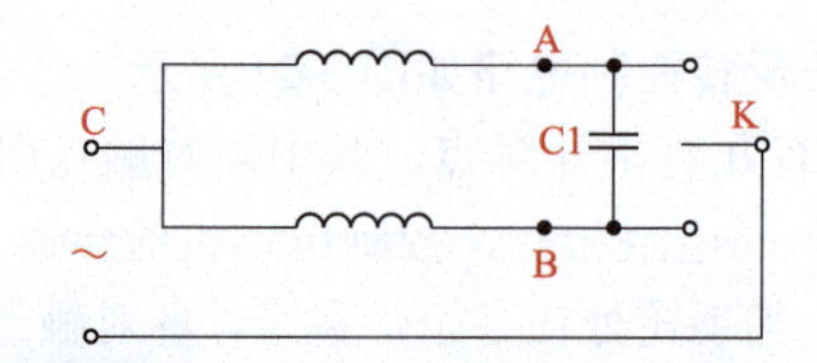

图3-22 电容运行式电机正反转控制电路

2. 电气控制部件与作用

线路所选元器件作用表如表3-8所示。

表3-8 电路所选元器件作用表

名称	符号	元器件外形	元器件作用
断路器	QF		主回路过流保护
微动触点开关	K		微动开关是外机械力通过传动元件（按销、按钮开关、杠杆、滚轮等）将力作用于动作簧片上，当动作簧片位移到临界点时产生瞬时动作，使动作簧片末端的动触点与定触点快速接通或断开
电容器	C		为电动机提供启动或运行移相交流电压
单相电动机	M		拖动、运行

注：对于元器件的选择，电气参数要符合，具体元器件的型号和外形要根据现场要求和实际配电箱结构选择。

3. 电路接线组装

如图 3-23 所示为电路接线组装图。

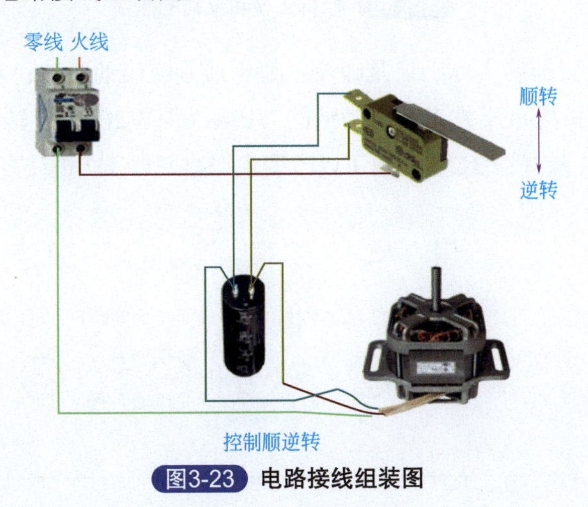

图3-23 电路接线组装图

十、单相异步倒顺开关控制正反转电路

1. 电路原理图与工作原理

图 3-24 表示电容启动式或电容启动 / 电容运转式单相电动机的内部主绕组、副绕组、离心开关和外部电容在接线柱上的接法。其中主绕组的两端记为 U1、U2，副绕组的两端记为 W1、W2，离心开关 K 的两端记为 V1、V2。注意：电动机厂家不同，标注不同。

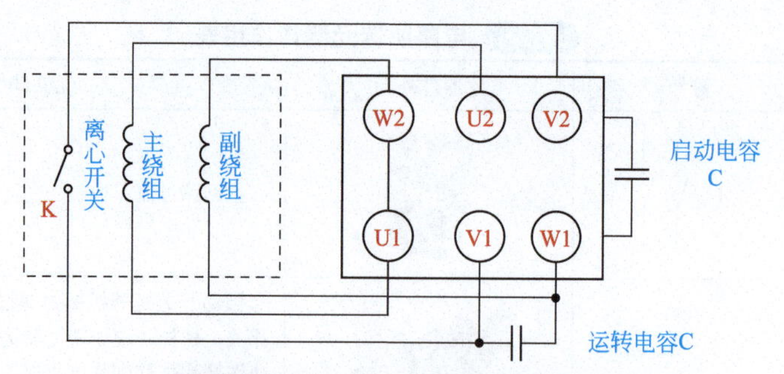

图3-24 绕组与接线柱上的接线接法

这种电动机的铭牌上标有正转和反转的接法，如图 3-25 所示。

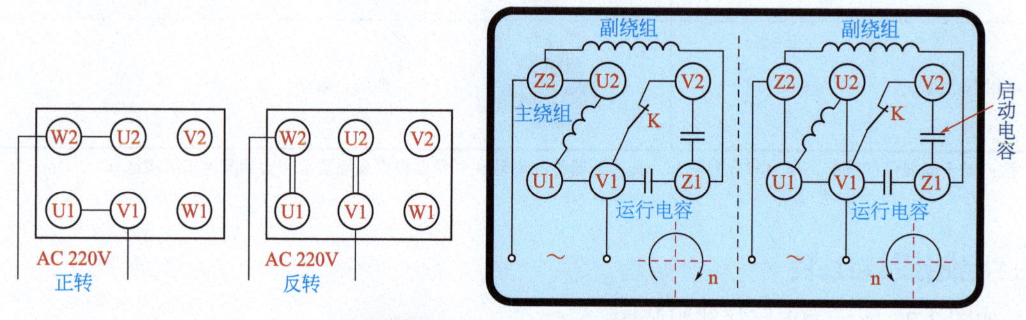

图3-25 标有正转和反转的接法

单相电动机正反转控制实际上只是改变主绕组或副绕组的接法：正转接法时，副绕组的 W1 端通过启动电容和离心开关连到主绕组的 U1 端（图 3-26）；反转接法时，副绕组的 W2 端改接到主绕组的 U1 端（图 3-27）。也可以改变主绕组 U1、U2 进线方向。

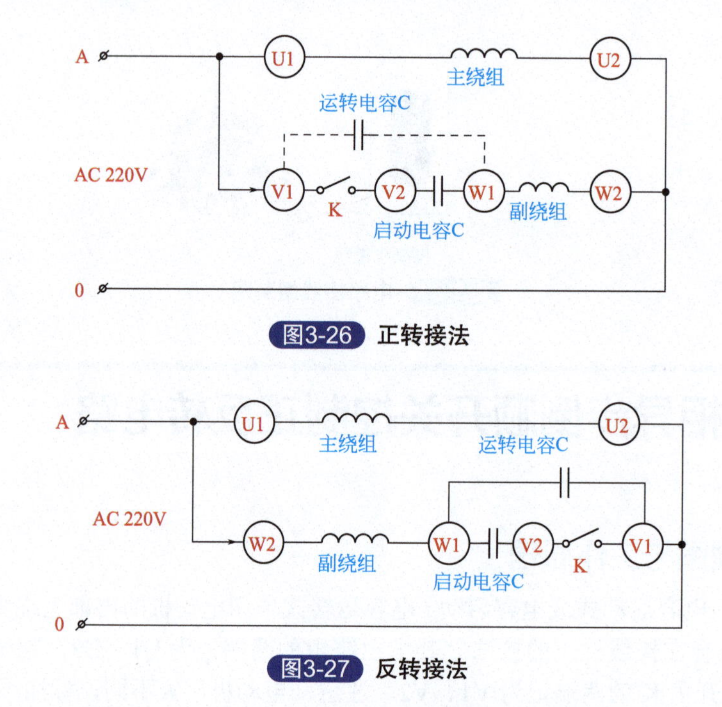

图3-26 正转接法

图3-27 反转接法

现以六柱倒顺开关说明。六柱倒顺开关有两种转换形式（图 3-28）。打开盒盖就能看到厂家标注的代号：第一种，左边一排三个接线柱标 L1、L2、L3，右边三柱标 D1、D2、D3；第二种，左边一排标 L1、L2、D3，右边标 D1、D2、L3。以第一种六柱倒顺开关为例，当手柄在中间位置时，六个接线柱全不通，称为“空挡”。当手柄拨向左侧时，L1 和 D1、L2 和 D2、L3 和 D3 两两相通。当手柄拨向右侧时，L3 仍与 D3 接通，但 L2 改为连通 D1，L1 改为连通 D2。

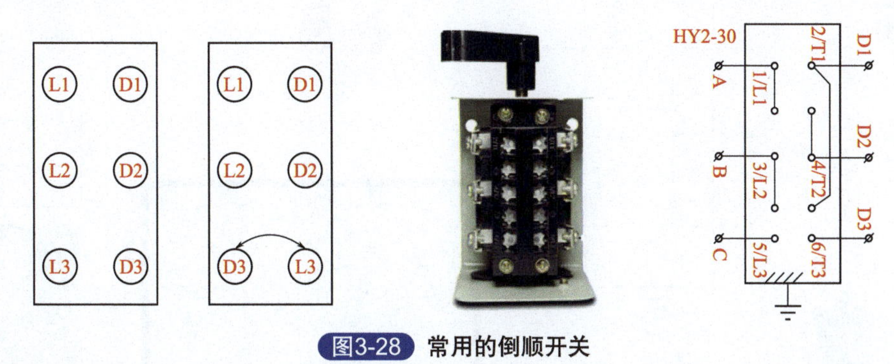

图3-28　常用的倒顺开关

2. 电气控制部件与作用

线路所选元器件作用表如表 3-9 所示。

表3-9　电路所选元器件作用表

名称	符号	元器件外形	元器件作用
断路器	QF		主回路过流保护
倒顺开关	QS L1 L2 L3		连通、断开电源或负载，可以使电动机正转或反转，主要是给单相、三相电动机做正反转用的电气元件
电容器	C		为电动机提供启动或运行移相交流电压
单相电动机	M		拖动、运行

注：对于元器件的选择，电气参数要符合，具体元器件的型号和外形要根据现场要求和实际配电箱结构选择。

3. 电路接线组装

倒顺开关控制电动机正反转接线如图 3-29 所示。

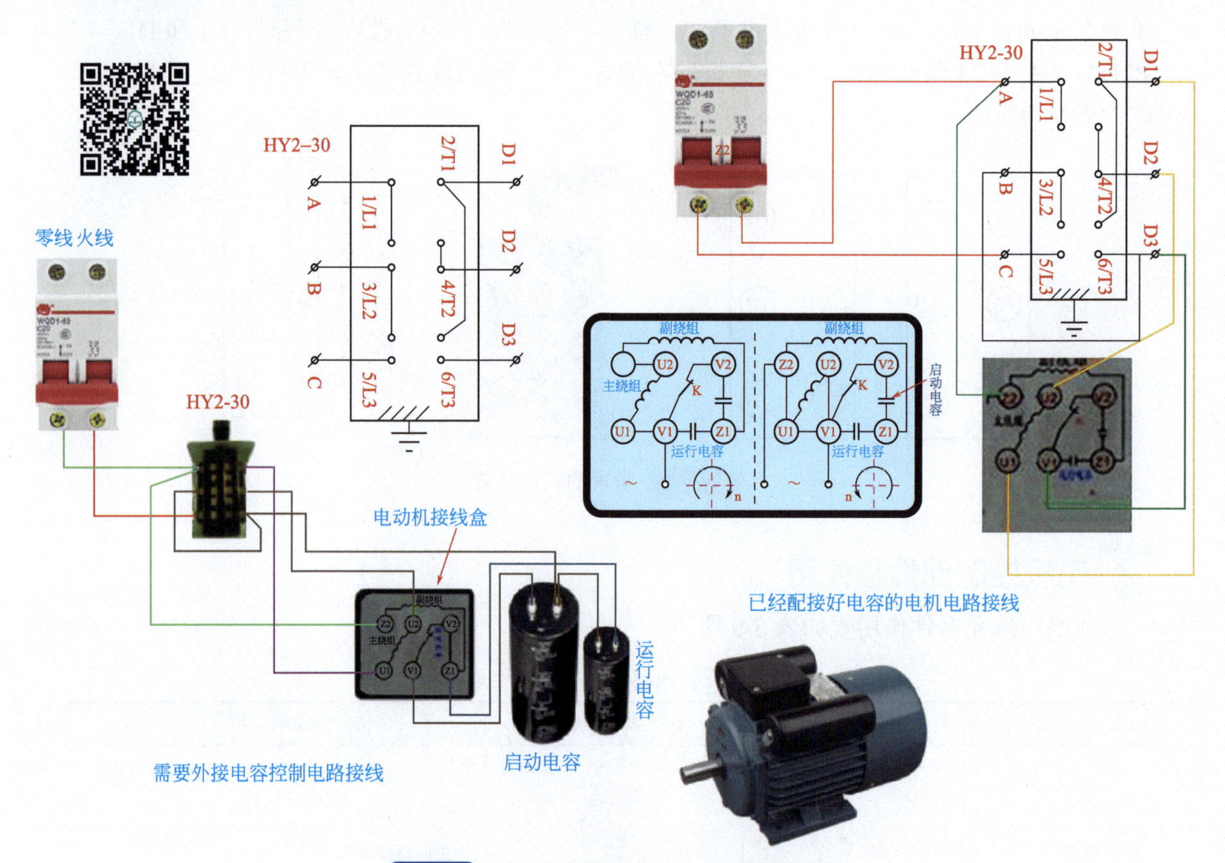

图3-29 倒顺开关控制电动机正反转接线图

知识拓展：单相电动机主副绕组的判别（实际测量步骤参见检测视频）

用万用表（最好用数字表）电阻挡任意测 CS、CR、RS 阻值，测量中阻值最大的一次为 RS 端，另一端为公用端 C。当找到 C 后，测 C 与另两端的阻值，两绕组阻值相同说明此电动机无主副绕组之分，任一个绕组都可为主，也可为副。在实际测量中，不同功率的电动机阻值不同，功率小的阻值大，功率大的阻值小，如图 3-30 所示。如果内部主副绕组不连接，出四个线头，同样阻值小的为主绕组，大的为启动绕组，如果阻值相等，则不分主副绕组。

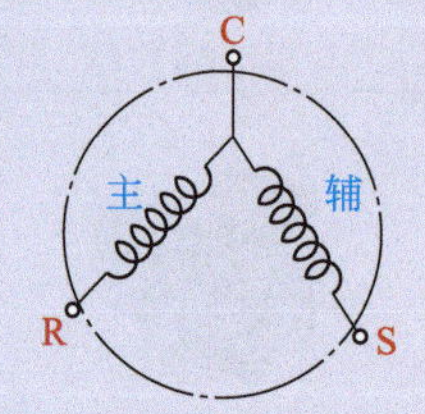

图3-30 单相电动机主副绕组的判别

十一、船型开关或摇头开关控制的单相异步电动机正反转电路

无论是船型开关还是摇头开关的倒顺开关，手柄处于中间位置即停止位置时 Z3 与 D3/L3 均不通，切断电源，单相电动机不转。当手柄拨向左侧时，L3/Z3、L2/Z2、L1/Z1 通，最后形成的电路为反转接法；当手柄拨向右侧时，D3/Z3、D2/Z2、D1/Z1 通，最后形成的电路为正转接法（图 3-31）。

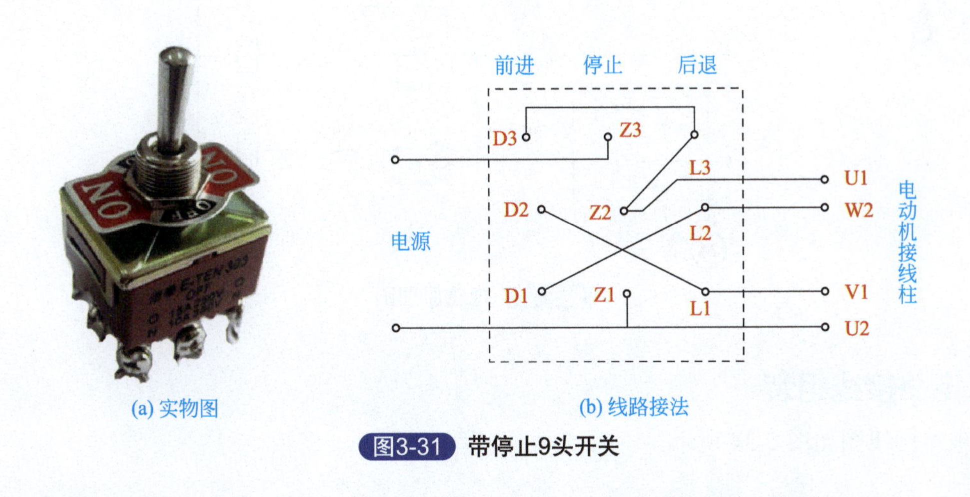

(a) 实物图　(b) 线路接法

图3-31 带停止9头开关

在没有 9 头开关或者没有带停止的多头开关时，为了实现正反转启停控制，可以用两个开关，其中一个作为电源开关，另一个作为正反转开关。电路如图 3-32 所示。工作原理与上述相同。

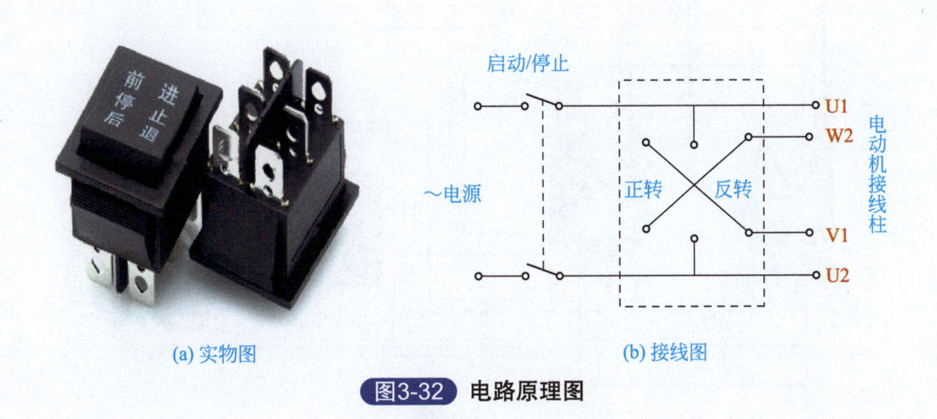

(a) 实物图　(b) 接线图

图3-32 电路原理图

十二、交流接触器控制的单相电动机正反转控制电路

1. 电路原理图与工作原理

当电动机功率比较大时，可以用交流接触器控制电动机的正反转，电路原理图如图 3-33 所示。

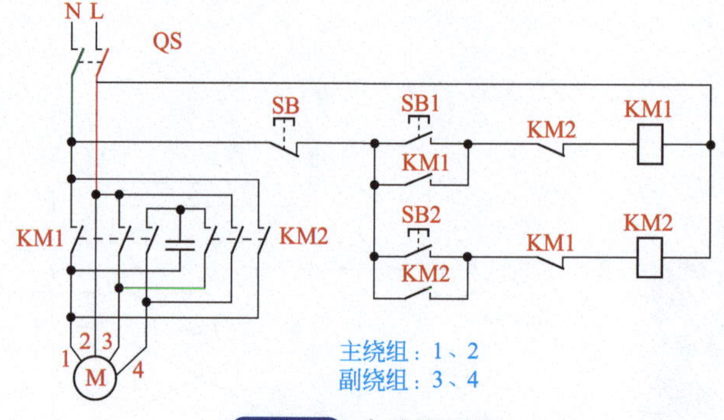

图3-33 电路原理图

2. 电路接线组装

电路接线图如图 3-34 所示。

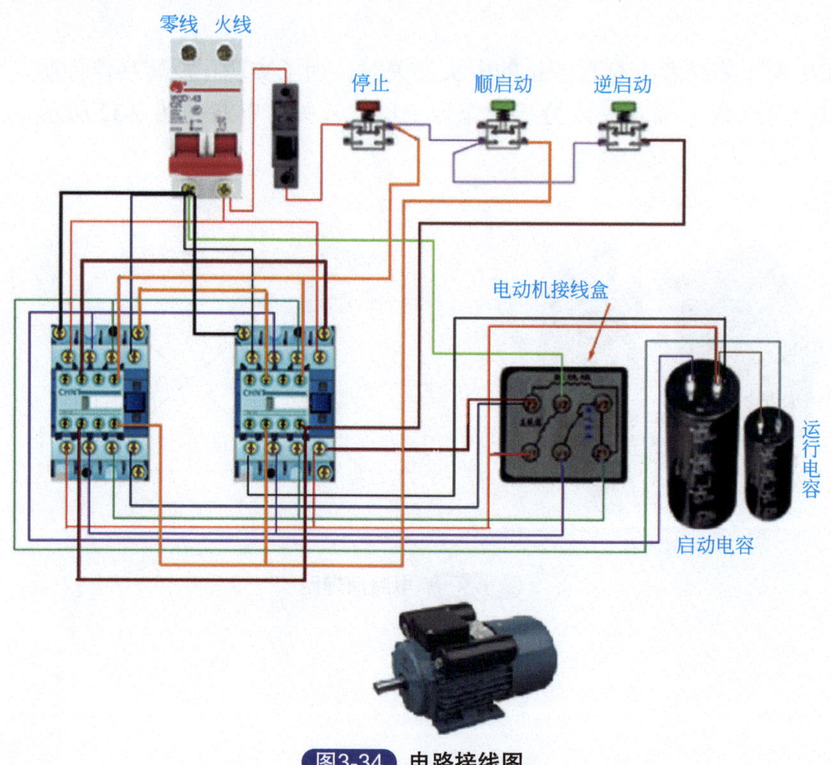

图3-34 电路接线图

3. 电路调试与检修

对一些远程控制不能直接使用倒顺开关进行控制的电动机或大型电动机来讲，都可以使用交流接触器控制的正反转控制电路。如果接通电源以后，按动顺启动或逆启动按钮开关，电动机不能正常工作，应该首先用万用表检查交流接触器线圈是否毁坏，交流接触器接点是否毁坏，如果这些元件没有毁坏，按动顺启动或逆启动按钮开关，电动机应当能够正旋转，如果不能旋转，应该是电容器出现了故障，应当更换电容器。如果只能顺启动而不能逆启动（或只能逆启动而不能顺启动），检查逆启动按钮开关，逆启动交流接触器（或顺启动按钮开关、顺启动交流接触器）是否出现故障，一般只要出现单一的方向运行，而不能实现另一方向运行，都属于另一方向的交流接触器出现故障，和它的主电路、电流通路的电容器，以及电动机和空开是没有关系的，所以直接查它的控制元件就可以了。

十三、多地控制单相电动机运转电路

1. 电路原理图与工作原理

多地控制电路如图 3-35 所示。

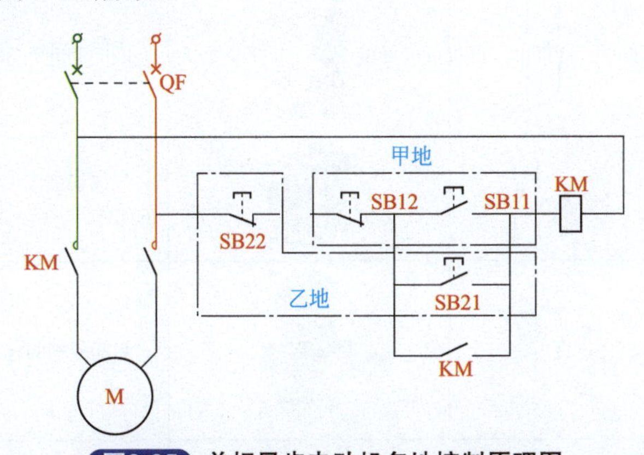

图3-35 单相异步电动机多地控制原理图

为了达到两个地点同时控制一台电动机的目的，必须在另一个地点再装一组启动 / 停止按钮开关。图 3-35 中 SB11、SB12 为甲地启动 / 停止按钮开关，SB21、SB22 为乙地启动 / 停止按钮开关。只要按动各地的启动和停止按钮开关，交流接触器线圈即可得电，触点吸合，电动机即可运转。

知识拓展：

在电工电路中，对于停止按钮开关或者接点来说，只要是联动的均为串联关系，这样，有一组开关断开则可以控制电动机停转；而启动按钮开关或接点则可以并联使用，如图 3-36 所示。

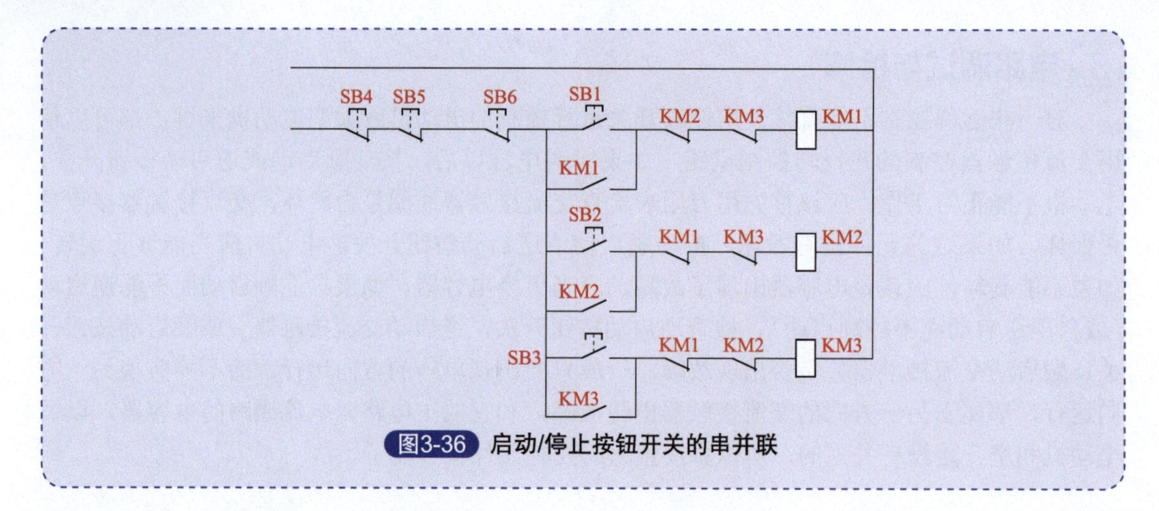

图3-36 启动/停止按钮开关的串并联

2. 电气控制部件与作用

线路所选元器件作用表如表 3-10 所示。

表3-10 电路所选元器件作用表

名称	符号	元器件外形	元器件作用
断路器	QF		主回路过流保护
交流接触器	KM		快速切断主回路的电源，开启或停止设备的工作
按钮开关	SB		启动控制的设备
	SB		停止控制的设备
单相电动机	M		拖动、运行

注：对于元器件的选择，电气参数要符合，具体元器件的型号和外形要根据现场要求和实际配电箱结构选择。

3. 电路接线组装

如图 3-37 所示为电路接线组装图。

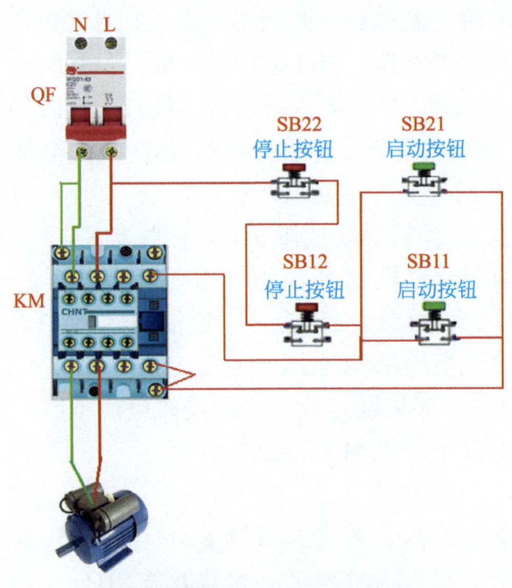

图3-37 电路接线组装图

4. 电路调试与检修

实际多地控制启动和停止电路与单地控制启动和停止电路的工作原理是一样的，只不过是把引线加长，把按钮开关实现串联和并联。需要说明的是，在电动机有多个按钮开关进行控制的时候，停止开关都是串联关系，这必须要注意。当不能实现控制的时候，主要用万用表检测交流接触器是否毁坏，按钮开关是否毁坏，如果这些元件没有毁坏，说明控制电路和主控电路没有问题，故障一般是在电动机，进行维修或更换就可以了。

十四、电枢反接法直流电动机正反转电路

1. 电路原理图与工作原理

并励直流电动机的正反转控制电路如图 3-38 所示。

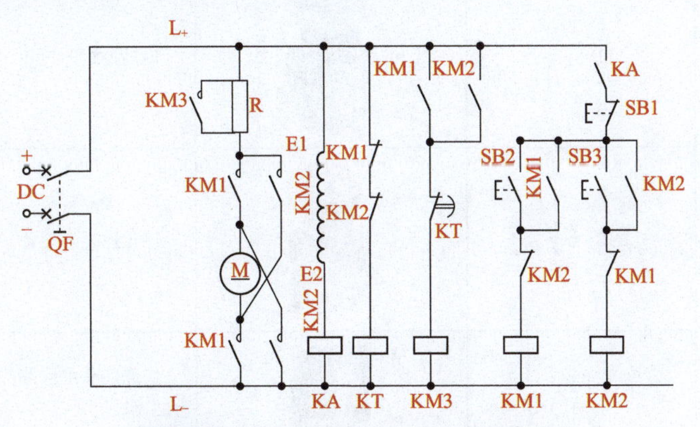

图3-38 并励直流电动机正反转控制电路

当合上电源总开关 QF 时，断电延时时间继电器 KT 通电闭合，欠电流继电器 KA 通电闭合。按下直流电动机正转启动按钮，SB2 接触器 KM1 通电闭合，断电延时时间继电器 KT 断电开始计时，直流电动机 M 串电阻 R 启动运转。经过一定时间，时间继电器 KT 通电瞬时断开，断电延时闭合常闭触点闭合，接通接触器 KM3 线圈电源，接触器 KM3 通电闭合，切除串电阻 R，直流电动机 M 全压全速正转运行。

同理，按下直流电动机 M 反转启动按钮 SB3，接触器 KM2 通电闭合，断电延时时间继电器 KT 断电开始计时，直流电动机 M 串电阻 R 启动运转。经过一定时间，时间继电器 KT 通电瞬时断开，断电延时闭合常闭触点闭合，接通接触器 KM3 线圈电源，接触器 KM3 通电闭合，切除串电阻 R，直流电动机 M 全压全速反转运行。

直流电动机 M 在运行中，如果励磁线圈中的励磁电流不够，欠电流继电器 KA 将欠电流释放，常开触点断开，直流电动机 M 停止运行。

注意：若要反转，则需先按动 SB1，使 KM1 断电，KM1 联锁常闭触头闭合，这时再按动反转按钮开关 SB3；同理，要正转时也要先按动 SB1。

2. 电气控制部件与作用

线路所选元器件作用表如表 3-11 所示。

表3-11 电路所选元器件作用表

名称	符号	元器件外形	元器件作用
断路器	QF		主回路过流保护
过流继电器	KA I>		通过过电流保护动作来实现对元件的保护
按钮开关	SB		启动控制的设备
	SB		停止控制的设备
交流接触器	KM		快速切断主回路的电源，开启或停止设备的工作

续表

名称	符号	元器件外形	元器件作用
时间继电器	KT		当电器或机械给出输入信号时，在预定的时间后输出电气关闭或电气接通信号
电阻	R		平滑快速启动
接线端子			将屏内设备和屏外设备的线路相连接，使信号（电流、电压）传输
直流电动机	M		拖动、运行

注：对于元器件的选择，电气参数要符合，具体元器件的型号和外形要根据现场要求和实际配电箱结构选择。

3. 电路接线组装

如图 3-39 所示为电路接线组装图。

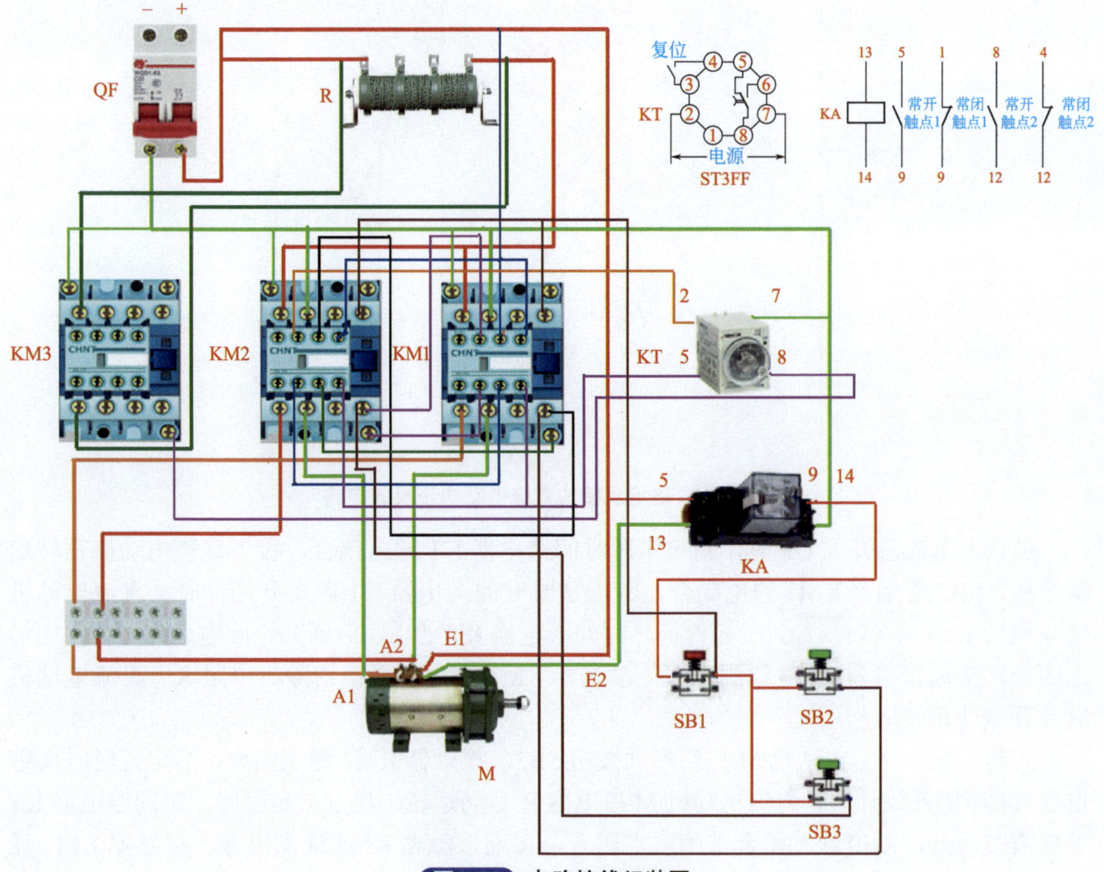

图3-39 电路接线组装图

4. 电路调试与检修

在这个电路中，接通电源以后，如果电动机不能实现启动和正反转控制，应当用万用表检测各交流接触器、时间继电器、中间继电器、按钮开关是否有明显的毁坏，如果没有明显的毁坏，应用电压测量法检测从空开的下端启动电阻到交流接触器的电压是否正常，如果不正常，去检查相对应的元件，比如启动电阻是否毁坏。如果上端电压都正常，应当检查时间继电器是否毁坏，如果时间继电器没有毁坏，按动启动按钮开关，交流接触器对应的下端电压应该有输出，如果没有输出应该是交流接触器毁坏，应进行更换。如果交流接触器下端有输出电压，电动机仍然不能够实现运行，则电动机出现了故障，直接更换就可以了。

十五、磁场反接法直流电动机正反转电路

1. 电路原理图与工作原理

电路如图 3-40 所示。

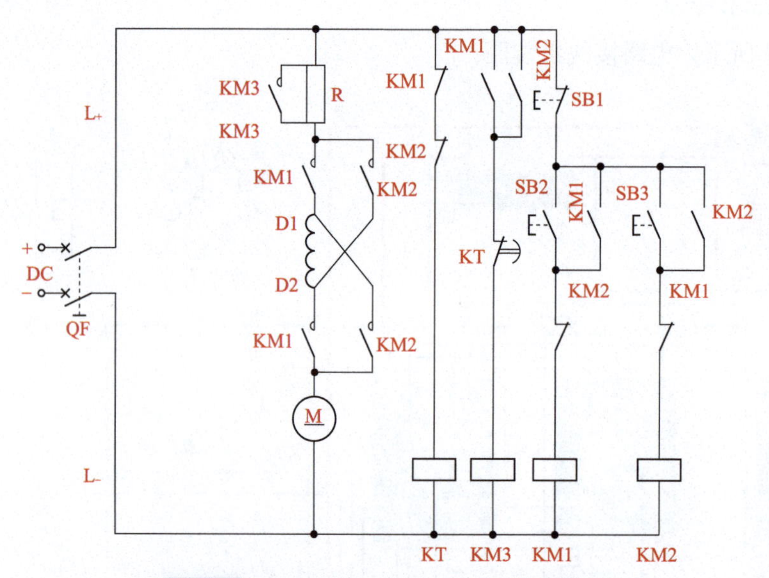

图3-40 磁场反接法直流电动机正反转电路

当合上电源总开关 QF 时，断电延时时间继电器 KT 通电闭合。按下直流电动机正转启动按钮，SB2 接触器 KM1 通电闭合，断电延时时间继电器 KT 断电开始计时，直流电动机 M 串电阻 R 启动运转。经过一定时间，时间继电器 KT 通电瞬时断开，断电延时闭合常闭触点闭合，接通接触器 KM3 线圈电源，接触器 KM3 通电闭合，切除串电阻 R，直流电动机 M 全压全速正转运行。

同理，按下直流电动机 M 反转启动按钮 SB3，接触器 KM2 通电闭合，断电延时时间继电器 KT 断电开始计时，直流电动机 M 串电阻 R 启动运转。经过一定时间，时间继电器 KT 通电瞬时断开，断电延时闭合常闭触点闭合，接通接触器 KM3 线圈电源，接触器 KM3 通电闭合，切除串电阻 R，直流电动机 M 全压全速反转运行。

若要反转，则需先按动 SB1，使 KM1 断电，KM1 联锁常闭触头闭合，这时再按动反转按钮开关 SB3；同理，要正转时也要先按动 SB1。

2. 电气控制部件与作用

线路所选元器件作用表如表 3-12 所示。

表3-12 电路所选元器件作用表

名称	符号	元器件外形	元器件作用
断路器	QF		主回路过流保护
按钮开关	SB		启动控制的设备
	SB		停止控制的设备
交流接触器	KM		快速切断主回路的电源，开启或停止设备的工作
时间继电器	KT		当电器或机械给出输入信号时，在预定的时间后输出电气关闭或电气接通信号
电阻	R		平滑快速启动
接线端子			将屏内设备和屏外设备的线路相连接，使信号（电流、电压）传输
直流电动机	M		拖动、运行

注：对于元器件的选择，电气参数要符合，具体元器件的型号和外形要根据现场要求和实际配电箱结构选择。

3. 电路接线组装

如图 3-41 所示为电路接线组装图。

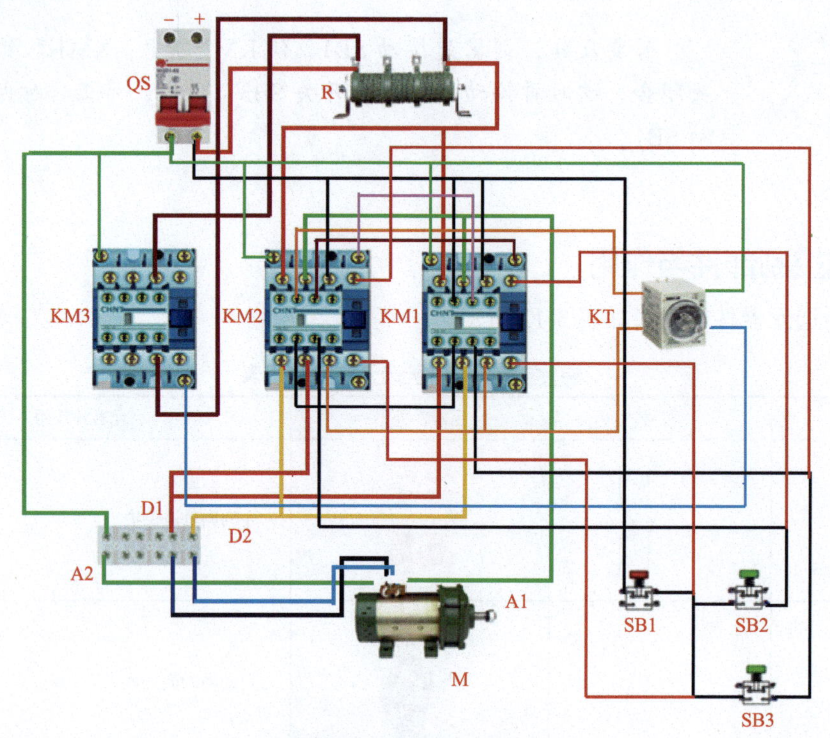

图3-41 电路接线组装图

4. 电路调试与检修

接通电源以后，若电动机不能正常工作，应用万用表去检查它的交流接触器是否毁坏，时间继电器、启动电阻、按钮开关是否毁坏。如果上述元件用电阻挡检测基本完好，可以采用电压跟踪法，由空开的下端到电阻，再到交流接触器的上端和下端，一直到电动机的合输入端去检测电压，检测到某一点没有电压，去查它相应的控制电路，比如当检测到交流接触器的上端有电压，而下端没有电压，应检测交流接触器控制线圈回路。电压跟踪法检测到任何一点没有电压，就检查它自身的元件和控制电路。

第四章 电动机制动控制电路

04 Chapter

一、电磁抱闸制动控制电路

1. 电路原理图与工作原理

（1）电路原理图

电磁抱闸制动控制线路如图 4-1 所示。

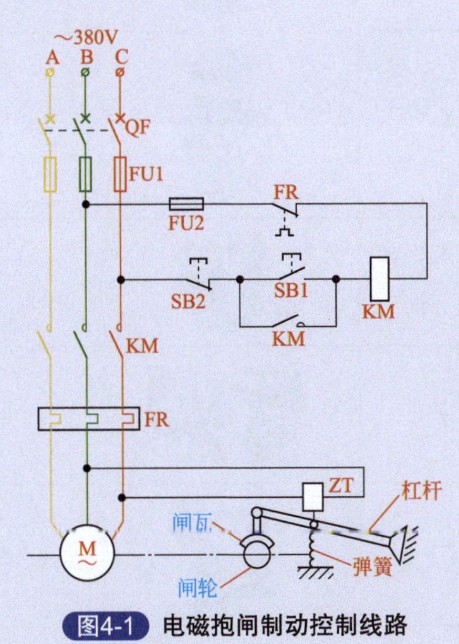

图4-1 电磁抱闸制动控制线路

（2）工作原理

当按下按钮 SB1，接触器 KM 线圈获电动作，给电动机通电。电磁抱闸的线圈 ZT 也通电，铁芯吸引衔铁而闭合，同时衔铁克服弹簧拉力，使制动杠杆向上移动，让制动器的闸瓦与闸轮松开，电动机正常工作。按下停止按钮 SB2 之后，接触器 KM 线圈断电释放，电动

机的电源被切断，电磁抱闸的线圈也断电，衔铁释放，在弹簧拉力的作用下使闸瓦紧紧抱住闸轮，电动机就迅速被制动停转。

这种制动在起重机械上应用很广。当重物吊到一定高处，线路突然发生故障断电时，电动机断电，电磁抱闸线圈也断电，闸瓦立即抱住闸轮，使电动机迅速制动停转，从而可防止重物掉下。另外，也可利用这一点使重物停留在空中某个位置上。

2. 电气控制部件与作用

如表 4-1 所示。

表4-1 电路所选元器件作用表

名称	符号	元器件外形	元器件作用
断路器	QF		主回路过流保护
熔断器	FU		当线路大负荷超载或短路电流增大时熔断器被熔断，起到切断电流、保护电路的作用
按钮开关	SB		停止控制的设备
	SB		启动控制的设备
交流接触器	KM		快速切断交流主回路的电源，开启或停止设备的工作
热继电器	FR		保护电动机不会因为长时间过载而烧毁
电磁抱闸	ZT或YB		电动机停转制动
电动机	M		拖动、运行

注：对于元器件的选择，电气参数要符合，具体元器件的型号和外形要根据现场要求和实际配电箱结构选择。

3. 电路接线组装

电动机电磁抱闸制动控制线路运行电路如图 4-2 所示。

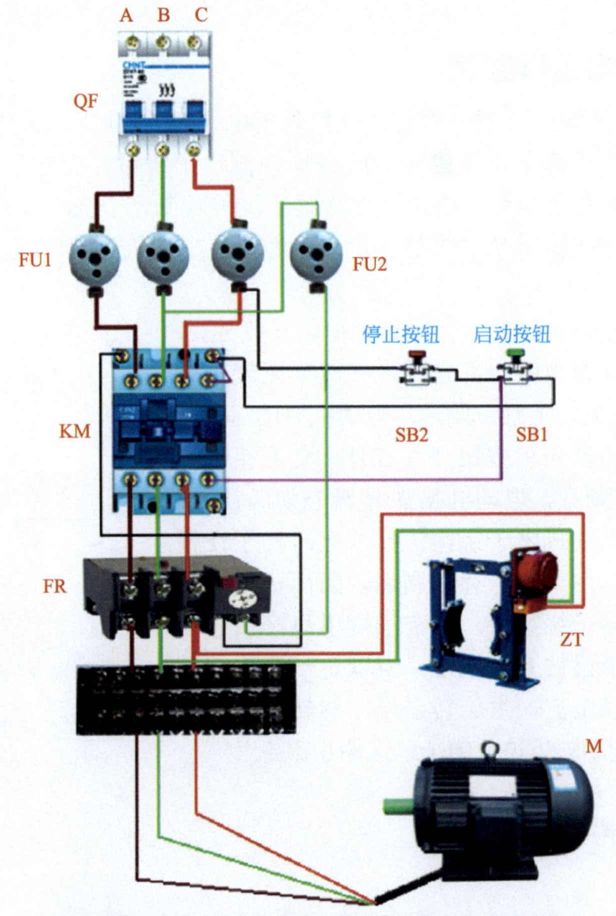

图4-2 电动机电磁抱闸制动控制线路运行电路图

4. 电路调试与检修

组装完成后，首先检查连接线是否正确，当确认连接线无误后，闭合总开关 QS，按动启动按钮开关 SB1，此时电动机应能启动，若不能启动，先检查供电是否正常，熔断器是否正常，如都正常则应检查 KM 线圈回路所串联的各接点开关是否正常，不正常应查找原因，若有损坏应更换。

正常运行后，按停止按钮开关 SB2，此时电动机应能即刻停止，说明电路制动正常，如不能停止，应看制动电磁铁是否损坏。

> **知识拓展：**
>
> 多数起重机械会应用到此控制电路，也就是说只要将此电路与正反转电路组合在一起，就可以构成电动起重机控制电路。

二、短接制动电路

1. 电路原理图与工作原理

短接制动是电磁制动的一种。在定子绕组供电电源断开的同时，将定子绕组短接，由于转子存在剩磁，形成了转子旋转磁场，此磁场切割定子绕组，在定子绕组中感应电动势。因定子绕组已被KM常闭触点（动断触点）短接，所以在定子绕组回路中有感应电流，该电流又与旋转磁场相互作用产生制动转矩，从而迫使电动机迅速制动停转。其控制线路如图4-3所示。

启动时，合上电源开关QF，按动启动按钮开关SB2，此时交流接触器KM得电吸合并自锁，其两常闭辅助触点断开，对电路无影响，主触点闭合，电动机启动运行。

需要停机时，按动停止按钮开关SB1，交流接触器KM断电，其主触点断开，电动机M的电源被切断，KM的两副常闭触头将电动机定子绕组短接，此时转子在惯性作用下仍然转动。由于转子存在剩磁，因而形成转子旋转磁场，在切割定子绕组后，在定子绕组里产生感应电动势，因定子绕组已被KM短接，所以定子绕组回路中就有感应电流，该电流产生旋转磁场，与转子旋转磁场相互作用，产生制动转矩迫使转子迅速停止。

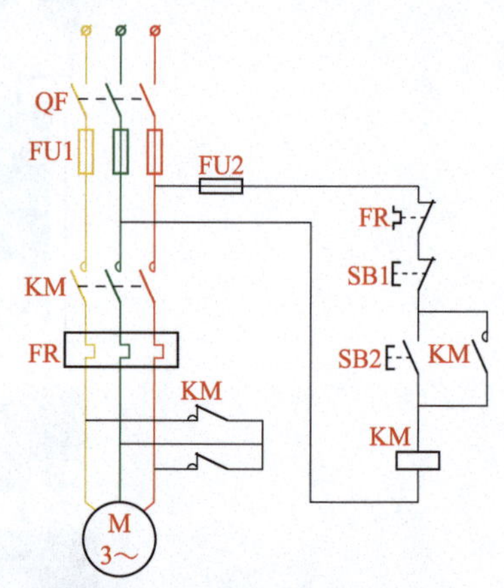

图4-3 异步电动机短接制动控制线路

2. 电气控制部件与作用

如表4-2所示。

表4-2 电路所选元器件作用表

名称	符号	元器件外形	元器件作用
断路器	QF		主回路过流保护
熔断器	FU		当线路大负荷超载或短路电流增大时熔断器被熔断，起到切断电流、保护电路的作用
按钮开关	SB		停止控制的设备
	SB		启动控制的设备

续表

名称	符号	元器件外形	元器件作用
交流接触器	KM		快速切断交流主回路的电源，开启或停止设备的工作
热继电器	FR		保护电动机不会因为长时间过载而烧毁
电动机	M　M 3～		拖动、运行

注：对于元器件的选择，电气参数要符合，具体元器件的型号和外形要根据现场要求和实际配电箱结构选择。

3. 电路接线组装

短接制动电路运行电路如图 4-4 所示。

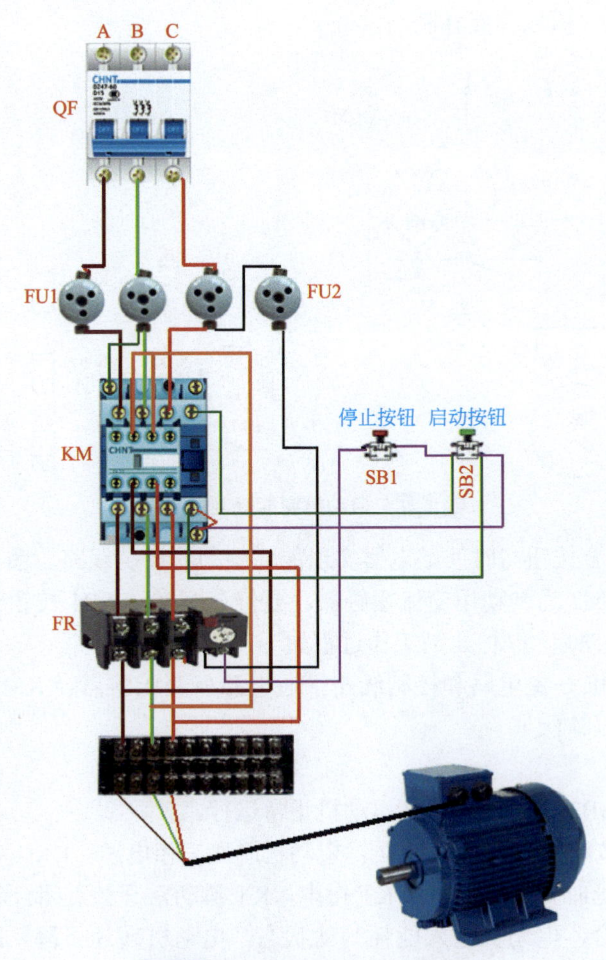

图4-4　短接制动电路运行电路图

4. 电路调试与检修

接通电源以后，如果电动机不能够进行运转，主要检查接收器 KM 线圈是否接通，SB2 的触点是否按通，按钮 SB1 是否接通，当这些元件没有毁坏的时候，按动 SB2，接收器 KM 应该吸合，电动机能够通电，当断电的时候，如果不能够实现反接制动，检查接收器 KM 的两个常闭触点是否处于接通状态，如果没有处于接通状态，应该检修 KM 触点，或更换接收器 KM。

三、自动控制能耗制动电路

1. 电路原理图与工作原理

自动控制能耗制动电路如图 4-5 所示。能耗制动是在三相异步电动机要停车时切除三相电源的同时，把定子绕组接通直流电源，在转速为零时切除直流电源。控制线路就是为了实现上述的过程而设计的，这种制动方法，实质上是把转子原来储存的机械能转变成电能，又消耗在转子的制动上，所以称能耗制动。

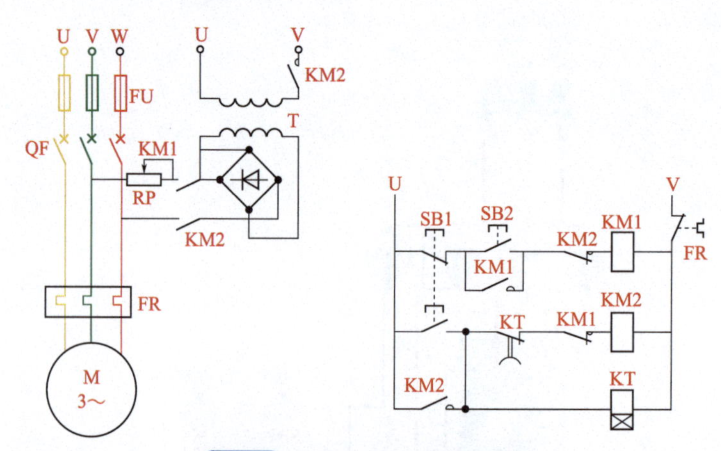

图4-5 自动控制能耗制动电路

图 4-5 所示为复合按钮与时间继电器实现能耗制动的控制线路。图中整流装置由变压器和整流元件组成。KM2 为制动用交流接触器。要停车时按动 SB1 按钮开关，到制动结束放开按钮开关。控制线路启动 / 停止的工作过程如下：

主回路：合上 QF →主电路和控制线路接通电源→变压器需经 KM2 的主触头接入电源（初级）和定子线圈（次级）。

控制回路：

① 启动：按动 SB2，KM1 得电，电动机正常运行。

② 能耗制动：按动 SB1，KM1 失电，电动机脱离三相电源。KM1 常闭触点复原，KM2 得电并自锁，（通电延时）时间继电器 KT 得电，KT 瞬动常开触点闭合。

KM2 主触头闭合，电动机进入能耗制动状态，电动机转速下降，KT 整定时间到，KT 延时断开常闭触点（动断触点）断开，KM2 线圈失电，能耗制动结束。

注意：KT瞬动常开触点的作用在于，KT线圈存在断线或机械卡住故障时，在按动SB1后电动机能迅速制动，两相的定子绕组不致长期接入能耗制动的直流电流。

2. 电气控制部件与作用

电路所选元器件作用表如表4-3所示。

表4-3 电路所选元器件作用表

名称	符号	元器件外形	元器件作用
断路器	QF		主回路过流保护
熔断器	FU		当线路大负荷超载或短路电流增大时熔断器被熔断，起到切断电流、保护电路的作用
按钮开关	SB		停止控制的设备
	SB		启动控制的设备
变压器	B　T		利用电磁感应原理来改变交流电压
整流器	UR		把交流电转换成直流电
电阻	R		起到保护作用，防止接通电路的时候电流过大，烧毁电子器件；而后慢慢调小电阻，使电子器件进入正常工作环境
时间继电器	KT		当电器或机械给出输入信号时，在预定的时间后输出电气关闭或电气接通信号
交流接触器	KM		快速切断交流主回路的电源，开启或停止设备的工作
热继电器	FR		保护电动机不会因为长时间过载而烧毁
电动机	M　M 3～		拖动、运行

注：对于元器件的选择，电气参数要符合，具体元器件的型号和外形要根据现场要求和实际配电箱结构选择。

3. 电路接线组装

自动控制能耗制动电路运行电路图如图 4-6 所示。

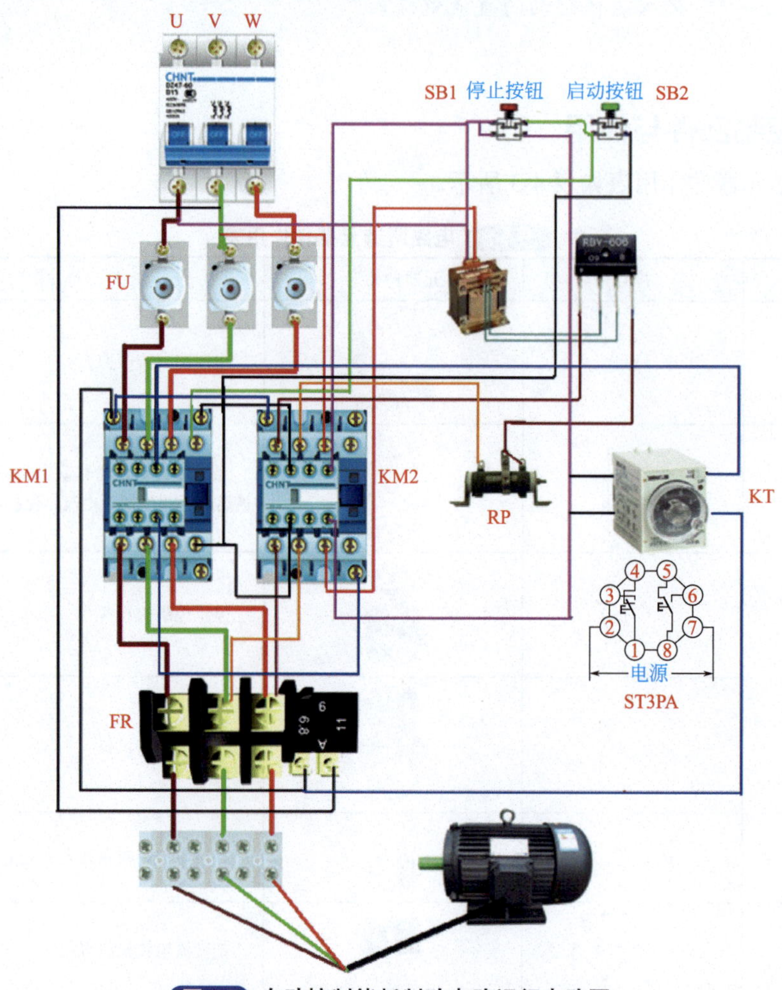

图4-6 自动控制能耗制动电路运行电路图

4. 电路调试与检修

组装完成后，首先检查连接线是否正确，当确认连接线无误后，闭合总开关 QF，按动启动按钮开关 SB2，此时电动机应能启动。若不能启动，首先检查 KM1 的线圈是否毁坏，按钮开关 SB2、SB1 是否能正常工作，时间继电器是否毁坏，KM2 的触点是否没有接通。当 KM1 的线圈通路是良好的，接通电源以后按动 SB2，电动机应该能够运转。当断电时不能制动，主要检查 KM2 和时间继电器的触点及线圈是否毁坏。当 KM2 和时间继电器的线圈没有毁坏的时候，检查变压器是否能正常工作，用万用表检测变压器的初级线圈和变压器的次级线圈是否有断路现象。如果变压器初级、次级和电压正常，应该检查整个电路是否正常工作，如果整个电路中的整流元件没有毁坏，检查制动电阻 KM1 是否毁坏，若制动电阻 RP 毁坏，应该更换 RP 制动电阻。整流二极管如果毁坏，应该用同型号的、同电压值的二极管进行更换，注意极性不能接反。

四、单向运转反接制动电路

1. 电路原理图与工作原理

单向运转反接制动电路如图4-7所示。反接制动实质上是改变异步电动机定子绕组中的三相电源相序，产生与转子转动方向相反的转矩，因而起制动作用。

反接制动过程：当想要停车时，首先将三相电源切换，然后当电动机转速接近零时，再将三相电源切除。控制线路就是要实现这一过程。

控制线路是用速度继电器来“判断”电动机的停与转的。电动机与速度继电器的转子是同轴连接在一起的，电动机转动时速度继电器的动合触点闭合，电动机停止时该动合触点打开。

正常工作时，按SB2，KM1通电（电动机正转运行），BV的动合触点闭合。

需要停止时，按SB1，KM1断电，KM2通电（开始制动），电动机转速为零时，BV复位，KM2断电（制动结束）。

因电动机反接制动电流很大，故在主回路中串接R，可防止制动时电动机绕组过热。

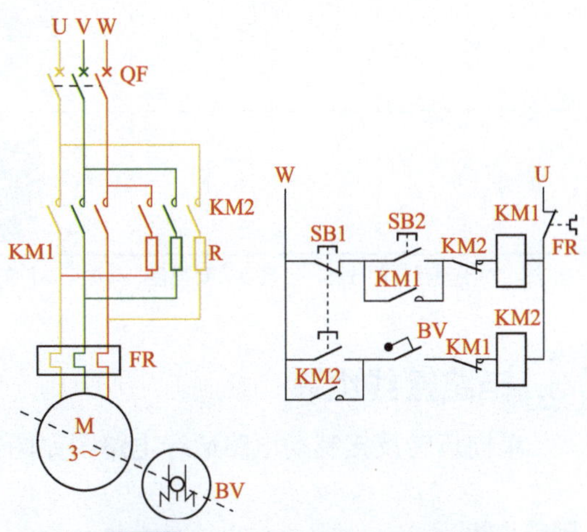

图4-7　单向运转反接制动电路图

2. 电气控制部件与作用

如表4-4所示。

表4-4　电路所选元器件作用表

名称	符号	元器件外形	元器件作用
断路器	QF		主回路过流保护
熔断器	FU		当线路大负荷超载或短路电流增大时熔断器被熔断，起到切断电流、保护电路的作用
按钮开关	SB		停止控制的设备
	SB		启动控制的设备

续表

名称	符号	元器件外形	元器件作用
电阻	R		起到保护作用，防止接通电路的时候电流过大
速度继电器	BV		以速度为信号与交流接触器配合，实现对电动机的反接制动
交流接触器	KM		快速切断交流主回路的电源，开启或停止设备的工作
热继电器	FR		保护电动机不会因为长时间过载而烧毁
电动机	M（M 3～）		拖动、运行

注：对于元器件的选择，电气参数要符合，具体元器件的型号和外形要根据现场要求和实际配电箱结构选择。

3. 电路接线组装

单向运转反接制动电路运行电路图如图 4-8 所示。

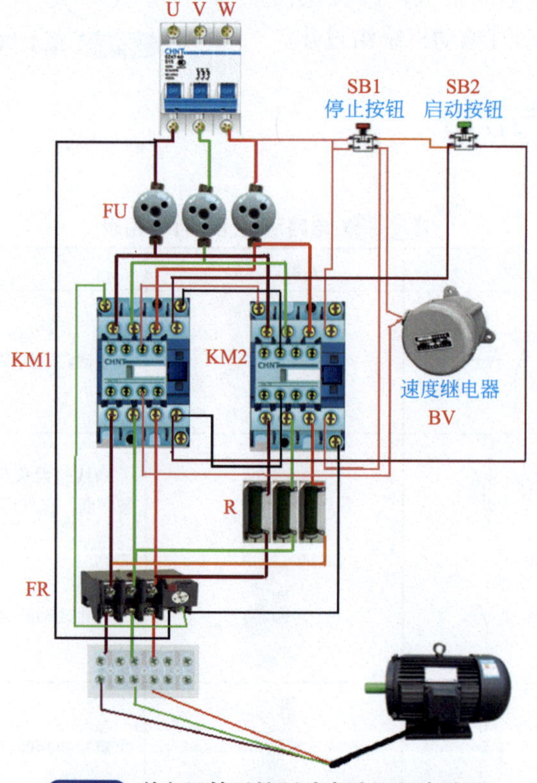

图4-8 单向运转反接制动电路运行电路图

4. 电路调试与检修

正向运转是由 KM1 进行控制的，断电后是由速度继电器控制反接制动接收器 KM2 吸合，然后给电动机中加反向电压进行制动。当接通电源以后，如果不能够正常启动，主要查 KM1 通路，KM2 常闭触点（动断触点）以及 SB2、SB1 是否毁坏，如果毁坏则更换这些元器件，当 KM1 线圈通路元件良好时，按动 SB2 电动机应该能够运转，当按动 SB2 不能实现反接制动的时候，应检查 BV 的接点，看 BV 是否毁坏，BV 的接点是否正常接通或断开，检查 KM1 的常闭触点（动断触点）是否损坏，检查 KM2 的线圈是否断路或短路。当 KM2 线圈回路中的元器件没有毁坏的时候，断开电源 SB1，应该能够正常进行反接制动，KM2 能够吸合，通过给电动机加入反向电压，加入反向磁场从而实现制动。当制动电阻毁坏的时候，也不能反接制动，在检测时候，当 KM2 通路线圈良好的时候检查电阻是否毁坏，如毁坏应该用同功率、同阻值的电阻更换。

五、双向运转反接制动电路

1. 电路原理图与工作原理

图 4-9 所示为双向运转反接制动电路。

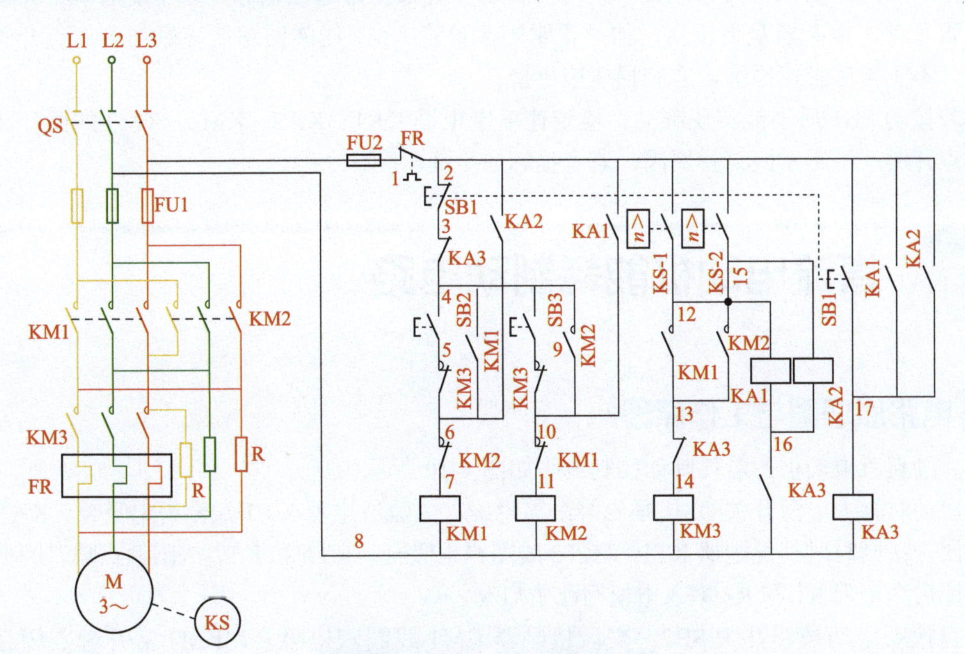

图4-9 双向运转反接制动电路

电动机需正向旋转时，合上电源开关 QS，按动正向启动按钮开关 SB2，KM1 线圈得电吸合并自锁，电动机定子串入电阻，接入正相序三相交流电源进行减压启动，当速度继电器转速超过 120r/min 时，速度继电器 KS 动作，其正转触点 KS-1 闭合，使 KM3 线圈得电短接定子电阻，电动机在全压下启动并进入正常运行状态。

当需要停车时，按动停止按钮开关 SB1，KM1、KM3 线圈相继断电释放，电动机定子串入电阻并断开正相序三相交流电源，电动机依靠惯性高速旋转。但当停止按钮开关按到底时，SB1 常开触点闭合，KA3 线圈得电吸合，其常闭触点（动断触点）再次断开 KM3 线圈电路，确保 KM3 处于断电状态，保证反接制动电阻 R 的接入；而其常开触点 KA3 闭合，由于此时电动机转速仍然很高，速度继电器转速仍大于释放值，故 KS-1 仍处于闭合状态，从而使 KA1 线圈经触点 KS-1 得电吸合，而触点 KA1 的闭合，又保证了停止按钮开关 SB1 松开后 KA3 线圈仍保持吸合，而 KA1 的另一常开触点的闭合，使 KM2 线圈得电吸合。于是 SB1 按到底后，电动机定子串入反接制动电阻，接入反相序三相交流电源进行反接制动，使电动机转速迅速下降。当速度继电器转速低于 120r/min 时，速度继电器动作，其正转触点 KS-1 断开，KA1、KM2、KM3 线圈相继断电释放，反接制动结束，电动机自然停车。

电动机反向运转、停止时的反接制动控制电路工作情况与上述相似，不同的是速度继电器起作用的是反向触点 KS-2，中间继电器 KA2 替代了 KA1，其余情况相同。

2. 电路调试与检修

组装完成后，首先检查连接线是否正确，当确认连接线无误后，合上电源开关 QS，按动正向启动按钮开关 SB2，电动机启动并进入正常运行状态，若不能启动，先检查供电是否正常，熔断器是否正常，如都正常则应检查 KM1 线圈回路所串联的各接点开关是否正常，不正常应查找原因，若有损坏应更换。

按动反向启动按钮开关 SB3，电动机启动并进入正常运行状态，若不能启动，先检查供电是否正常，熔断器是否正常，如都正常则应检查 KM2 线圈回路所串联的各接点开关是否正常，不正常应查找原因，若有损坏应更换。

若按动 SB1 后不能实现制动，检查速度继电器 KA1、KA2、KM2、KM3 线圈和相对应的接点开关，不正常应查找原因，若有损坏应更换。

六、直流电动机能耗制动电路

1. 电路原理图与工作原理

并励直流电动机的能耗制动控制线路如图 4-10 所示。

启动时合上电源开关 QS，励磁绕组被励磁，欠流继电器 KA1 线圈得电吸合，KA1 常开触点闭合；同时时间继电器 KT1 和 KT2 线圈得电吸合，KT1 和 KT2 常闭触点瞬时断开，这样保证启动电阻 R1 和 R2 串入电枢回路中启动。

当按动启动按钮开关 SB2，交流接触器 KM1 线圈获电吸合，KM1 常开触点闭合，电动机 M 串电阻 R1 和 R2 启动，KM1 两副常闭触点分别断开 KT1、KT2 和中间继电器 KA2 线圈电路；经过一定的时间延时，KT1 和 KT2 的常闭触点先后闭合，交流接触器 KM3 和 KM4 线圈先后获电吸合后，电阻器 R1 和 R2 先后被短接，电动机正常运行。

当需要停止进行能耗制动时，按动停止按钮开关 SB1，交流接触器 KM1 线圈断电，KM1 常开触点断开，使电枢回路断电，而 KM1 常闭触点闭合，由于惯性运转的电枢切割磁力线

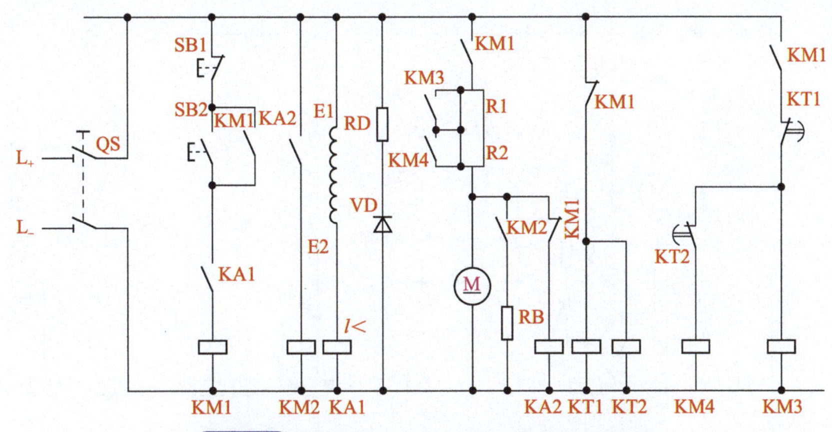

图4-10 并励直流电动机能耗制动控制线路

（励磁绕组仍接至电源上），在电枢绕组中产生感应电动势，使并励在电枢两端的中间继电器KA2线圈获电吸合，KA2常开触点闭合，交流接触器KM2线圈获电吸合，KM2常开触点闭合，接通制动电阻器RB回路；使电枢的感应电流方向与原来方向相反，电枢产生的电磁转矩与原来反向而成为制动转矩，使电枢迅速停转。

2. 电路调试与检修

如果电路接通电源后，不能正常工作，首先检查欠电继电器是否正常，检查启动按钮开关SB2、KM1的回路，还有SB1的零部件是否正常，如有异常应更换新的元器件。如果不能实现降压启动，应该检查KM4、KM3及时间接电器KT的线圈及接点是否毁坏，如有毁坏需更换，如这些元器件良好的，检查降压电阻R1、R2是否毁坏，如毁坏应该用同规格的电阻代替。当按动SB1按钮开关时，电动机停转，电动机停止供电，不能够立即停止，应检查KA2电路，然后检查RB是否毁坏，如毁坏则更换器件。

七、直流电动机反接制动电路

并励直流电动机的正反转启动和反接制动电路如图4-11所示。

启动时合上断路器QS，励磁绕组得电励磁；同时欠流继电器KA1线圈得电吸合，时间继电器KT1和KT2线圈也获电，它们的常闭触点瞬时断开，使交流接触器KM4和KM5线圈处于断电状态，可使电动机在串入电阻下启动。按动正转启动按钮开关SB2，交流接触器KMF线圈获电吸合，KMF主触头闭合，电动机串入电阻R1和R2下启动，KMF常闭触点断开，KT1和KT2线圈断电释放，经过一定的时间延迟，KT1和KT2常闭触点先后闭合，使交流接触器KM4和KM5线圈先后获电吸合，它们的常开触点先后切除R1和R2，直流电动机正常启动。

当电动机转速升高，反电动势Ea达到一定值后，电压继电器KA2获电吸合，KA2常开触点闭合，使交流接触器KM2线圈获电吸合，KM2的常开触点（7—9）闭合为反接制动作准备。

需停转而制动时，按动停止按钮开关SB1，交流接触器KMF线圈断电释放，电动机惯

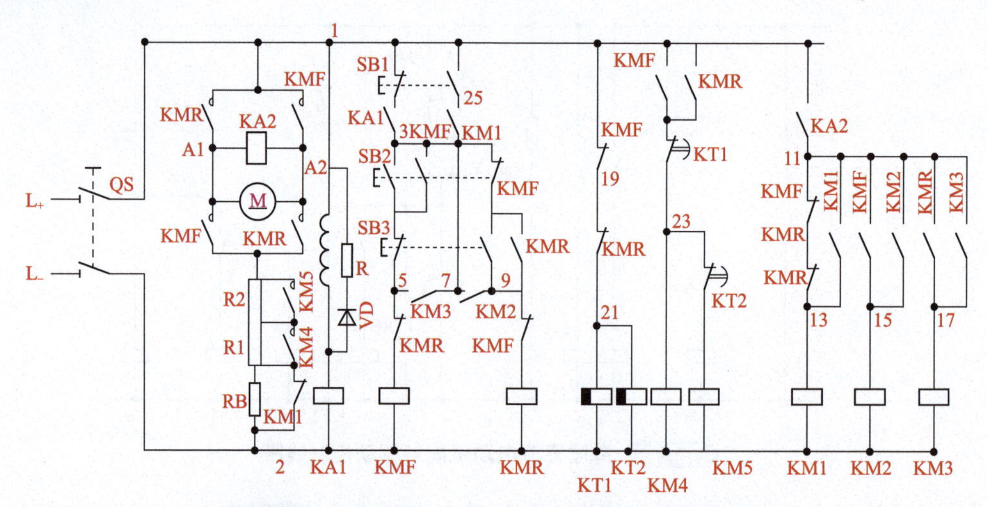

图4-11 并励直流电动机正反转启动和反接制动电路

性运转，反电动势 Ea 还很高，电压继电器 KA2 仍吸合，交流接触器 KM1 线圈获电吸合，KM1 常闭触点断开，使制动电阻器 RB 接入电枢回路，KM1 的常开触点（25）闭合，使交流接触器 KMR 线圈获电吸合，电枢通入反向电流，产生制动转矩，电动机进行反接制动而迅速停转。待转速接近零时，电压继电器 KA2 线圈断电释放，KM1 线圈断电释放，接着 KM2 和 KMR 线圈也先后断电释放，反接制动结束。

反向的启动及反接制动的工作原理与上述相似。

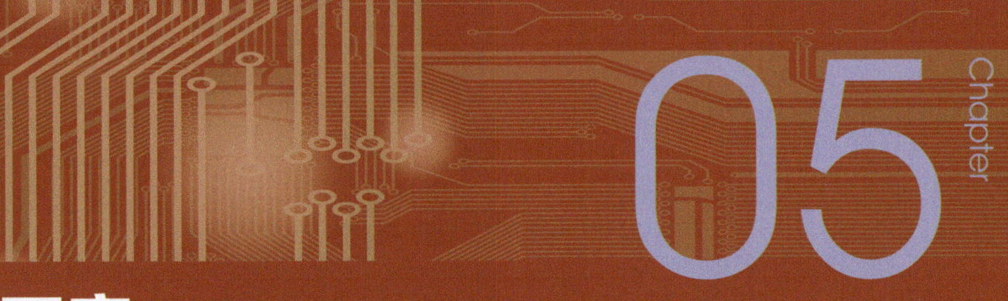

第五章 电动机调速电路

一、双速电动机高低速控制电路

1. 电路原理图与工作原理

小功率双速电动机高低速控制电路如图 5-1 所示。双速电动机是由改变定子绕组的磁极对数来改变其转速的。如图 5-1 所示，将出线端 D1、D2、D3 接电源，D4、D5、D6 端悬空，则绕组为三角形接法，每相绕组中两个线圈串联，成四个极，电动机为低速，当出线端 D1、D2、D3 短接，而 D4、D5、D6 接电源，则绕组为双星形，每相绕组中两个线圈并联，成两个极，电动机为高速。

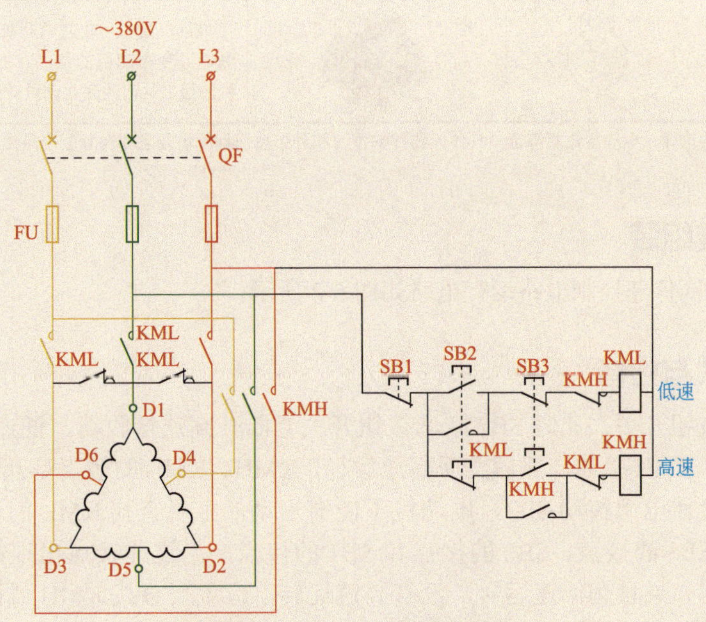

图5-1 双速电动机高低速控制电路

图 5-1 中，交流接触器 KML 动作为低速，KMH 动作为高速。用复合按钮开关 SB2 和 SB3 来实现高低速控制。采用复合按钮开关连锁，可使高低速直接转换，而不必经过停止按钮开关。

2. 电气控制部件与作用

如表 5-1 所示。

表5-1 电路所选元器件作用表

名称	符号	元器件外形	元器件作用
断路器	QF		主回路过流保护
熔断器	FU		当线路大负荷超载或短路电流增大时熔断器被熔断，起到切断电流、保护电路的作用
按钮开关	SB		停止控制的设备
	SB		启动控制的设备
交流接触器	KM		快速切断交流主回路的电源，开启或停止设备的工作（注意这里交流接触器型号不同，如 CJX2 3201 和 CJX2 3210）
双速电动机	M（M 3～）		拖动、运行（双速电动机主电路是通过交流接触器改变电动机的接法（△ - 双Y）来改变电动机的极数从而改变电动机转速的）

注：对于元器件的选择，气参数要符合，具体元器件的型号和外形要根据现场要求和实际配电箱结构选择。

3. 电路接线组装

双速电动机高低速控制电路运行电路如图 5-2 所示。

4. 电路调试与检修

按动 SB2 按钮开关，此时 SB2 联动按钮开关会断开高速接收器，低速接收器会运行，按动 SB3，这时 KMH 接通，然后实现高速运行，KMH、KML 的触点是互锁的。当电路出现问题以后，接通电源按动 SB2，电动机不能够启动，主要查找 KML 的供电通路，包括 KMH 的接点、SB3 的接点、SB2 的接点和 SB1 的接点，当这些接点出现故障的时候，应直接进行更换。如果只有低速运转，没有高速运转，应主要查找 KMH 线圈的通路，包括 KML、KMH 还有 SB3 的接点，若对应元器件毁坏应直接更换。

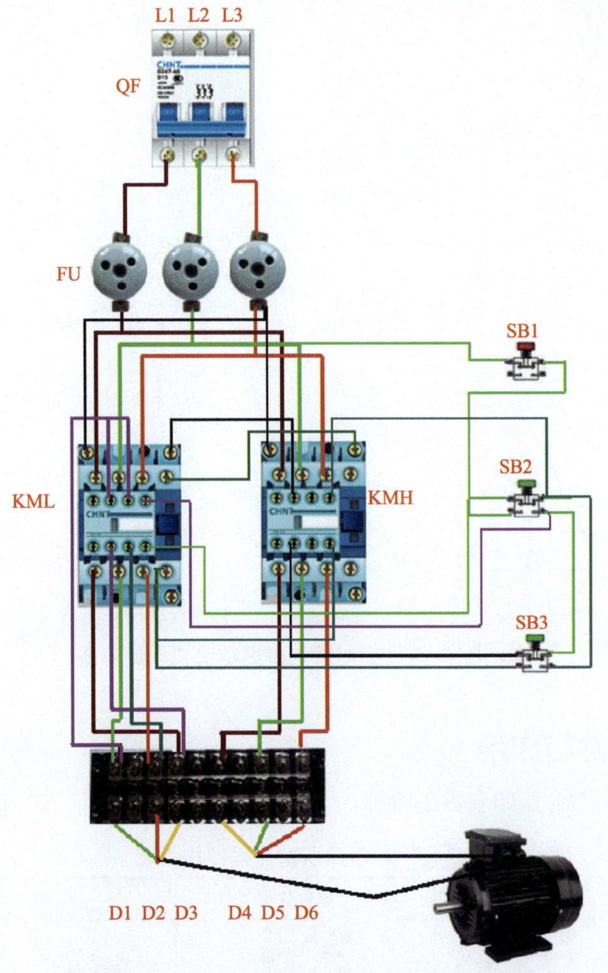

图5-2 双速电动机高低速控制电路运行电路图

二、多速电动机调速电路

1. 电路原理图与工作原理

改变极对数的多速电动机调速电路如图 5-3 所示。

接通电源，合上电源开关QF，按动低速启动按钮开关SB1，交流接触器KM1线圈获电，联锁触头断开，自锁触头闭合，KM1 主触头闭合，电动机定子绕组作△联结，电动机低速运转。

高速运转时，按动高速启动按钮开关 SB2，交流接触器 KM1 线圈断电释放，主触头断开，联锁触头闭合，同时交流接触器 KM2 和 KM3 线圈获电动作，主触头闭合，KM2 和 KM3 自锁，使电动机定子绕组接成双丫并联，电动机高速运转，因为电动机高速运转时，是由 KM2、KM3 两个交流接触器来控制的，所以把它们的常开触点串联起来作为自锁，只有两个触头都闭合，才允许工作。

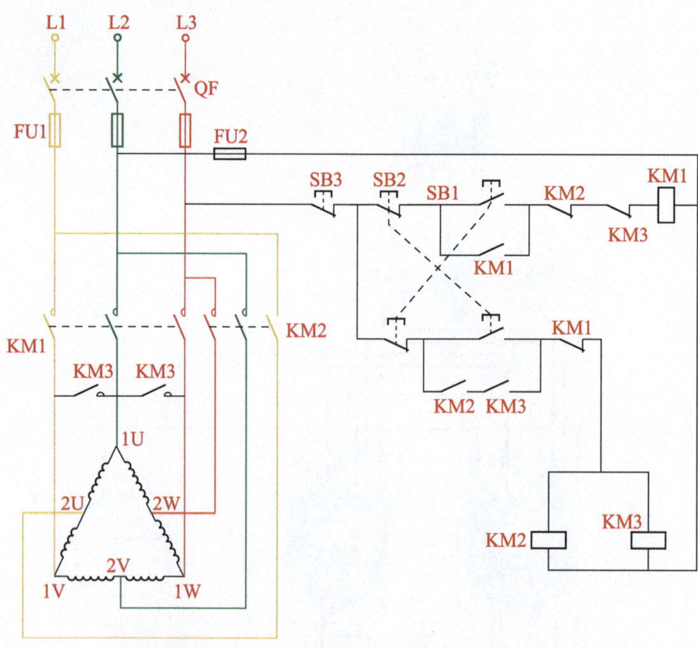

图5-3 改变极对数的多速电动机调速电路

2. 电气控制部件与作用

电路所选元器件作用表如表5-2所示。

表5-2 电路所选元器件作用表

名称	符号	元器件外形	元器件作用
断路器	QS		主回路过流保护
熔断器	FU		当线路大负荷超载或短路电流增大时熔断器被熔断，起到切断电流、保护电路的作用
按钮开关	SB		停止控制的设备
	SB		启动控制的设备
交流接触器	KM		快速切断交流主回路的电源，开启或停止设备的工作
双速电动机	M M 3～		拖动、运行（双速电动机主电路是通过交流接触器改变电动机的接法（△-双Y）来改变电动机的极数从而改变电动机转速的）

注：对于元器件的选择，电气参数要符合，具体元器件的型号和外形要根据现场要求和实际配电箱结构选择。

3. 电路接线组装

多速电动机调速电路运行电路如图 5-4 所示。

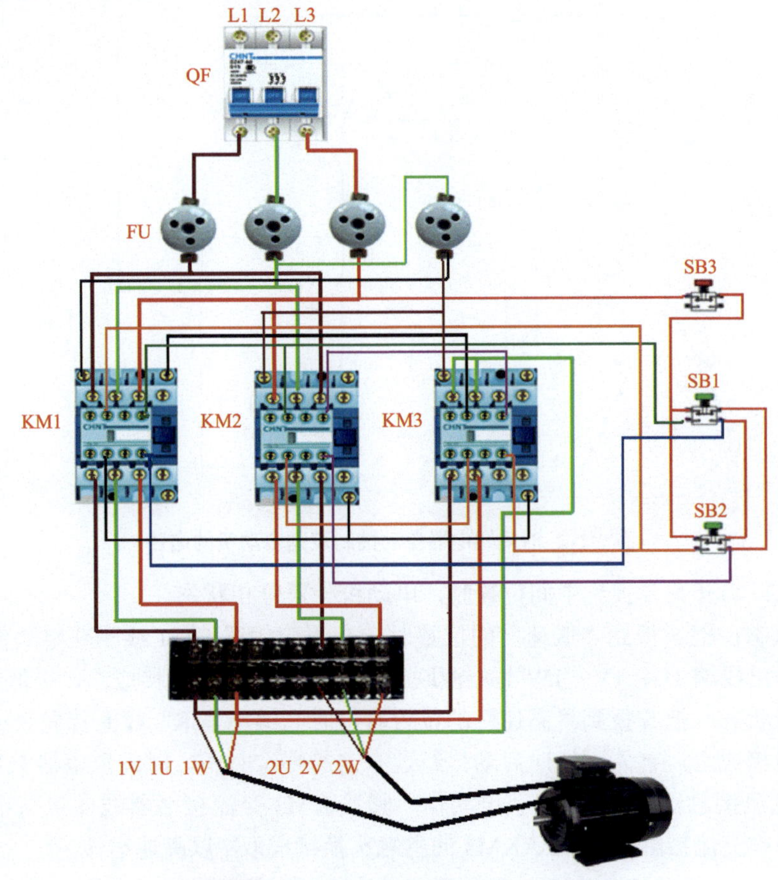

图5-4 多速电动机调速电路运行电路图

4. 电路调试与检修

接通电源以后，按动按钮开关 SB1，若电动机不能够进入低速状态，主要查找 KM1 的线圈通电回路，KM3、KM2 的触点，按钮开关 SB1、SB2、SB3 是否毁坏，如有毁坏应进行更换。当电动机不能从低速转换成高速的时候，应检查交流接触器 KM2、KM3 线圈的通路，其中包括KM1的接点，按钮开关SB2、KM2、KM3的自锁接点，还有SB1的停止接点，如毁坏，某接点接触不良，应维修或更换按钮和接触器。

三、时间继电器自动控制双速电动机的控制电路

1. 电路原理图与工作原理

时间继电器自动控制双速电动机的控制电路如图 5-5 所示。

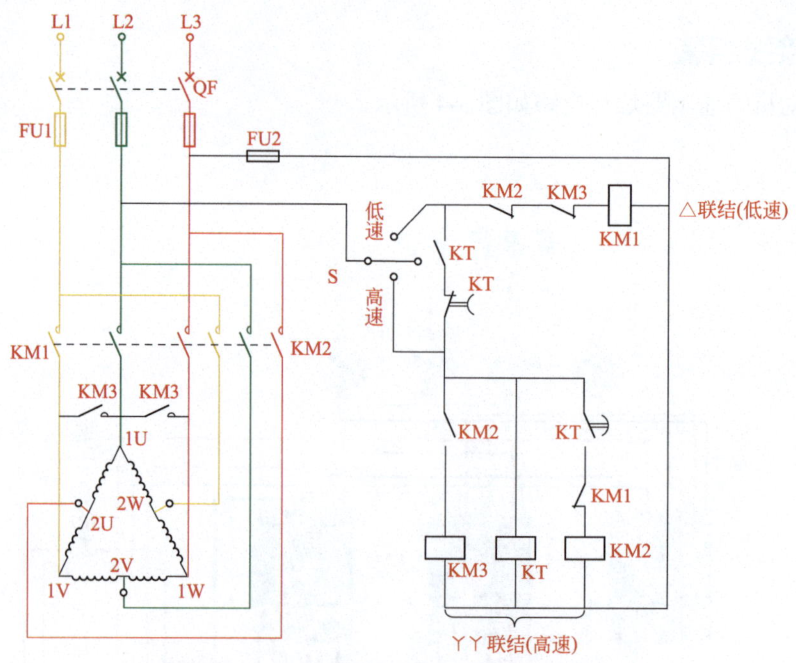

图5-5 时间继电器自动控制双速电动机的电路

停机状态：当开关S扳到中间位置时，电动机处于停止状态。

低转速状态：把S扳到“低速”的位置时，交流接触器KM1线圈获电动作，电动机定子绕组的3个出线端1U、1V、1W与电源联结，电动机定子绕组接成△，以低速运转。

高速运转状态：把S扳到“高速”的位置时，时间继电器KT线圈首先获电动作，使电动机定子绕组接成△，首先以低速启动。经过一定的整定时间，时间继电器KT的常闭触头延时断开，交流接触器KM1线圈获电动作，紧接KM3交流接触器线圈也获电动作，使电动机定子绕组被交流接触器KM2、KM3的主触头换接成双丫以高速运转。

2. 电气控制部件与作用

如表5-3所示。

表5-3 电路所选元器件作用表

名称	符号	元器件外形	元器件作用
断路器	QF		主回路过流保护
熔断器	FU		当线路大负荷超载或短路电流增大时熔断器被熔断，起到切断电流、保护电路的作用
双挡开关	S		通过挡位转换使动触点与静触点接通或断开电路

续表

名称	符号	元器件外形	元器件作用
时间继电器	KT		当电器或机械给出输入信号时，在预定的时间后输出电气关闭或电气接通信号
交流接触器	KM		快速切断交流主回路的电源，开启或停止设备的工作
双速电动机	M M 3～		拖动、运行（双速电动机主电路是通过交流接触器改变电动机的接法（△-双Y）来改变电动机的极数从而改变电动机转速的）

注：对于元器件的选择，电气参数要符合，具体元器件的型号和外形要根据现场要求和实际配电箱结构选择。

3. 电路接线组装

时间继电器自动控制双速电动机运行电路如图 5-6 所示。

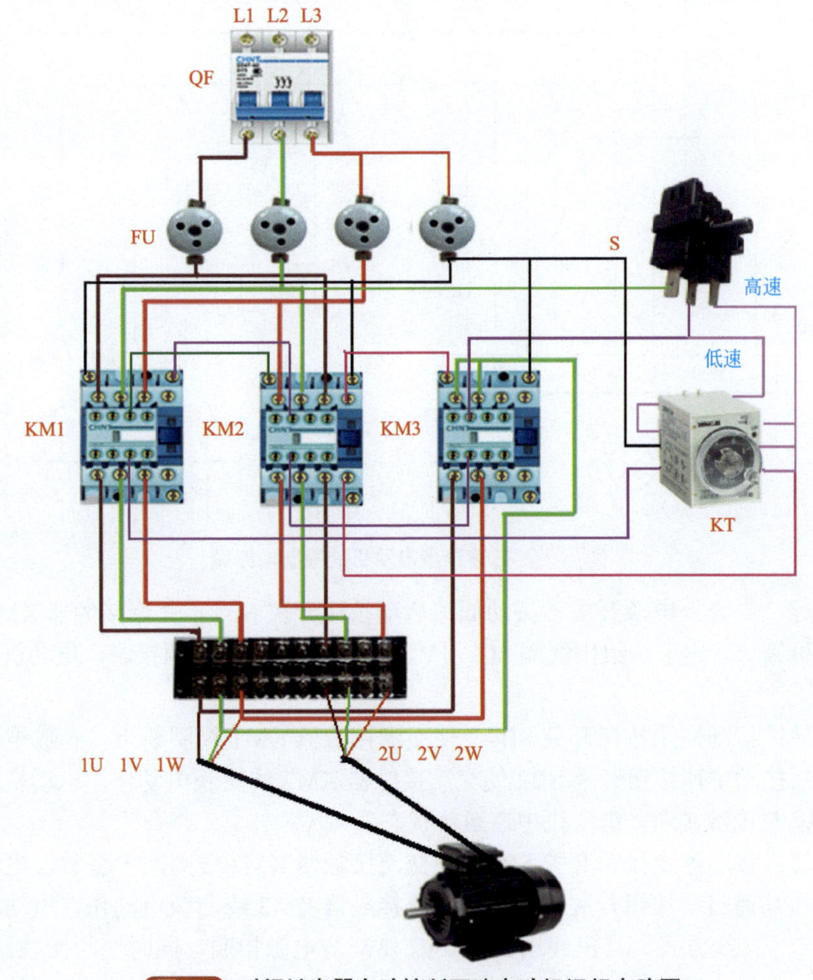

图5-6 时间继电器自动控制双速电动机运行电路图

4. 电路调试与检修

这个电路中，如果接通电源后不能实现低速度运转，主要检查KM1线圈的通电回路，FU、KM3、KM2的接点，接点如毁坏，应当进行更换，如果不能从低速转入高速，主要检查KM3、KM2线圈的通路元件，包括KM3、KM2线圈、KT、KM2接点，还有高低速转换开关，如元件或接点毁坏，应进行维修或更换。

四、三速异步电动机的控制电路

1. 电路原理图与工作原理

三速异步电动机的控制电路如图5-7所示。

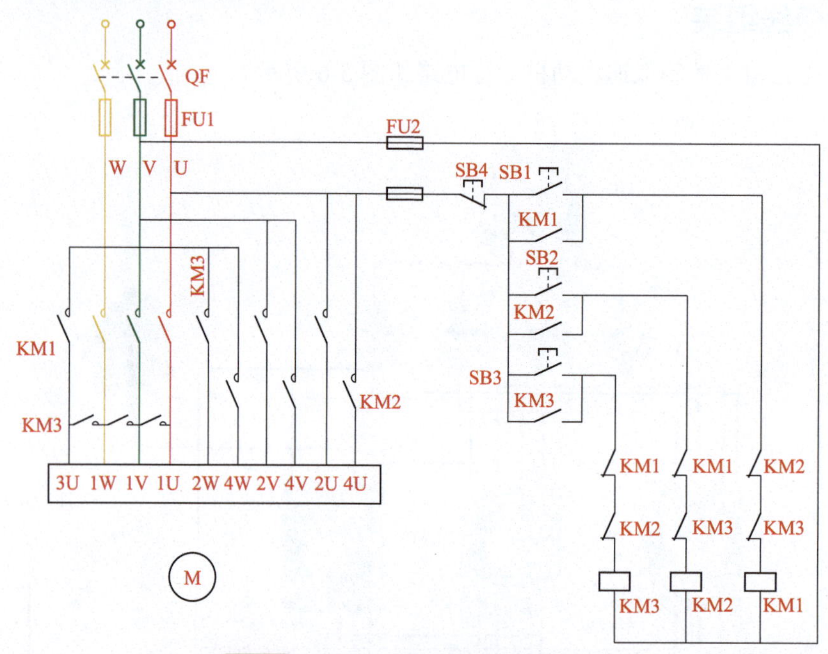

图5-7 三速异步电动机的控制电路图

低速运行：先合上电源开关，按动低速启动按钮开关SB1，交流接触器KM1线圈获电动作，电动机第一套定子绕组出线端1U、1V、1W连同3U与电源接通，电动机进入低速运转状态。

中速运转：按动停止按钮开关SB4，使交流接触器KM1线圈断电，释放电动机定子绕组断电，然后按动中速按钮开关SB2使交流接触器KM2线圈获电动作，电动机第二套绕组4U、4V、4W与电源接通，电动机中速运转状态。

高速运转：按动停止按钮开关SB4，使交流接触器KM2线圈断电释放，电动机定子绕组断电，再按高速启动按钮开关SB3，使交流接触器KM3线圈获电动作，电动机第一套定子绕组成为双Y接线方式，其出线端2U、2V、2W与电源相通，同时交流接触器KM3的另外三副常开触头将这套绕组的出线端1U、1V、1W和3U接通，电动机高速运转状态。

2. 电路调试与检修

当接通电源后，按动 SB1，电动机不能实现低速启动，应检查 KM1 线圈及 KM3、KM2 的触点，如有元件毁坏，更换元器件。如果按动 SB2，电动机不能从低速转换到中速，应检查 KM2 线圈及 KM1、KM3 的接点，如元件毁坏，更换元器件。在中速度按动 SB3，KM3 不能够自锁，应检查 KM3 线圈及 KM1、KM2 接点，如毁坏，更换元器件。

五、绕线转子电动机调速电路

1. 电路原理图与工作原理

电路原理图如图 5-8 所示。

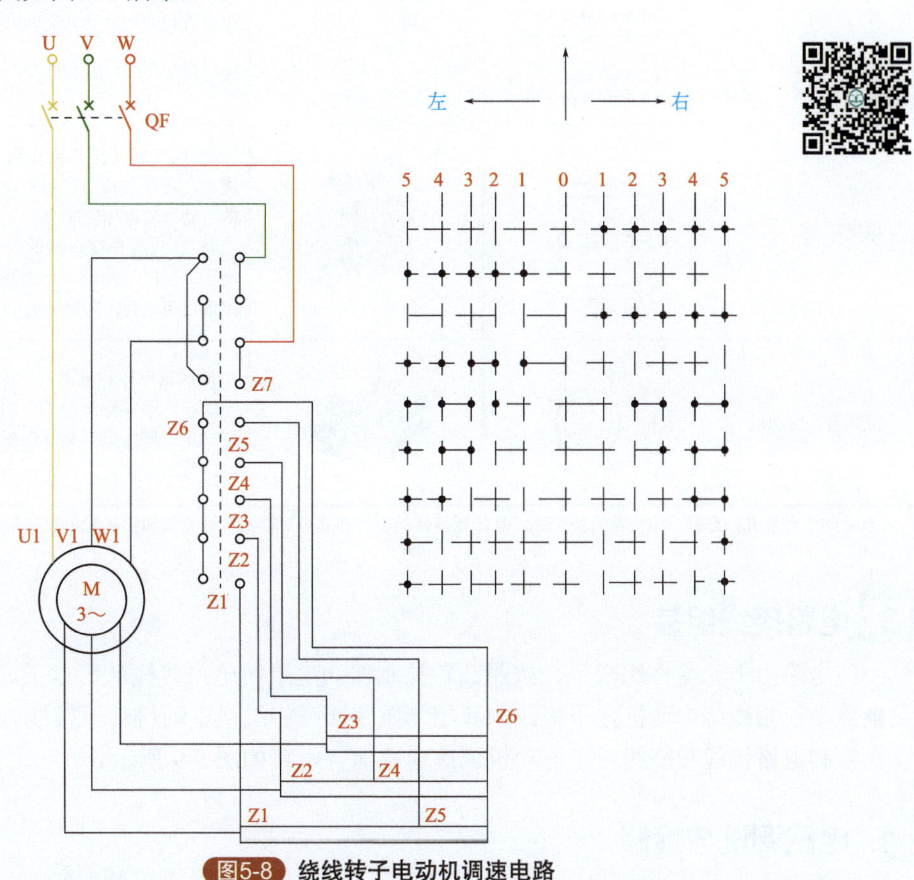

图5-8 绕线转子电动机调速电路

绕线转子电动机调速电路实际是应用串联电阻降压控制的调速电路，当手轮处在左边“1”位置或右边“1”位置，使电动机转动时，其电阻全部串入转子电路，这时转速最低，只要手轮继续向左或向右转到“2”“3”“4”“5”位置，触头 Z1—Z6、Z2—Z6、Z3—Z6、Z4—Z6、Z5—Z6 依次闭合，随着触头的闭合，逐步切除电路中的电阻，每切除一部分电阻电动机的转速就相应升高一点，那么只要控制手轮的位置，就可控制电动机的转速。

2. 电气控制部件与作用

如表 5-4 所示。

表5-4 电路所选元器件作用表

名称	符号	元器件外形	元器件作用
断路器	QF		主回路过流保护
凸轮控制器	SA		凸轮控制器是一种大型的手动控制器，主要用于起重设备中直接控制中小型绕线式异步电动机的启动、停止、调速、换向和制动，也适用于有相同要求的其他电力拖动场合
电阻箱	R		① 由于转子电路的电阻增大，使转子阻抗增大，转子的绕组的启动电流减小，因而定子的启动电流也相应减小 ② 适当选择变阻器的阻值，可使启动转矩增大，这时虽然转子电流减小，但转子的功率因数显著增大，所以转矩也增大
绕线转子电动机	M		通过集电环和电刷，在转子回路中串入外加电阻，从而实现平稳的启动，或改变外加电阻在一定范围内调节转速，解决容量大、不易启动的问题

注：对于元器件的选择，电气参数要符合，具体元器件的型号和外形要根据现场要求和实际配电箱结构选择。

3. 电路接线组装

该电路由于元器件比较少，按照凸轮控制器和电阻箱电路接线就可以了。这里只画出其主电路（三相线绕电动机定子接线）和控制电路（三相线绕电动机转子接线）。

控制电路接线和绕线转子电动机调速电路运行电路如图 5-9 所示。

4. 电路调试与检修

对于旋转开关控制的线绕转子式电动机启动电路，无论手轮转向左端还是右端，都可以控制电阻的阻值大小，控制电动机的启动。当它出现故障以后，由于电路比较简单，只有一个旋转开关，可以直接用万用表检测各位置的时候旋转开关的接通点是否能接通，如能接通，则是好的，不能接通，说明此时的旋转开关的触点已经毁坏，直接更换旋转开关。另外，对于转子绕组串联的大功率限压电阻，可直接用万用表进行检测，如果检测阻值不正确或处于开路状态，应直接进行更换。

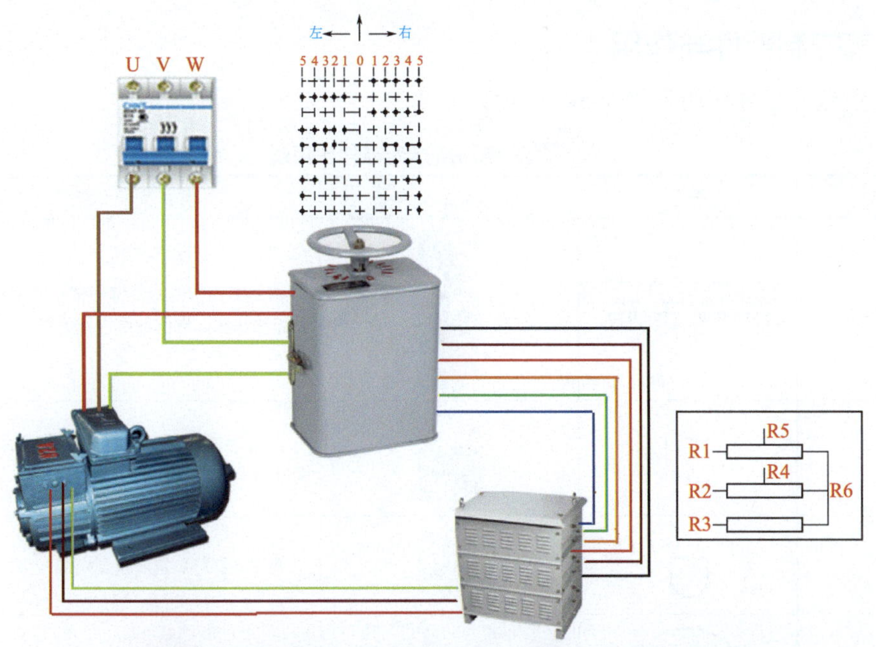

图5-9 控制电路接线和绕线转子电动机调速电路运行电路图

六、单相电抗器调速电路

1. 电路原理图与工作原理

电抗器调速电路如图 5-10（a）所示。电路由电抗器、互锁琴键开关、电容器、电动机等组成。电抗器与普通变压器类似，也是由铁芯和绕组组成，如图 5-10（b）所示。

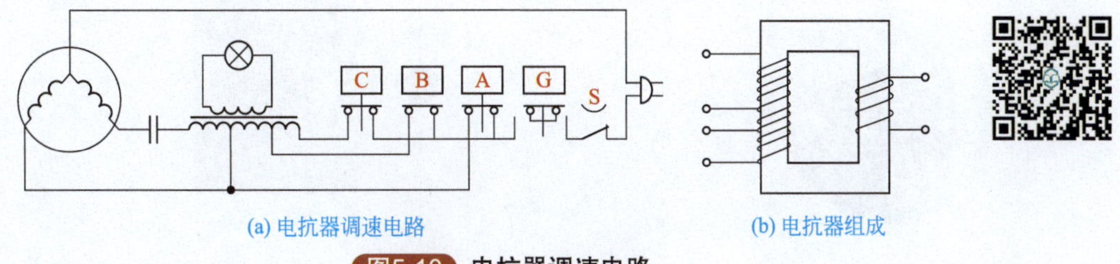

(a) 电抗器调速电路

(b) 电抗器组成

图5-10 电抗器调速电路

按动 A 键时，电抗器只有一小段串入电动机副绕组，主绕组加的是全电源电压。这时副绕组的电压几乎与电源电压相等，电动机转速最高。

当按动 B 键时，电抗器有一段线圈串入主绕组，与副绕组串的电抗线圈也比按动 A 键时增多了一段。这种情况下电动机的主绕组和副绕组电压都有所下降，电动机转速稍有下降。

当按动 C 键时，电动机的主绕组和副绕组与电抗器线圈串得最多，两绕组的电压最低，电动机转速也最低。

当电流通过电抗器时，指示灯线圈中也感应有电压，从而点燃指示灯。在各挡速度时由于通过电抗器的电流不同，因而指示灯的亮度也不同。

2. 电气控制部件与作用

电路所选元器件作用表如表 5-5 所示。

表5-5 电路所选元器件作用表

名称	符号	元器件外形	元器件作用
琴键开关	C B A G		按动某挡按键时，键杆带动梯形绝缘块下移，由绝缘块推动侧向的触点开关簧片，使之闭合
电容器	C		在电动机启动时辅助电动机启动，当电动机启动后不起作用
插头			将用电器等装置连接至电源
风扇电动机	M 绕组 绕组 1 2 3		由 220V 交流单相电源供电而运转

注：对于元器件的选择，电气参数要符合，具体元器件的型号和外形要根据现场要求和实际配电箱结构选择。

3. 电路接线组装

电抗器调速吊扇接线如图 5-11 所示。

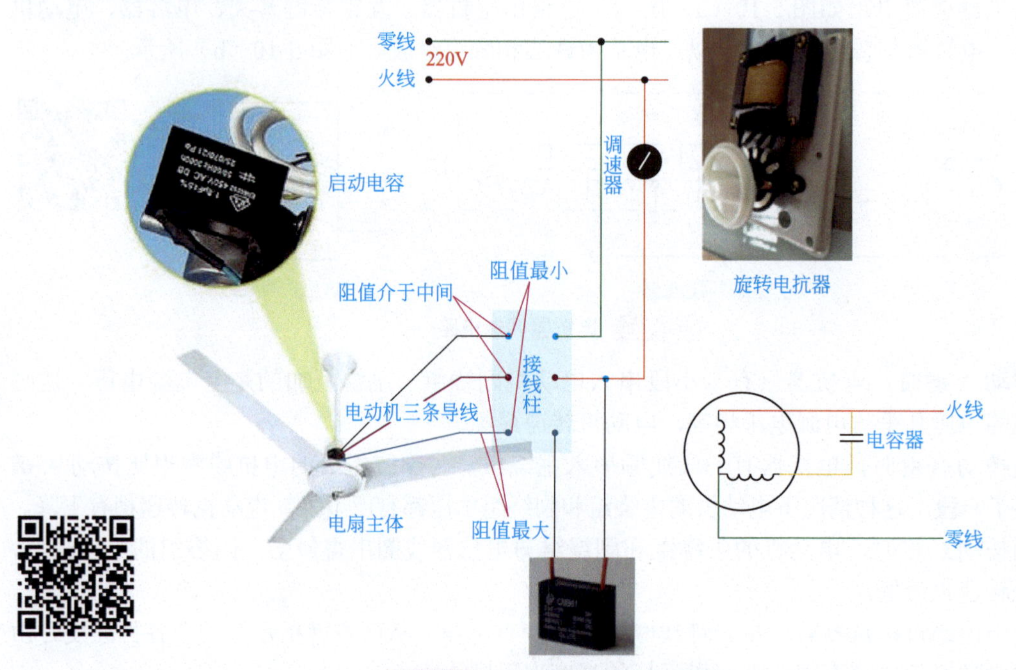

图5-11 电抗器调速吊扇接线图

4. 电路调试与检修

对于电抗器调速电路，只要改变了电抗器的接线点，就可以改变电动机的输入电压，从而改变速度。当接通电源后，电动机不能够进行旋转，首先检测控制开关。控制开关一般都是联锁开关，当按动相应的按钮开关以后，其他按钮开关会弹起，在检修时，应该看它是否能够弹起，然后用万用表测量它的接点是否能够接通。当按键开关没问题，用万用表检测电抗器各抽头之间的阻值，如果对应的抽头之间没有阻值，或阻值很小，或无穷大（开路状态），应进行更换。若电抗器良好，属于启动电容或电动机的问题，电容可以用代换法进行实验，电动机可以万用表测量它的主副绕组的阻值，当主副绕组阻值非常小的时候，或阻值变得无穷大（开路）的时候，为电动机毁坏，应进行更换。

七、单相绕组抽头调速电路

1. 电路原理图与工作原理

单相绕组抽头调速电路如图 5-12 所示。

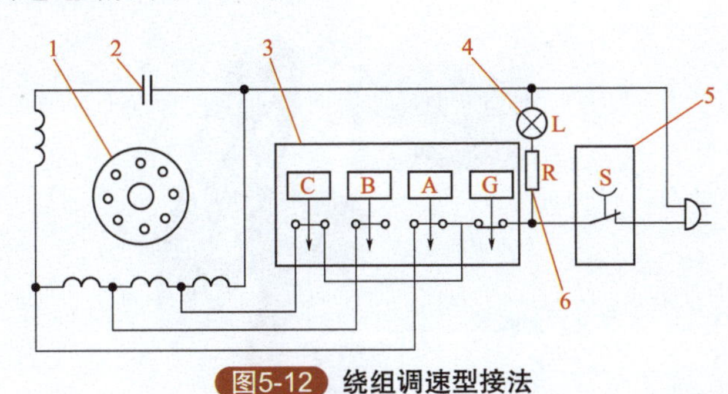

图5-12 绕组调速型接法

1—电动机；2—运行电容；3—键开关；4—指示灯；5—定时器；6—限压电阻

这种方法是在电动机的定子铁芯槽内适当嵌入调速绕组。这些调速绕组可以与主绕组同槽，也可和副绕组同槽。无论是与主绕组同槽，还是与副绕组同槽，调速绕组总是在槽的上层。

利用调速绕组调速，实质上是通过改变定子磁场的强弱，以及定子磁场椭圆度，达到电动机转速改变的。

绕组调速型接法调速时，调速绕组与主绕组同槽，嵌在主绕组的上层。调速绕组与主绕组串接于电源。

当按动 A 键时，串入的调速绕组最多，这时主绕组和副绕组的合成磁场（即定子磁场）最高，电动机转速最高。当按动 B 键时，调速绕组有一部分与主绕组串联，另一部分则与副绕组串联。这时主绕组和副绕组的合成磁场强度下降，电动机转速也下降了。依此类推，当按动 C 键时，电动机转速最低。

2. 电气控制部件与作用

电路所选元器件作用表如表 5-6 所示。

表5-6 电路所选元器件作用表

名称	符号	元器件外形	元器件作用
琴键开关	C B A G		按动某挡按键时，键杆带动梯形绝缘块下移，由绝缘块推动侧向的触点开关簧片，使之闭合
电容器	C		在电动机启动时辅助电动机启动，当电动机启动后不起作用
风扇电动机	M 绕组 绕组 1 2 3		由 220V 交流单相电源供电而运转

注：对于元器件的选择，电气参数要符合，具体元器件的型号和外形要根据现场要求和实际配电箱结构选择。

3. 电路接线组装

落地风扇单相电抗器调速电路运行如图 5-13 所示。

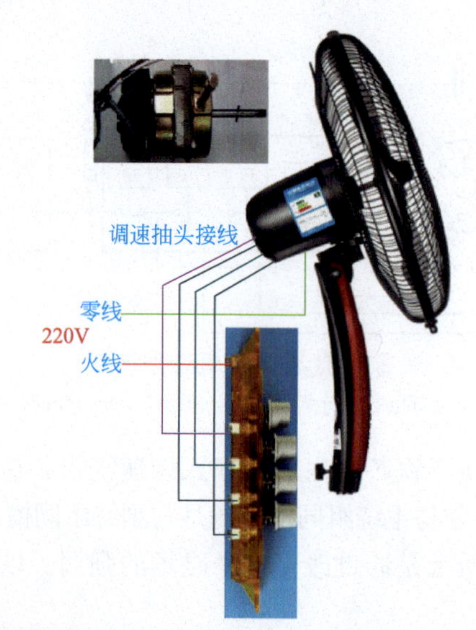

图5-13 落地风扇单相电抗器调速电路运行图

4. 电路调试与检修

抽头调速的电路同样是由琴键开关控制抽头绕组的。当按动相对应的按钮开关时，就会改变绕组抽头，改变内部线圈匝数，从而达到调速的目的。若接通电源以后电动机不能够旋转，首先要检测它的开关 S 是否毁坏，检测琴键开关是否毁坏，如果开关 S 和琴键开关都是良好的，应查找运行电容是否毁坏，可以直接用代换法进行实验，也可以用万用表检测它的容量。然后检测电动机绕组，当某个抽头或某个绕组不通的时候，说明绕组断路，应当更换电动机。

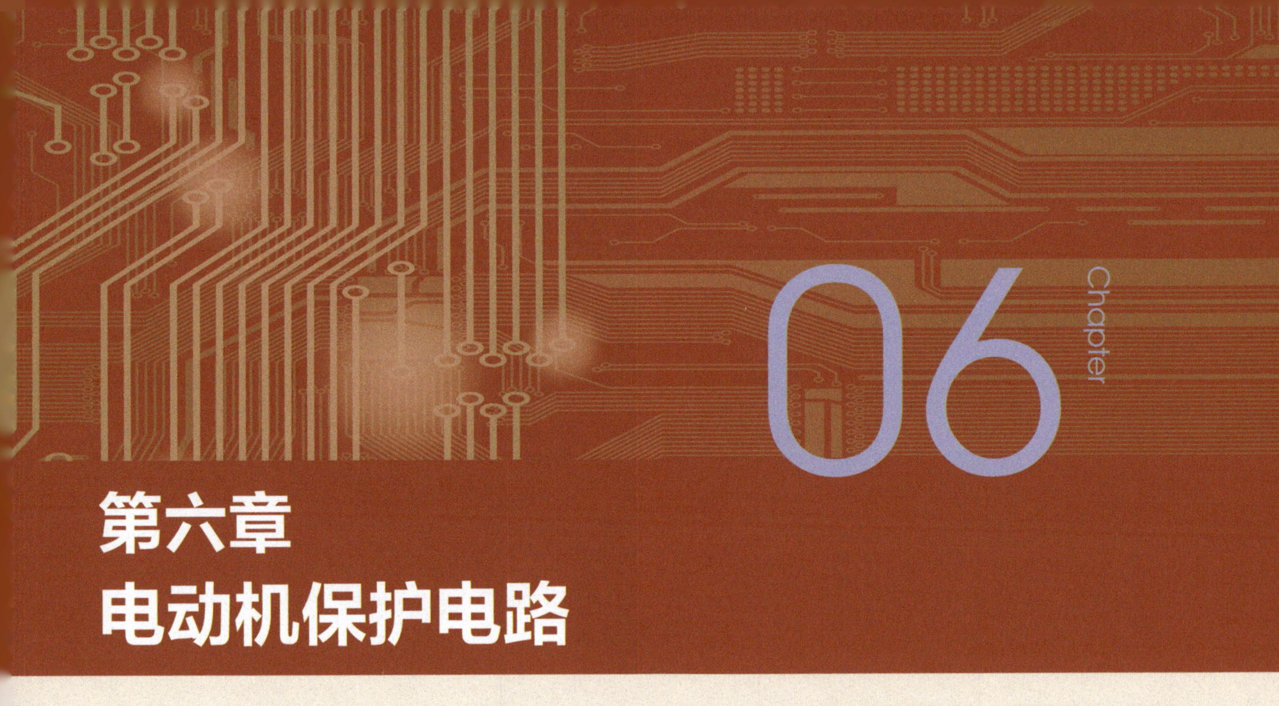

第六章 电动机保护电路

一、热继电器过载保护与欠压保护电路

1. 电路原理图与工作原理

热继电器过载保护与欠压保护电路如图 6-1 所示。该线路同时具有欠电压与失压保护作用。

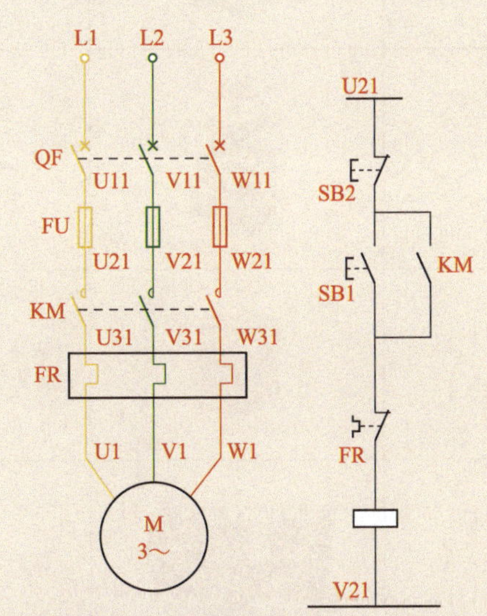

图6-1 热继电器过载保护与欠压保护电路

当电动机运转时，电源电压降低到一定值（一般降低到额定电压的 85%）时，由于交流接触器线圈磁通减弱，电磁吸力克服不了反作用弹簧压力，动铁芯释放，从而使主触头断开，自动切断主电路，电动机停转，达到欠压保护。

过载保护：线路中将热继电器的发热元件串在电动机的定子回路，当电动机过载时，发热元件过热，使双金属片弯曲到能推动脱扣机构动作，从而使串接在控制回路中的动断触头

FR 断开，切断控制电路，使线圈 KM 断电释放，交流接触器主触头 KM 断开，电动机失电停转。

2. 电气控制部件与作用

控制线路所选元器件作用表如表 6-1 所示。

表6-1 电路所选元器件作用表

名称	符号	元器件外形	元器件作用
断路器	QF		主回路过流保护
熔断器	FU		当线路大负荷超载或短路电流增大时熔断器被熔断，起到切断电流、保护电路的作用
按钮开关	SB		启动控制的设备
	SB		停止控制的设备
交流接触器	KM		快速切断交流主回路的电源，开启或停止设备的工作
热继电器	FR		保护电动机不会因为长时间过载而烧毁
电动机	M（M 3～）		拖动、运行

注：对于元器件的选择，电气参数要符合，具体元器件的型号和外形要根据现场要求和实际配电箱结构选择。

3. 电路接线组装

热继电器过载保护与欠压保护电路运行电路如图 6-2 所示。

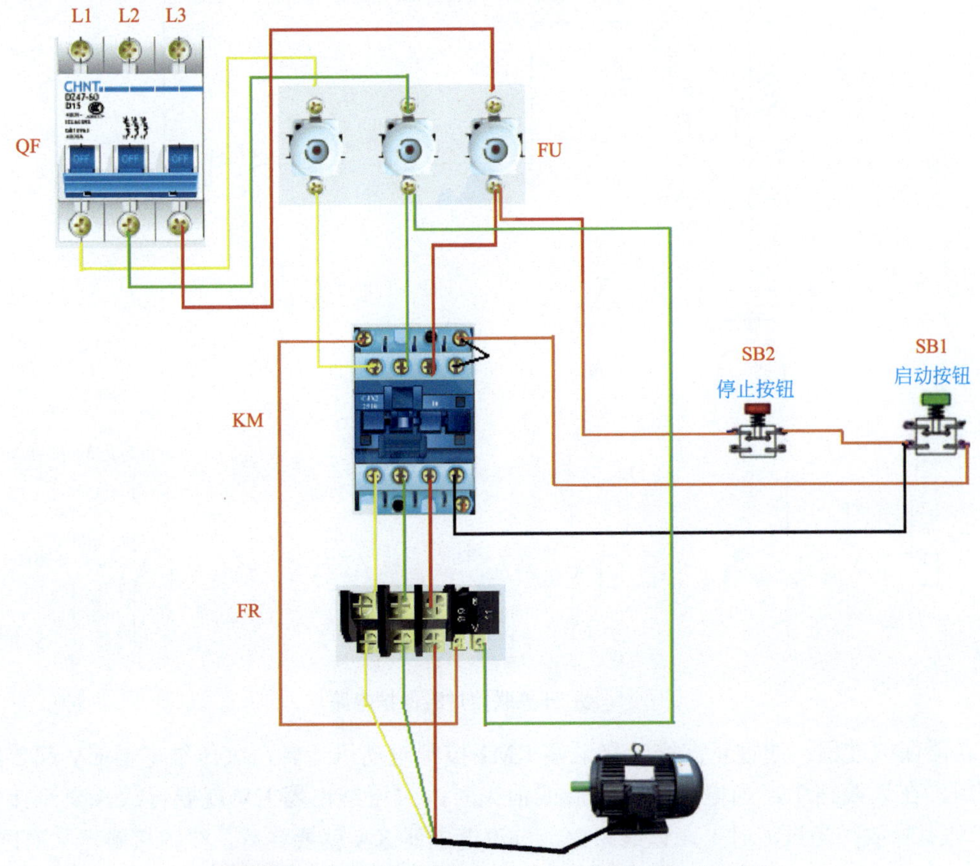

图6-2 热继电器过载保护与欠压保护电路运行电路图

4. 电路调试与检修

当按动 SB1 以后，KM 自锁，KM 线圈得到电能吸合，触点吸合，电动机即可旋转。当电动机过流的时候，热保护器动作，其接点断开，断开接收器线圈的供电，交流接触器断开电动机，电动机停止运行，检修时可以直接用万用表检测按键开关 SB1 的好坏、线圈的通断，当线圈的阻值很小或是不通时为线圈毁坏，交流接触器的触点可以经过面板测量是否接通，如果这些元件有不正常的，应该进行更换。

二、开关联锁过载保护电路

1. 电路原理图与工作原理

开关联锁过载保护电路如图 6-3 所示。

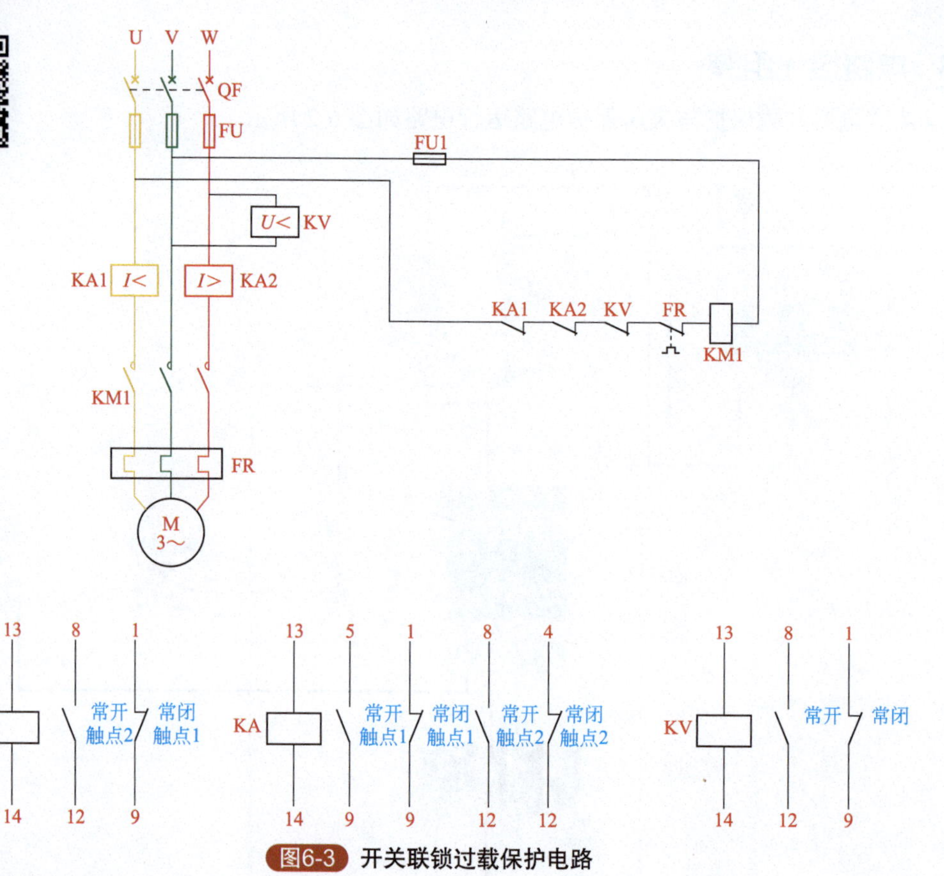

图6-3 开关联锁过载保护电路

联锁保护过程：通过正向交流接触器 KM1 控制电动机运转，欠压继电器 KV 起零压保护作用，在该线路中，当电源电压过低或消失时，欠压继电器 KV 就要释放，交流接触器 KM1 马上释放；当过流时，在该线路中，过流继电器 KA 就要释放，交流接触器 KM1 马上释放。

2. 电气控制部件与作用

控制线路所选元器件作用表如表 6-2 所示。

表6-2 电路所选元器件作用表

名称	符号	元器件外形	元器件作用
断路器	QF		主回路过流保护
熔断器	FU		当线路大负荷超载或短路电流增大时熔断器被熔断，起到切断电流、保护电路的作用

续表

名称	符号	元器件外形	元器件作用
欠流继电器	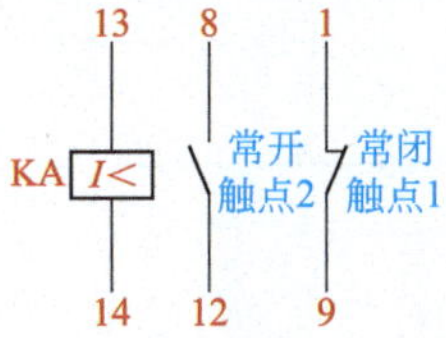 13 8 1 KA $I<$ 常开触点2 常闭触点1 14 12 9		用于欠电流保护，当电流未达到设定值时断开
过流继电器	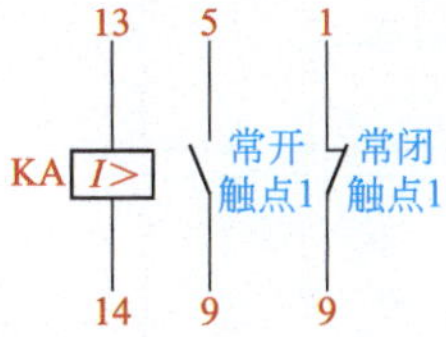 13 5 1 KA $I>$ 常开触点1 常闭触点1 14 9 9		用于过电流保护，当电流达到设定值时断开
欠压继电器	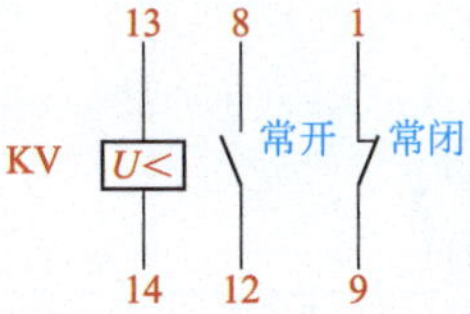 13 8 1 KV $U<$ 常开 常闭 14 12 9		用于欠压保护，当电压未达到设定值时断开
交流接触器	KM 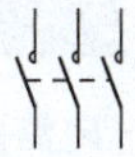		快速切断交流主回路的电源，开启或停止设备的工作
热继电器	FR 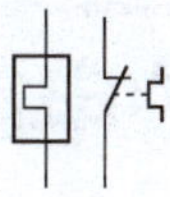		保护电动机不会因为长时间过载而烧毁
电动机	M  M 3～		拖动、运行

注：对于元器件的选择，电气参数要符合，具体元器件的型号和外形要根据现场要求和实际配电箱结构选择。

3. 电路接线组装

开关联锁过载保护电路运行电路图如图 6-4 所示。

4. 电路调试与检修

在这个电路中，有热保护、欠压保护、过流保护，保护电路所有开关都是串联的，任何一个开关断开以后，继电器线圈都会断掉电源，从而断开 KM 交流接触器触头，使电动机停止工作。在检修时，主要检查熔断器是否熔断，各继电器的触头是否良好，交流接触器线圈是否良好，当发现回路当中的任何一个元件毁坏的时候，应进行更换。

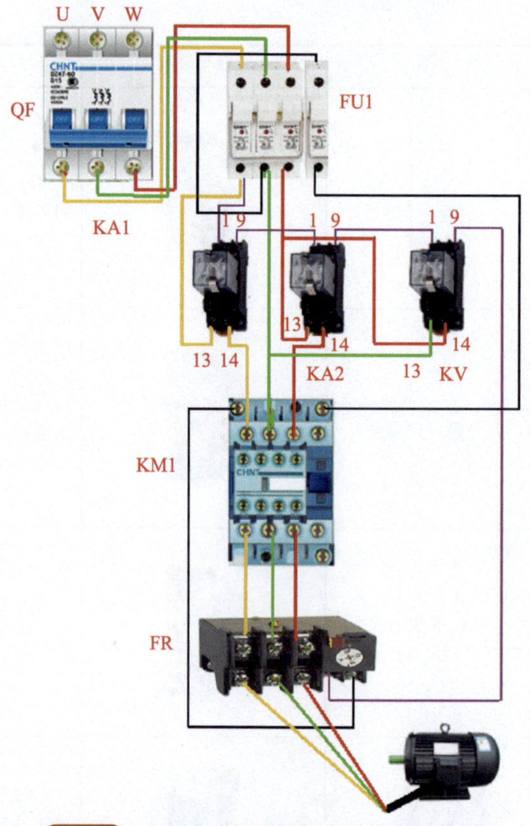

图6-4 开关联锁过载保护电路运行电路图

三、中间继电器控制的缺相保护电路

1. 电路原理图与工作原理

图 6-5 所示是由一只中间继电器构成的缺相保护电路。

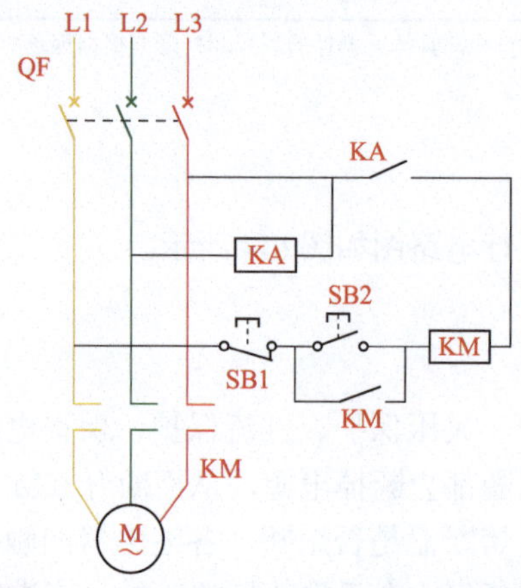

图6-5 由一只中间继电器构成的缺相保护电路

当合上三相空气开关 QF 以后，三相交流电源中的 L2、L3 两相电压加到中间继电器 KA 线圈两端使其得电吸合，其 KA 常开触点闭合。如果 L1 相因故障缺相，则 KM 交流接触器线圈失电，其 KM1、KM2 触点均断开；若 L2 相或 L3 相缺相，则中间继电器 KA 和交流接触器 KM 线圈同时失电，它们的触点会同时断开，从而起到了保护作用。

2. 电气控制部件与作用

控制线路所选元器件作用表如表 6-3 所示。

表6-3 电路所选元器件作用表

名称	符号	元器件外形	元器件作用
断路器	QF		主回路过流保护
按钮开关	SB		启动控制的设备
	SB		停止控制的设备
交流接触器	KM		快速切断交流主回路的电源，开启或停止设备的工作
中间继电器	KA		中间继电器的触点比较多，具有一定的带负荷能力，当负载容量比较小时，可以用来替代小型交流接触器使用
电动机	M		拖动、运行

注：对于元器件的选择，电气参数要符合，具体元器件的型号和外形要根据现场要求和实际配电箱结构选择。

3. 电路接线组装

控制线路及电路运行图如图 6-6 所示。

4. 电路调试与检修

检修时，接通电源以后，按动 SB2，KM 不能吸合，检查中间继电器是否良好，它的接点是否良好，按钮开关 SB2、SB1 是否良好，发现任何一个元件有不良或毁坏现象，都应该进行更换。

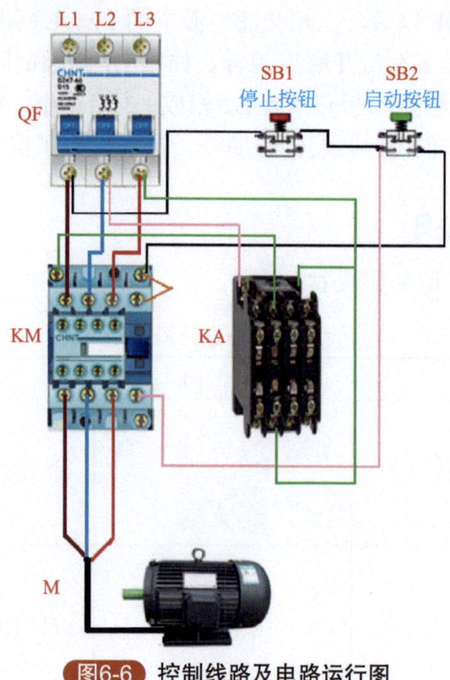

图6-6 控制线路及电路运行图

四、电容断相保护电路

1. 电路原理图与工作原理

电容断相保护电路原理图如图 6-7 所示。

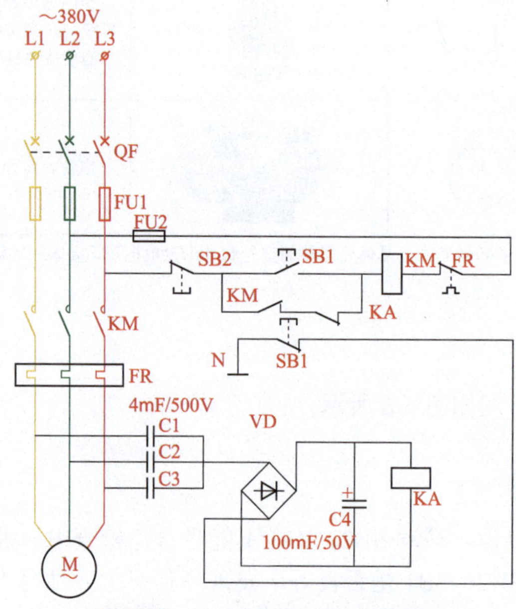

图6-7 电容断相保护电路原理图

工作原理：由三只电容器接成一个人为中性点，当电动机正常运行时，人为中性点的电压为零，电容器 C4 两端无电压输出，继电器 KA 不动作。在电动机电源某一相断相时，人为中性点的电压就会明显上升，电压达到 12V 时，继电器 KA 便吸合，其动断触点将接触器 KM 的控制回路断开，KM 失电释放，电动机停止运行，从而达到保护电动机的目的。

此电路中，由于电动机属于感性元件，三只电容器可以补偿相位，提高电动机功率因数，减小无功功率。

2. 电气控制部件与作用

控制线路所选元器件作用表如表 6-4 所示。

表6-4 电路所选元器件作用表

名称	符号	元器件外形	元器件作用
断路器	QF		主回路过流保护
熔断器	FU		当线路大负荷超载或短路电流增大时熔断器被熔断，起到切断电流、保护电路的作用
按钮开关	SB		启动控制的设备
	SB		停止控制的设备
交流接触器	KM		快速切断交流主回路的电源，开启或停止设备的工作
电容器	C		三只电容器可以组成人为中性点并补偿相位
中间继电器	KA		用于继电保护，以增加触点的数量及容量。它用于在控制电路中传递中间信号
电解电容器	C		滤波作用
整流块	DA		把交流电能转换为直流电能

续表

名称	符号	元器件外形	元器件作用
热继电器	FR		保护电动机不会因为长时间过载而烧毁
电动机	M (M 3～)		拖动、运行

注：对于元器件的选择，电气参数要符合，具体元器件的型号和外形要根据现场要求和实际配电箱结构选择。

3. 电路接线组装

电容断相保护电路运行电路图如图 6-8 所示。

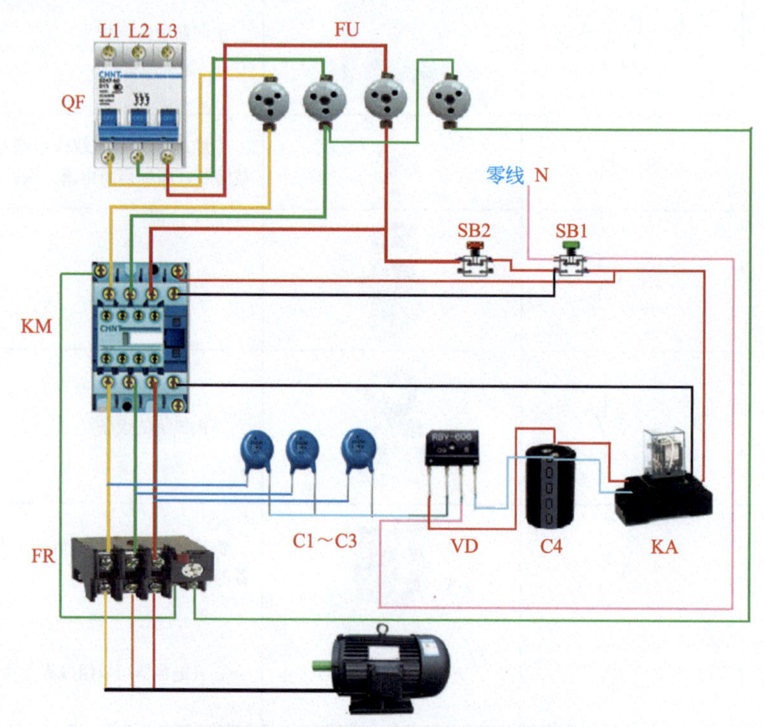

图6-8 电容断相保护电路运行电路图

4. 电路调试与检修

当接通电源以后，如果这个电路不能正常工作，应首先检测 KM1 线圈回路是否有毁坏的元件，如有则进行更换，比如 SB2、SB1、KM 的接点，热保护器的接点等是否毁坏。如果电动机供电有缺相不能保护的时候，应该检查星形联结电容是否毁坏，整流电路是否毁坏，继电器 KA 是否毁坏，如果发现某一个元件毁坏，应及时更换。在电路当中，电容的容量尽可能要大一些，这样对电路既可以补偿，又可以保护电容不被高压毁坏，整流二极管在使用的时候其过流值也应该选择大一点的，可防止二极管毁坏。

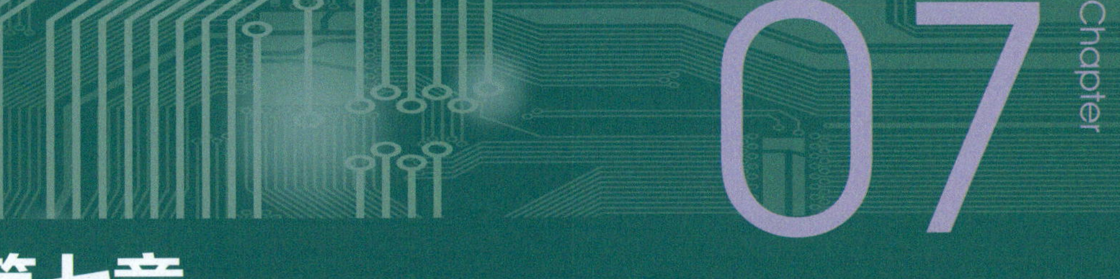

第七章 变频器应用电路及与 PLC 组合控制电路

一、标准变频器典型外部配电电路与控制面板

1. 典型外围设备连接电路

典型外围设备和任意选择连接电路如图 7-1 所示。

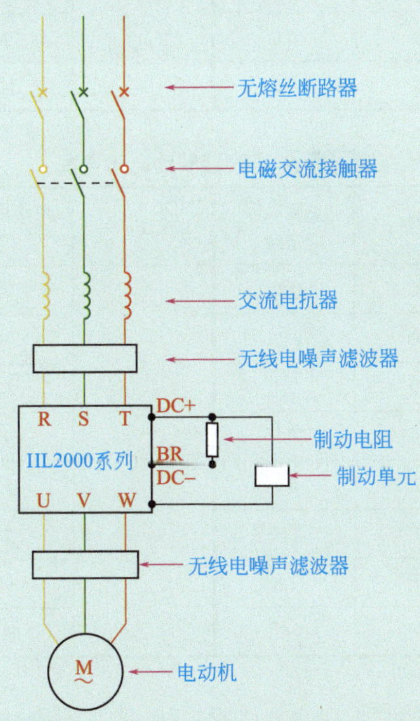

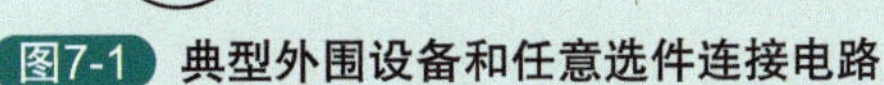
图7-1 典型外围设备和任意选件连接电路

以下为电路中各外围设备的功能说明。

（1）无熔丝断路器（MCCB）

用于快速切断变频器的故障电流，并防止变频器及其线路故障导致电源故障。

（2）电磁交流接触器（MC）

在变频器故障时切断主电源并防止掉电及故障后再启动。

（3）交流电抗器（ACL）

用于改善输入功率因数，降低高次谐波及抑制电源的浪涌电压。

（4）无线电噪声滤波器（NF）

用于减少变频器产生的无线电干扰（电动机变频器间配线距离少于20m时，建议连接在电源侧，配线距离大于20m时，连接在输出侧）。

（5）制动单元（UB）

制动力矩不能满足要求时选用，适用于大惯量负载及频繁制动或快速停车的场合。

ACL、NF、UB为任选件。常用规格的交流电压配备电感与制动电阻选配见表7-1、表7-2。

表7-1 交流电压配备电感选配表

电压/V	功率/kW	电流/A	电感/mH	电压/V	功率/kW	电流/A	电感/mH
380	1.5	4	4.8	380	22	46	0.42
	2.2	5.8	3.2		30	60	0.32
	3.7	9	2.0		37	75	0.26
	5.5	13	1.5		45	90	0.21
	7.5	18	1.2		55	128	0.18
	11	24	0.8		75	165	0.13
	15	30	0.6		90	195	0.11
	18.5	40	0.5		110	220	0.09

表7-2 变频器制动电阻选配

电压/V	电动机功率/kW	电阻阻值/Ω	电阻功效/mH	电压/V	电动机功率/kW	电阻阻值/Ω	电阻功效/mH
380	1.5	400	0.25	380	22	30	4
	2.2	250	0.25		30	20	6
	3.7	150	0.4		37	16	9
	5.5	100	0.5		45	13.6	9
	7.5	75	0.8		55	10	12
	11	50	1		75	13.6/2	18
	15	40	1.5		90	20/3	18
	18.5	30	4		110	20/3	18

（6）漏电保护器

由于变频器内部、电动机内部及输入/输出引线均存在对地静电容，又因HL2000系列变频器为低噪型，所用的载波较高，因此变频器的对地漏电较大，大容量机种更为明显，有时甚至会导致保护电路误动作。遇到上述问题时，除适当降低载波频率、缩短引线外还应安装漏电保护器。

安装漏电保护器应注意以下几点：漏电保护器应设于变频器的输入侧，置于 MCCB 之后较为合适；漏电保护器的动作电流应大于该线路在工频电源下不使用变频器时（漏电流线路、无线电噪声滤波器、电动机等漏电流的总和）的 10 倍。不同变频器辅助功能、设置方式及更多接线方式需要查看使用说明书。

2. 控制面板

控制面板上包括显示和控制按键及调整旋钮等部件，不同品牌的变频器其面板按键布局不尽相同，但功能大同小异。控制面板如图 7-2 所示。

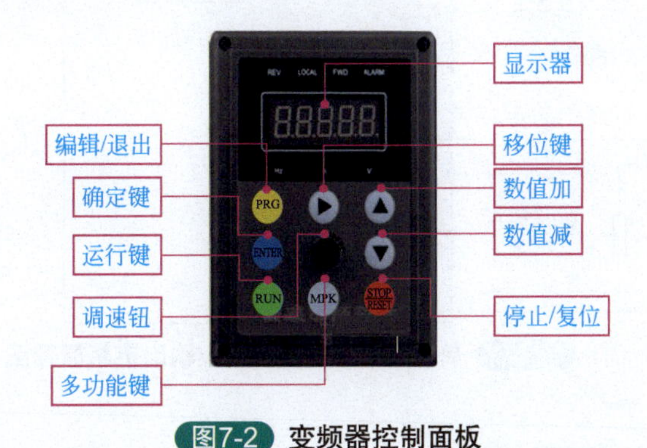

图7-2 变频器控制面板

二、单相 220V 进单相 220V 输出变频器用于单相电动机启动运行控制电路

1. 电路原理图与工作原理

单相 220V 进单相 220V 输出电路原理图如图 7-3 所示。

由于电路直接输出 220V，因此输出端直接接 220V 电动机即可，电动机可以是电容运行电动机，也可以是电感启动电动机。

它的输入端为 220V 直接接至 L、N 两端，输出端输出为 220V，是由 L1、N1 端子输出的。当正常接线以后，正确设定工作项进入变频器的参数设定状态以后，电动机就可以按照正常工作项运行，对于外边的按钮开关、接点，某些功能是可以不接的，比如外部调整电位器，如果不需要远程控制，根本不需要在外部端子上接调整电位器，而是直接使用控制面板上的电位器。PID 功能如果外部没有压力、液位、温度调整和调速，只需要接电动机的正向运转就可以了，然后接调速电位器。

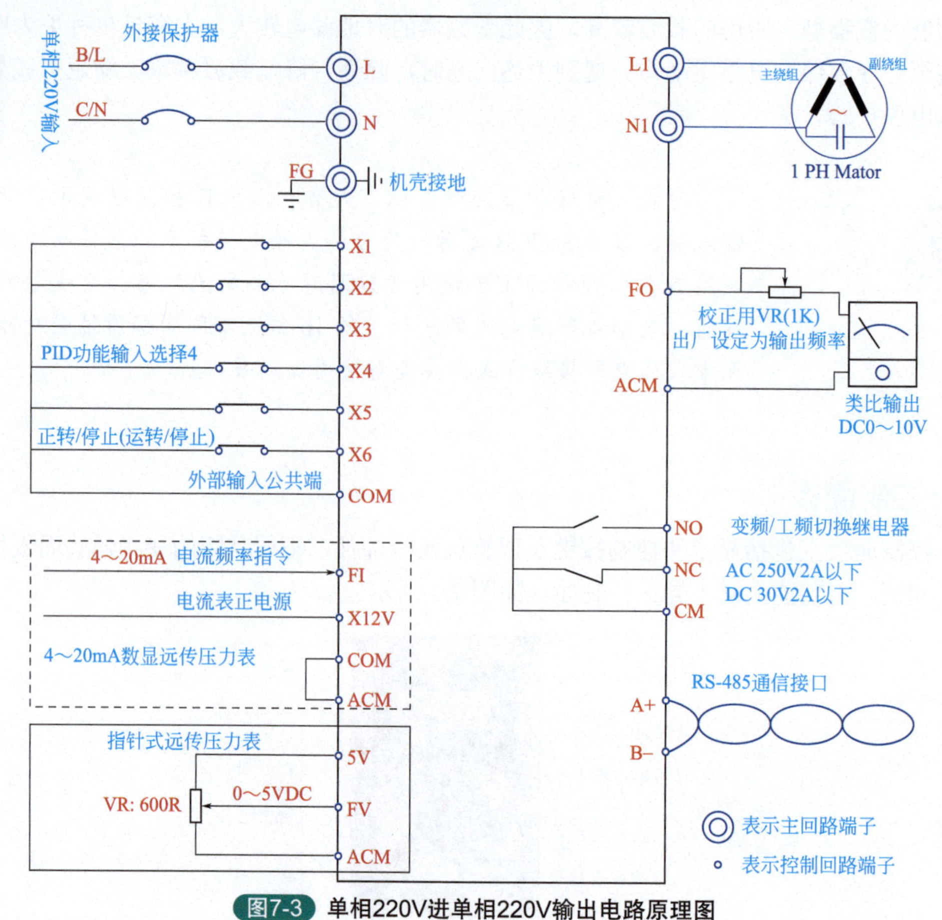

图7-3 单相220V进单相220V输出电路原理图

2. 电气控制部件与作用

控制线路所选元器件作用表如表7-3所示。

表7-3 电路所选元器件作用表

名称	符号	元器件外形	元器件作用
断路器	QF		主回路过流保护
变频器	BP		应用变频技术与微电子技术，通过改变电动机工作电源频率方式来控制交流电动机
电动机	M		拖动、运行

注：对于元器件的选择，电气参数要符合，具体元器件的型号和外形要根据现场要求和实际配电箱结构选择。

3. 电路接线组装

单相 220V 进单相 220V 输出变频器电路实际接线如图 7-4 所示。

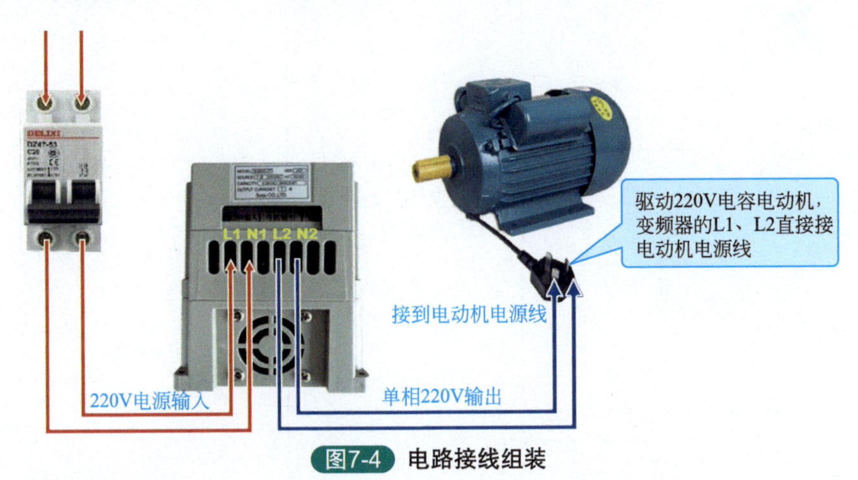

图7-4　电路接线组装

4. 电路调试与检修

当它出现问题后，直接用万用表测量输入电压，推上空开应该有输出电压，按动相关按钮开关以后，变频器应该有输出电压，若参数设置正确，应该是变频器的故障，可以更换或检测变频器。

三、单相 220V 进三相 220V 输出变频器用于单相 220V 电动机启动运行控制电路

1. 电路原理图与工作原理

电路图如图 7-5 所示。由于使用单相 220V 输入，输出的是三相 220V，所以正常情况下，接的电动机应该是一个三相电动机。注意应该是三相 220V 电动机。如果把单相 220V 输入转三相 220V 输出使用单相 220V 电动机的，只要把 220V 电动机接在输出端的 U、V、W 任意两相就可以，同样这些接线开关和一些选配端子是根据需要接上相应的，正转启动就可以了。可以是按钮开关，也可以是继电器进行控制，如果需要控制电动机的正反转启动，通过外配电路、正反转开关进行控制，电动机就可以实现正反转。如果需要调速，需要远程调速外接电位器，把电位器接到相应的端子就可以了。不需要远程电位器的，用面板上的电位器就可以了。

2. 电气控制部件与作用

控制线路所选元器件作用表如表 7-4 所示。

3. 电路接线组装

单相 220V 进三相 220V 输出变频器电路实际接线如图 7-6 所示。

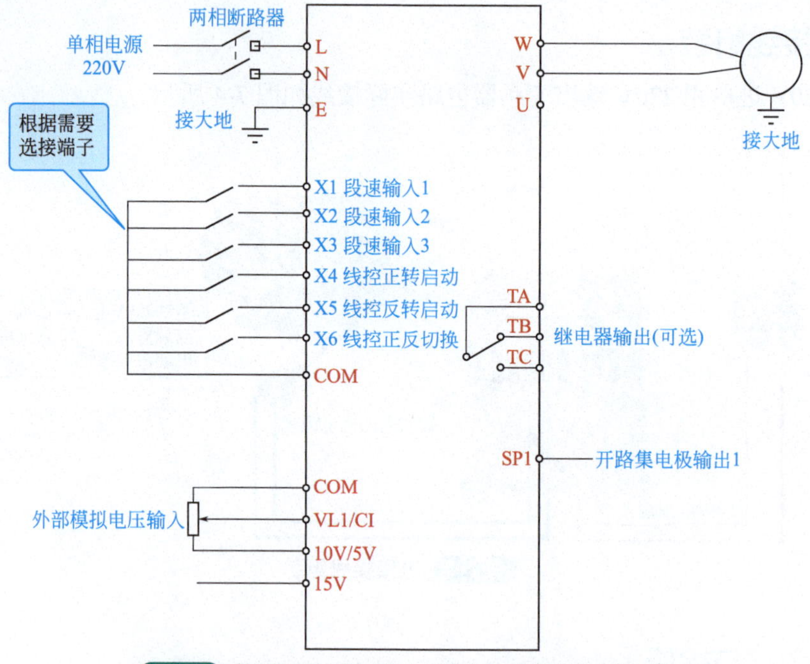

图7-5 单相220V进三相220V输出变频器电路接线

表7-4 电路所选元器件作用表

名称	符号	元器件外形	元器件作用
断路器	QF		主回路过流保护
变频器	BP f_1 f_2		应用变频技术与微电子技术，通过改变电动机工作电源频率方式来控制交流电动机
电动机	M		拖动、运行

注：对于元器件的选择，电气参数要符合，具体元器件的型号和外形要根据现场要求和实际配电箱结构选择。

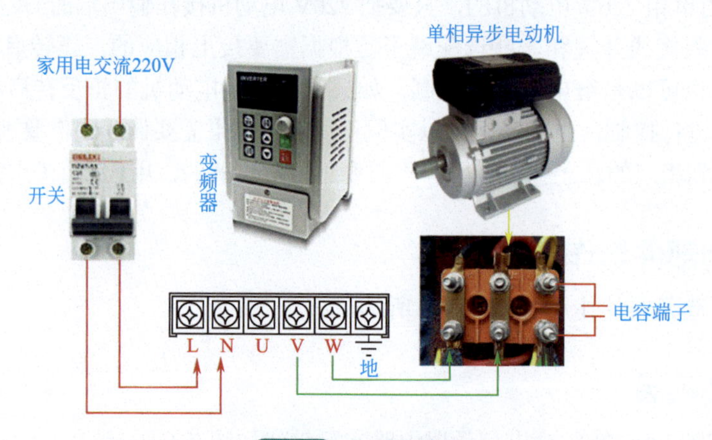

图7-6 电路接线图

4. 电路调试与检修

当出现故障的时候，用万用表检测它的输入端，若有电压，按相应的按钮开关或相应的开关，然后输出端应该有电压，如果输出端没有电压，这些按钮开关和相应的开关正常情况下，应该是变频器毁坏，应更换。

如果输入端有电压，按动相应的按钮开关，开关输出端有电压，电动机仍然不能正常工作或不能调速，应该是电动机毁坏，应更换或维修电动机。

四、单相220V进三相220V输出变频器用于380V电动机启动运行控制电路

1. 电路原理图与工作原理

单相220V进三相220V输出变频器用于380V电动机启动运行控制电路原理图如图7-7所示（注意：不同变频器的辅助功能、设置方式及更多接线方式需要查看使用说明书）。

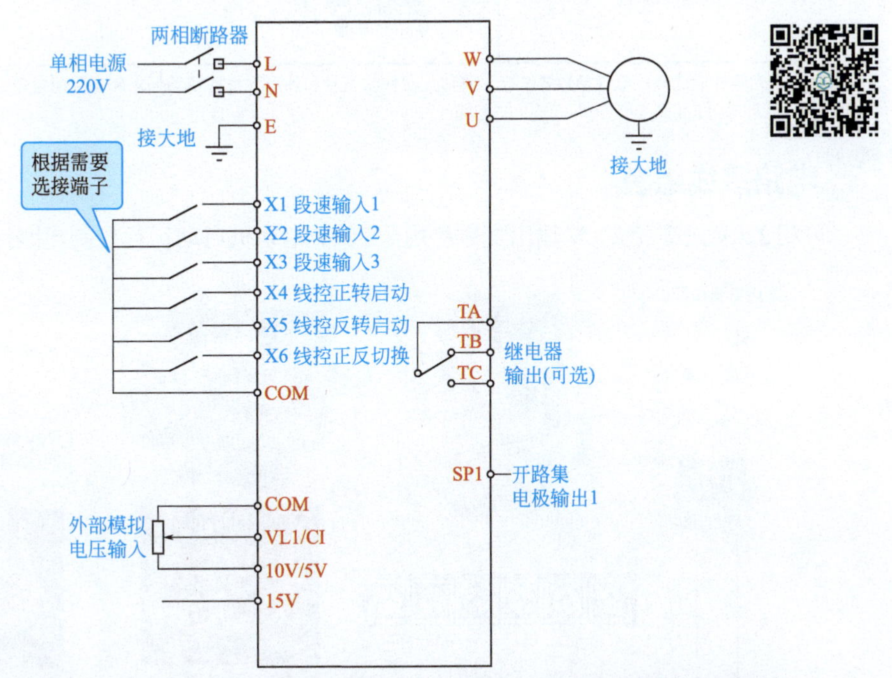

图7-7　单相220V进三相220V输出变频器用于380V电动机启动运行控制电路原理图

220V进三相220V输出的变频器，接三相电动机的接线电路，所有的端子是根据需要来配定的，220V电动机上一般标有星角接，使用的是380V和220V的标识。当使用220V进三相220V输出的时候，需要将电动机接成220V的接法，接成角接。一般情况下，小功率三相电动机使用星接就为380V，角接为220V。当U1、V1、W1接相线输入，W2、U2、V2相接在一起形成中心点的时候，为星形接法。输入电压应该是两个绕组的电压之和，为380V。如果要接入220V变频器，应该变成角接，U1接W2、V1接U2、W1接V2，这样形成一个角接，内部组成三角形，此时输入的是一个绕组承受一相电压，这样承受的电压是220V。

2. 电气控制部件与作用

控制线路所选元器件作用表如表7-5所示。

表7-5 电路所选元器件作用表

名称	符号	元器件外形	元器件作用
断路器	QF		主回路过流保护
变频器	BP f_1 f_2		应用变频技术与微电子技术，通过改变电动机工作电源频率方式来控制交流电动机
电动机	M M 3～		拖动、运行

注：对于元器件的选择，电气参数要符合，具体元器件的型号和外形要根据现场要求和实际配电箱结构选择。

3. 电路接线组装

单相220V进三相220V输出变频器用于380V电动机启动运行控制电路接线如图7-8所示。

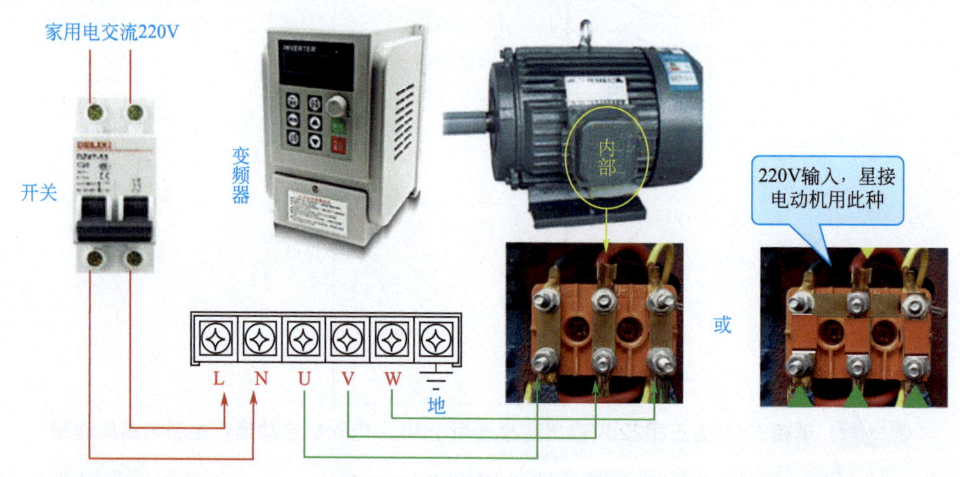

图7-8 单相220V进三相220V输出变频器用于380V电动机启动运行控制电路接线

4. 电路调试与检修

一般情况下，单相输入三相输出的变频器所带电动机功率较小，如果电动机上直接标出220V输入，则电动机输入线直接接变频器输出端子即可，如单相输入三相220V输出，380V星形接法需改220V三角形接法，否则电动机运行时无力，甚至带载时有停转现象。

知识拓展：电动机星形联结与三角形联结

电动机铭牌上会标有Y/△，说明电动机可以有两种接法，但工作电压不同。

（1）星形联结

指所有的相具有一个共同的节点的联结。用符号“Y”表示，如图7-9所示。

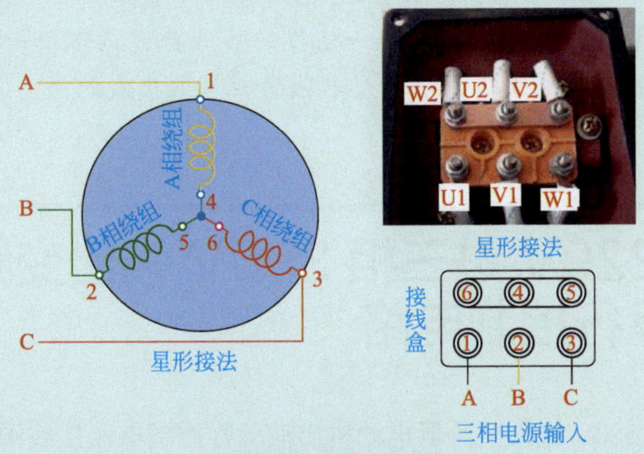

图7-9 星形联结

（2）三角形联结

指三相连接成一个三角形的联结，其各边的顺序即各相的顺序。三相异步电动机绕组的三角形联结用符号“△”表示，如图7-10所示。

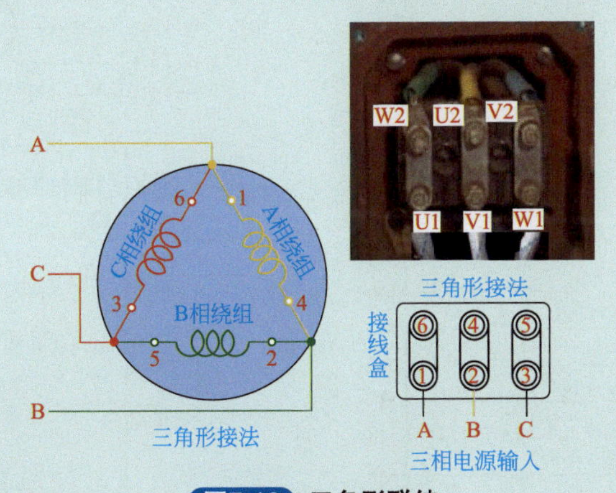

图7-10 三角形联结

（3）两种接法电压值

可以看出，三角形接法时线电压等于相电压，线电流等于相电流的约1.73倍；电动机星形接法时线电压等于相电压的约1.73倍，线电流等于相电流。

（4）两种接法比较

三角形接法：有助于提高电动机功率，但启动电流大，绕组承受电压大，增大了绝缘等级。

星形接法：有助于降低绕组承受电压，降低绝缘等级，降低启动电流，但电动机功率减小。

在我国，一般 3 ~ 4kW 以下较小电动机都规定接成星形，较大电动机都规定接成三角形。当较大功率电动机轻载启动时，可采用Y-△降压启动（启动时接成星形，运行时换接成三角形），好处是启动电流可以降低到 1/3。

注意：某些电动机接线盒内直接引出三根线，又没有铭牌时，说明其内部已经连接好，引出线是接电源输入线的，遇到此种电动机接变频器时一定要拆开电动机，看一下内部接线是Y还是△（一般引出线接一根线的接线头，内部有一节点接线为三根的为Y，引出线接两根线的接线头，内部无单独的一节点接线的为△），再接入变频器。

五、单相 220V 进三相 380V 输出变频器电动机启动运行控制电路

单相 220V 进三相 380V 输出变频器电动机启动运行控制电路接线图如图 7-11 所示（提示：不同变频器的辅助功能、设置方式及更多接线方式需要查看使用说明书）。

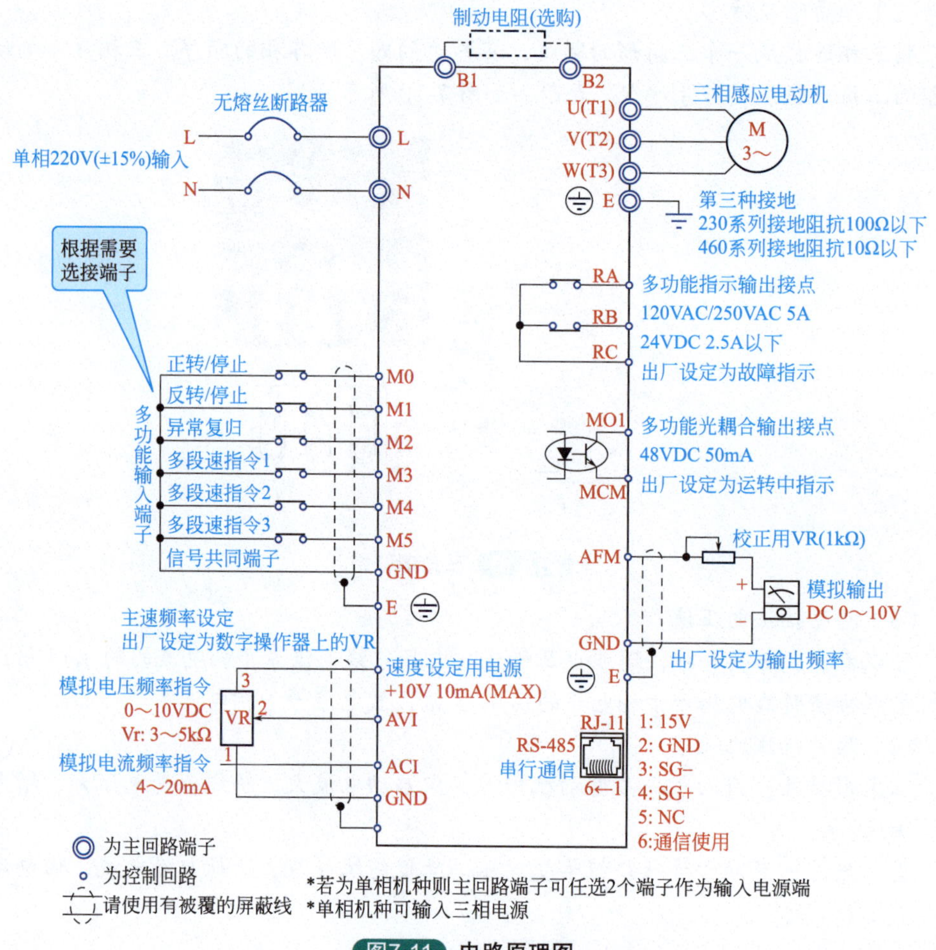

图7-11 电路原理图

输出是380V，因此可直接在输出端接电动机，对于电动机来说，单相变三相380V多为小型电动机，直接使用星形接法即可。

单相220V进三相380V输出变频器电动机启动运行控制电路实际接线图如图7-12所示。

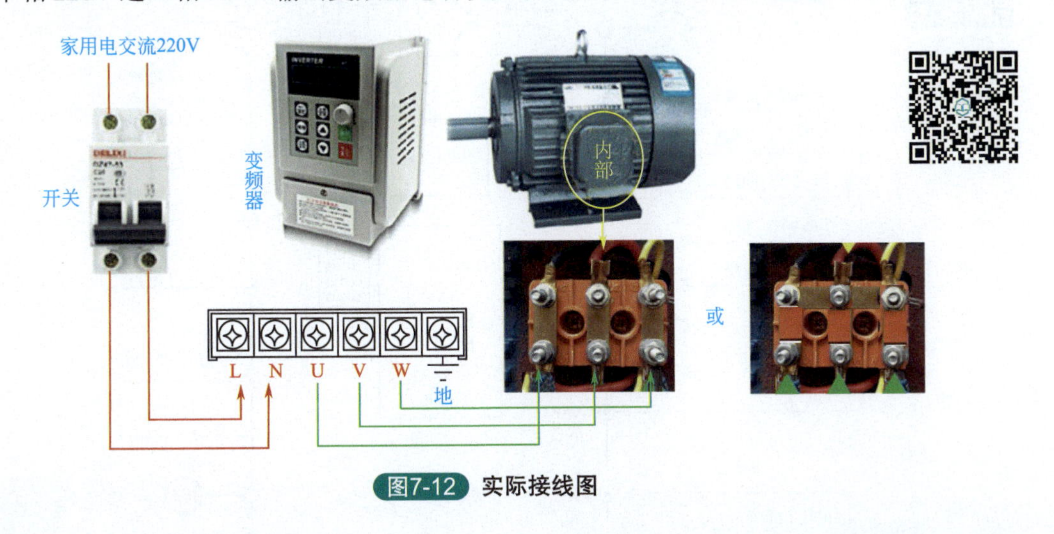

图7-12 实际接线图

六、三相380V进380V输出变频器电动机启动控制电路

1. 电路原理图与工作原理

三相380V进380V输出变频器电动机启动控制电路原理图如图7-13所示（注意：不同变频器的辅助功能、设置方式及更多接线方式需要查看使用说明书）。

这是一套380V输入和380V输出的变频器电路，相对应的端子选择是根据所需要外加的开关完成的，如果电动机只需要正转启停，只需要一个开关就可以了，如果需要正反转启停，需要接两个端子、两个开关。需要远程调速时需要外接电位器，如果在面板上可以实现调速，就不需要接外接电位器。外配电路是根据功能接入的，一般情况下使用时，这些元器件可以不接，只要把电动机正确接入U、V、W就可以了。

主电路输入端子R、S、T接三相电的输入，U、V、W三相电的输出接电动机，一般在设备中接制动电阻，需要制动电阻卸放掉电能，电动机就可以停转。

2. 电气控制部件与作用

控制线路所选元器件作用表如表7-6所示。

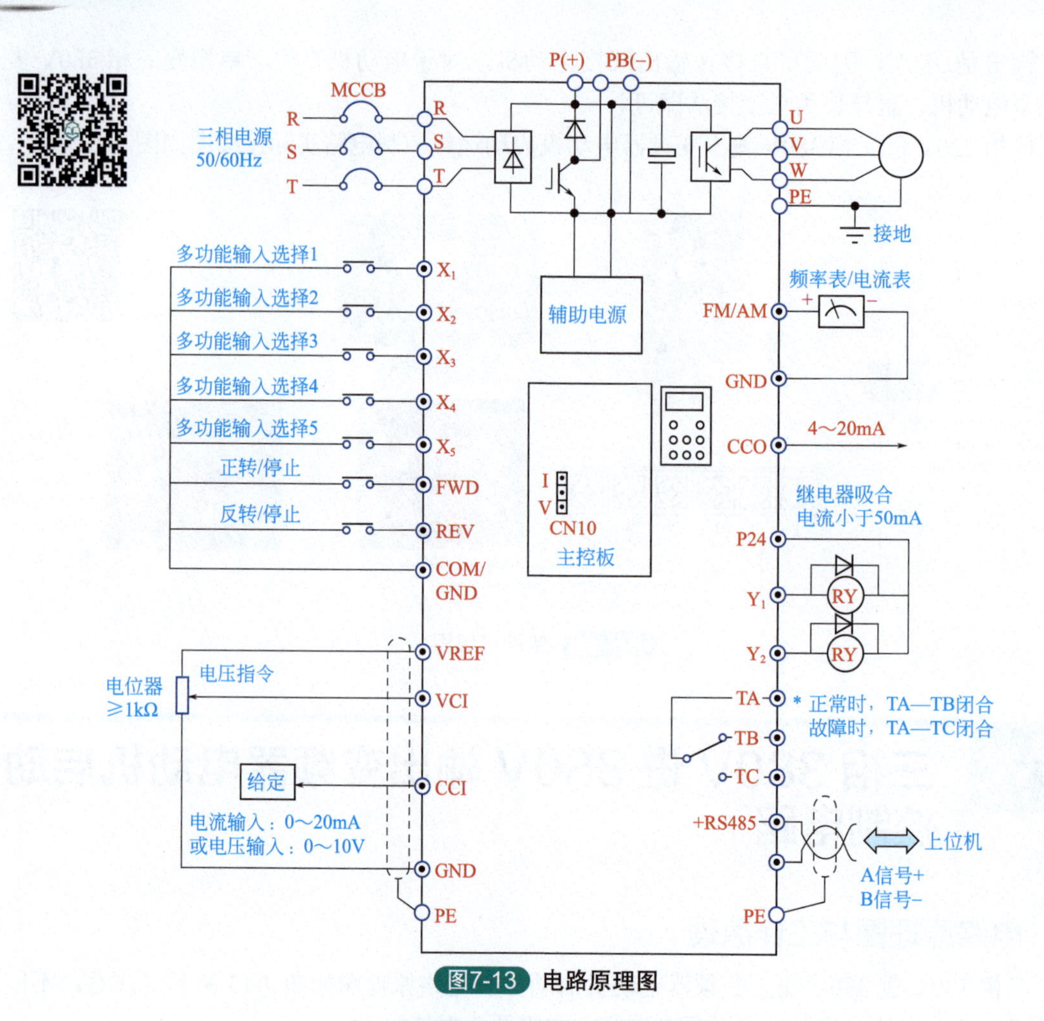

图7-13 电路原理图

表7-6 电路所选元器件作用表

名称	符号	元器件外形	元器件作用
断路器	QF		主回路过流保护
变频器	BP		应用变频技术与微电子技术，通过改变电动机工作电源频率方式来控制交流电动机
电动机	M		拖动、运行

注：对于元器件的选择，电气参数要符合，具体元器件的型号和外形要根据现场要求和实际配电箱结构选择。

3. 电路接线组装

三相 380V 进 380V 输出变频器电动机启动控制电路实际组装接线图如图 7-14 所示。

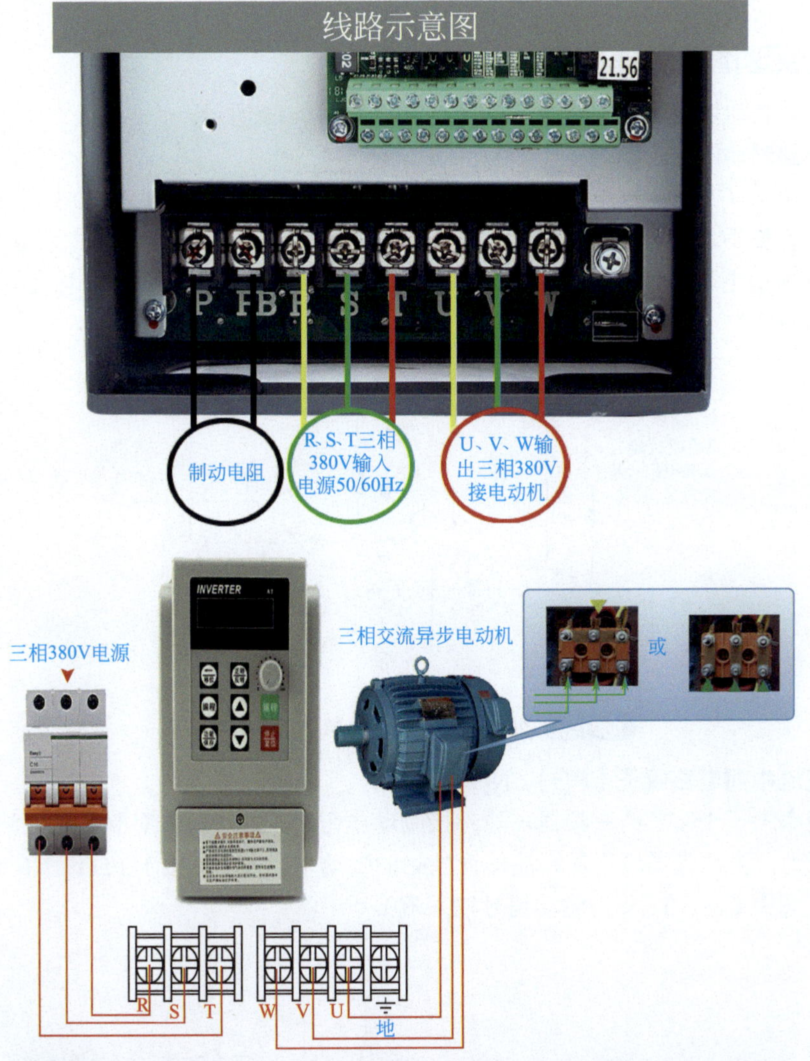

图7-14 三相380V进380V输出变频器电动机启动控制电路实际组装接线图

4. 电路调试与检修

接好电路后，由三相电接入空开，接入变频器的接线端子，通过内部变频正确的参数设定，由输出端子输出接到电动机。当此电路不能工作时，应检查空开的下端是否有电，变频器的输入端、输出端是否有电，当检查输出端有电时，电动机不能按照正常设定运转，应该通过调整这些输出按钮开关进行测量，因为不按照正确的参数设定，这个端子可能没有对应功能控制输出，这是应该注意的。如果输出端子有输出，电动机不能正常旋转，说明电动机出现故障，应更换或维修电动机。如果变频器输入电压显示正常，通过正确的参数设定或不能设定的参数，输出端没有输出，说明变频器毁坏，应该更换或维修变频器。

七、带有自动制动功能的变频器电动机控制电路

1. 电路原理图与工作原理

带有自动制动功能的变频器电动机控制电路如图 7-15 所示。

（1）外部制动电阻连接端子［P(+)、DB］

一般小功率（7.5kW 以下）变频器内置制动电阻，且连接于 P(+)、DB 端子上，如果内置制动电流容量不足或要提高制动力矩，则可外接制动电阻。连接时，先从 P(+)、DB 端子上卸下内置制动电阻的连接线，并对其线端进行绝缘，然后将外部制动电阻接到 P(+)、DB 端子上，如图 7-15 所示。

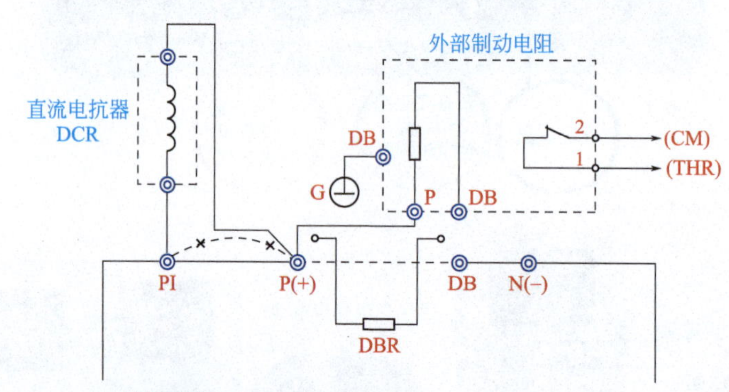

图7-15 外部制动电阻的连接（7.5kW以下）

（2）直流中间电路端子［P(+)、N(−)］

对于功率大于 15kW 的变频器，除外接制动电阻 DB 外，还需对制动特性进行控制，以提高制动能力，方法是增设用功率晶体管控制的制动单元 BU 连接于 P(+)、N(−) 端子，如图 7-16 所示（图中 CM、THR 为驱动信号输入端）。

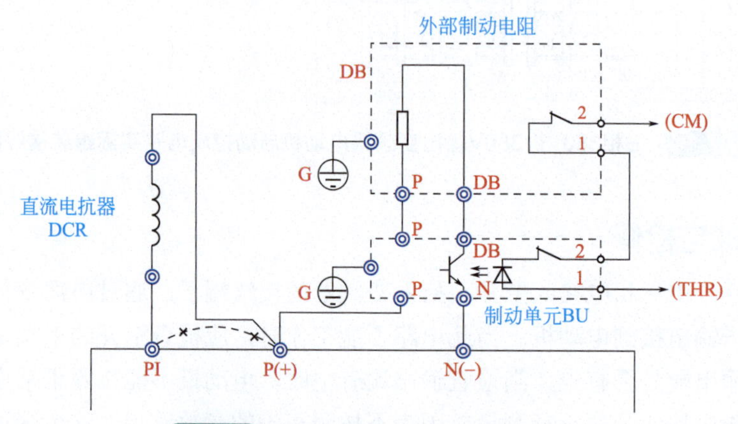

图7-16 直流电抗器和制动单元连接图

2. 电气控制部件与作用

控制线路所选元器件作用表如表 7-7 所示。

表7-7　电路所选元器件作用表

名称	符号	元器件外形	元器件作用
断路器	QF		主回路过流保护
变频器	BP f_1 f_2		应用变频技术与微电子技术，通过改变电动机工作电源频率方式来控制交流电动机
制动电阻	DB		用于变频器控制电动机快速停车的机械系统中，将电动机因快速停车所产生的再生电能转化为热能
电动机	M　M 3～		拖动、运行

注：对于元器件的选择，电气参数要符合，具体元器件的型号和外形要根据现场要求和实际配电箱结构选择。

3. 电路接线组装

带有自动制动功能的变频器电动机控制电路实际接线如图7-17所示。

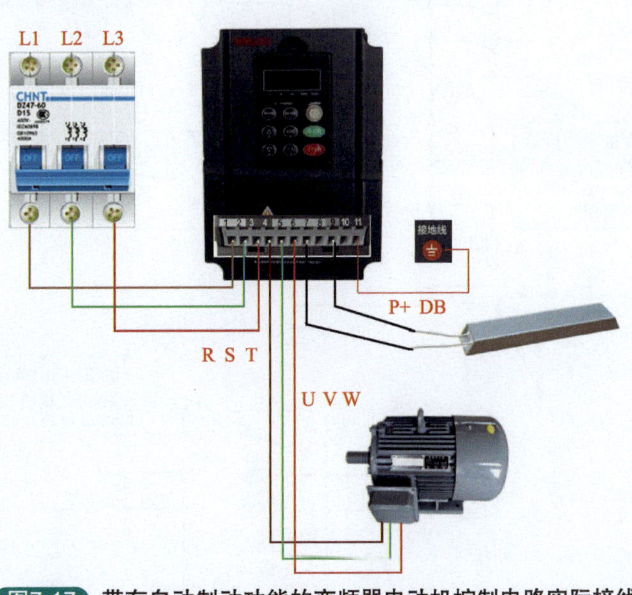

图7-17　带有自动制动功能的变频器电动机控制电路实际接线

4. 电路调试与检修

如果电动机不能制动，大多是制动电阻毁坏，当电动机不能制动，在检修时，应先设定它的参数，看参数设定是否正确，只有电动机的参数设定正确，不能制动，才能说明制动电阻出现故障。如果检测以后制动电阻没有故障，多是变频器毁坏，应该更换或维修变频器。

八、用开关控制的变频器电动机正转控制电路

1. 电路原理图与工作原理

开关控制式正转控制电路如图 7-18 所示，它依靠手动操作变频器 STF 端子外接开关 SA，来对电动机进行正转控制。

电路工作原理说明如下：

① 启动准备。按动按钮开关 SB2 →交流接触器 KM 线圈得电→ KM 常开辅助触点和主触点均闭合→ KM 常开辅助触点闭合锁定 KM 线圈得电（自锁），KM 主触点闭合为变频器接通主电源。

提示：使用启动准备电路及使用异常保护时，需拆除原机 RS 接线，将 R1/S1 与相线接通，供保护后查看数据报警用，如不需要则不用拆除跳线，使用漏电保安器或空开直接供电即可。

② 正转控制。按动变频器 STF 端子外接开关 SA，STF、SD 端子接通，相当于 STF 端

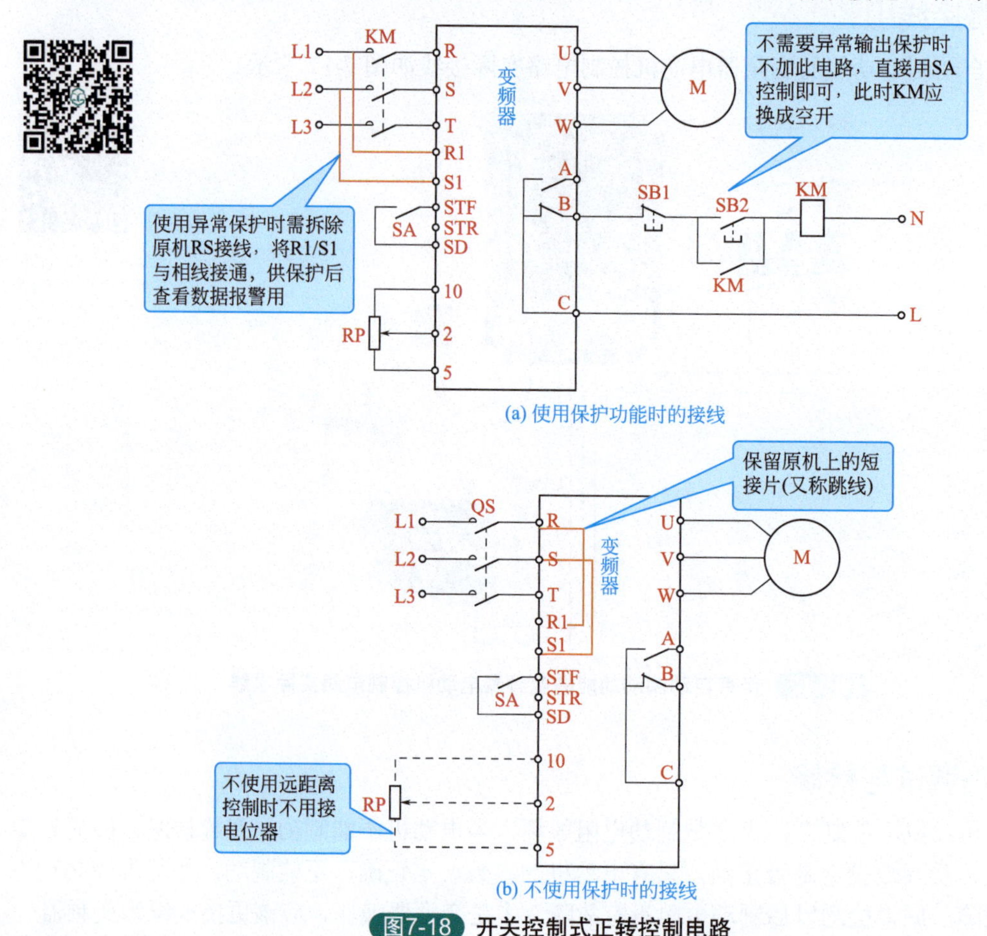

(a) 使用保护功能时的接线

(b) 不使用保护时的接线

图7-18 开关控制式正转控制电路

子输入正转控制信号，变频器U、V、W端子输出正转电源电压，驱动电动机正向运转。调节端子10、2、5外接电位器RP，变频器输出电源频率会发生改变，电动机转速也随之变化。

③ 变频器异常保护。若变频器运行期间出现异常或故障，变频器B、C端子间内部等效的常闭开关断开，交流接触器KM线圈失电，KM主触点断开，切断变频器输入电源，对变频器进行保护。

④ 停转控制。在变频器正常工作时，将开关SA断开，STF、SD端子断开，变频器停止输出电源，电动机停转。

若要切断变频器输入主电源，可按动按钮开关SB1，交流接触器KM线圈失电，KM主触点断开，变频器输入电源被切断。

R1/S1为控制回路电源，一般内部用连接片与R/S端子相连接，不需要外接线，只有在需要变频器主回路断电（KM断开）、变频器显示异常状态或实现其他特殊功能时，才将R1/S1连接片与R/S端子拆开，用引线接到输入电源端。

知识拓展：变频器跳闸保护电路

在注意事项中，提到只有在需要变频器主回路断电（KM断开）、变频器显示异常状态或实现其他特殊功能时才将R1/S1连接片与R/S端子拆开，用引线接到输入电源端。实际在变频调速系统运行过程中，如果变频器或负载突然出现故障，可以利用外部电路实现报警。需要注意的是，报警的参数设定，需要参看使用说明书。

变频器跳闸保护是指在变频器工作出现异常时切断电源，保护变频器不被损坏。图7-19所示是一种常见的变频器跳闸保护电路。变频器A、B、C端子为异常输出端，A、C之间相当于一个常开开关，B、C之间相当于一个常闭开关，在变频器工作出现异常时，A、C接通，B、C断开。

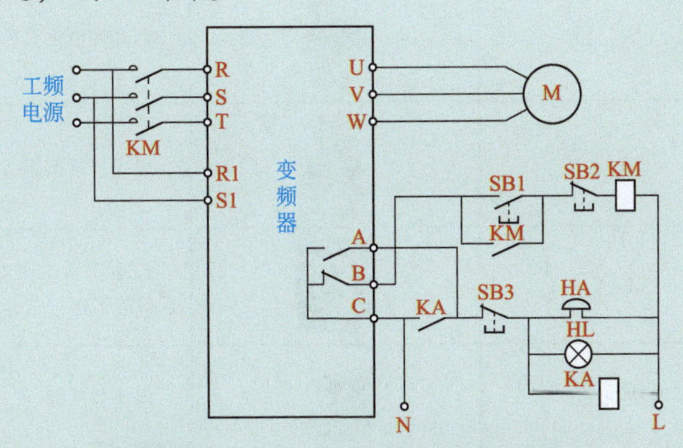

图7-19 一种常见的变频器跳闸保护电路

电路工作过程说明如下：

① 供电控制　按动按钮开关SB1，交流接触器KM线圈得电，KM主触点闭合，工频电源经KM主触点为变频器提供电源，同时KM常开辅助触点闭合，锁定KM线圈供电。按动按钮开关SB2，交流接触器KM线圈失电，KM主触点断开，切断变频器电源。

② 异常跳闸保护　若变频器在运行过程中出现异常，A、C之间闭合，B、C之间断开。B、C之间断开使交流接触器KM线圈失电，KM主触点断开，切断变频器供电；A、C之间闭合使继电器KA线圈得电，KA触点闭合，振铃HA和报警灯HL得电，发出变频器工作异常声光报警。

按动按钮开关SB3，继电器KA线圈失电，KA常开触点断开，HA、HL失电，声光报警停止。

③ 电路故障检修　当此电路出现故障时，主要用万用表检查SB1、SB2、KM线圈及接点是否毁坏，检查KA线圈及其接点是否毁坏，只要外部线圈及接点没有毁坏，就不会跳闸，不能启动时，若参数设定正常，说明变频器毁坏。

2. 电气控制部件与作用

电路所选元器件作用表如表7-8所示。

表7-8 电路所选元器件作用表

名称	符号	元器件外形	元器件作用
断路器	QF		主回路过流保护
变频器	BP f_1 f_2		应用变频技术与微电子技术，通过改变电动机工作电源频率方式来控制交流电动机
按钮开关	SA		启动或停止控制的设备（带自锁）
按钮开关	SB		启动控制的设备
	SB		停止控制的设备
交流接触器	KM		快速切断交流主回路的电源，开启或停止设备的工作
可调电位器	R		用作分压器
制动电阻	DB		用于变频器控制电动机快速停车的机械系统中，将电动机因快速停车所产生的再生电能转化为热能
电动机	M M 3～		拖动、运行

注：对于元器件的选择，电气参数要符合，具体元器件的型号和外形要根据现场要求和实际配电箱结构选择。

3. 电路接线组装

用开关控制的变频器电动机正转控制电路如图 7-20 所示。

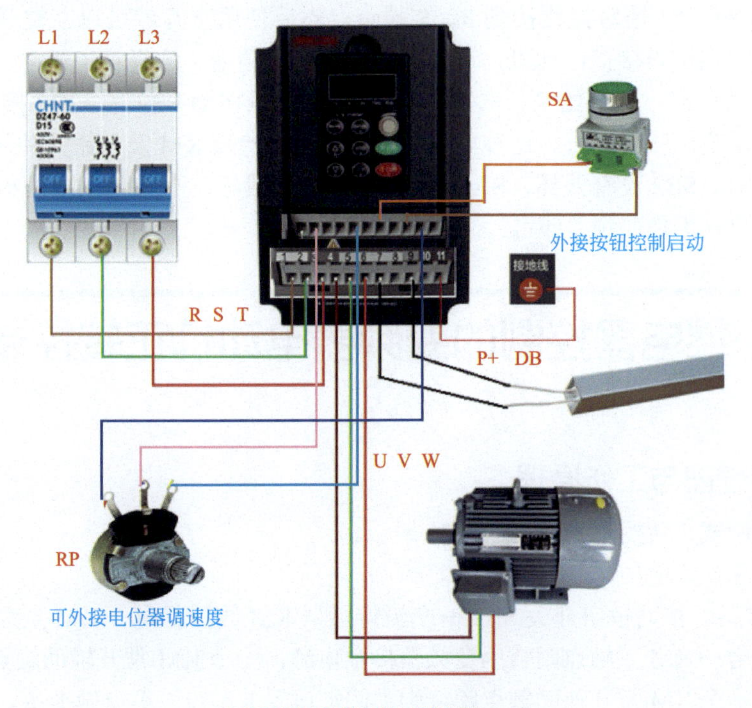

(a) 用开关直接控制的启动电路

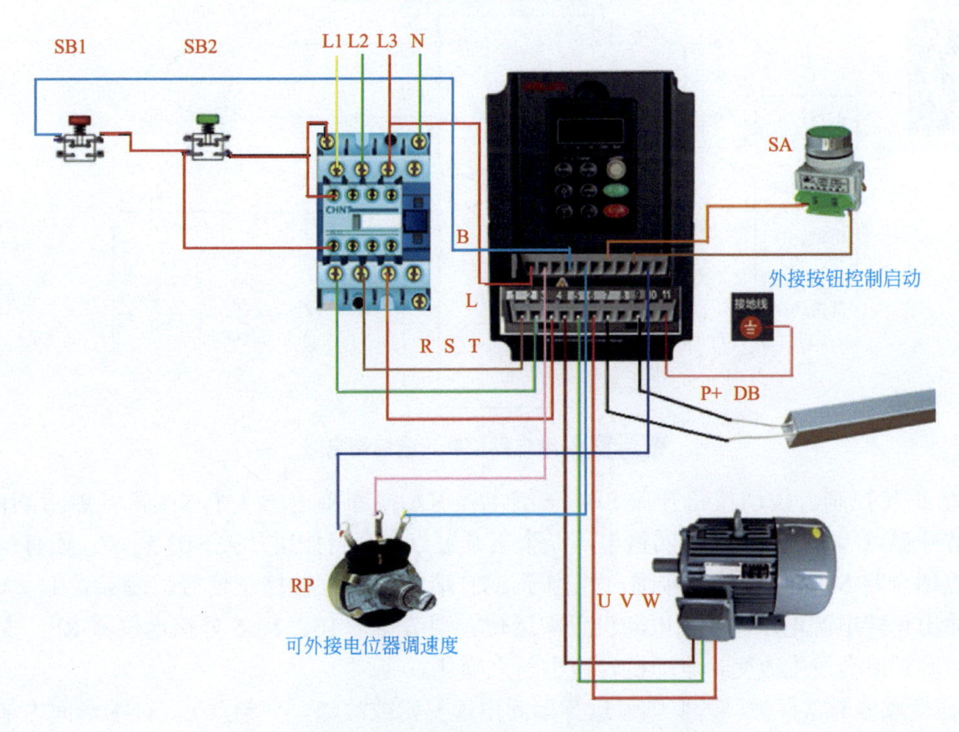

(b) 交流接触器上电控制的开关控制直接启动电路

图7-20 变频器电动机正转控制电路

4. 电路调试检修

用继电器控制电动机的启停控制电路，如果不需要准备上电功能，只是用按钮开关进行控制，可以把 R1、S1 用短接线接到 R、S 端点，然后使用空开就可以，空开电流进来直接接 R、S、T，输出端直接接电动机，可以用面板上的调整器，这样相当简单，在这个电路当中利用上电准备电路，然后给 R、S、T 接通电源，一旦按动 SB2 后，SM 接通，KM 自锁，变频器认为启动输出三相电压。这种电路检修时，直接检查 KM 及按钮开关 SB1、SB2 是否毁坏，如果 SB1、SB2 没有毁坏，SA 按钮开关也没有毁坏，不能驱动电动机旋转的原因是变频器毁坏，直接更换变频器即可。

九、用继电器控制的变频器电动机正转控制电路

1. 电路原理图与工作原理

继电器控制式正转控制电路如图 7-21 所示。

电路工作原理说明如下：

① 启动准备。按动按钮开关 SB2 →交流接触器 KM 线圈得电→ KM 主触点和两个常开辅助触点均闭合→ KM 主触点闭合为变频器接主电源，一个 KM 常开辅助触点闭合锁定 KM 线圈得电，另一个 KM 常开辅助触点闭合为中间继电器 KA 线圈得电做准备。

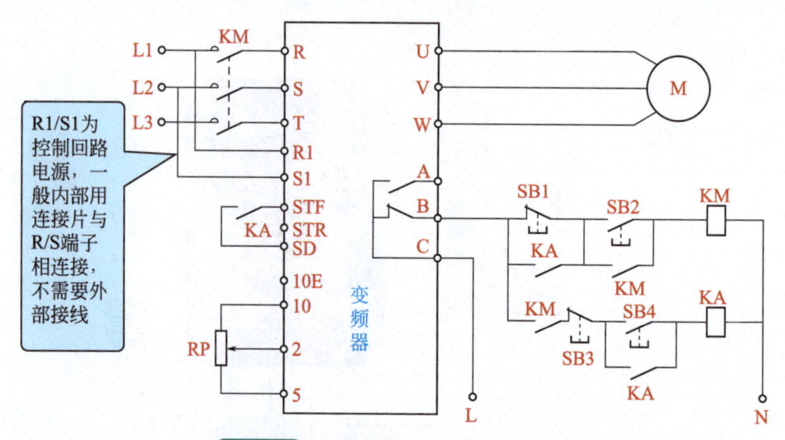

图7-21 继电器控制正转控制电路

② 正转控制。按动按钮开关 SB4 →继电器 KA 线圈得电→ 3 个 KA 常开触点均闭合，一个常开触点闭合锁定 KA 线圈得电，一个常开触点闭合将按钮开关 SB1 短接，还有一个常开触点闭合将 STF、SD 端子接通，相当于 STF 端子输入正转控制信号，变频器 U、V、W 端子输出正转电源电压，驱动电动机正向运转。调节端子 10、2、5 外接电位器 RP，变频器输出电源频率会发生改变，电动机转速也随之变化。

③ 变频器异常保护，若变频器运行期间出现异常或故障，变频器 B、C 端子间内部等效的常闭开关断开，交流接触器 KM 线圈失电，KM 主触点断开，切断变频器输入电源，对变频器进行保护，同时继电器 KA 线圈失电，3 个 KA 常开触点均断开。

④ 停转控制。在变频器正常工作时，按动按钮开关 SB3，KA 线圈失电，KA 的 3 个常开触点均断开，其中一个 KA 常开触点断开使 STF、SD 端子连接切断，变频器停止输出电源，电动机停转。

在变频器运行时，若要切断变频器输入主电源，需先对变频器进行停转控制，再按动按钮开关 SB1，交流接触器 KM 线圈失电，KM 主触点断开，变频器输入电源被切断。如果没有对变频器进行停转控制，而直接去按 SB1，是无法切断变频器输入主电源的，这是因为变频器正常工作时 KA 常开触点已将 SB1 短接，断开 SB1 无效，这样做可以防止在变频器工作时误操作 SB1 切断主电源。

2. 电气控制部件与作用

控制线路所选元器件作用表如表 7-9 所示。

表7-9 电路所选元器件作用表

名称	符号	元器件外形	元器件作用
断路器	QF		主回路过流保护
变频器	BP f_1 f_2		应用变频技术与微电子技术，通过改变电动机工作电源频率方式来控制交流电动机
中间继电器	KA		用于继电保护与自动控制系统中，以增加触点的数量及容量，还用于在控制电路中传递中间信号
按钮开关	SB		启动控制的设备
	SB		停止控制的设备
交流接触器	KM		快速切断交流主回路的电源，开启或停止设备的工作
可调电位器	R		用作分压器
制动电阻	DB		用于变频器控制电动机快速停车的机械系统中，将电动机因快速停车所产生的再生电能转化为热能

续表

名称	符号	元器件外形	元器件作用
电动机	M (M 3～)		拖动、运行

注：对于元器件的选择，电气参数要符合，具体元器件的型号和外形要根据现场要求和实际配电箱结构选择。

3. 电路接线与组装

用继电器控制的变频器电动机正转控制电路如图 7-22 所示。

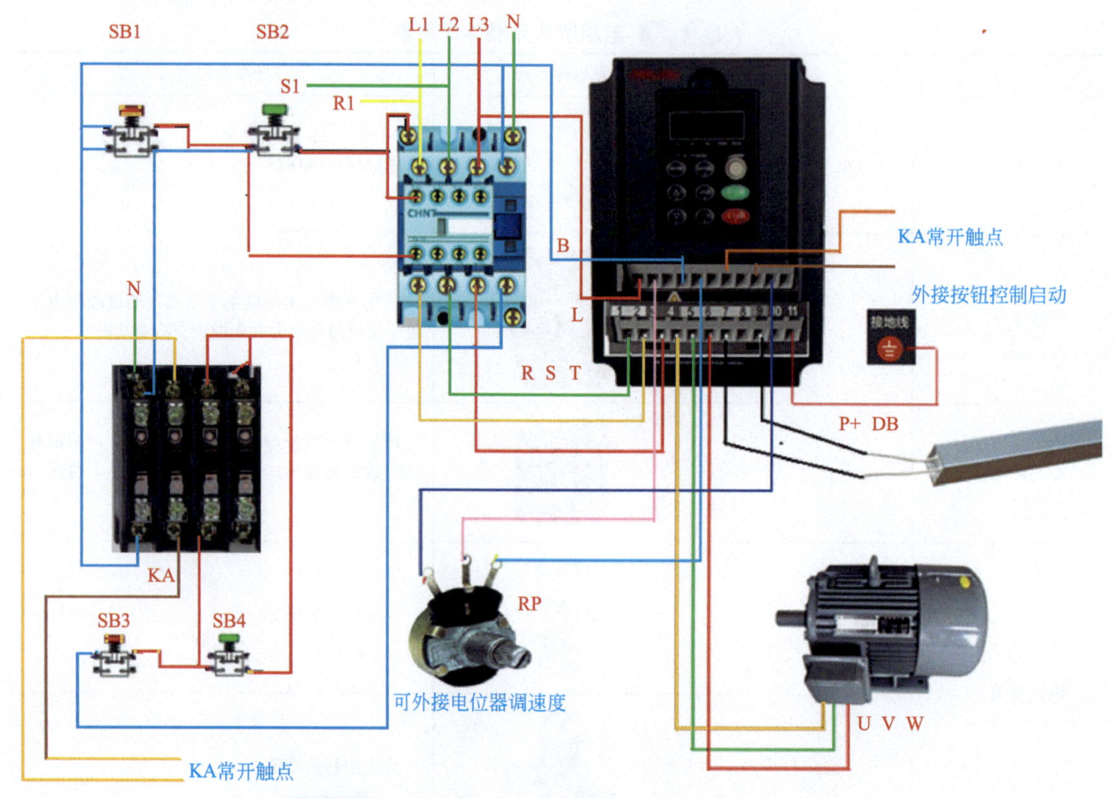

图7-22 用继电器控制的变频器电动机正转控制电路

4. 电路调试检修

当用继电器控制正转出现故障时，用万用表检测 SB1、SB2、SB4、SB3 的好与坏，包括 KM、KA 线圈的好与坏。当这些元器件没有毁坏时，用电压表检测 R、S、T 是否有电压，如果有电压 U、V、W 没有输出，参数设定正常的情况下为变频器毁坏，如果 R、S、T 没有电压，说明输出电路有故障，查找输出电路或更换变频器；而当 U、V、W 有输出电压，电动机不运转时，说明电动机出现故障，应该维修或更换电动机。

十、用开关控制的变频器电动机正反转控制电路

1. 电路原理图与工作原理

开关控制式正反转控制电路如图 7-23 所示，它采用了一个三位开关 SA，SA 有“正转”“停止”和“反转”3 个位置。

电路工作原理说明如下：

① 启动准备。按动按钮开关 SB2 → 交流接触器 KM 线圈得电 → KM 常开辅助触点和主触点均闭合 → KM 常开辅助触点闭合锁定 KM 线圈得电（自锁），KM 主触点闭合为变频器接通主电源。

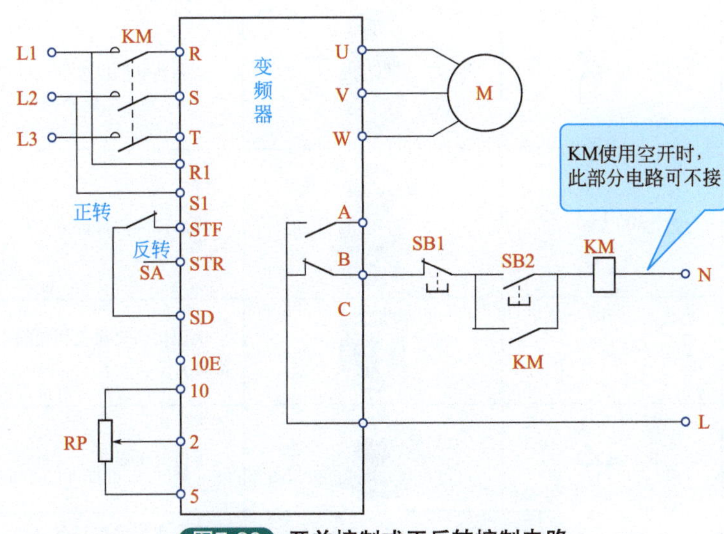

图7-23 开关控制式正反转控制电路

② 正转控制。将开关 SA 拨至“正转”位置，STF、SD 端子接通，相当于 STF 端子输入正转控制信号，变频器 U、V、W 端子输出正转电源电压，驱动电动机正向运转。调节端子 10、2、5 外接电位器 RP，变频器输出电源频率会发生改变，电动机转速也随之变化。

③ 停转控制。将开关 SA 拨至“停转”位置（悬空位置），STF、SD 端子连接切断，变频器停止输出电源，电动机停转。

④ 反转控制。将开关 SA 拨至“反转”位置，STR、SD 端子接通，相当于 STR 端子输入反转控制信号，变频器 U、V、W 端子输出反转电源电压，驱动电动机反向运转。调节电位器 RP，变频器输出电源频率会发生改变，电动机转速也随之变化。

⑤ 变频器异常保护。若变频器运行期间出现异常或故障，变频器 B、S 端子间内部等效的常闭开关断开，交流接触器 KM 线圈断开，切断变频器输入电源，对变频器进行保护。

若要切断变频器输入主电源，需先将开关 SA 拨至“停止”位置，让变频器停止工作，再按动按钮开关 SB1，交流接触器 KM 线圈失电，KM 主触点断开，变频器输入电源被切断。该电路结构简单，缺点是在变频器正常工作时操作 SB1 可切断输入主电源，这样易损坏变频器。

2. 电气控制部件与作用

所选元器件作用表如表 7-10 所示。

表7-10 电路所选元器件作用表

名称	符号	元器件外形	元器件作用
变频器	BP		应用变频技术与微电子技术，通过改变电动机工作电源频率方式来控制交流电动机
钮子开关	SA		交直流电源电路的通断控制
按钮开关	SB		启动控制的设备
	SB		停止控制的设备
交流接触器	KM		快速切断交流主回路的电源，开启或停止设备的工作
可调电位器	R		用作分压器
制动电阻	DB		用于变频器控制电动机快速停车的机械系统中，将电动机因快速停车所产生的再生电能转化为热能
电动机	M		拖动、运行

注：对于元器件的选择，电气参数要符合，具体元器件的型号和外形要根据现场要求和实际配电箱结构选择。

3. 电路接线组装

用开关控制的变频器电动机正反转控制电路接线组装如图 7-24 所示。

4. 电路调试与检修

在检修时，先检测上电准备电路 KM 及其外围开关的好坏，如果均完好，可以检测上电输入端 R、S、T 端电压，再检测 U、V、W 输出端电压，如输入有电压，输出没有电压，参数设定正常，正反转开关良好，说明变频器有故障，可更换变频器。如果 U、V、W 有输出电压，电动机不能正常运转，说明电动机有故障，维修更换电动机。

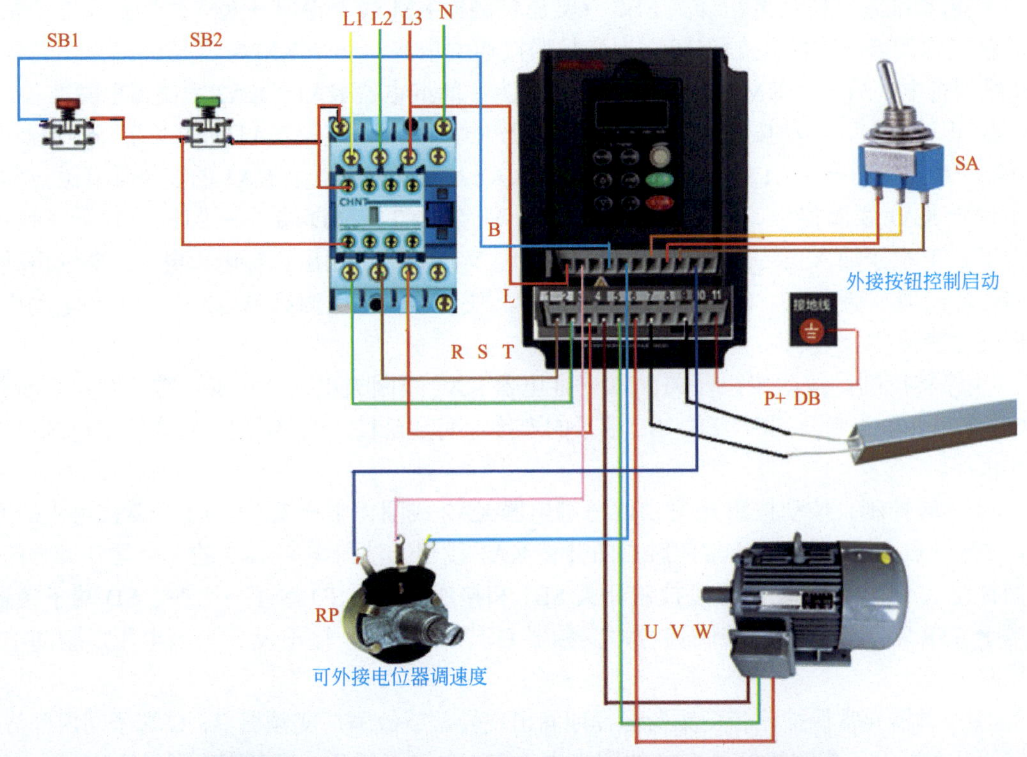

图7-24 用开关控制的变频器电动机正反转控制电路接线组装

十一、用继电器控制变频器电动机正反转控制电路

1. 电路原理图与工作原理

继电器控制式正反转控制电路如图 7-25 所示，该电路采用 KA1、KA2 继电器分别进行正转和反转控制。电路工作原理说明如下：

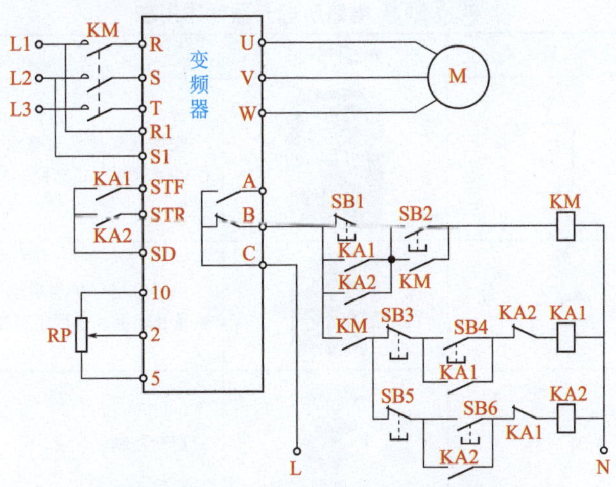

图7-25 继电器控制式正反转控制电路

① 启动准备。按动按钮开关 SB2 →交流接触器 KM 线圈得电→ KM 主触点和 2 个常开辅助触点均闭合→ KM 主触点闭合为变频器接通主电源，一个 KM 常开辅助触点闭合锁定 KM 线圈得电，另一个 KM 常开辅助触点闭合为中间继电器 KA1、KA2 线圈得电做准备。

② 正转控制。按动按钮开关 SB4 →继电器 KA1 线圈得电→ KA1 的 1 个常开触点断开，3 个常开触点闭合→ KA1 的常闭触点断开使 KA2 线圈无法得电，KA1 的 3 个常开触点闭合分别锁定 KA1 线圈得电、短接按钮开关 SB1 和接通 STF、SD 端子→ STF、SD 端子接通，相当于 STF 端子输入正转控制信号，变频器 U、V、W 端子输出正转电源电压，驱动电动机正向运转。调节端子 10、2、5 外接电位器 RP，变频器输出电源频率会发生改变，电动机转速也随之变化。

③ 停转控制。按动按钮开关 SB3 →继电器 KA1 线圈失电→ 3 个 KA 常开触点均断开，其中 1 个常开触点断开切断 STF、SD 端子的连接，变频器 U、V、W 端子停止输出电源电压，电动机停转。

④ 反转控制。按动按钮开关 SB6 →继电器 KA2 线圈得电→ KA2 的 1 个常闭触点断开，3 个常开触点闭合→ KA2 的常闭触点断开使 KA1 线圈无法得电，KA2 的 3 个常开触点闭合分别锁定 KA2 线圈得电、短接按钮开关 SB1 和接通 STR、SD 端子→ STF、SD 端子接通，相当于 STR 端子输入反转控制信号，变频器 U、V、W 端子输出反转电源电压，驱动电动机反向运转。

⑤ 变频器异常保护。若变频器运行期间出现异常或故障，变频器 B、C 端子间内部等效的常闭开关断开，交流接触器 KM 线圈失电，KM 主触点断开，切断变频器输入电源，对变频器进行保护。

若要切断变频器输入主电源，可在变频器停止工作时按动按钮开关 SB1，交流接触器 KM 线圈失电，KM 主触点断开，变频器输入电源被切断。由于在变频器正常工作期间（正转或反转），KA1 或 KA2 常开触点闭合将 SB1 短接，断开 SB1 无效，这样做可以避免在变频器工作时切断主电源。

2. 电气控制部件与作用

控制线路所选元器件作用表如表 7-11 所示。

表7-11 电路所选元器件作用表

名称	符号	元器件外形	元器件作用
变频器	BP f_1 f_2		应用变频技术与微电子技术，通过改变电动机工作电源频率方式来控制交流电动机
中间继电器	KA		用于继电保护与自动控制系统中，以增加触点的数量及容量，还用于在控制电路中传递中间信号
按钮开关	SB E-\		启动控制的设备

续表

名称	符号	元器件外形	元器件作用
按钮开关	SB		停止控制的设备
交流接触器	KM		快速切断交流主回路的电源，开启或停止设备的工作
可调电位器	R		用作分压器
制动电阻	DB		用于变频器控制电动机快速停车的机械系统中，将电动机因快速停车所产生的再生电能转化为热能
电动机	M　M 3～		拖动、运行

注：对于元器件的选择，电气参数要符合，具体元器件的型号和外形要根据现场要求和实际配电箱结构选择。

3. 电路接线组装

继电器控制式变频器正反转控制电路接线组装如图 7-26 所示。

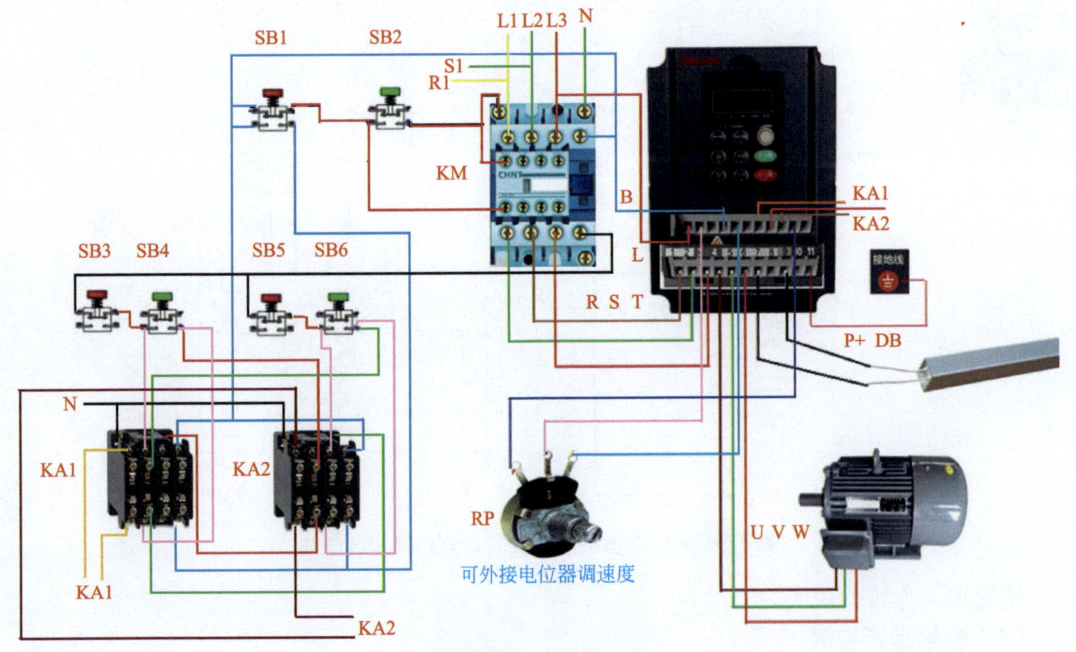

图7-26 电路接线组装

4. 电路调试与检修

KM、SB1、SB2 构成上电准备电路，KA1、KA2、SB4、SB3 构成正转控制电路，KA2、

KA1、SB5、SB6 构成反转控制电路。如果电路出现故障，电动机不能上电，应检查 KM、SB2、SB1 电路是否有毁坏的元件，如果毁坏则进行更换。如果上电正常，不能进行正反转，应检查 KA1、KA2、SB4、SB6、SB3、SB5 电路是否有毁坏元件，如有毁坏应进行更换。如果上述元件均没有毁坏，变频器参数设定正常或参数无法设定的情况下，应该是变频器出现故障，应维修或更换变频器。

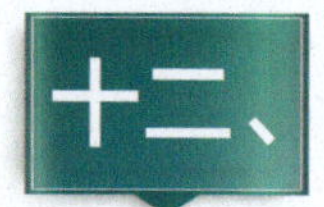

十二、工频与变频切换电路

1. 电路原理图与工作原理

实际在变频调速系统运行过程中，如果变频器或负载突然出现故障，若让负载停止工作可能会造成很大损失。为了解决这个问题，可给变频调速系统增设工频与变频切换功能，在变频器出现故障时自动将工频电源切换给电动机，以让系统继续工作。另外，某些电路中要求启动时用变频工作，而在正常工作时用工频工作，因此可以用工频与变频切换电路完成。还可以利用报警电路配合，在故障时输出报警信号。对于工作模式的参数设定，需要参看使用说明书。

图 7-27 所示是一个典型的工频与变频切换控制电路。该电路在工作前需要先对一些参数进行设置。

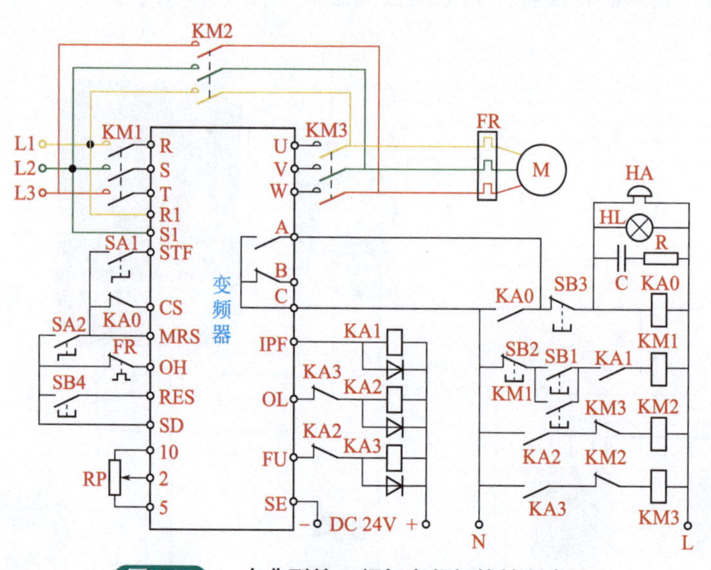

图7-27 一个典型的工频与变频切换控制电路

电路的工作过程说明如下。

（1）变频运行控制

① 启动准备。将开关 SA3 闭合，接通 MRS 端子，允许进行工频变频切换。由于已设置 Pr.135=1 使切换有效，IPE、FU 端子输出低电平，中间继电器 KA1、KA3 线圈得电。KA3 线圈得电→ KA3 常开触点闭合→交流接触器 KM3 线圈得电→ KM3 主触点闭合，KM3 常闭辅助触点断开→ KM3 主触点闭合将电动机与变频器端连接；KM3 常闭辅助触点断开使 KM2

线圈无法得电，实现KM2、KM3之间的互锁（KM2、KM3线圈不能同时得电），电动机无法由变频和工频同时供电。KA1线圈得电→KA1常开触点闭合，为KM1线圈得电做准备→按动按钮开关SB1→KM1线圈得电→KM1主触点、常开辅助触点均闭合→KM1主触点闭合，为变频器供电；KM1常开辅助触点闭合，锁定KM1线圈得电。

② 启动运行。将开关SA1闭合，STF端子输入信号（STF端子经SA1、SA2与SD端子接通），变频器正转启动，调节电位器RP可以对电动机进行调速控制。

（2）变频—工频切换控制

当变频器运行中出现异常，异常输出端子A、C接通，中间继电器KA0线圈得电，KA0常开触点闭合，振铃HA和报警灯HL得电，发出声光报警。与此同时，IPF、FU端子变为高电平，OL端子变为低电平，KA1、KA3线圈失电，KA2线圈得电。KA1、KA3线圈失电→KA1、KA3常开触点断开→KM1、KM3线圈失电→KM1、KM3主触点断开→变频器与电源、电动机断开。KA2线圈得电→KA2常开触点闭合→KM2线圈得电→KM2主触点闭合→工频电源直接提供给电动机（注：KA1、KA3线圈失电与KA2线圈得电并不是同时进行的，有一定的切换时间，它与Pr.136、Pr.137设置有关）。

按动按钮开关SB3可以解除声光报警，按动按钮开关SB4，可以解除变频器的保护输出状态。若电动机在运行时出现过载，与电动机串联的热继电器FR发热元件动作，使FR常闭触点断开，切断OH端子输入，变频器停止输出，对电动机进行保护。

2. 电气控制部件与作用

控制线路所选元器件作用表如表7-12所示。

表7-12 电路所选元器件作用表

名称	符号	元器件外形	元器件作用
变频器	BP f_1 f_2		应用变频技术与微电子技术，通过改变电动机工作电源频率方式来控制交流电动机
中间继电器	KA		用于继电保护与自动控制系统中，以增加触点的数量及容量，还用于在控制电路中传递中间信号
按钮开关	SB		启动控制的设备
	SB		停止控制的设备
声光报警器			为了满足客户对报警响度和安装位置的特殊要求而设置，同时发出声、光两种警报信号
旋钮开关	SA		作用在电气自动控制电路中，用于手动发出控制信号以控制交流接触器、继电器、电磁启动器，变频器、控制器等

续表

名称	符号	元器件外形	元器件作用
热继电器	FR		保护电动机不会因为长时间过载而烧毁
交流接触器	KM		快速切断交流主回路的电源，开启或停止设备的工作
可调电位器	R		用作分压器
制动电阻	DB		主要用于变频器控制电动机快速停车的机械系统中，将电动机因快速停车所产生的再生电能转化为热能
电动机	M $\frac{M}{3\sim}$		拖动、运行

注：对于元器件的选择，电气参数要符合，具体元器件的型号和外形要根据现场要求和实际配电箱结构选择。

3. 电路接线组装

工频与变频切换电路接线组装如图 7-28 所示。

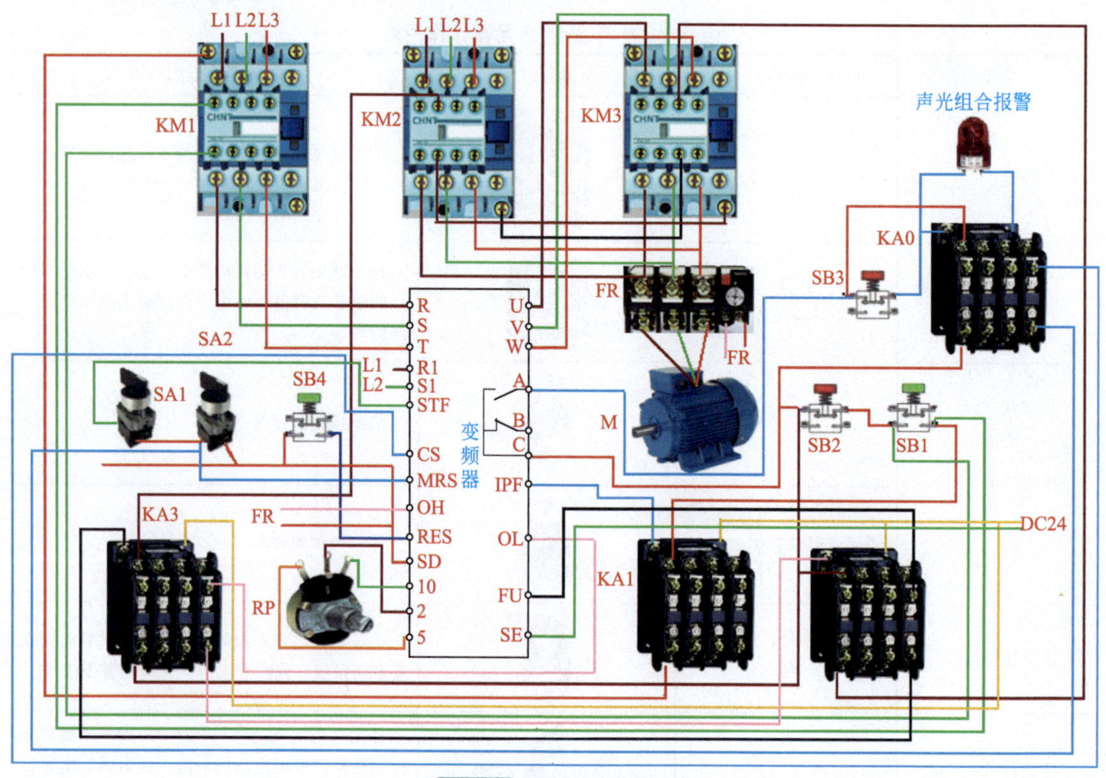

图7-28 电路接线组装

4. 电路调试与检修

当变频器出现故障后，可以把变频切换到工频进行运转，在某些电路当中，需要在正常工作以后切换到工频运转，都可以用这些电路进行控制。当变频器出现故障以后，不能进行上电准备，主要检查 KM1 电路，KM1、KA1 的触点，SB1、SB2 都正常情况下，变频器仍然不能够正常上电，应该是变频器出现故障。如果上电电路正常，不能够进行变频和工频切换，应该检查 KM2、KM3；不能实现报警时，应检查 KA0 报警器和报警灯及其开关 SB3 电路，当上述元件正常，仍不能够正常工作，应代换变频器。

十三、用变频器对电动机实现多挡转速控制电路

1. 电路原理图与工作原理

变频器可以对电动机进行多挡转速驱动。在进行多挡转速控制时，需要对变频器有关参数进行设置，再操作相应端子外接开关。

（1）多挡转速控制端子

变频器的 RH、RM、RL 端子为多挡转速控制端子，RH 为高速挡，RM 为中速挡，RL 为低速挡。RH、RM、RL 这 3 个端子组合可以进行 7 挡转速控制。多挡转速控制如图 7-29 所示。

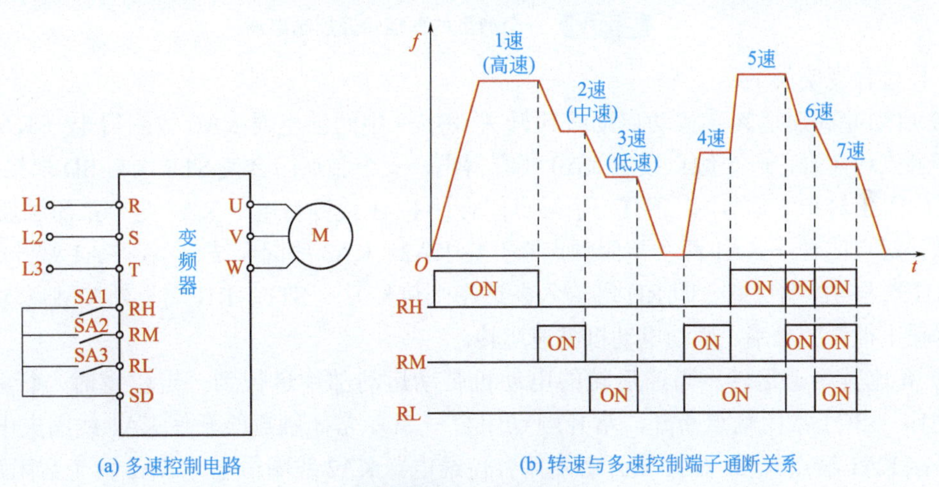

(a) 多速控制电路　(b) 转速与多速控制端子通断关系

图7-29 多挡转速控制

当开关 KA1 闭合时，RH 端与 SD 端接通，相当于给 RH 端输入高速运转指令信号，变频器马上输出很高的频率去驱动电动机，电动机迅速启动并高速运转（1 速）。

当开关 SA2 闭合时（SA1 需断开），RM 端与 SD 端接通，变频器输出频率降低，电动机由高速转为中速运转（2 速）。

当开关 SA3 闭合时（SA1、SA2 需断开），RL 端与 SD 端接通，变频器输出频率进一步降低，电动机由中速转为低速运转（3 速）。

当 SA1、SA2、SA3 均断开时，变频器输出频率变为 0Hz，电动机由低速转为停转。

SA2、SA3 闭合，电动机 4 速运转；SA1、SA3 闭合，电动机 5 速运转；SA1、SA2 闭合，

电动机 6 速运转；SA1、SA2、SA3 闭合，电动机 7 速运转。

图 7-29（b）所示曲线中的斜线表示变频器输出频率由一种频率转变到另一种频率需经历一段时间，在此期间，电动机转速也由一种转速变化到另一种转速；水平线表示输出频率稳定，电动机转速稳定。对于多挡调速的参数设定，需要参看使用说明书。

（2）多挡转速控制电路

图 7-30 所示是一个典型的多挡转速控制电路，它由主电路和控制电路两部分组成。该电路采用了 KA0 ～ KA3 共 4 个中间继电器，其常开触点接在变频器的多挡转速控制输入端，电路还用了 SQ1 ～ SQ3 这 3 个行程开关来检测运动部件的位置并进行转速切换控制。此电路在运行前需要进行多挡控制参数的设置。

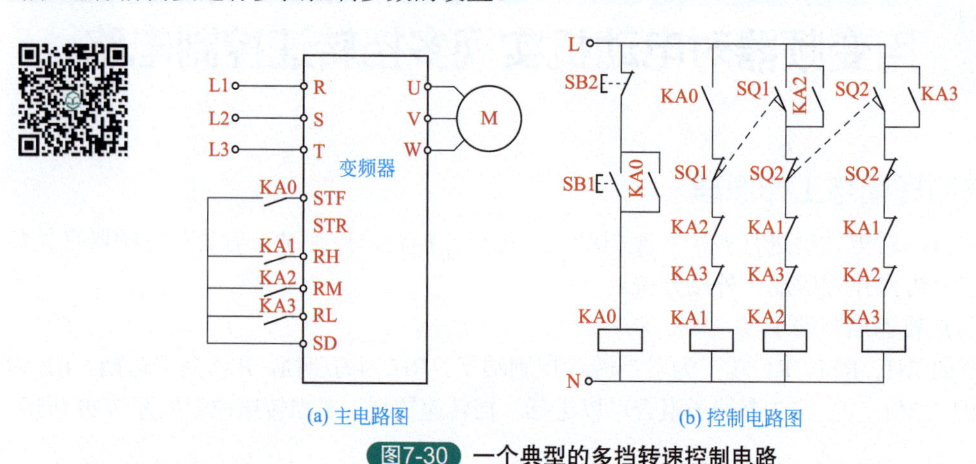

(a) 主电路图　(b) 控制电路图

图7-30 一个典型的多挡转速控制电路

工作过程说明如下：

① 启动并高速运转。按动启动按钮开关 SB1 →中间继电器 KA0 线圈得电→ KA0 的 3 个常开触点均闭合，一个触点锁定 KA0 线圈得电，一个触点闭合使 STF 端与 SD 端接通（即 STF 端输入正转指令信号），还有一个触点闭合使 KA1 线圈得电→ KA1 两个常闭触点断开，一个常开触点闭合→ KA1 两个常闭触点断开使 KA2、KA3 线圈无法得电，KA1 常开触点闭合将 RH 端与 SD 端接通（即 RH 端输入高速指令信号）→ STF、RH 端子外接触点均闭合，变频器输出很高的频率，驱动电动机高速运转。

② 高速转中速运转。高速运转的电动机带动运动部件运行到一定位置时，行程开关 QS1 动作→ SQ1 常闭触点断开，常开触点闭合→ SQ1 常闭触点断开使 KA1 线圈失电，RH 端子外接 KA1 触点断开，SQ1 常开触点闭合使继电器 KA2 线圈得电→ KA2 两个常闭触点断开，两个常开触点闭合→ KA2 两个常闭触点断开分别使 KA1、KA3 线圈无法得电；KA2 两个常开触点闭合，一个触点闭合锁定 KA2 线圈得电，另一个触点闭合使 KM 端与 SD 端接通（即 RM 端输入中速指令信号）→变频器输出频率由高变低，电动机由高速转为中速运转。

③ 中速转低速运转。中速运转的电动机带动运动部件运行到一定位置时，行程开关 SQ2 动作→ SQ2 常闭触点断开，常开触点闭合→ SQ2 常闭触点断开使 KA2 线圈失电，RM 端子外接 KA2 触点断开，SQ2 常开触点闭合使继电器 KA3 线圈得电→ KA3 两个常闭触点断开，两个常开触点闭合→ KA3 两个常闭触点断开分别使 KA1、KA2 线圈无法得电；KA3 两个常开触点闭合，一个触点闭合锁定 KA3 线圈得电，另一个触点闭合使 RL 端与 SD 端接通（即 RL 端输入低速指令信号）→变频器输出频率进一步降低，电动机由中速转为低速运转。

④ 低速转为停转。低速转的电动机带动运动部件运行到一定位置时，行程开关 SQ3 动作→断电器 KA3 线圈失电→ RL 端与 SD 端之间的 KA3 常开触点断开→变频器输出频率降为 0Hz，电动机由低速转为停止。按动按钮开关 SB2 → KA0 线圈失电→ STF 端子外接 KA0 常开触点断开，切断 STF 端子的输入。

2. 电气控制部件与作用

控制线路所选元器件作用表如表 7-13 所示。

表7-13 电路所选元器件作用表

名称	符号	元器件外形	元器件作用
断路器	QF		主回路过流保护
变频器	BP		应用变频技术与微电子技术，通过改变电动机工作电源频率方式来控制交流电动机
中间继电器	KA		用于继电保护与自动控制系统中，以增加触点的数量及容量，还用于在控制电路中传递中间信号
按钮开关	SB		启动控制的设备
	SB		停止控制的设备
行程开关	SQ		当装于生产机械运动部件上的模块撞击行程开关时，行程开关的触点动作，实现电路的切换
电动机	M		拖动、运行

注：对于元器件的选择，电气参数要符合，具体元器件的型号和外形要根据现场要求和实际配电箱结构选择。

3. 电路接线组装

变频器对电动机实现多挡转速控制电路接线组装如图 7-31 所示。

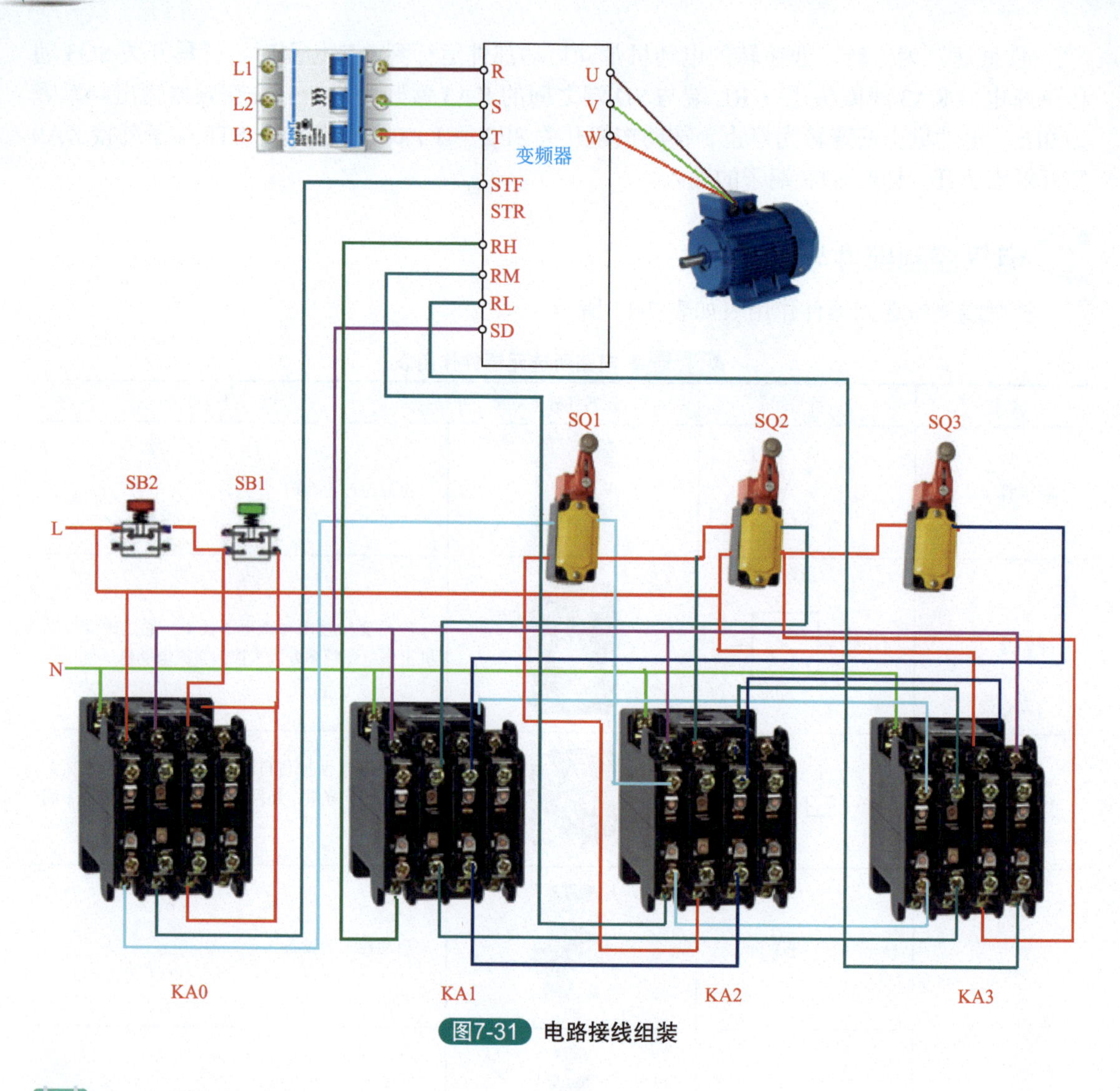

图7-31 电路接线组装

4. 电路调试与检修

变频器上有多挡调速，在实际应用中是继电器进行控制的。在电路中利用了行程开关进行控制，若电路不能够实现到位多挡调速，应检查 SQ1、SQ2、SQ3 行程开关，如果毁坏应进行更换，如果外围元件完好，故障是变频器毁坏，应维修或更换变频器。

十四、变频器的 PID 控制电路

1. 电路原理图与工作原理

在工程实际中应用最为广泛的调节器控制规律为比例－积分－微分控制，简称 PID 控制，又称 PID 调节。实际中也有 PI 和 PD 控制。PID 控制器就是根据系统的误差，利用比例、积分、微分计算出控制量进行控制的。

（1）PID 控制原理

PID 控制是一种闭环控制。下面以图 7-32 所示的恒压供水系统来说明 PID 控制原理。

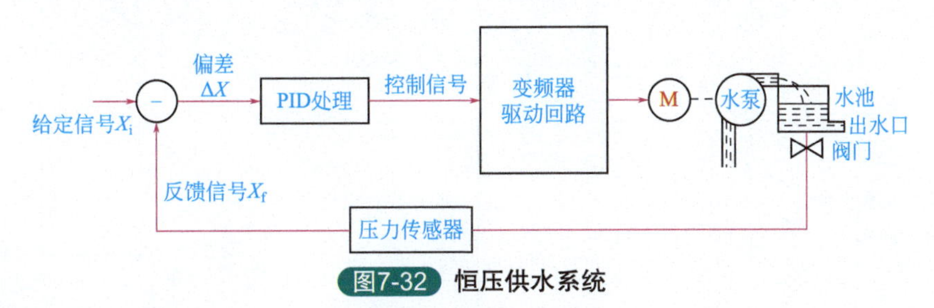

图7-32 恒压供水系统

电动机驱动水泵将水抽入水池，水池中的水除了经出水口提供用水外，还经阀门送到压力传感器，传感器将水压大小转换成相应的电信号 X_i，X_f 反馈到比较器与给定信号 X_i 进行比较，得到偏差信号 ΔX（$\Delta X=X_i-X_f$）。

若 $\Delta X>0$，表明水压小于给定值，偏差信号经 PID 处理得到控制信号，控制变频器驱动回路，使之输出频率上升，电动机转速加快，水泵抽水量增多，水压增大。

若 $\Delta X<0$，表明水压大于给定值，偏差信号经 PID 处理得到控制信号，控制变频器驱动回路，使之输出频率下降，电动机转速变慢，水泵抽水量减少，水压下降。

若 $\Delta X=0$，表明水压等于给定值，偏差信号经 PID 处理得到控制信号，控制变频器驱动回路，使之频率不变，电动机转速不变，水泵抽水量不变，水压不变。

控制回路的滞后性，会使水压值总与给定值有偏差。例如，当用水量增多、水压下降时，电路需要对有关信号进行处理，再控制电动机转速变快，提高水泵抽水量，从压力传感器检测到水压下降到控制电动机转速加快，提高抽水量，恢复水压需要一定时间，通过提高电动机转速恢复水压后，系统又要将电动机转速调回正常值，这也需要一定时间，在这段回调时间内水泵抽水量会偏多，导致水压又增大，又需进行反馈。这样的结果是水池水压会在给定值上下波动（振荡），即水压不稳定。

采用 PID 处理可以有效减小控制环路滞后和过调问题（无法彻底消除）。PID 包括 P 处理、I 处理和 D 处理。P（比例）处理是将偏差信号 ΔX 按比例放大，提高控制的灵敏度；I（积分）处理是对偏差信号进行积分处理，缓解 P 处理比例放大量过大引起的超调和振荡；D（微分）是对偏差信号进行微分处理，以提高控制的迅速性。对于 PID 的参数设定，需要参看使用说明书。

（2）典型控制电路

图 7-33 所示是一种典型的 PID 控制应用电路。在进行 PID 控制时，先要接好线路，然后设置 PID 控制参数，再设置端子功能参数，最后操作运行。

① PID 控制参数设置（不同变频器设置不同，以下设置仅供参考）。图 7-14 所示电路的 PID 控制参数设置见表 7-14。

② 端子功能参数设置（不同变频器设置不同，以下设置仅供参考）。PID 控制时需要通过设置有关参数定义某些端子功能。端子功能参数设置见表 7-15。

③ 操作运行（不同变频器设置不同，以下设置仅供参考）：

a. 设置外部操作模式。设定 Pr.79=2，面板“EXT”指示灯亮，指示当前为外部操作模式。

b. 启动 PID 控制。将 AU 端子外接开关闭合，选择端子 4 电流输入有效，将 RT 端子外接开关闭合，启动 PID 控制；将 STF 端子外接开关闭合，启动电动机正转。

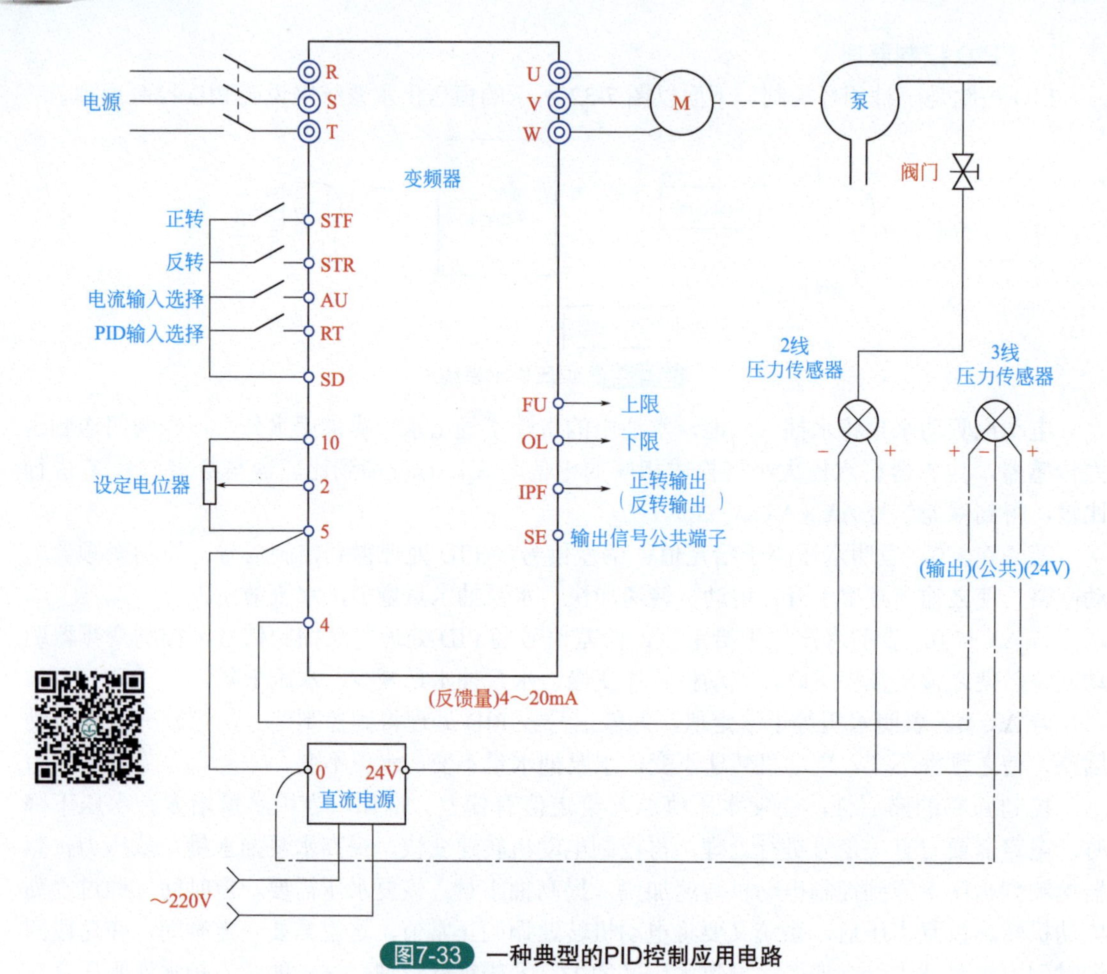

图7-33 一种典型的PID控制应用电路

表7-14 PID控制参数设置

参数及设置值	说明
Pr.128=20	将端子 4 设为 PID 控制的压力检测输入端
Pr.129=30	将 PID 比例调节设为 30%
Pr.130=10	将积分时间常数设为 10s
Pr.131=100%	设定上限值范围为 100%
Pr.132=0	设定下限值范围为 0
Pr.133=50%	设定 PU 操作时的 PID 控制设定值（外部操作时，设定值由 2-5 端子间的电压决定）
Pr.134=3s	将积分时间常数设为 3s

表7-15 端子功能参数设置

参数及设置值	说明
Pr.183=14	将 RT 端子设为 PID 控制端，用于启动 PID 控制
Pr.192=16	设置 IPF 端子输出正反转信号
Pr.193=14	设置 OL 端子输出下限信号
Pr.194=15	设置 FU 端子输出上限信号

c. 改变给定值。调节设定电位器，2-5 端子间的电压变化，PID 控制的给定值随之变化，电动机转速会发生变化，例如给定值大，正向偏差（$\Delta X>0$）增大，相当于反馈值减小，PID 控制使电动机转速变快，水压增大，端子 4 的反馈值增大，偏差慢慢减小，当偏差接近 0 时，电动机转速保持稳定。

d. 改变反馈值。调节阀门，改变水压大小来调节端子 4 输入的电流（反馈值），PID 控制的反馈值变大，相当于给定值减小，PID 控制使电动机转速变慢，水压减小，端子 4 的反馈值减小，偏差慢慢减小，当偏差接近 0 时，电动机转速保持稳定。

e. PU 操作模式下的 PID 控制。设定 Pr.79=1，面板“PU”指示灯亮，指示当前为 PU 操作模式。按“FWD”或“REV”键，启动 PID 控制，运行在 Pr.133 设定值上，按“STOP”键停止 PID 运行。

2. 电气控制部件与作用

控制线路所选元器件作用表如表 7-16 所示。

表7-16 电路所选元器件作用表

名称	符号	元器件外形	元器件作用
断路器	QF		主回路过流保护
变频器	BP f_1 f_2		应用变频技术与微电子技术，通过改变电动机工作电源频率方式来控制交流电动机
旋钮开关	SA		在电气自动控制电路中，用于手动发出控制信号以控制交流接触器、继电器、电磁启动器，变频器、控制器等
水压传感器	PT P		用于被测水压的压力转换，输出一个相对应压力的标准测量信号
可调电位器	R		用作分压器
直流电源	AC～DC		将交流电变成直流电
电动机	M M 3～		拖动、运行

注：对于元器件的选择，电气参数要符合，具体元器件的型号和外形要根据现场要求和实际配电箱结构选择。

3. 电路接线组装

变频器的 PID 控制应用电路接线组装如图 7-34 所示。

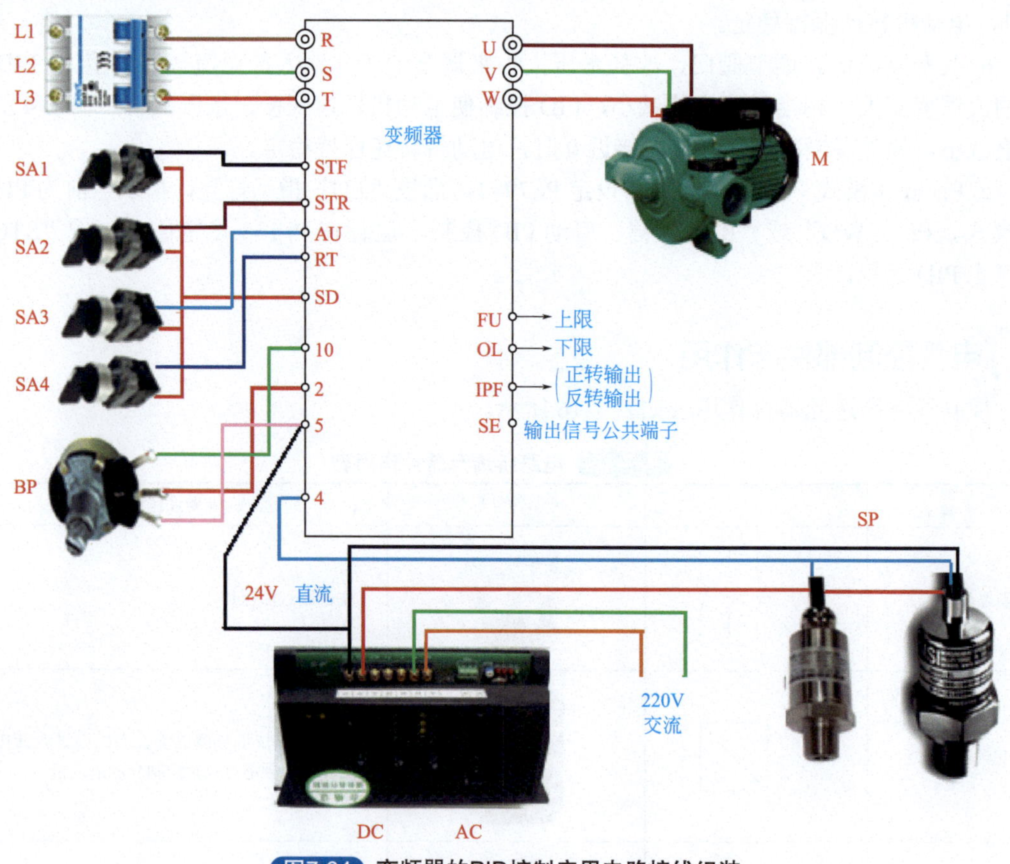

图7-34 变频器的PID控制应用电路接线组装

4. 电路调试与检修

对于用 PID 调节的变频器控制电路，这些开关根据需要而设定，设有传感器进行反馈。若变频器能够正常输出，电动机能够运转，只是 PID 调节器失控，则是 PID 输入传感器出现故障，可以运用代换法进行检修。如果属于电子电路故障，可用万用表直接去测量检查元器件、直流电源部分是否输出了稳定电压；当电源部分输出了稳定电压以后，而反馈电路不能够正常反馈信号，说明是反馈电路出现问题，如用万用表测量反馈信号能够返回，仍不能进行 PID 调节，说明变频器内部电路出现问题，直接维修或更换变频器。

十五、变频器控制的一控多电路

1. 电路原理图与工作原理

以 1 控 3 为例，其主电路如图 7-35 所示，其中交流接触器 1KM2、2KM2、3KM2 分别

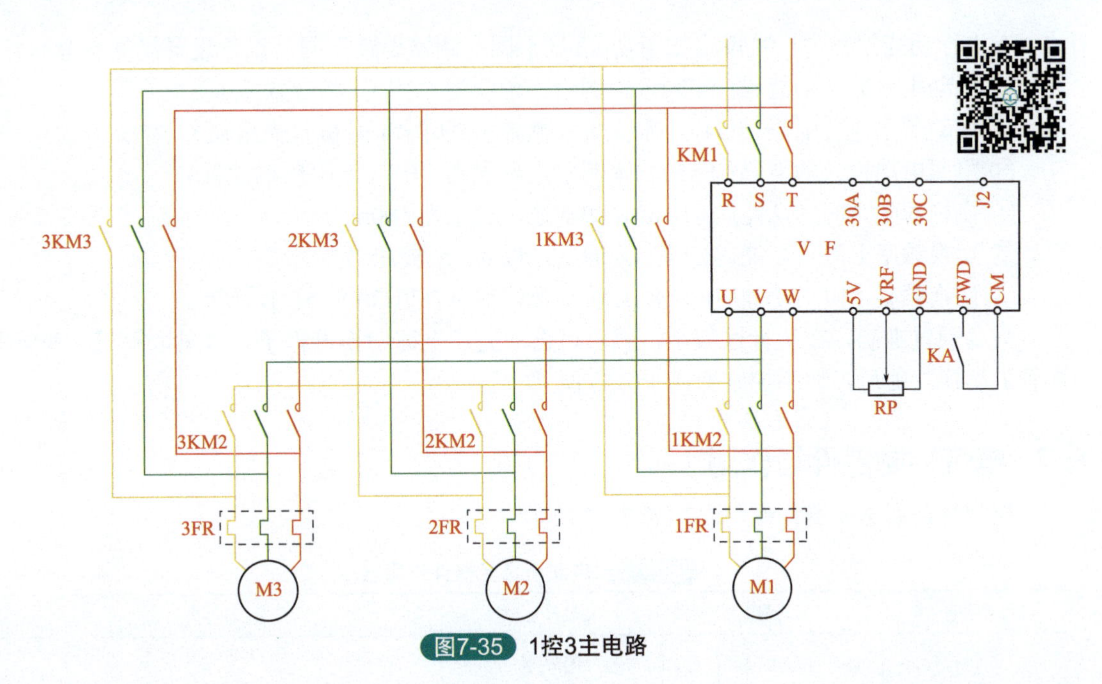

图7-35 1控3主电路

用于将各台水泵电动机接至变频器，交流接触器 1KM3、2KM3、3KM3 分别用于将各台电动机直接接至工频电源。

一般来说，在多台电动机系统中，应用 PLC 进行控制是十分灵活且方便的。但近年来，由于变频器在恒压供水领域的广泛应用，各变频器制造厂纷纷推出了具有内置“1 控 *X*”功能的新系列变频器，简化了控制系统，提高了可靠性和通用性。现以国产的森兰 B12S 系列变频器为例说明工作原理。

森兰 B12S 系列变频器在进行多台切换控制时，需要附加一块继电器扩展板，以便控制线圈电压为交流 220V 的交流接触器。具体接线方法如图 7-36 所示。

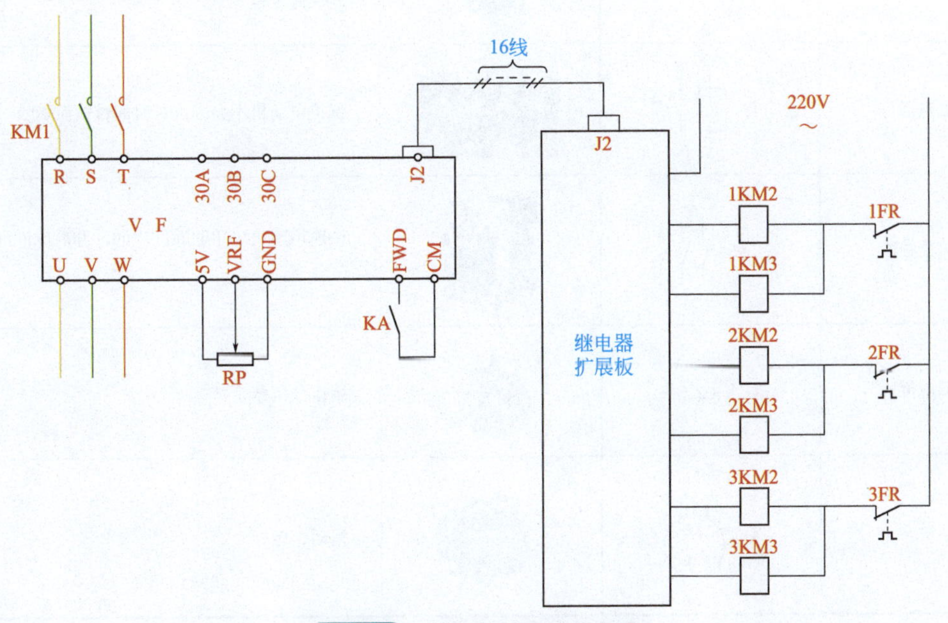

图7-36 1控多的扩展控制电路

在进行功能预置时，要设定如下功能：（不同变频器设置不同，以下设置仅供参考）

① 电动机台数（功能码：F53）。本例中，预置为“3”（1控3模式）。

② 启动顺序（功能码：F54）。本例中，预置为“0”（1号机首先启动）。

③ 附属电动机（功能码：F55）。本例中，预置为“0”（无附属电动机）。

④ 换机间隙时间（功能码：F56）。如前述，预置为100ms。

⑤ 切换频率上限（功能码：F57）。通常，以48～50Hz为宜。

⑥ 切换频率下限（功能码：F58）。在多数情况下，以30～50Hz为宜。

只要预置准确，在运行过程中，就可以自动完成上述切换过程了。可见，采用了变频器内置的切换功能后，切换控制变得十分方便了。

2. 电气控制部件与作用

控制线路所选元器件作用表如表7-17所示。

表7-17 电路所选元器件作用表

名称	符号	元器件外形	元器件作用
断路器	QF		主回路过流保护
变频器	BP		应用变频技术与微电子技术，通过改变电动机工作电源频率方式来控制交流电动机
旋钮开关	SA		在电气自动控制电路中，用于手动发出控制信号以控制交流接触器、继电器、电磁启动器、变频器、控制器等
热继电器	FR		保护电动机不会因为长时间过载而烧毁
交流接触器	KM		快速切断交流主回路的电源，开启或停止设备的工作
可调电位器	R		用作分压器
电动机	M		拖动、运行

注：对于元器件的选择，电气参数要符合，具体元器件的型号和外形要根据现场要求和实际配电箱结构选择。

3. 电路接线组装

变频器及扩展部分接线如图 7-37 所示。

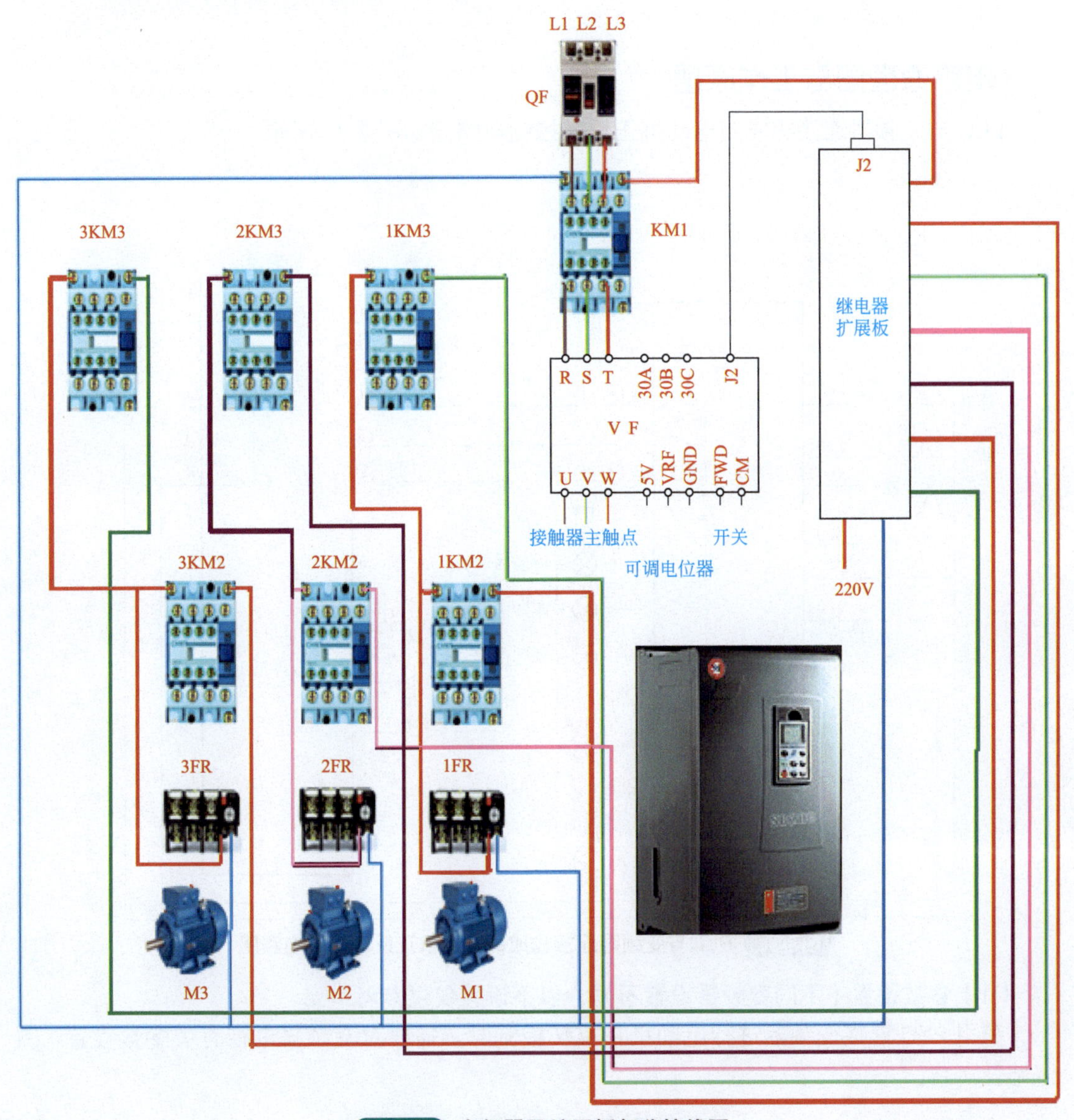

图7-37　变频器及扩展板部分接线图

4. 电路调试与检修

电路用变频器控制，在启动时用变频器供电，正常运行后使用工频供电，也就是控制变频和工频切换的过程。在检修时，首先用万用表测量外边的转换交流接触器的线圈是否毁坏，转换交流接触器的接点是否毁坏，如果转换交流接触器的线圈、接点均没有毁坏，可以去检查继电器的扩展板，如果扩展板没有问题仍不能实现控制，说明是变频器出现故障，用代换变频器进行试验，确认变频器毁坏，应更换变频器。

十六、PLC与变频器组合实现电动机正反转控制电路

1. 电路原理图与工作原理

PLC 与变频器连接构成的电动机正反转控制电路图如图 7-38 所示。

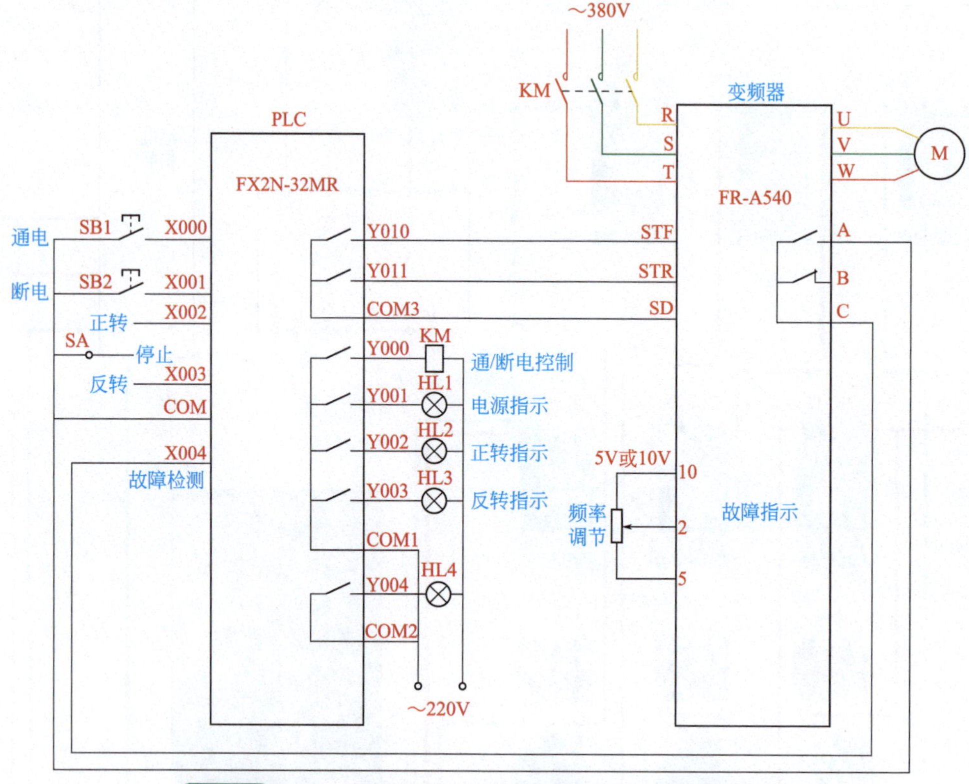

图7-38 PLC与变频器连接构成的电动机正反转控制电路图

（1）参数设置（不同变频器设置不同，以下设置仅供参考）

在用 PLC 连接变频器进行电动机正反转控制时，需要对变频器进行有关参数设置，具体见表 7-18。

表7-18 变频器的有关参数及设置值

参数名称	参数号	设置值
加速时间	Pr.7	5s
减速时间	Pr.8	3s
加、减速基准频率	Pr.20	50Hz
基底频率	Pr.3	50Hz
上限频率	Pr.1	50Hz
下限频率	Pr.2	0 Hz
运行模式	Pr.79	2

（2）编写程序（变频器不同程序有所不同，以下程序仅供参考）

变频器有关参数设置好后，还要给 PLC 编写控制程序。电动机正反转控制的 PLC 程序如图 7-39 所示。

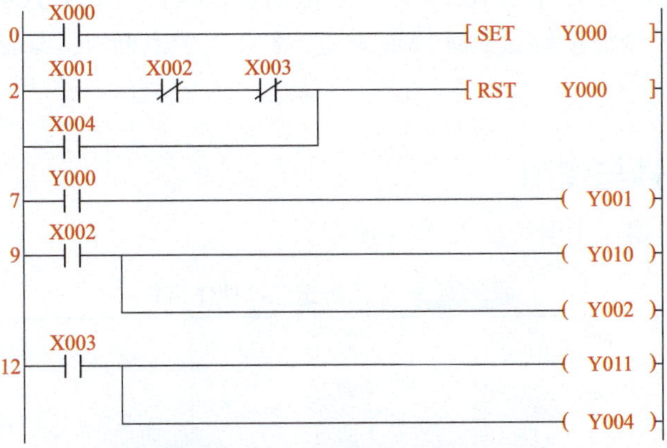

图7-39 电动机正反转控制的PLC程序

下面说明 PLC 与变频器实现电动机正反转控制的工作原理。

① 通电控制。当按动通电按钮开关 SB1 时，PLC 的 X000 端子输入为 ON，它使程序中的 [0]X000 常开触点闭合，“SET Y000”指令执行，线圈 Y000 被置 1，Y000 端子内部的硬触点闭合，交流接触器 KM 线圈得电，KM 主触点闭合，将 380V 的三相交流电送到变频器的 R、S、T 端，Y000 线圈置 1 还会使 [7]Y000 常开触点闭合，Y001 线圈得电，Y001 端子内部的硬触点闭合，HL1 指示灯通电点亮，指示 PLC 作出通电控制。

② 正转控制。当三挡开关 SA 置于“正转”位置时，PLC 的 X002 端子输入为 ON，它使程序中的 [9]X002 常开触点闭合，Y010、Y002 线圈均得电，Y010 线圈得电使 Y010 端子内部硬触点闭合，将变频器的 STF、SD 端子接通，即 STF 端子为 ON，变频器输出电源使电动机正转，Y002 线圈得电后使 Y002 端子内部硬触点闭合，HL2 指示灯通电点亮，指示 PLC 作出正转控制。

③ 反转控制。将三挡开关 SA 置于“反转”位置时，PLC 的 X003 端子输入为 ON，它使程序中的 [12]X003 常开触点闭合，Y011、Y003 线圈均得电。Y011 线圈得电使 Y011 端子内部硬触点闭合，将变频器的 STR、SD 端子接通，即 STR 端子输入为 ON，变频器输出电源使电动机反转，Y003 线圈得电后使 Y003 端子内部硬触点闭合，HL3 灯通电点亮，指示 PLC 作出反转控制。

④ 停转控制。在电动机处于正转或反转时，若将 SA 开关置于“停止”位置，X002 或 X003 端子输入为 OFF，程序中的 X002 或 X003 常开触点断开，Y010、Y022 或 Y011、Y003 线圈失电，Y010、Y002 或 Y011、Y003 端子内部硬触点断开，变频器的 STF 或 STR 端子输入为 OFF，变频器停止输出电源，电动机停转，同时 HL2 或 HL3 指示灯熄灭。

⑤ 断电控制。当 SA 置于“停止”位置使电动机停转时，若按动断电按钮开关 SB2，PLC 的 X001 端子输入为 ON，它使程序中的 [2]X001 常开触点闭合，执行“RST Y000”指令，Y000 线圈被复位失电，Y000 端子内部的硬触点断开，交流接触器 KM 线圈失电，KM 主触点断开，切断变频器的输入电源，Y000 线圈失电还会使 [7]Y000 常开触点断开，Y001 线圈失电，Y001 端子内部的硬触点断开，HL1 灯熄灭。如果 SA 处于“正转”或“反转”位置，[2]

X002 或 X003 常闭触点断开，无法执行“RST Y000”指令，即电动机在正转或反转时，操作 SB2 按钮开关是不能断开变频器输入电源的。

⑥ 故障保护。如果变频器内部保护功能动作，A、C 端子间的内部触点闭合，PLC 的 X004 端子输入为 ON，程序中的 X004 常开触点闭合，执行“RST Y000”指令，Y000 端子内部的硬触点断开，交流接触器 KM 线圈失电，KM 主触点断开，切断变频器的输入电源，保护变频器。

2. 电气控制部件与作用

控制线路所选元器件作用表如表 7-19 所示。

表7-19 电路所选元器件作用表

名称	符号	元器件外形	元器件作用
变频器	BP f_1 f_2		应用变频技术与微电子技术，通过改变电动机工作电源频率方式来控制交流电动机
三菱 PLC			三菱 PLC 是一种集成型小型单元式 PLC，具有完整的性能和通信等扩展性
按钮开关	SB		停止控制的设备
	SB		启动控制的设备
三挡钮子开关	SA SA 正转 停止 反转		钮子开关是一种手动控制开关，用于交直流电源电路和控制电路的通断控制
交流接触器	KM		快速切断交流主回路的电源，开启或停止设备的工作
可调电位器	R		用作分压器
指示灯	HL		标示哪路线路的哪个器件得电
电动机	M M 3～		拖动、运行

注：对于元器件的选择，电气参数要符合，具体元器件的型号和外形要根据现场要求和实际配电箱结构选择。

3. 电路接线组装

电路原理图如图 7-40 所示。

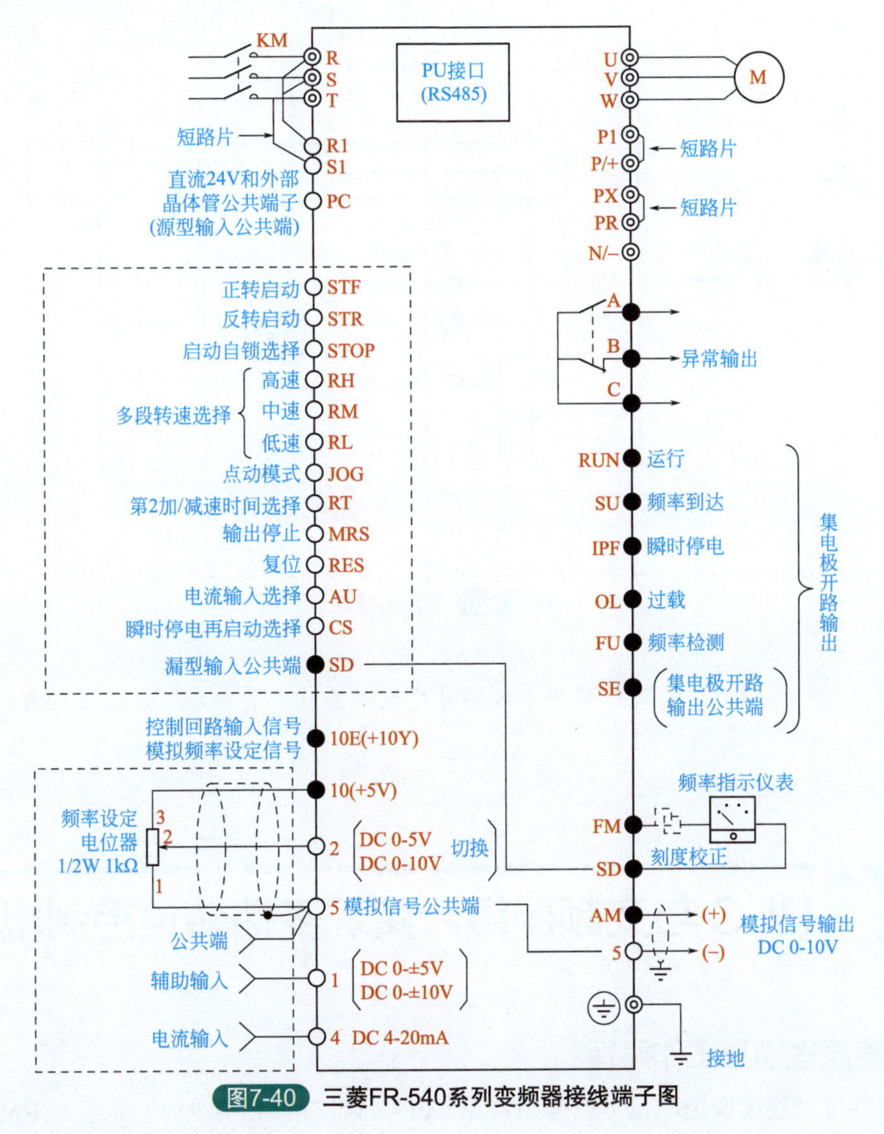

图7-40 三菱FR-540系列变频器接线端子图

实际接线图如图 7-41 所示。

4. 电路调试与检修

当 PLC 控制的变频器正反转电路出现故障时，可以采用电压跟踪法进行检修，首先确认输入电路电压是否正常，检查变频器的输入点电压是否正常，检查 PLC 的输出点电压是否正常，最后检查 PLC 到变频器控制端电压是否正常。检查外围元器件是否正常，如外围元器件正常，应该是变频器或 PLC 故障，可以用代换法进行更换，也就是先代换一个变频器，如果能正常工作，说明是变频器故障，如果不能正常工作，说明是 PLC 故障，这时检查 PLC 的程序、供电是否出现问题，如果 PLC 的程序、供电没有问题，应该是 PLC 的自身出现故障，一般可以用 PLC 编成器直接对 PLC 进行编程试验。

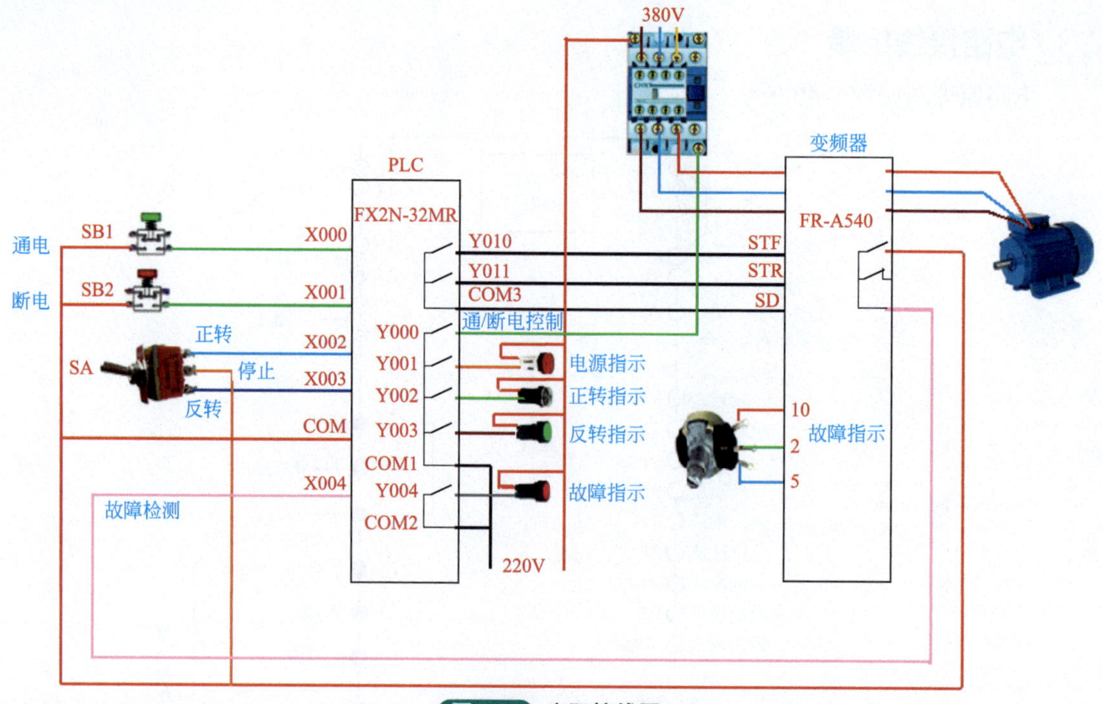

图7-41 实际接线图

注意：对PLC编程不理解时建议不要改变其程序，以免发生其他故障或损坏PLC。

十七、PLC与变频器组合实现多挡转速控制电路

1. 电路原理图与工作原理

变频器可以连续调速，也可以分挡调速。FR-A540变频器有RH（高速）、RM（中速）和RL（低速）三个控制端子，通过这三个端子的组合输入，可以实现七挡转速控制。

（1）控制电路图

PLC与变频器连接实现多挡转速控制的电路图如图7-42所示。

（2）参数设置（变频器不同，设置有所不同，以下设置仅供参考）

在用PLC对变频器进行多挡转速控制时，需要对变频器进行有关参数设置，参数可分为基本运行参数和多挡转速参数，具体见表7-20。

（3）编写程序（变频器不同，程序有所不同，以下程序仅供参考）

多挡转速控制的PLC程序如图7-43所示。

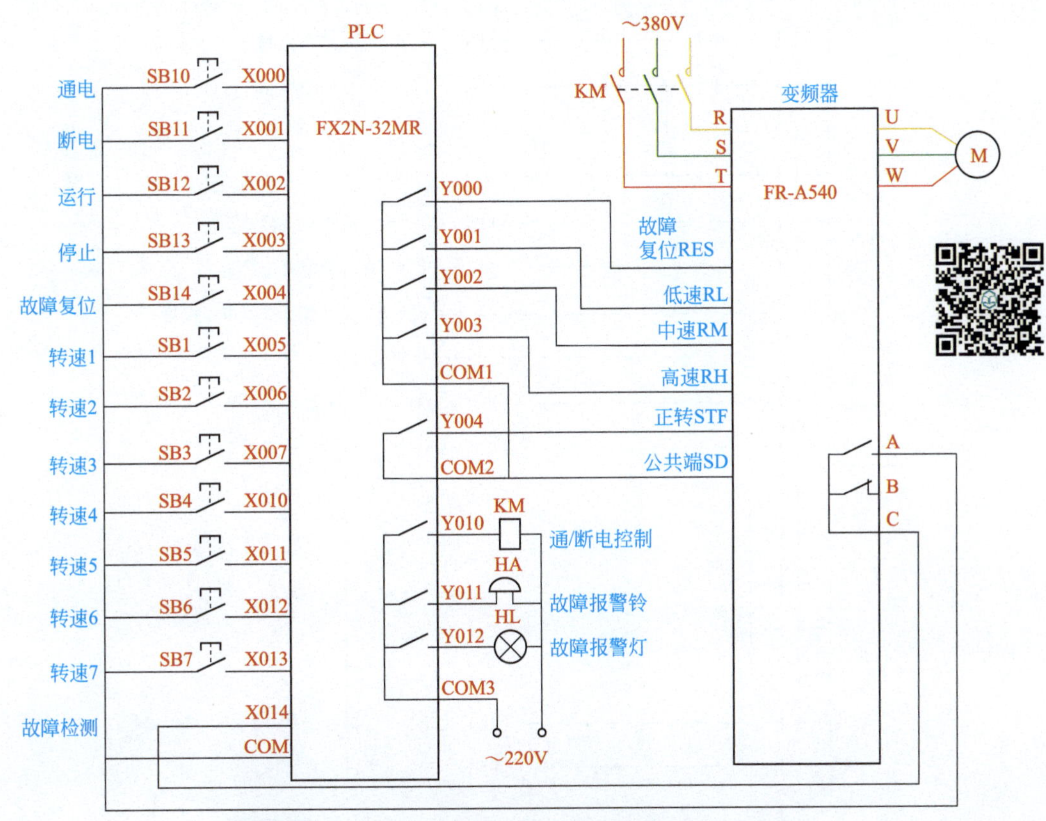

图7-42 PLC与变频器连接实现多挡转速控制的电路图

表7-20 变频器的有关参数及设置值

分类	参数名称	参数号	设定值
基本运行参数	转矩提升	Pr.0	5%
	上限频率	Pr.1	50Hz
	下限频率	Pr.2	5Hz
	基底频率	Pr.3	50Hz
	加速时间	Pr.7	5s
	减速时间	Pr.8	4s
	加、减速基准频率	Pr.20	50Hz
	操作模式	Pr.79	2
多挡转速参数	转速 1（RH 为 ON 时）	Pr.4	15Hz
	转速 2（RM 为 ON 时）	Pr.5	20Hz
	转速 3（RL 为 ON 时）	Pr.6	50Hz
	转速 4（RM、RL 均为 ON 时）	Pr.24	40Hz
	转速 5（RH、RL 均为 ON 时）	Pr.25	30Hz
	转速 6（RH、RM、均为 ON 时）	Pr.26	25Hz
	转速 7（RH、RM、RL 均为 ON 时）	Pr.27	10Hz

```
0   X000  Y004(常闭)                 [SET  Y010]  通电控制
3   X001  Y004(常闭)                 [RST  Y010]  断电控制
    X014
7   X002  Y010                       [SET  Y004]  启动变频器运行
10  X003                             [RST  Y004]  停止变频器运行
12  X004                             ( Y000 )     故障复位控制
14  X014                             ( Y011 )     变频器故障声光报警
                                     ( Y012 )
19  X005                             [SET  M1]    开始转速1
21  X006                             [RST  M1]    停止转速1
    X007
    X010
    X011
    X012
    X013
28  X006                             [SET  M2]    开始转速2
30  X005                             [RST  M2]    停止转速2
    X007
    X010
    X011
    X012
    X013
37  X007                             [SET  M3]    开始转速3
39  X005                             [RST  M3]    停止转速3
    X006
    X010
    X011
    X012
    X013
46  X010                             [SET  M4]    开始转速4
48  X005                             [RST  M4]    停止转速4
    X006
    X007
    X011
    X012
```

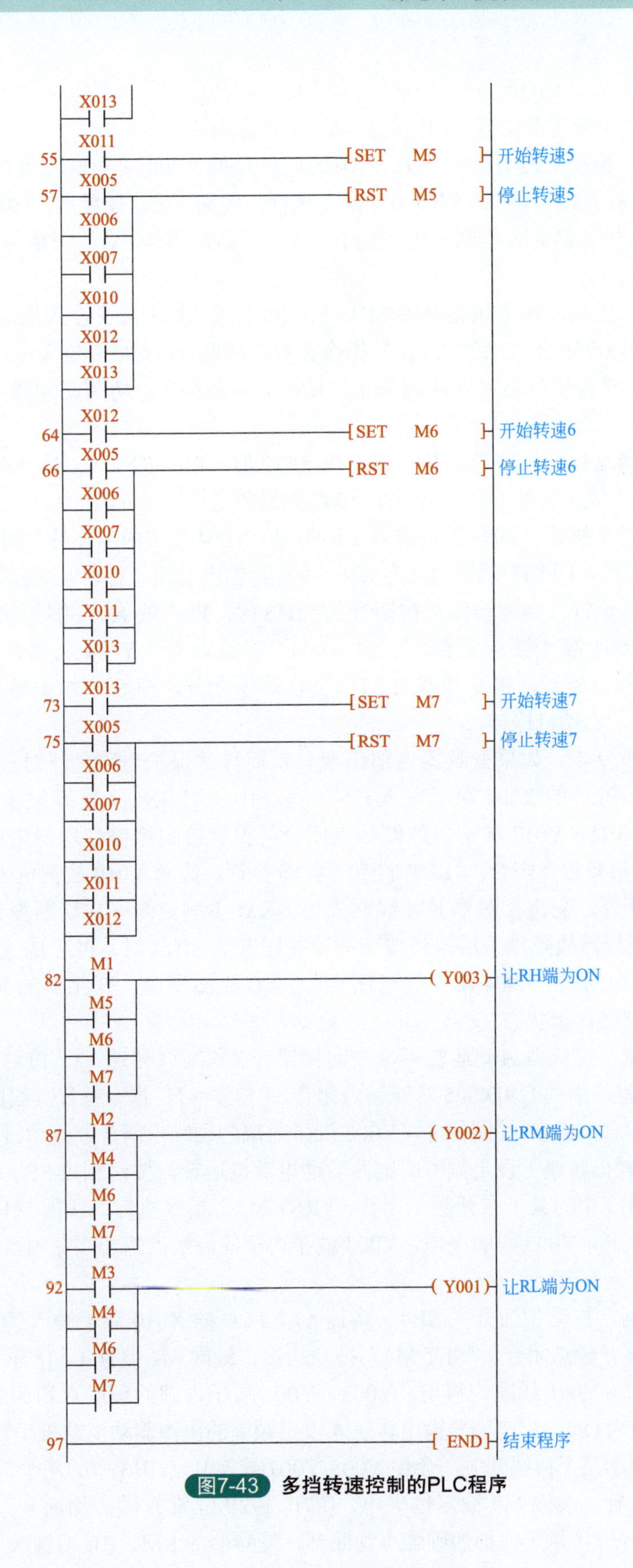

图7-43 多挡转速控制的PLC程序

（4）程序详解

下面说明PLC与变频器实现多挡转速控制的工作原理。

① 通电控制。当按动通电按钮开关SB10时，PLC的X000端子输入为ON，它使程序中的[0]X000常开触点闭合，“SET Y010”指令执行，线圈Y010被置1，Y010端子内部的硬触点闭合，交流接触器KM线圈得电，KM主触点闭合，将380V的三相交流电送到变频器的R、S、T端。

② 断电控制。当按动断电按钮开关SB11时，PLC的X001端子输入为ON，它使程序中的[3]X001常开触点闭合，“RST Y010”指令执行，线圈Y010被复位失电，Y010端子内部的硬触点断开，交流接触器KM线圈失电，KM主触点断开，切断变频器R、S、T端的输入电源。

③ 启动变频器运行。当按动运行按钮开关SB12时，PLC的X002端子输入为ON，它使程序中的[7]X002常开触点闭合，由于Y010线圈已得电，它使Y010常开触点处于闭合状态，“SET Y004”指令执行，Y004线圈被置1而得电，Y004端子内部硬触点闭合，将变频器的SEF、SD端子接通，即STF端子输入为ON，变频器输出电源，启动电动机正向运转。

④ 停止变频器运行。当按动停止按钮开关SB13时，PLC的X003端子输入为ON，它使程序中的[10]X003常开触点闭合，“RST Y004”指令执行，Y004线圈被复位而失电，Y004端子内部硬触点断开，将变频器的STF、SD端子断开，即STF端子输入为OFF，变频器停止输出电源，电动机停转。

⑤ 故障报警及复位。如果变频器内部出现异常而导致保护电路动作时，A、C端子间的内部触点闭合，PLC的X004端子输入ON，程序中的[14]X014常开触点闭合，Y011、Y012线圈得电，Y011、Y012端子内部硬触点闭合，报警铃和报警灯均得电而发出声光报警，同时[3]X014常开触点闭合，“RST Y010”指令执行，线圈Y010被复位失电，Y010端子内部的硬触点断开，交流接触器KM线圈失电，KM主触点断开，切断变频器R、S、T端的输入电源。变频器故障排除后，当按动故障按钮开关SB14时，PLC的X004端子输入为ON，它使程序中的[12]X004常开触点闭合，Y000线圈得电，变频器的RES端输入为ON，解除保护电路的保护状态。

⑥ 转速1控制。变频器启动运行后，按动按钮开关SB1（转速1），PLC的X005端子输入为ON，它使程序中的[19]X005常开触点闭合，“SET N1”指令执行，线圈M1被置1，[82]M1常开触点闭合，Y003线圈得电，Y003端子内部的硬触点闭合，变频器的RH端输入为ON，让变频器输出转速1设定频率的电源驱动电动机运转。按动SB2-SB7的某个按钮开关，会使X006-X013中的某个常开触点闭合，“RST M1”指令执行，线圈M1被复位失电，[82]M1常开触点断开，Y003线圈失电，Y003端子内部的硬触点断开，变频器的RH端输入为OFF，停止按转速1运行。

⑦ 转速4控制。按动按钮开关SB4（转速4），PLC的X010端子输入为ON，它使程序中的[46]X010常开触点闭合，“SET M4”指令执行，线圈M4被置1，[87]、[92]M4常开触点均闭合，Y002、Y001线圈均得电，Y002、Y001端子内部的硬触点均闭合，变频器的RM、RL端输入均为ON，让变频器输出转速4设定频率的电源驱动电动机运转。按动SB1-SB3或SB5-SB7中的某个按钮开关，会使Y005-Y007或Y011-Y013中的某个常开触点闭合，“RST M4”指令执行，线圈M4被复位失电，[87]、[92]M4常开触点均断开，Y002、Y001线圈失电，Y002、Y001端子内部的硬触点均断开，变频器的RM、RL端输入均为OFF，停

止按钮开关转速 4 运行。

其他转速控制与上述转速控制过程类似，这里不再叙述。RH、RM、RL 端输入状态与对应的速度关系如图 7-44 所示。

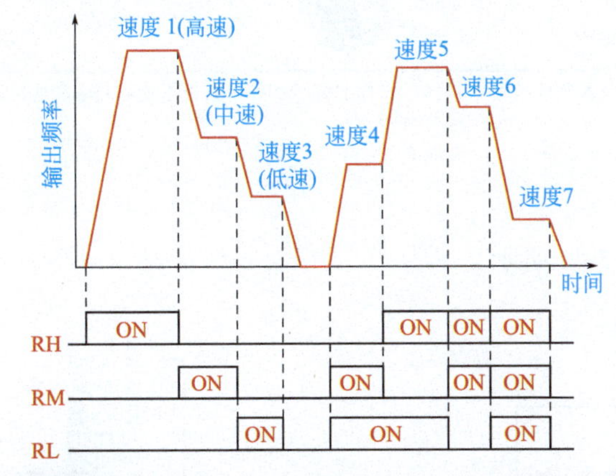

图7-44　RH、RM、RL端输入状态与对应的速度关系

2. 电气控制部件与作用

控制线路所选元器件作用表如表 7-21 所示。

表7-21　电路所选元器件作用表

名称	符号	元器件外形	元器件作用
断路器	QF		主回路过流保护
变频器	BP		应用变频技术与微电子技术，通过改变电动机工作电源频率方式来控制交流电动机
三菱 PLC			三菱 PLC 是一种集成型小型单元式 PLC，具有完整的性能和通信等扩展性
按钮开关	SB		停止控制的设备
	SB		启动控制的设备
交流接触器	KM		快速切断交流主回路的电源，开启或停止设备的工作
声光报警器			满足客户对报警响度和安装位置的特殊要求，同时发出声、光两种警报信号

续表

名称	符号	元器件外形	元器件作用
电动机	M (M 3～)		拖动、运行

注：对于元器件的选择，电气参数要符合，具体元器件的型号和外形要根据现场要求和实际配电箱结构选择。

3. 电路接线组装

电路接线组装如图 7-45 所示。

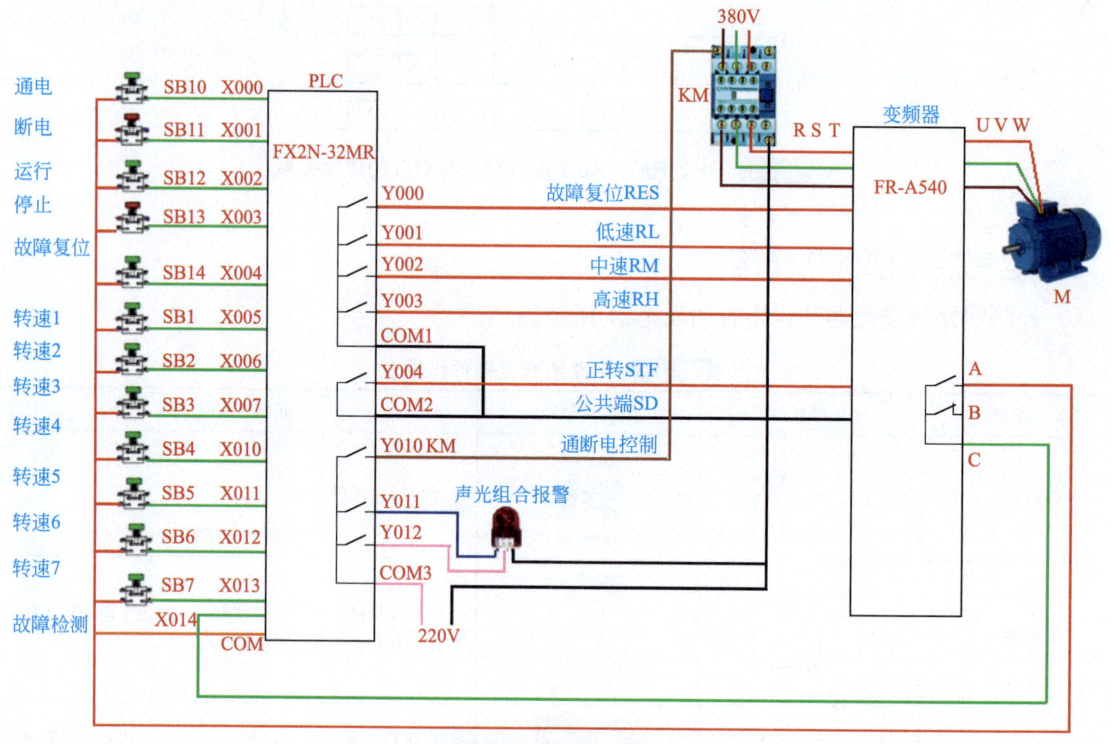

图7-45 电路接线组装

4. 电路调试与检修

在这个电路中，PLC 通过外接开关，实现电动机的多挡速旋转。出现故障后，直接用万用表检查外部的控制开关是否毁坏，连接线是否有断路的故障，如果外部器件包括交流接触器毁坏，应直接更换。如果 PLC 的程序没有问题，应该是变频器出现故障。如果 PLC 没有办法输入程序，应该是 PLC 毁坏，更换 PLC 并重新输入程序。若变频器毁坏，可以更换或维修变频器。

另外，在 PLC 电路中还设有报警铃和报警灯，若其出现故障，应检查外围的电铃及指示灯是否毁坏，查找 PLC 程序。

第八章 配电电路

一、配电箱与住户内配电电路

1. 电路原理图与工作原理

一般居室的电源线都布成暗线，需在建筑施工中预埋塑料空心管，并在管内穿好细铁丝，以备引穿电源线。待工程安装完工时，把电源线经电能表及用电器控制空开后通过预埋管引入居室内的客厅，客厅墙上方预留一暗室，暗室为室内配电箱，然后分别把暗线经过配电箱分布到各房间。总之，要根据居室布局尽可能地把电源一次安装到位。住户配电分为户内配电与户外配电，配电方式有多种，可以根据房间单独配电（小户型常使用此方法，即一个房间使用一个漏电空开），也可以根据所带用途进行配电（大户型多使用此法，尤其是空调器，一般都是单独供电）。图 8-1 所示为按照房间配电接线图。

户外的电能表通过 QS 加到室内，由于现在大多数使用过流型的保险，这个室内配电箱 FU 可以不用。该内部布线按房间来单独配线，户内客厅、卧室、洗手间的配线单独设置电路。当电路出现故障时，可以单独检修各居室。

在实际接线时应注意空开之间的线不能够借用，有些电工为了省事会将卧室借用到客厅，这样造成两个空开之间线共用，从而一旦使用某个用电器时，会造成跳闸。还需注意，在布局厨房时，一定要多留几个备用插座，后续使用其他电器时更方便，而且厨房的供电所有插座部分最好单走，这样维修起来比较方便。

图 8-2 所示为按照用途配电接线图，也就是说照明、空调、卫生间的插座、厨房的插座、各卧室都可使用单独的空开，相对来讲，这种用途布线的方式比较方便、实用。同样在各室布局时，一定要多留几个备用插座，后续使用其他电器时更方便，而且厨房的供电所有插座部分最好单走，这样维修起来比较方便。

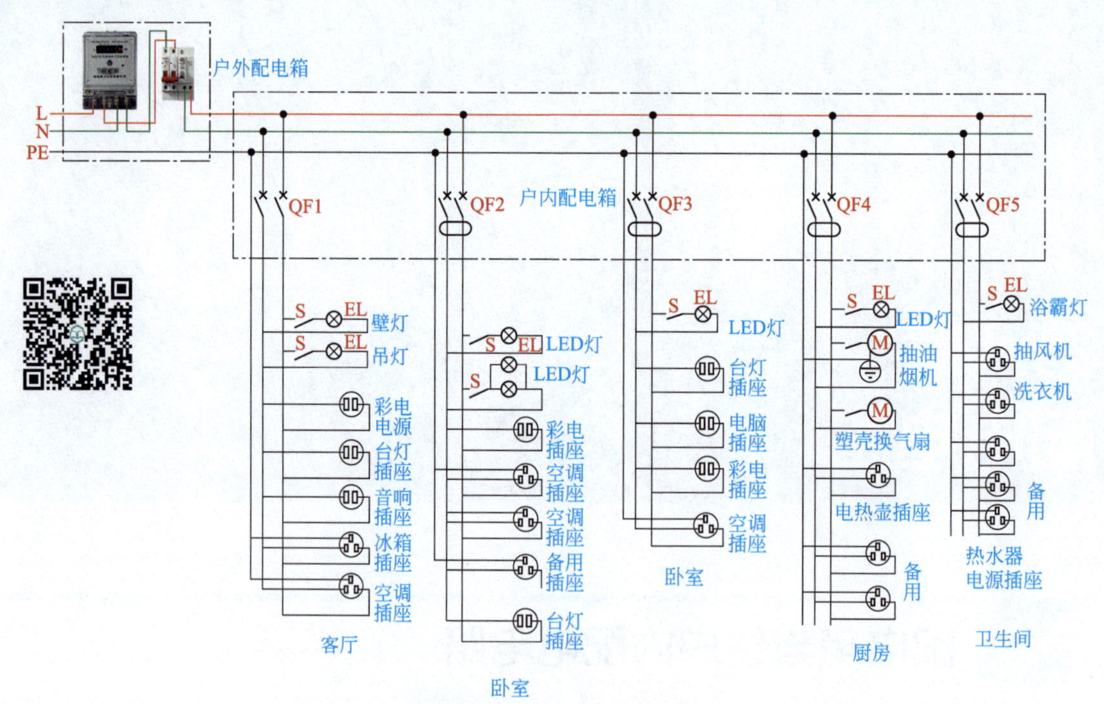

图8-1 按照房间配电接线图

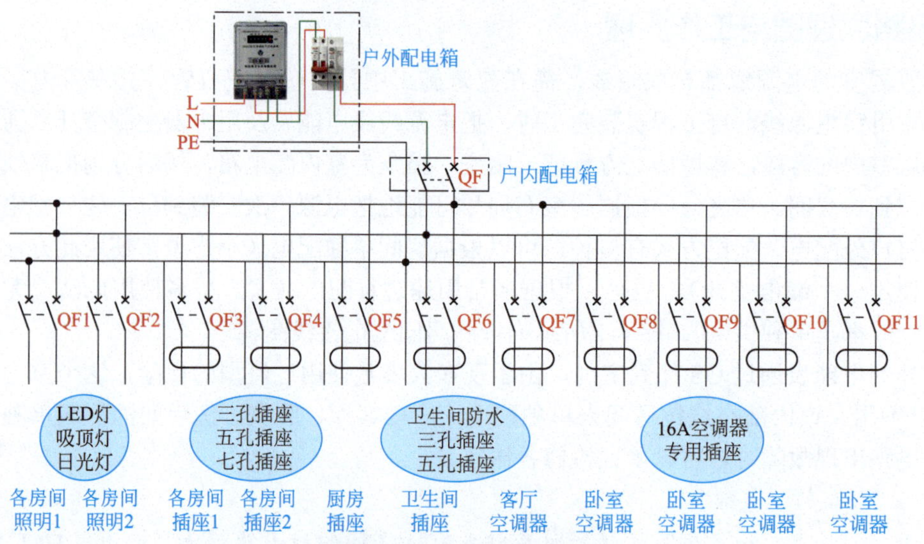

图8-2 按照用途配电接线图

2. 电气控制部件与作用

控制线路所选元器件作用表如表 8-1 所示。

表8-1 电路所选元器件作用表

名称	符号	元器件外形	元器件作用
两级断路器	QF		在电路中的电流超过一定值时，它会自动断开，只有排除故障后才能接通使用

续表

名称	符号	元器件外形	元器件作用
保险管	FU 	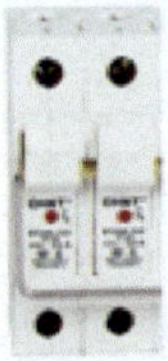	在电流异常升高到一定程度的时候，自身熔断切断电流，从而保护电路安全运行
漏电保护器	QF 		在用电设备发生漏电故障时对有致命危险的人身触电保护，具有过载和短路保护功能
二开单控面板开关	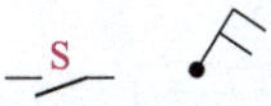 S		当任意一个开关状态改变，可以使中间连接的电器和电源在接通与断开状态切换
单开单控面板开关	 S		当开关状态改变，可以使中间连接的电器和电源在接通与断开状态切换
单开双控面板开关	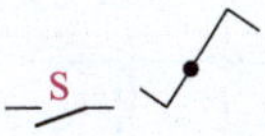 S		两个面板开关控制一盏灯
空调插座			通过它可插入各种接线。这样便于与其他电路接通或断开
五孔插座			通过它可插入各种接线。这样便于与其他电路接通或断开
灯具	EL 	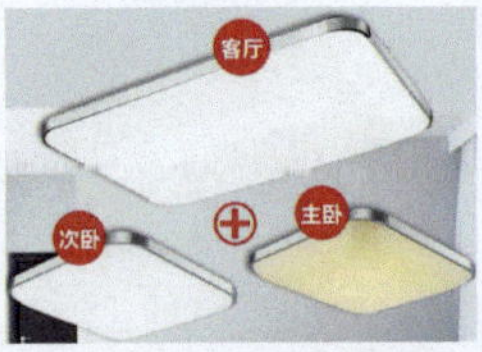 客厅 次卧 主卧	照明和室内装饰

注：对于元器件的选择，电气参数要符合，具体元器件的型号和外形要根据现场要求和实际配电箱结构选择。

3. 电路接线组装

按照房间配电如图 8-3 所示；按照用途配电如图 8-4 所示。

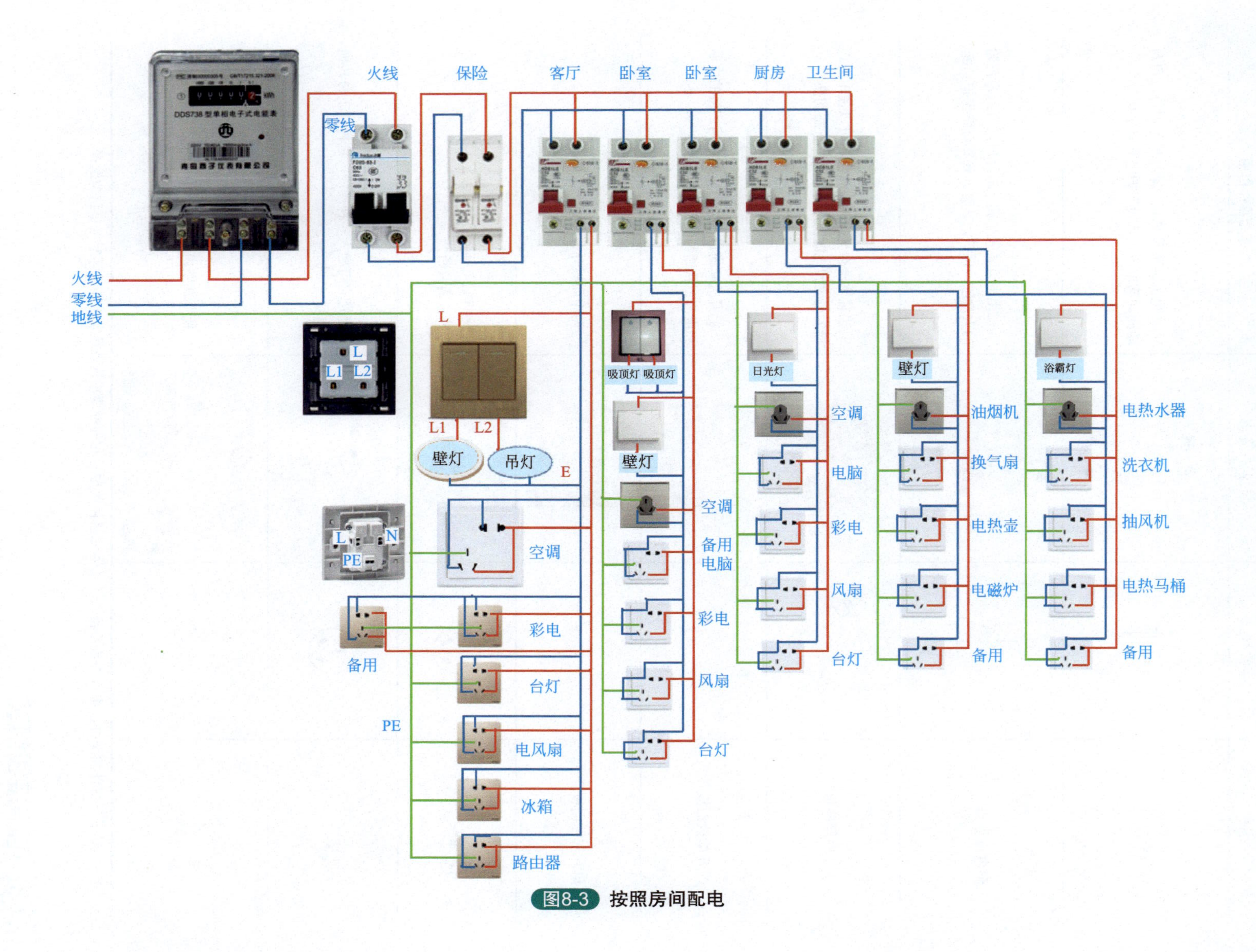
火线
保险
客厅
卧室
卧室
厨房
卫生间
零线
火线
零线
地线
L
L1
L2
L
L1
L2
壁灯
吊灯
E
L
N
PE
空调
彩电
备用
台灯
PE
电风扇
冰箱
路由器
吸顶灯 吸顶灯
壁灯
空调
备用电脑
彩电
风扇
台灯
日光灯
空调
电脑
彩电
风扇
台灯
壁灯
油烟机
换气扇
电热壶
电磁炉
备用
浴霸灯
电热水器
洗衣机
抽风机
电热马桶
备用

图8-3 按照房间配电

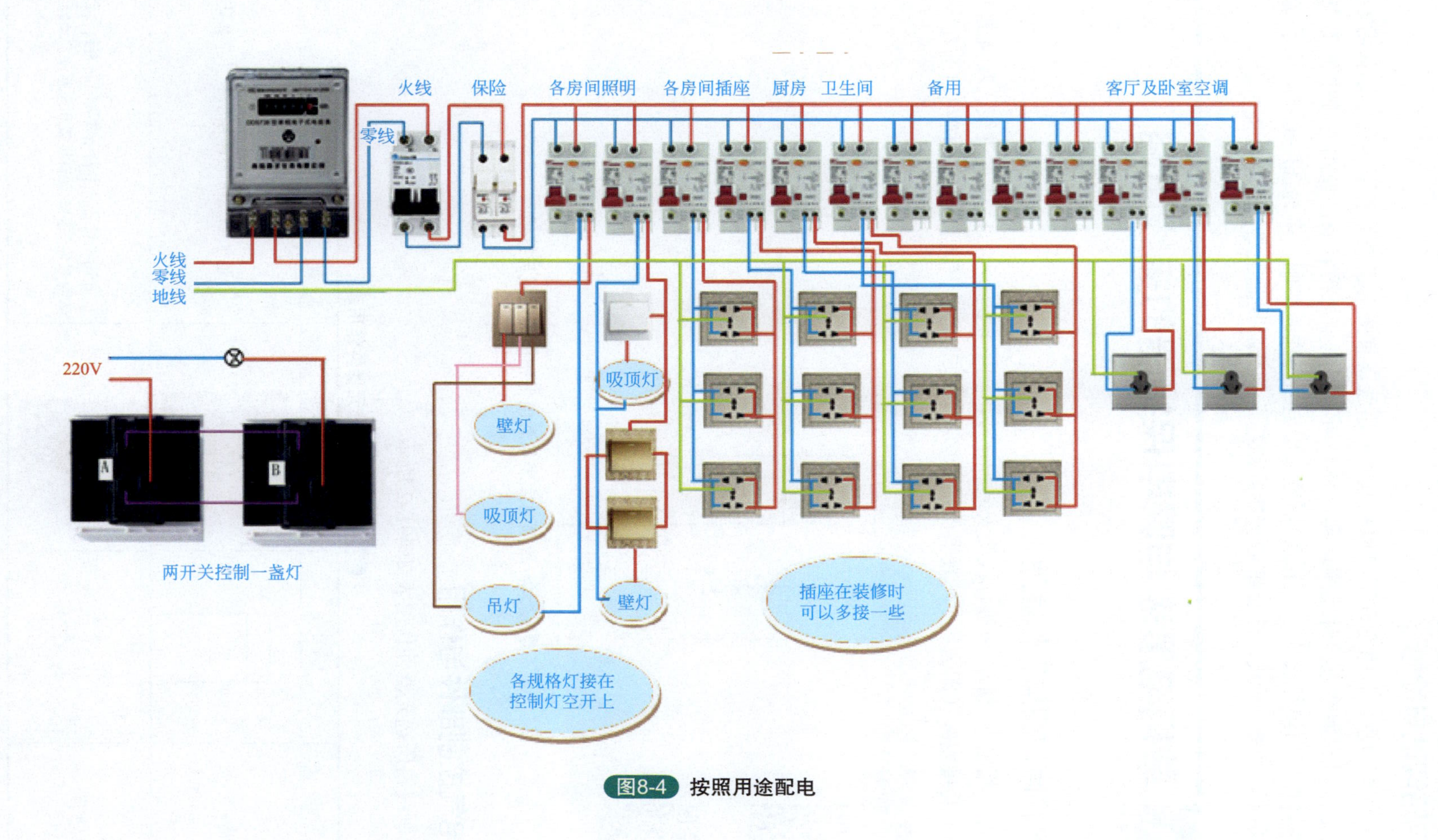
火线
保险
各房间照明
各房间插座
厨房
卫生间
备用
客厅及卧室空调
零线
火线
零线
地线
220V
两开关控制一盏灯
壁灯
吸顶灯
吊灯
吸顶灯
壁灯
各规格灯接在
控制灯空开上
插座在装修时
可以多接一些

图8-4 按照用途配电

4. 电路调试与检修

特别注意事项：各路空开不可以相互间共用线（有些电工为了省事多在中途共用零线），否则会出现用到某路电源时跳闸现象。如当所有配电全部接好后，使用各种电器工作实验（实验时可以用白炽灯代替），当某路插座或用电器工作时跳闸，多为插座或灯共用了某路线（多为共用了零线）所致，需要细心查找共用线，拆开后找到某路空开接好即可。

二、单相电度表与漏电保护器的接线电路

1. 电路原理图与工作原理

选好单相电度表后，应进行检查安装和接线。如图 8-5 所示，1、3 为进线，2、4 接负载，接线柱 1 要接相线（即火线），漏电保护器多接在电表后端，这种电度表接线目前在我国应用最多。

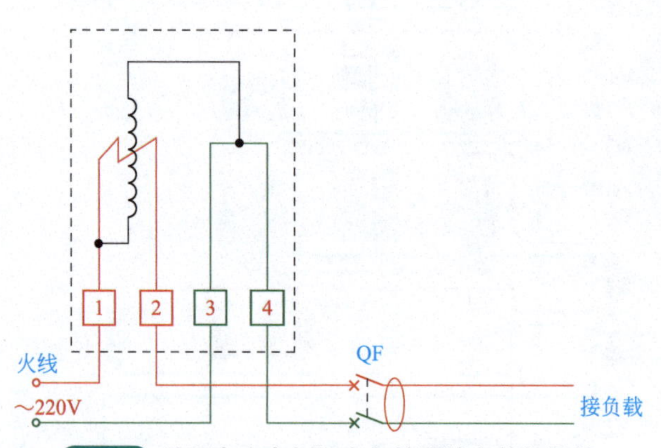

图8-5 单项电度表与漏电保护器的安装与接线

2. 电气控制部件与作用

控制线路所选元器件作用表如表 8-2 所示。

表8-2 电路所选元器件作用表

名称	符号	元器件外形	元器件作用
电度表	kWh		计量电气设备所消耗的电能，具有累计功能
漏电保护器	QF		在用电设备发生漏电故障时对有致命危险的人身触电保护，具有过载和短路保护功能

注：对于元器件的选择，电气参数要符合，具体元器件的型号和外形要根据现场要求和实际配电箱结构选择。

3. 电路接线组装

如图 8-6 所示。

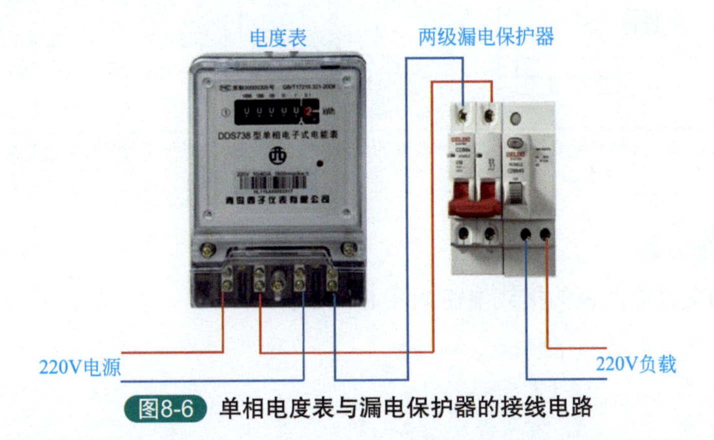

图8-6 单相电度表与漏电保护器的接线电路

三、三相四线制交流电度表的接线电路

1. 电路原理图与工作原理

三相四线制交流电度表共有 11 个接线端子，其中 1、4、7 端子分别接电源相线，3、6、9 是相线出线端子，10、11 分别是中性线（零线）进、出线接线端子，而 2、5、8 为电度表三个电压线圈接线端子，电度表电源接上后，通过连接片分别接入电度表三个电压线圈，电度表才能正常工作。图 8-7 为三相四线制交流电度表的接线示意图。

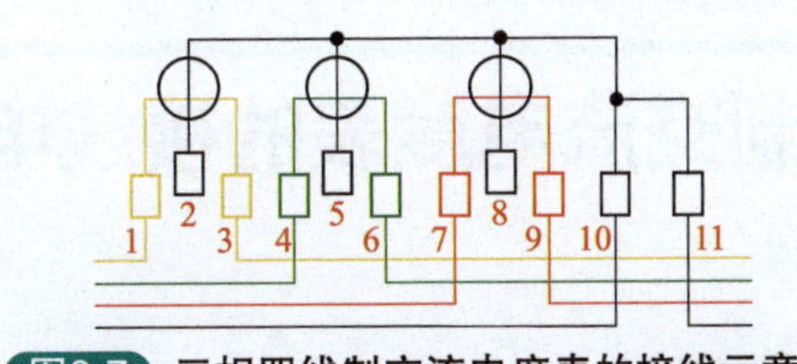

图8-7 三相四线制交流电度表的接线示意图

2. 电气控制部件与作用

控制线路所选元器件作用表如表 8-3 所示。

表8-3 电路所选元器件作用表

名称	符号	元器件外形	元器件作用
电度表	kWh		计量电气设备所消耗的电能，具有累计功能

续表

名称	符号	元器件外形	元器件作用
漏电保护器	QF 1 3 5 2 4 6		在用电设备发生漏电故障时对有致命危险的人身触电保护，具有过载和短路保护功能

注：对于元器件的选择，电气参数要符合，具体元器件的型号和外形要根据现场要求和实际配电箱结构选择。

3. 电路接线组装

三相四线制交流电度表的接线电路如图 8-8 所示。

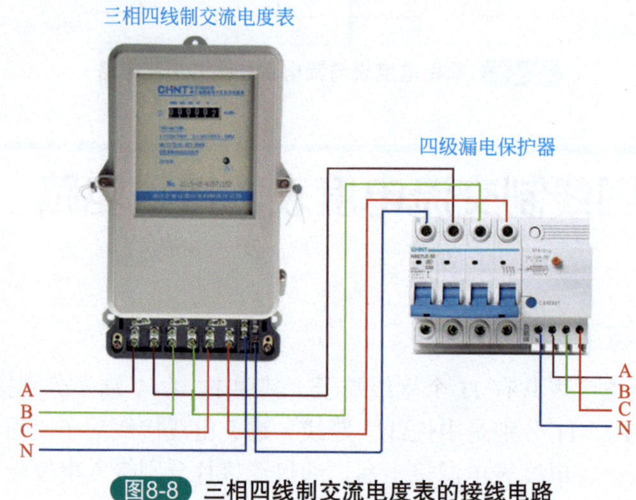

图8-8 三相四线制交流电度表的接线电路

四、三相三线制交流电度表的接线电路

1. 电路原理图与工作原理

三相三线制交流电度表有 8 个接线端子，其中 1、4、6 为相线进线端子，3、5、8 为出线端子，2、7 两个接线端子空着，目的是与接入的电源相线通过连接片取到电度表工作电压并接入电度表电压线圈。图 8-9 为三相三线制交流电度表接线示意图。

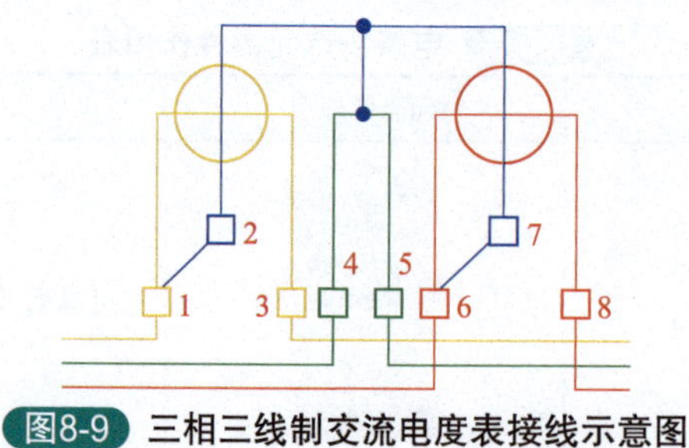

图8-9 三相三线制交流电度表接线示意图

2. 电气控制部件与作用

所选元器件作用表如表 8-4 所示。

表8-4　电路所选元器件作用表

名称	符号	元器件外形	元器件作用
电度表	kWh		计量电气设备所消耗的电能，具有累计功能
断路器	QF		在用电设备发生故障时提供过载和短路保护功能

注：对于元器件的选择，电气参数要符合，具体元器件的型号和外形要根据现场要求和实际配电箱结构选择。

3. 电路接线组装

三相三线制交流电度表的接线电路如图 8-10 所示。

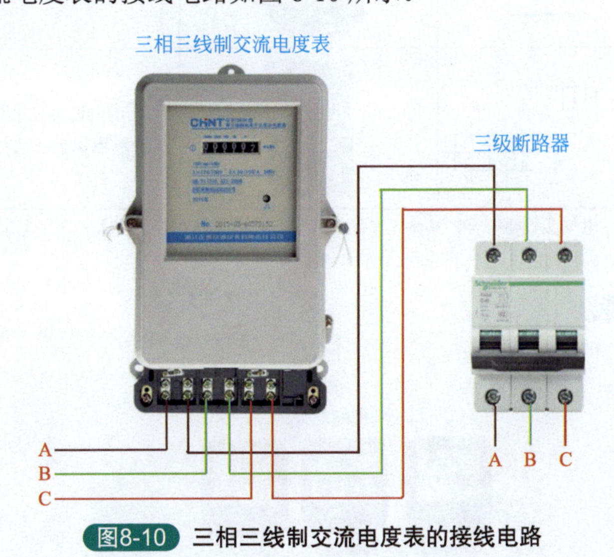

图8-10　三相三线制交流电度表的接线电路

五、单相电度表计量三相电的接线电路

1. 电路原理图与工作原理

单相电度表接线图如图 8-11 所示。火线 1 进 2 出接电压线圈，零线 3 进 4 出。在理解了单相电度表的接线原理及接线方法后，三相电用三个单相电表计量的接线问题也就迎刃而解了，也就是每一相按照单相电度表接线方法接入即可，如图 8-11 所示。

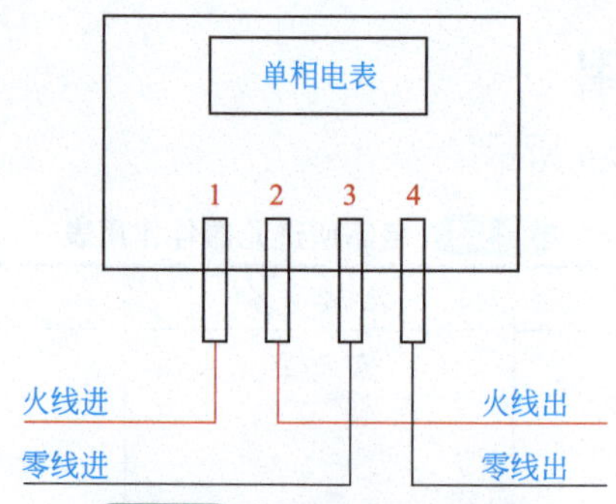

图8-11 单相电度表接线图

2. 电气控制部件与作用

控制线路所选元器件作用表如表 8-5 所示。

表8-5 电路所选元器件作用表

名称	符号	元器件外形	元器件作用
电度表	kWh		计量电气设备所消耗的电能，具有累计功能
漏电保护器	QF 1 3 5 2 4 6		在用电设备发生漏电故障时对有致命危险的人身触电保护，具有过载和短路保护功能

注：对于元器件的选择，电气参数要符合，具体元器件的型号和外形要根据现场要求和实际配电箱结构选择。

3. 电路接线组装

如图 8-12 所示。

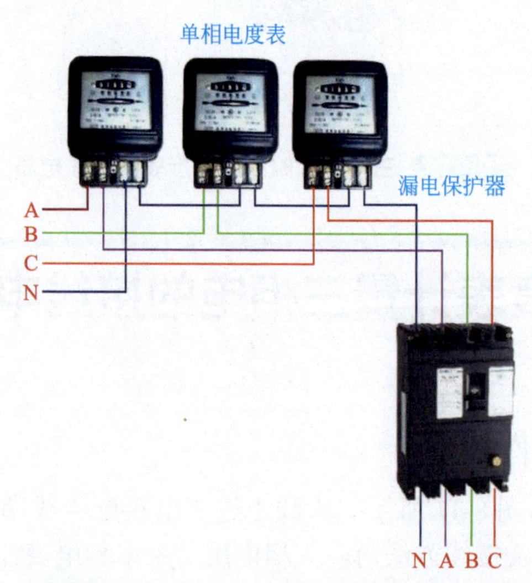

图8-12 单相电度表计量三相电的接线电路

六、三相无功功率测量电路

1. 电路原理图与工作原理

测量三相无功功率的方法包括一表法、两表法和三表法三种。

① 一表法测量三相无功功率电路。如图 8-13（a）所示，把 U_{vw} 加到功率表的电压支路上，电流线圈仍然接在 U 相，这时功率表的读数为 $Q'=U_{vw}I_u\cos(90°-\phi)$。对称三相电路中的无功功率为 $Q=U_LI_L\sin\phi$（U_L、I_L 为线电压与线电流）。只要把上述有功功率表读数 Q' 乘以 $\sqrt{3}$，就可得到对称三相电路的总无功功率。

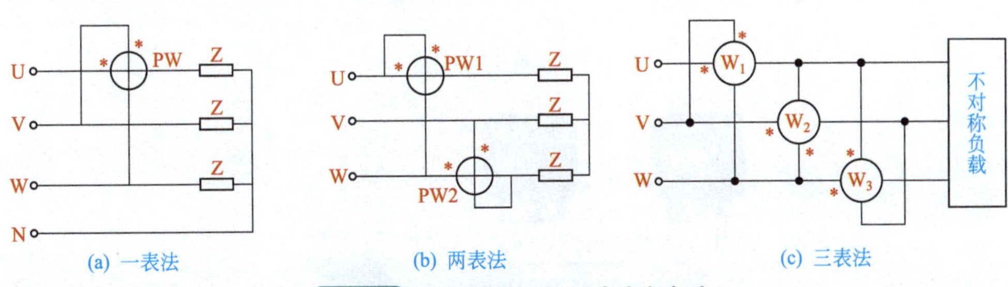

图8-13 三种测量三相无功功率电路

② 两表法测量三相无功功率电路。用两只功率表或三相二元功率表测量三相无功功率的线路如图 8-13（b）所示。得到的三相电路无功功率 $Q=\sqrt{3}/[2(Q_1+Q_2)]$。当电源电压不完全对称时，两表跨相法比一表跨接法误差小，因此实际中常用两表跨相测量三相电路的无功功率。

③ 三表法测量三相无功功率电路。在实际被测电路中，三相负载大部分是不对称的，因此常用三表法测量，其接线如图 8-13（c）所示。三相总无功功率为 $Q=Q_U=1/\sqrt{3}(Q_1+Q_2+Q_3)$，即只要把三只有功功率上的读数相加后再除以$\sqrt{3}$，就得到三相电路的总无功功率。因此，三表法适用于电源对称、负载对称或不对称的三相三线制和三相四线制电路。

2. 电气控制部件与作用

所选元器件作用表如表 8-6 所示。

表8-6 电路所选元器件作用表

名称	符号	元器件外形	元器件作用
无功电度表	kWh		计量用电过程中的无功损耗
电阻	R		用于电路限流、分流、降压，分压，这里作为假负载

注：对于元器件的选择，电气参数要符合，具体元器件的型号和外形要根据现场要求和实际配电箱结构选择。

3. 电路接线组装

三相无功功率测量电路如图 8-14 所示。

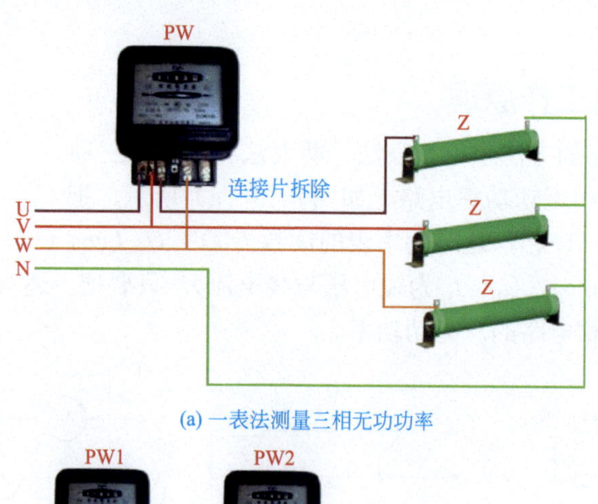

(a) 一表法测量三相无功功率

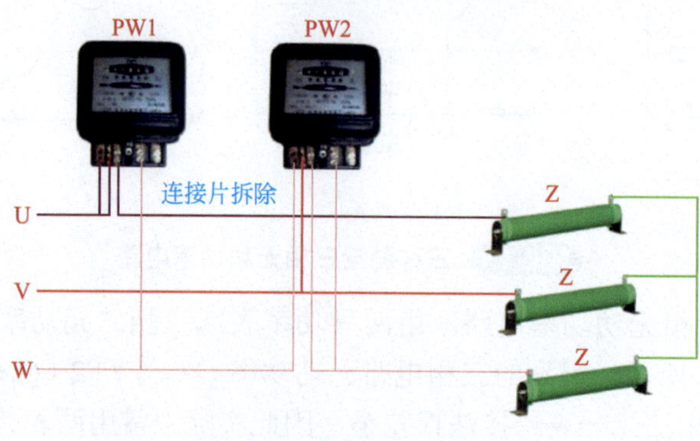

(b) 两表法测量三相无功功率

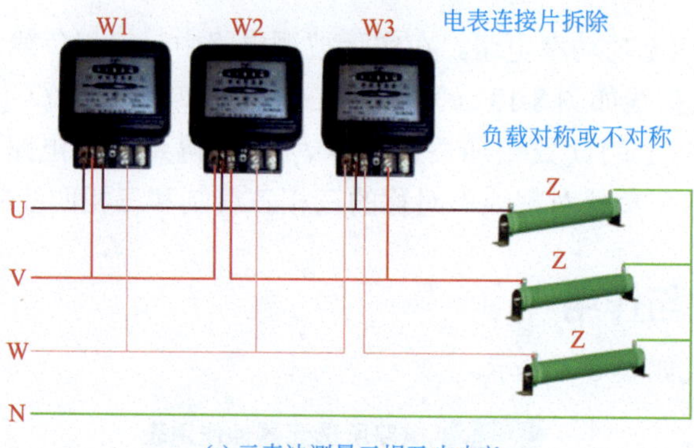

(c) 三表法测量三相无功功率

图8-14 三相无功功率测量电路

七、带互感器电度表接线电路

1. 电路原理图与工作原理

带互感器三相四线制电度表由一块三相电度表配用三只规格相同、比率适当的电流互感器，以扩大电度表量程。

三相四线制电度表带互感器的接法：三只互感器安装在断路器负载侧，三相火线从互感器穿过。互感器和电度表的接线如下：1、4、7 为电流进线，依次接互感器 U、V、W 相电互感器的 S1。3、6、9 为电流出线，依次接互感器 U、V、W 相电互感器的 S2 并接地。2、5、8 为电压接线，依次接 A、B、C 相电。10、11 端子接零线。

接线口诀是：电表孔号 2、5、8 分别接 U、V、W、三相电源，1、3 接 A 相互感器，4、6 接 B 相互感，7、9 接 C 相互感，10、11 接零线，如图 8-15 所示。

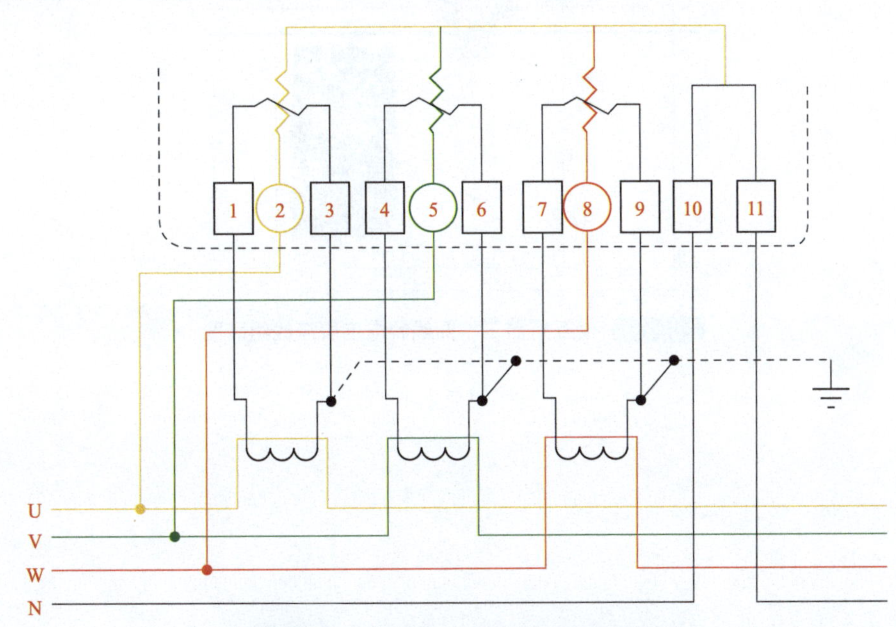

图8-15　带互感器三相四线制电度表接线

三相电度表中如 1、2、4、5、7、8 接线端子之间有连接片时，应事先将连接片拆除。

2. 电气控制部件与作用

电路所选元器件作用表如表 8-7 所示。

表8-7　电路所选元器件作用表

名称	符号	元器件外形	元器件作用
电度表	kWh		计量电气设备所消耗的电能，具有累计功能
电流互感器	QA		依据电磁感应原理，将一次侧大电流转换成二次侧小电流来测量

注：对于元器件的选择，电气参数要符合，具体元器件的型号和外形要根据现场要求和实际配电箱结构选择。

3. 电路接线组装

带互感器三相四线制电度表接线组装如图 8-16 所示。

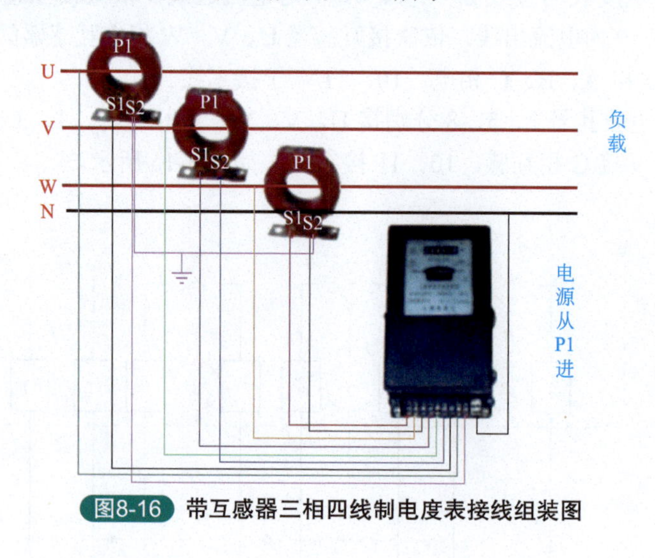

图8-16 带互感器三相四线制电度表接线组装图

第九章
照明电路

日光灯连接电路

1. 电路原理图与工作原理

单只日光灯接线如图 9-1 所示。安装时开关 S 应控制日光灯火线，并且应接在镇流器一端。零线直接接日光灯另一端。日光灯启辉器并接在灯管两端即可。安装时，镇流器、启辉器必须与电源电压、灯管功率相配套。

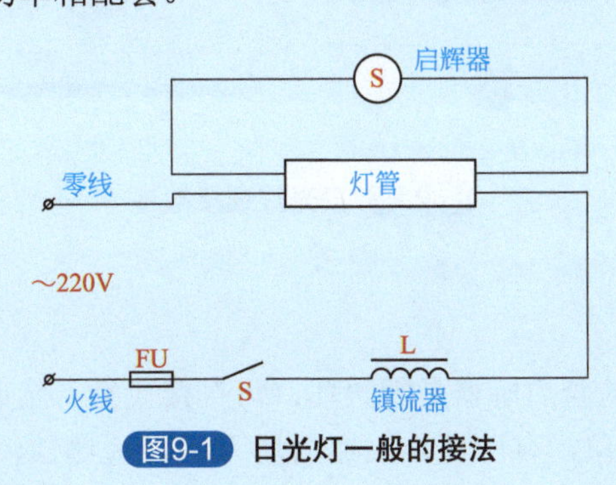

图9-1 日光灯一般的接法

2. 电气控制部件与作用

控制线路所选元器件作用表如表 9-1 所示。

表9-1 电路所选元器件作用表

名称	符号	元器件外形	元器件作用
灯管	YZ —⊗—		灯管通电后发光
电子镇流器			将工频交流电源转换成高频交流电源的变换器

续表

名称	符号	元器件外形	元器件作用
镇流器			可以在启动时产生较高电压，同时可以在日光灯工作时稳定电流
面板开关	S		控制灯的开和关
启辉器	S		启辉器充放电使高电压载入到与镇流器串联的日光灯管上，使之点亮

注：对于元器件的选择，电气参数要符合，具体元器件的型号和外形要根据现场要求和实际配电箱结构选择。

3. 电路接线组装

日光灯连接电路分别如图 9-2 所示。

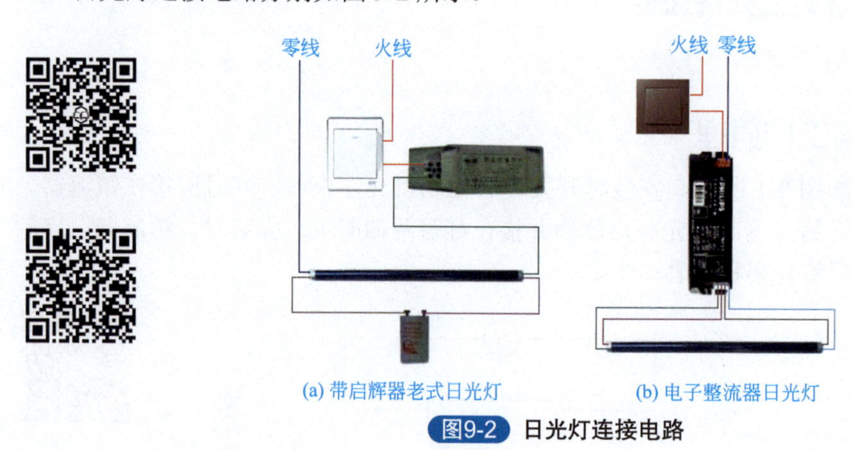

(a) 带启辉器老式日光灯　　(b) 电子整流器日光灯

图9-2 日光灯连接电路

4. 电路调试与检修

日光灯不亮时，首先检查启辉器是否毁坏，可直接代换。然后检查镇流器是否毁坏，首先看镇流器是否有烧毁现象，有应更换，然后用万用表检测镇流器的通断，一般通时为好的。如果启辉器和镇流器没有毁坏，应该去检查灯管的供电，当灯管供电正常，仍不亮时应更换灯管，如果没有供电应该检查开关和保险。

二、双联开关控制一只灯电路

1. 电路原理图与工作原理

双联开关控制一只灯电路接线原理图如图 9-3 所示。

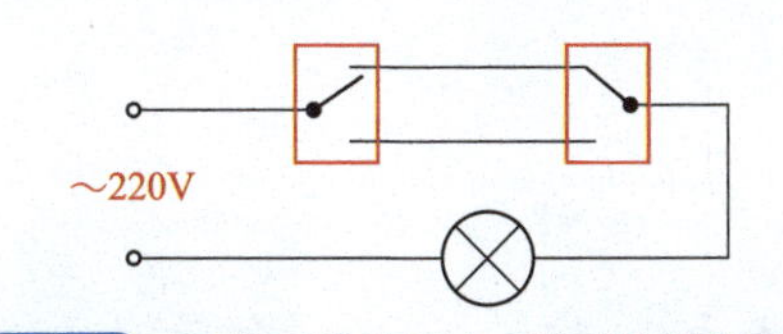

图9-3　双联开关控制白炽灯接线原理图

此电路主要用于两地控制电路。

2. 电气控制部件与作用

所选元器件作用表如表 9-2 所示。

表9-2　电路所选元器件作用表

名称	符号	元器件外形	元器件作用
吸顶灯			通电后发光
单开双控面板开关（单开双联开关）	③SA ① ②		控制灯的开和关

注：对于元器件的选择，电气参数要符合，具体元器件的型号和外形要根据现场要求和实际配电箱结构选择。

3. 电路接线组装

双联开关控制一只灯电路接线如图 9-4 所示。

4. 电路调试与检修

双控开关电路是非常实用的开关控制方式。在检修时，如果灯不亮，可以直接用万用表测量两个开关的接点是否连通，如果按下开关后，相对应的接点不通，说明开关毁坏，应该更换开关。一般情况下直接用万用表测量开关的接点，测出不通的话直接去更换开关，这种电路一旦连接好后故障率很低。

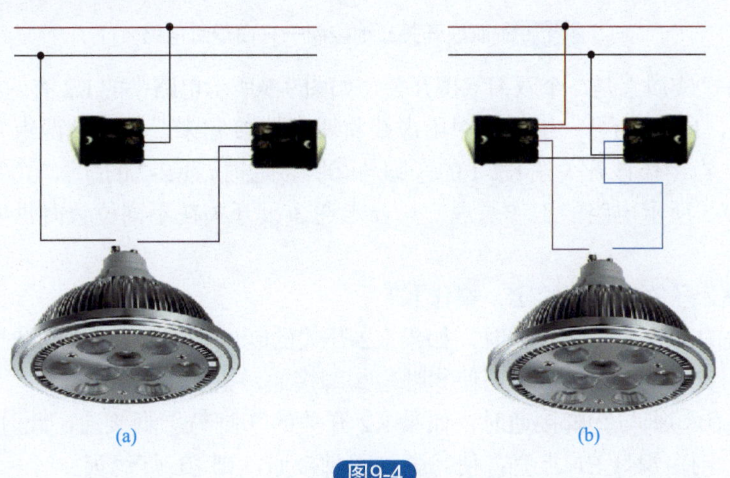

图9-4

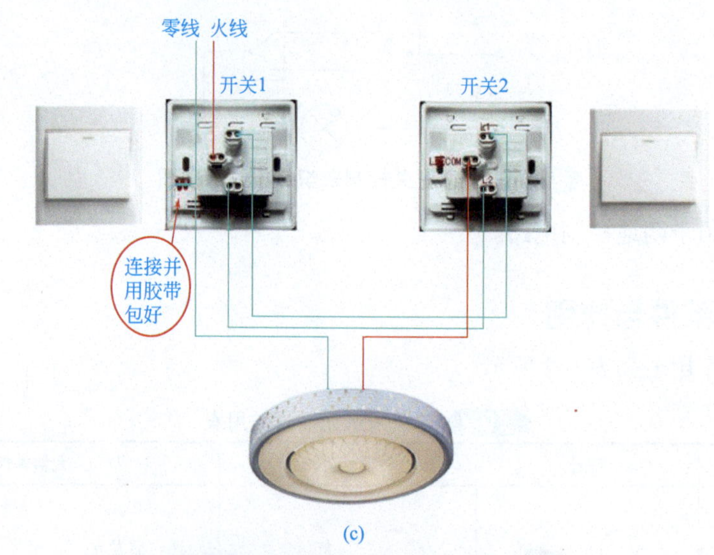

(c)

图9-4 双联开关控制一只灯电路接线

三、多开关三地控制照明灯电路

1. 电路原理图与工作原理

用两只双联开关和一只两位双联开关三地控制一只白炽灯电路如图 9-5 所示。这种电路适用于在三地控制同一只照明灯等。

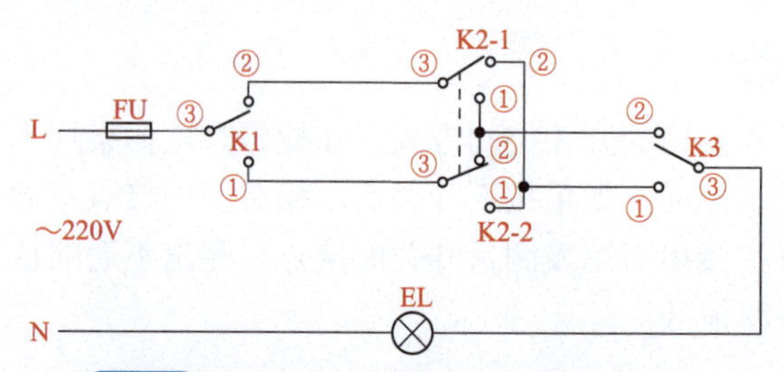

图9-5 双联开关三地控制一只白炽灯电路

两位双联开关实质上是一个双刀双掷开关，如图 9-5 所示电路中的 K2 有两组转换触点，其中 K2-1 为一组，K2-2 为另一组，图中用虚线将两刀连接起来，表示这两组开关是同步切换的。也就是说，当操作该开关使 K2-1 的③脚与②脚接通时，K2-2 的③脚与②脚也同时接通。

要读懂图 9-5 所示电路的工作原理，只要走通 3 只开关在不同位置时供电的走向，就比较清楚了。

(1) K1、K2 开关的位置固定，操作 K3

当 K1 开关的③脚与②脚接通时，如果 K2 开关的③脚与②脚接通，此时操作 K3，使③脚与①脚接通，则白炽灯 EL 点亮；使③脚与②脚接通，则 EL 会熄灭。

当 K1 开关的③脚与②脚接通时，如果 K2 开关的③脚与①脚接通，此时操作 K3，使③脚与②脚接通，则白炽灯 EL 点亮；使③脚与①脚接通，则 EL 灯熄灭。

当K1开关的③脚与①脚接通时，如果K2开关的③脚与①脚接通，此时操作K3，使③脚与①脚接通，则白炽灯EL点亮，使③脚与②脚接通，则EL熄灭。

（2）K3、K1开关位置固定，操作K2

当K3的③脚与②脚处于接通状态时，如果K1的③脚与②脚接通，此时操作K2，使③脚与①脚接通，则EL灯点亮；使③脚与②脚接通，则EL灯熄灭。

当K3的③脚与②脚处于接通状态时，如果K1的③脚与①脚接通，此时操作K2，使③脚与②脚接通，则EL灯点亮；使③脚与①脚接通，则EL灯熄灭。

当K3的③脚与①脚处于接通状态时，如果K1的③脚与②脚接通，此时操作K2，使③脚与②脚接通，则EL灯点亮；使③脚与①脚接通，则EL灯熄灭。

当K3的③脚与①脚处于接通状态时，如果K1的③脚与①脚接通，此时操作K2，使③脚与①脚接通，则EL灯点亮；使③脚与②脚接通，则EL灯熄灭。

（3）K2、K3开关的位置固定，操作K1

当K2的②脚与③脚处于接通状态时，如果K3的②脚与③脚也接通，此时操作K1，使③脚与①脚接通，则EL灯点亮；使③脚与②脚接通，则EL灯熄灭。

当K2的②脚与③脚处于接通状态时，如果K3的①脚与③脚接通，此时操作K1，使③脚与②脚接通，则EL灯点亮；使③脚与①脚接通，则EL灯熄灭。

当K2的③脚与①脚处于接通状态时，如果K3的③脚与②脚接通，此时操作K1，使③脚与②脚接通，则EL灯点亮；使③脚与①脚接通，则EL灯熄灭。

当K2的③脚与①脚处于接通状态时，如果K3的③脚与①脚接通，此时操作K1，使③脚与①脚接通，则EL灯点亮，使③脚与②脚接通，则EL灯熄灭。

2. 电气控制部件与作用

控制线路所选元器件作用表如表9-3所示。

表9-3 电路所选元器件作用表

名称	符号	元器件外形	元器件作用
吸顶灯			通电后发光
两位双联开关	③ ③ S1 S2 ① ② ① ②		控制灯的开和关
单开双联开关	③ SA ① ②		控制灯的开和关

注：对于元器件的选择，电气参数要符合，具体元器件的型号和外形要根据现场要求和实际配电箱结构选择。

3. 电路接线组装

图9-6所示电路中，K2两位双联开关在市面上不太容易买到，实际使用中，也可用两

只一位双联开关进行改制后使用。改制方法很简单，只需如图 9-6（a）所示，将这种两只一位双联开关的内部连线进行适当的连接，也就是把这两只一位双联开关的两个静接点［图 9-6（a）所示电路中的“①”与“②”］用绝缘导线交叉接上，就改装成了一只双位双联开关。不过，这只开关使用时要同时按两个开关才起作用，再按如图 9-6（b）所示接线就可以用于三地同时独立控制一只灯了。为了能实现同时按下两位双联开关 K2、K3，要求开关 K2、K3 采用市面流行的两位双联开关，然后用 502 胶水把两位粘在一起，实现三联开关的作用（图 9-7）。

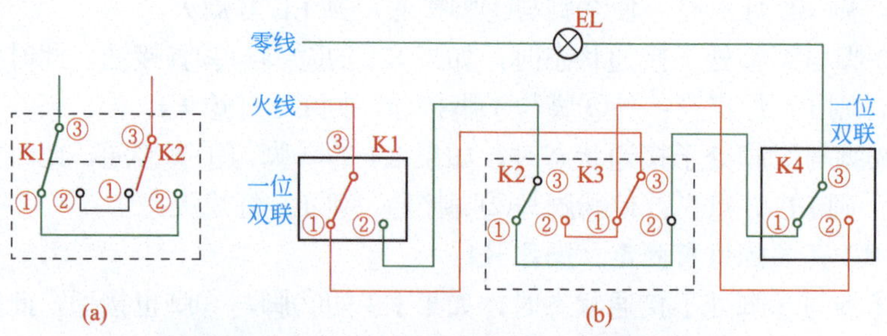

图9-6 两位双联开关的改制及线路连接方法

图9-7 多开关三处控制照明灯电路实物接线图

4. 电路调试与检修

当灯泡不亮时，首先检查灯泡是否毁坏，没有毁坏情况下直接用万用表测量开关两端是否接通，如果没有接通，说明开关毁坏，直接更换开关。

四、多开关多路控制灯电路

1. 电路原理图与工作原理

只要在上述三地控制电路的两位双联开关后面再添一只两位双联开关就可以四地独立控制电路，多地同时独立控制一只灯的电路，可以依据如图 9-8 所示的方式类推。图 9-9 所示就是一种五地独立控制五只灯的电路图。这五只灯泡分别设置在五个地方（如 1 ～ 5 层楼的楼梯走廊里），K1～K5 开关也分别装在五个地方，这样在任何一个地方都可以控制这五只灯泡的亮灭。

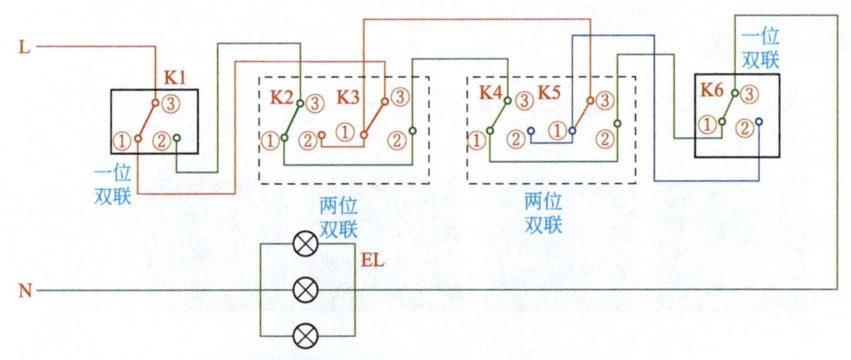

图9-8 四地独立控制三只灯电路

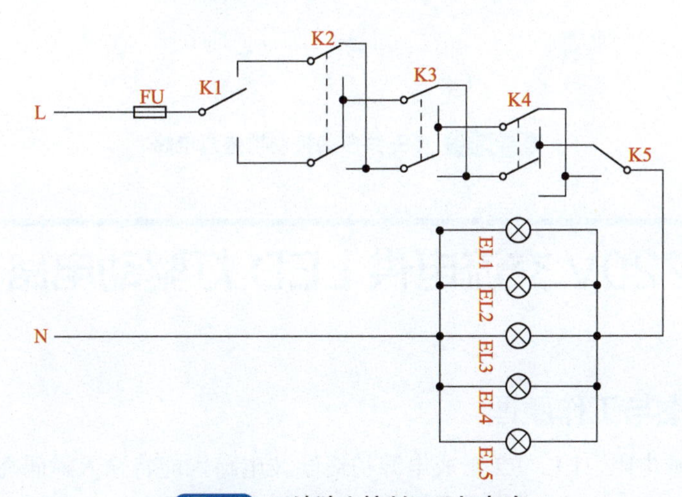

图9-9 五地独立控制五只灯电路

2. 电气控制部件与作用

所选元器件作用表如表 9-4 所示。

表9-4 电路所选元器件作用表

名称	符号	元器件外形	元器件作用
吸顶灯			通电后发光
两位双联开关	S1 S2		控制灯的开和关
单开双联开关	SA		控制灯的开和关

注：对于元器件的选择，电气参数要符合，具体元器件的型号和外形要根据现场要求和实际配电箱结构选择。

3. 电路接线组装

多开关多路控制楼道灯电路如图 9-10 所示。

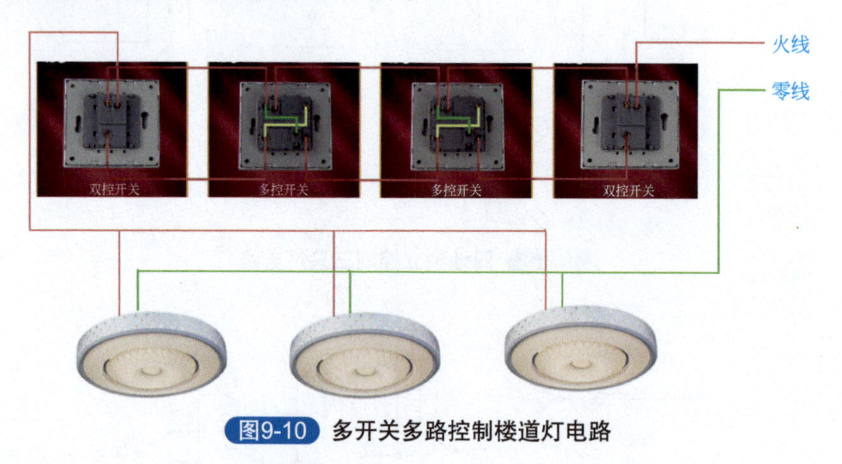

图9-10 多开关多路控制楼道灯电路

五、由 220V 交流电供 LED 灯驱动电路

1. 电路原理图与工作原理

C1、R1、压敏电阻、L1、R2 组成电源初级滤波电路，能将输入瞬间高压滤除；C2、R2 组成降压电路；C3、C4、L2 及压敏电阻组成整流后的滤波电路。此电路采用双重滤波电路，能有效地保护 LED 不被瞬间高压击穿损坏，如图 9-11 所示。

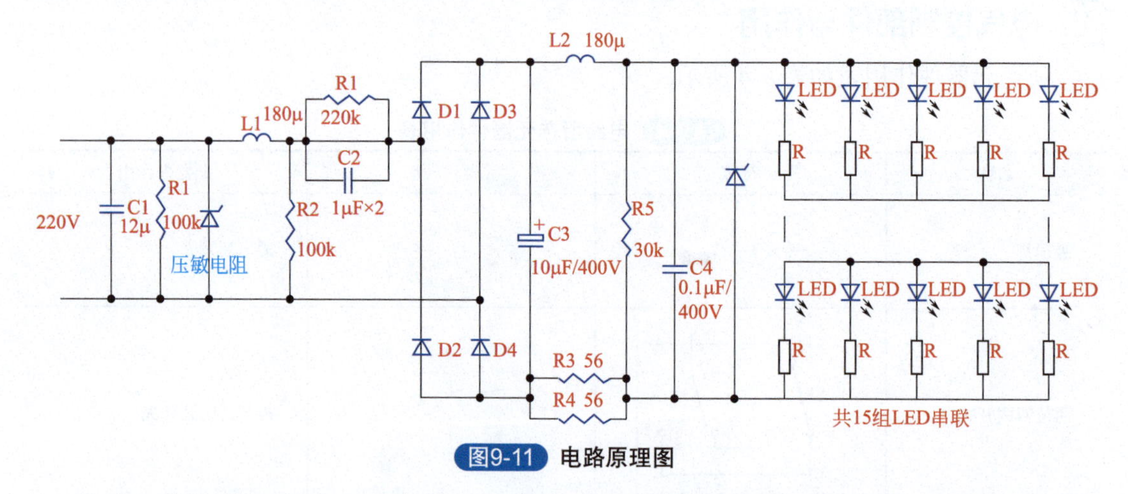

图9-11 电路原理图

这是一款由交流 220V 直接供电的 LED 灯电路。在检修 LED 灯的时候，应该注意的是，首先用万用表检测 220V 输入电压是否正常，只有当 220V 电压输入正常时，才可以认为是 LED 灯电路出现故障，此时应用万用表测量它的输入端阻容降压整流部分及其滤波部分及限流电阻是否正常，当上述元器件完好时，用万用表测量它的输出电压应该是这些串联二极管的总电压值。当电压值正常，LED 灯仍不亮，是 LED 灯柱出现了故障。初学者如果不知

道二极管电阻怎样测量，可以采用直接代换法进行检修，即当测量输出端没电压，输入端有电压，直接代换 R3、R4，也可以参考附录后的知识拓展，扫二维码看视频学习。

2. 电气控制部件与作用

所选元器件作用表如表 9-5 所示。

表9-5 电路所选元器件作用表

名称	符号	元器件外形	元器件作用
LED 灯			通电后发光
驱动控制器			驱动 LED 阵列有规律地发光

注：对于元器件的选择，电气参数要符合，具体元器件的型号和外形要根据现场要求和实际配电箱结构选择。

3. 电路接线

如图 9-12 所示。

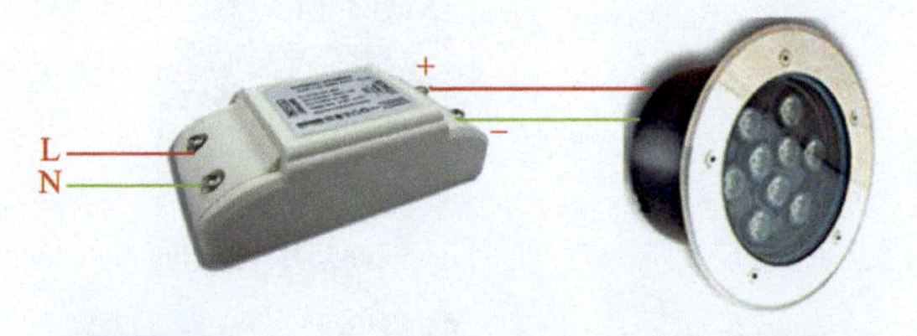

图9-12 由220V交流电供LED灯驱动电路图

六、延时照明控制电路

1. 电路原理图与工作原理

延时照明电路如图 9-13 所示。利用时间继电器进行延时，按下电源开光，延时继电器吸合，灯点亮；定时器开始定时，当定时时间到后，继电器断开，灯熄灭。

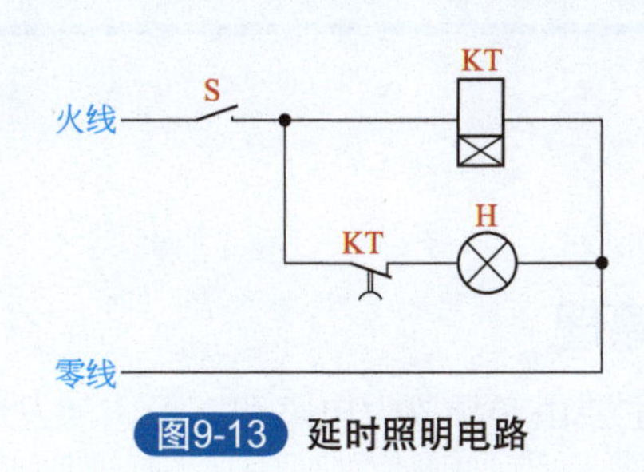

图9-13 延时照明电路

2. 电气控制部件与作用

所选元器件作用表如表 9-6 所示。

表9-6 电路所选元器件作用表

名称	符号	元器件外形	元器件作用
船型开关	S		接通或断开电路
时间继电器	KT		用在较低的电压或较小电流的电路上，用来接通或切断较高电压、较大电流
LED 灯	H		通电后发光

注：对于元器件的选择，电气参数要符合，具体元器件的型号和外形要根据现场要求和实际配电箱结构选择。

3. 电路接线组装

延时时间控制开关电路接线如图 9-14 所示。

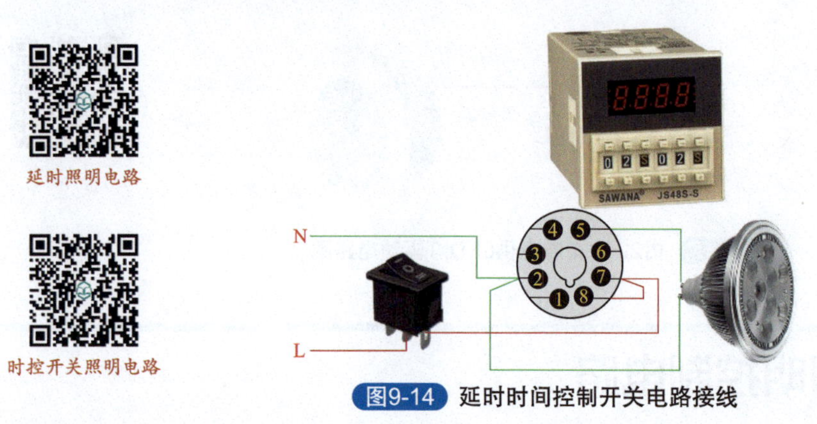

图9-14 延时时间控制开关电路接线

4. 电路调试与检修

延时照明电路当灯不能正常工作时，可采用直接代换法检修时间继电器，一般情况下，继电器带有插座，如怀疑继电器毁坏，可直接用新的代换。

七、声控电路

1. 电路原理图与工作原理

如图 9-15 所示，本电路主要由音频放大电路和双稳态触发电路组成。

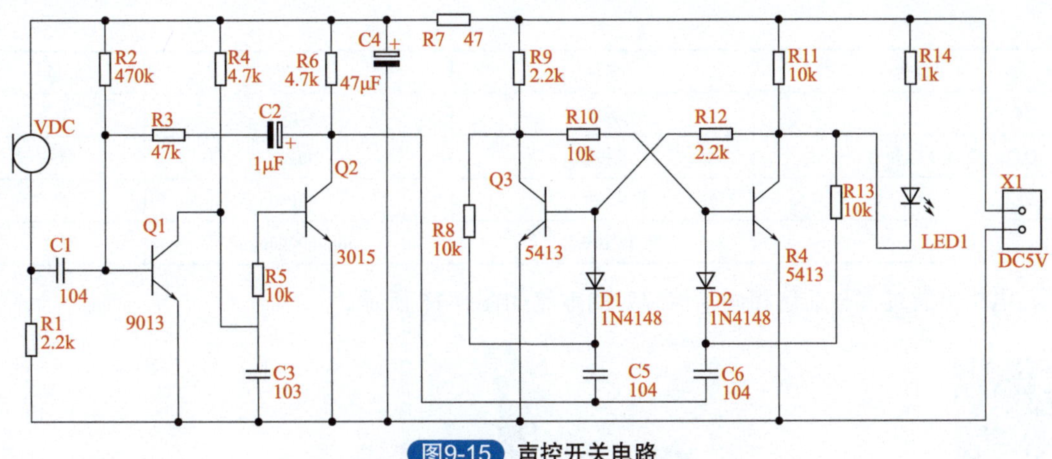

图9-15 声控开关电路

Q1 和 Q2 组成二级音频放大电路，由 MIC 接受的音频信号经 C1 耦合至 Q1 的基极，放大后由集电极直接馈至 Q2 的基极，在 Q2 的集电极得到一负方波，用来触发双稳态电路。R1、C1 将电路频响限制在 3kHz 左右的高灵敏度范围。电源接通时，双稳态电路的状态为 Q4 截止，Q3 饱和，LED1 不亮。当 MIC 接到控制信号，经过两级放大后输出一负方波，经过微分处理后负尖脉冲通过 D1 加至 Q3 的基极，使电路迅速翻转，LED1 被点亮。当 MIC 再次接到控制信号，电路又发生翻转，LED1 熄灭。如果将 LED 回路与其他电路连接，也可以实现对其他电路的声控。

本电路采用直流 5V 电压供电，LED 熄灭时整机电流为 3.4mA，LED 点亮时整机电流为 8.8mA。

2. 电路控制部件与接线组装

材料定额及元件清单见表 9-7。

表9-7 声控开关的材料定额及元件清单

位号	名称	规格	数量
R 1、R 9、R12	电阻	2.2k	3
R 2	电阻	470k	1
R 3	电阻	47k	1
R4、R 6	电阻	4.7k	2
R5、R8、R10、R11、R13	电阻	10k	5
R7	电阻	47	1
R14	电阻	1k	1
D1、D2	二极管	1N4148	2
MIC	驻极体话筒	直径 10mm，高 6mm	1
D3	发光二极管	红色	1
C1、C5、C6	瓷片电容	104	3
C3	瓷片电容	103	1
C2	电解电容	1μF	1

续表

位号	名称	规格	数量
C4	电解电容	47μF	1
Q1、Q2、Q3、Q4	三极管	9013	4
VCC	插针	2P	1
	PCB 板	50mm×28mm	1

电路组装过程与前述相同，组装好的电路如图 9-16 所示。

图9-16 组装好的声控开关电路

八、光控电路

1. 电路原理图与工作原理

如图 9-17 所示，晶闸管 VS 构成照明灯 H 的主回路，控制回路由二极管 VD 和电阻 R、光敏电阻RG、组成分压器构成。VD的作用是为控制回路提供直流电源。白天自然光线较强，RG 呈现低电阻，它与 R 分压的结果使 VS 的门极处于低电平，则 VS 关断，灯 H 不亮；夜幕降临时，照射在 RG 上的自然光线较弱，RG 呈现高电阻，故使 VS 的门极呈高电平，VS 得到正向触发电压而导通，灯 H 点亮。改变 R 的阻值，即改变了它与 RG 的分压比，故可以调整电路的起控点，使 H 在合适的光照度下点亮发光。

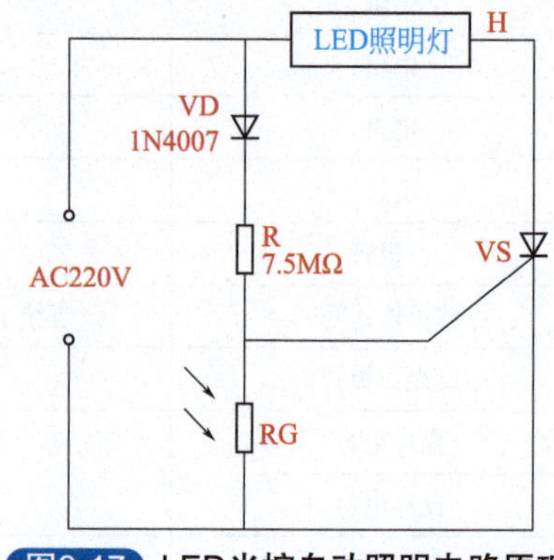

图9-17 LED光控自动照明电路原理

本电路的另一个特点是它具有软启动功能。夜幕降临，自然光线逐渐变弱，RG 的阻值逐渐变大，VS 门极电压也逐渐升高，所以 VS 由阻断态变为导通态要经历一个微导通与弱导通阶段，即 H 有一个逐渐变亮的软启动过程。当 VS 完全导通时，流动 H 的电流也是半波交流电，即灯处于欠压工作状态。这两个因素对延长灯泡使用寿命极为有利。因此，本电路十分适用于路灯、隧道灯，可免去频繁更换灯具的麻烦。

2. 元器件选择

VS：采用触发电流较小的小型塑封单向晶闸管，如 2N6565、3CT101 等。

VD：可用 1N4007、N5108、1N5208 型等硅整流二极管。

RG：可用 MG45 型非密封型光敏电阻，要求亮电阻与暗电阻相差倍数愈大愈好。

R：可用 1/8W 型金属膜或碳膜电阻，阻值为 7.5MΩ。

H：LED 照明灯可以选用 20W 以下灯具。

图 9-18 是此照明灯的印制电路板图。

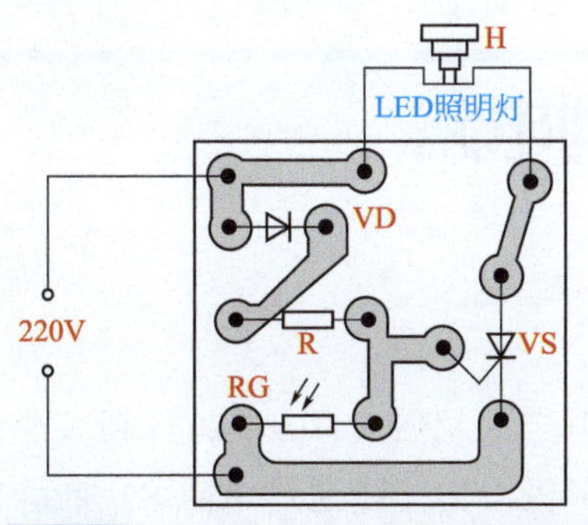

图9-18 LED照明灯的印制电路板图

只要焊接无误，电路一般情况下，不用作任何调试，即可投入使用。如电路起控点不合适，可以适当变更 R 的阻值。若 R 阻值大，则起控灵敏度低，即在环境自然光线比较暗的情况下，LED 灯才点亮；若 R 阻值小，则起控灵敏度高，环境光线稍暗，LED 灯即点亮。

3. 电气控制部件与作用

控制线路所选元器件作用表如表 9-8 所示。

表9-8 电路所选元器件作用表

名称	符号	元器件外形	元器件作用
光控开关	S		根据光照强度接通或断开电路
路灯	H		通电后发光

注：对于元器件的选择，电气参数要符合，具体元器件的型号和外形要根据现场要求和实际配电箱结构选择。

4. 电路接线组装

光控电路接线组装如图 9-19 所示。

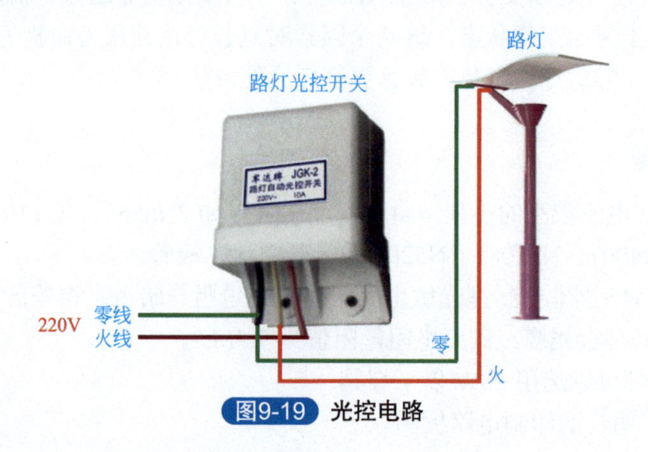

图9-19 光控电路

九、触摸灯控制电路

1. 电路工作原理

如图 9-20 所示，交流市电经二极管 VD1 ～ VD4 桥式整流后，变成脉动直流电，一路直接加到单向晶闸管 VS1 的阳极，另一路通过电阻 R1 加到 VS2 的阳极，平时 VS1 和 VS2 均处于关断状态。

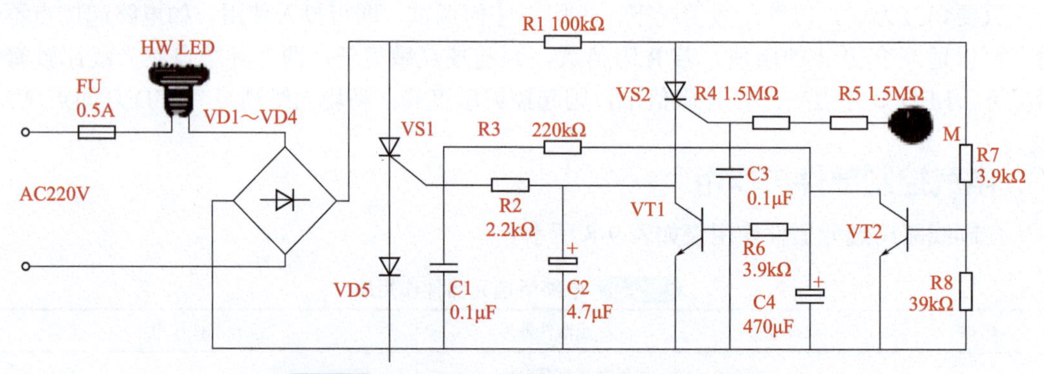

图9-20 LED照明灯触摸式延熄开关电路原理

当手指触摸一下金属片 M 时，人体感应到的信号使 VS2 导通，VS1 也随之导通，对应 LED 照明灯通电发光。二极管 VD5 对电容 C2 起提升电压的作用。VS1 导通后，C2 上的两端电压实测值约为 1.6V。此电压经电阻 R3 向电容 C4 充电。一定时间后，对应三极管 VT1 导通，这时 C2 上的电荷被释放，VS1 关断，HW 熄灭。按图中 R3、C4 的取值，实测延熄时间为 60s。

图中 C1 和 C3 是抗干扰电容，这里与触摸片 M 连接的两个电阻 R4、R5 采用串联方式，目的是提高安全性。

三极管 VT2 为电容 C4 提供放电回路，当延熄结束后，VS1 关断。220V 的直流脉动电压通过电阻 R1、R7 加到 VT2 基极，VT2 饱和导通，C4 上电荷被快速释放，为再次的延时做好准备。

2. 元器件选择

HW：采用 2W 的 LED 成品灯。

FU：普通熔断器，0.5A/250V。

VD1 ～ VD4：硅整流二极管，选用 1N4004、1N4007 等。

VD5：快恢复二极管 FR107。

VS1、VS2：单向晶闸管，为 3CT061、3C5062 等。

VT1、VT2：NPN 型三极管，为 9013、9014。

R1：100kΩ。R2：2.2kΩ。R3：220kΩ。R4、R5：1.5kΩ。R6、R7：3.9kΩ。R8：39kΩ。R1 ～ R8 均为 1/4W 碳膜电阻。

C1：高频瓷片电容，0.1μF/250V。C2：CD11 型电解电容，4.7μF/100V。C3：0.1μF/250V。C4：CD11 型电解电容，470μF/63V。

3. 电气控制部件与作用

所选元器件作用表如表 9-9 所示。

表9-9　电路所选元器件作用表

名称	符号	元器件外形	元器件作用
触摸 开关	S		电子取代机械面板开关的应用，主要用于接通或断开电路
LED 灯	HW		通电后发光

注：对于元器件的选择，电气参数要符合，具体元器件的型号和外形要根据现场要求和实际配电箱结构选择。

十、高压水银灯控制电路

1. 电路原理图与工作原理

高压水银荧光灯应配用瓷质灯座；镇流器的规格必须与荧光灯泡功率一致。灯泡应垂直安装。功率偏大的高压水银灯由于温度高，应装置散热设备。对自镇流水银灯，没有外接镇流器，直接拧到相同规格的瓷灯口上即可，如图 9-21 所示。

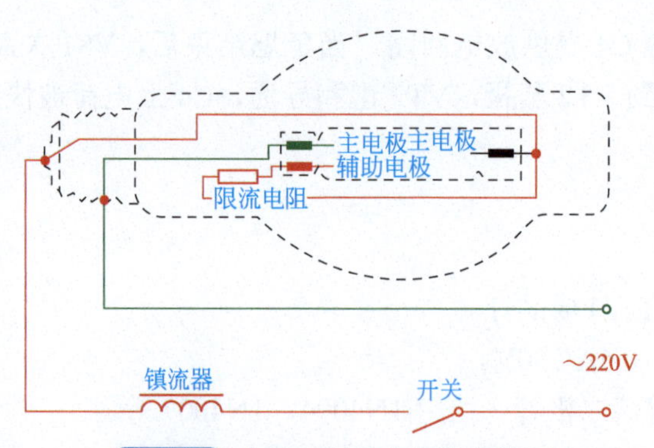

图9-21 高压水银荧光灯的安装图

2. 电气控制部件与作用

控制线路所选元器件作用表如表 9-10 所示。

表9-10 电路所选元器件作用表

名称	符号	元器件外形	元器件作用
面板开关	S		接通和断开电源
水银灯镇流器	L L		起限流作用并产生瞬间高压
水银灯	H		通电后发光

注：对于元器件的选择，电气参数要符合，具体元器件的型号和外形要根据现场要求和实际配电箱结构选择。

3. 电路接线组装

高压水银灯控制电路接线组装如图 9-22 所示。

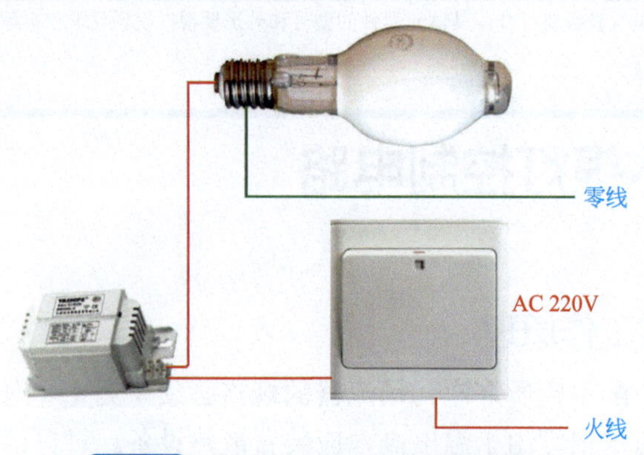

图9-22 高压水银灯控制电路接线组装

十一、单路照明双路互备控制电路

1. 电路原理图与工作原理

如图 9-23 所示是单相照明双路互备自投供电线路，当一号电源无故停电时，备用电源能自动投入。接通 QF1、QF2，电路准备供电，S1、S2 为小型开关，KM1、KM2 为交流接触器。工作时，先合上开关 S1，交流接触器 KM1 吸合，由 1 号电源供电。然后合上开关 S2，因 KM1 以 KM2 互锁，此时 KM2 不会吸合，2 号电源处于备用状态。如果 1 号电源因故断电，交流接触器 KM1 释放，其常闭触头闭合，接通 KM2 线圈电路，KM2 吸合，2 号电源投入供电。也可以先合上开关 S2，后合上开关 S1，使 1 号电源为备用电源。

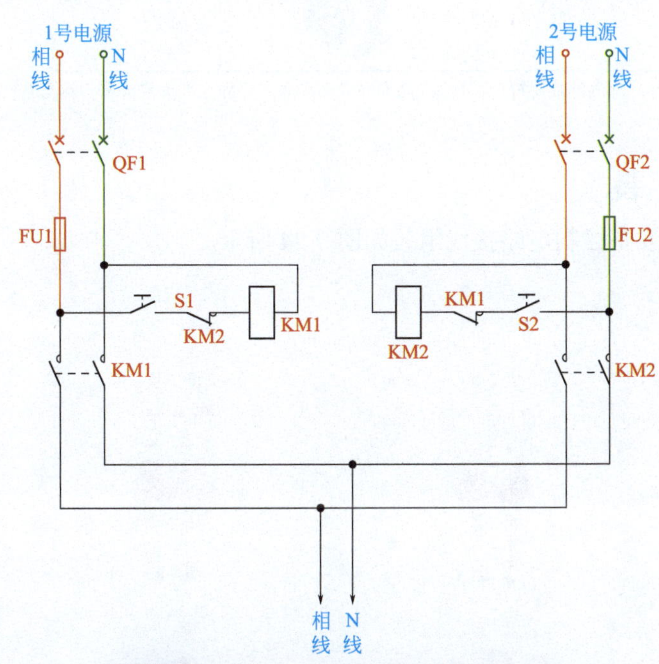

图9-23 单路照明双路互备控制电路原理图

2. 电气控制部件与作用

所选元器件及作用表如表 9-11 所示。

表9-11 电路所选元器件作用表

名称	符号	元器件外形	元器件作用
断路器	QF		主回路过流保护

续表

名称	符号	元器件外形	元器件作用
熔断器	FU		会在电流异常升高到一定的程度的时候，自身熔断切断电流，从而起到保护电路安全运行的作用
二挡旋钮开关	SA		开关手动互锁
交流接触器	KM		快速切断交流主回路的电源，开启或停止设备的工作

注：对于元器件的选择，电气参数要符合，具体元器件的型号和外形要根据现场要求和实际配电箱结构选择。

3. 电路接线组装

单路照明双路互备控制电路接线组装如图 9-24 所示。

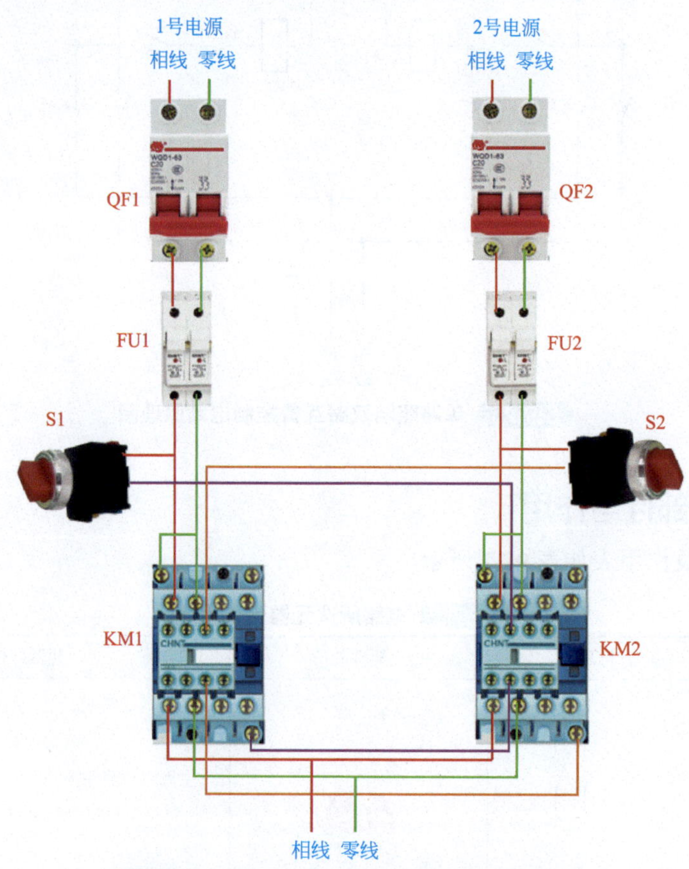

图9-24 单路照明双路互备控制电路电路接线

4. 电路调试与检修

在检修时，首先查输出端有没有输出，查找接触器和按钮开关是否毁坏，如果没有毁坏，直接按动接触按钮看接触器是否能够吸合，如果能吸合仍然没有电，说明接触器的触点毁坏，直接更换接触器触点。当备用电源不能转换时，应检查接触器的触点，触点完好，接触器能够吸合，就能够进行转换。

十二、彩灯控制电路

1. 电路原理图与工作原理

555 定时器是一种模拟和数字功能相结合的集成器件，通过外围元件的简单组合，可以组成许多基本实用的电路，最基本且应用最多的有单稳态触发器、施密特触发器、多谐振荡器三种。

该电路由时基集成电路 NE555 构成的多谐振荡器和 CD4017 十进制计数 / 译码电路组成。电源接通后，经 R1、R2 给电容器 C1 充电，使 C1 逐渐升高，当 6 脚电压约为 1/3VCC 时，3 脚（Q 端）输出为高电平。当上升到约 2/3VCC 时，3 脚输出仍为高电平。当继续上升到略超过 2/3VCC 时，RS 触发器状态发生翻转，3 脚输出为低电平，同时 C1 经 R2 及 7 脚内导通的放电管 VT 到地放电，迅速下降。当下降到略低于 1/3VCC 时，触发器状态又翻转，3 脚输出变为高电平。同时，7 脚内导通的放电管 VT 截止，电容器 C1 再次进行充电，其电位再次上升，一直循环下去。可以看出，通过改变电位器 R2 的电阻值的大小，可以改变振荡器的振荡周期，从而改变 3 脚输出高低电平的转换时间，进而改变流水灯的速度，如图 9-25 所示。

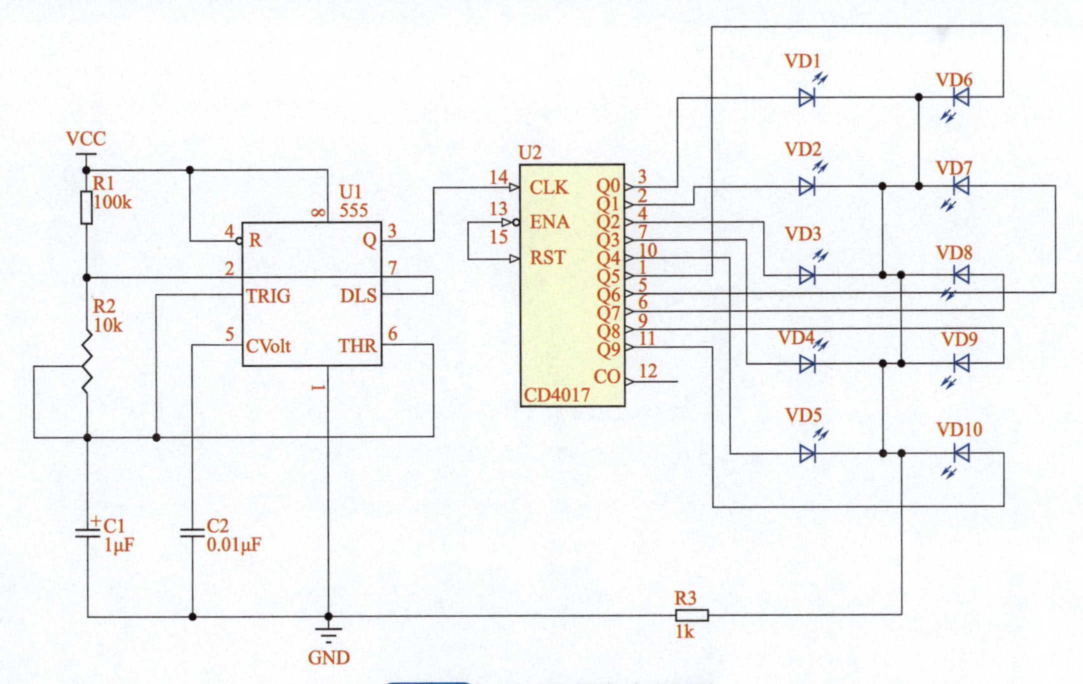

图9-25 555定时器电路原理图

2. 电路调试与检修

当流水灯电路不能够实现流水时，可按以下方式进行检查。首先检查NE555的振荡信号是否送到CD4017，用万用表测量它是否有输出电压，如果NE555输出电压没有高低变化，说明NE555出现了故障，检测它的供电电压是否正常，若供电电压正常，检测外围电容和电阻没有毁坏，可用代换法代换NE555。

当NE555有输出信号后，灯仍然不能够循环，故障应该在CD4017，此时检测CD4017的供电电压，如果电压正常，直接代换CD4017。

当流水灯出现某一路灯不亮，是对应这一路灯的毁坏，直接更换这一路灯就可以了。

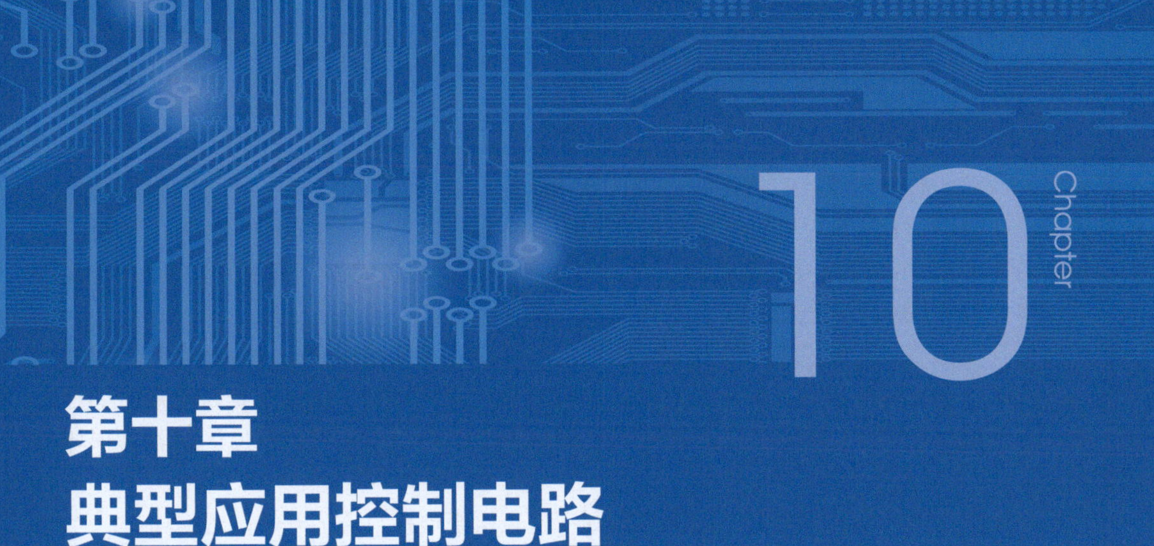

第十章 典型应用控制电路

一、两台水泵一用一备控制电路

1. 电路原理图与工作原理

两台水泵一用一备控制电路如图 10-1 所示。此电路可用于供水、排水工程及消防工程等。

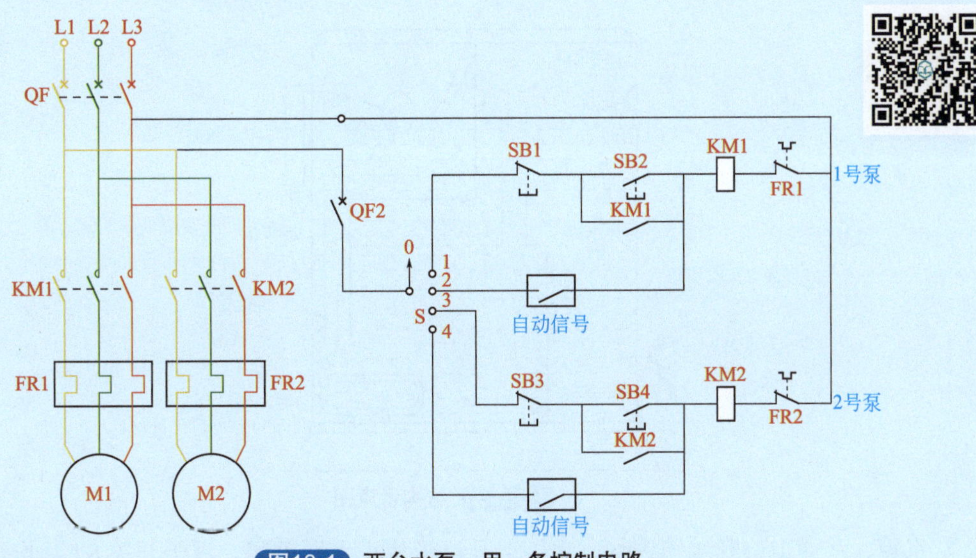

图10-1 两台水泵一用一备控制电路

该电路采用一只五挡开关控制，当挡位开关置于 0 位时，切断所有控制电路电源；当挡位开关置于 1 位时，1 号泵可以进行手动操作启动、停止；当接位开关置于 2 位时，1 号泵可以通过外接电接点压力表送来的信号进行自动控制；当挡位开关置于 3 位时，2 号泵可以进行手动操作启动、停止；当挡位开关置于 4 位时，2 号泵可以通过外接电接点压力表送来的信号进行自动控制。

2. 电路调试与检修

组装完成后，首先检查连接线是否正确，当确认连接线无误后，闭合总开关 QF1，将挡位开关置于 1 位时，1 号泵可以进行手动操作启动，按动启动按钮开关 SB2，此时电动机应能启动，若不能启动，先检查供电是否正常，熔断器是否正常，如都正常则应检查 KM1 线圈回路所串联的各接点开关是否正常，不正常应查找原因，若有损坏应更换。

按照同样方法将挡位开关置于 3 位时，2 号泵可以进行手动操作启动，按动启动按钮开关 SB4，此时电动机应能启动，若不能启动，先检查供电是否正常，熔断器是否正常，如都正常则应检查 KM2 线圈回路所串联的各接点开关是否正常，不正常应查找原因，若有损坏应更换。

当手动操作正常，而自动控制不能工作，则应重点检查电接点压力开关是否损坏。

二、电开水炉加热自动控制电路

1. 电路原理图与工作原理

自动电热开水箱由水箱、水路通道以及电加热控制电路组成。结构示意图如图 10-2 所示；电加热控制电路如图 10-3 所示。

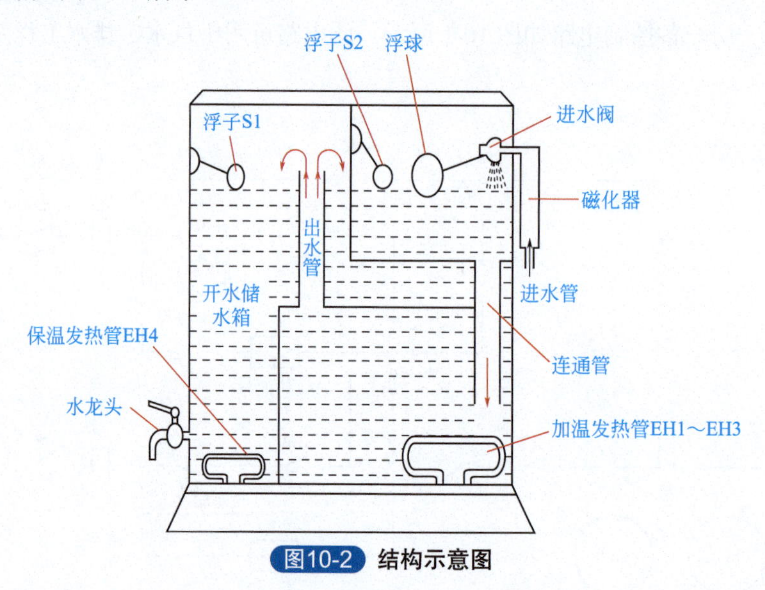

图10-2 结构示意图

水箱、水通道：升水箱进水。水位上升浮子使进水阀关闭。浮子开关 S2 动作。电热管加热，水开后沸水被蒸汽压入储水箱。煮沸储存箱水满时，浮子 S1 动作，恒温电热管工作。保持开水提供饮用。当升水箱水位下降时，浮球下降，进水阀接通加水，如此循环，保证开水的正常供应。

电加热器控制电路：接通 QF，主电路得电。LED1 灯点亮，指示电路接通电源。当升水箱水位达到设定水位时。水位控制开关 S2 闭合。交流接触器 KM1 线圈得电动作。主触头闭合，加热管 EH1 ～ EH3 得电加热，开水进入储水箱。若开水储量不足，则保温电热管

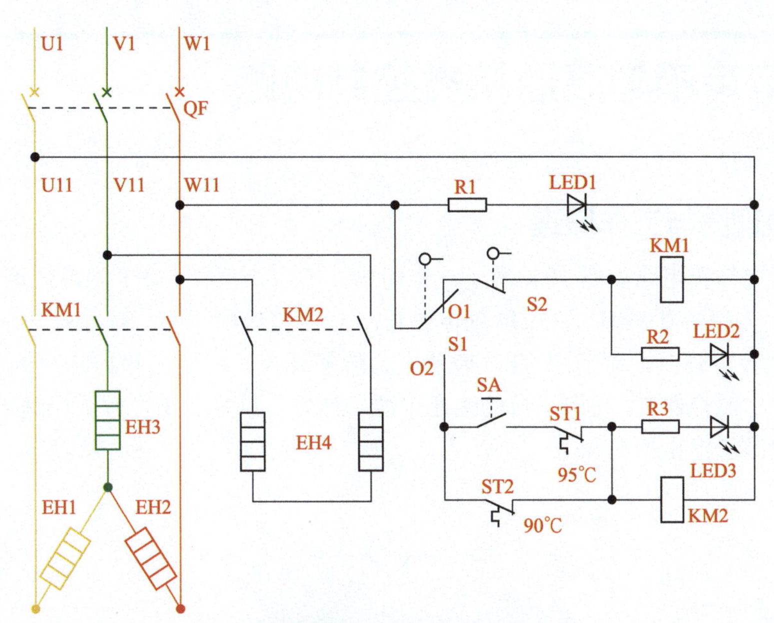

图10-3 电加热控制电路

EH4 不工作，若开水储量达到设定值，S1 动作，触点与 O2 接通。交流接触器 KM1 的线圈断电复位，主触头断开 EH1 ～ EH3 加热管电源，停止加热。此时，交流接触器 KM2 的线圈得电动作，KM2 的触头闭合。EH4 得电投入保温。在保温过程中，开水的温度受温控开关 ST1 与 ST2 控制。低于 ST1 与 ST2 的设定温度时，温控开关自动通电加热；温度高于设定值时，温控开关 ST1 与 ST2 则自动断电，停止加热。

当水箱缺水时，水位开关 S2 自动断开电源，确保加热器在无水或水量不足的情况下立即切断电源。当开水储量不足时，水位开关 S1 也自动断开，保温加热管也不参与加热。SA 为再沸腾按钮开关。

2. 电路调试与检修

不发热，说明电源没接通，电热管不发热。故障原因及维修方法有：一是过流熔丝烧断。找出原因予以排除，更换同规格过流熔丝。二是电热器中有一支电热管烧断。用万用表测量电热器，若有一支电热管直流电阻为无穷大，说明烧断，按原规格更换新的电热管。三是温控器接触不良。用万用表测量温控器，常态下其接触电阻应为零，若为无穷大，说明动静触头烧蚀引起接触不良，用细砂纸打磨两触头，使之恢复正常接触。若严重损坏，应更换新品。四是交流接触器损坏，用万用表测量交流接触器线圈，并检查触点，如有损坏应更换。

加热温度偏低。其原因有两点：一是温控器使用日久，设定温度精度下降。拆开上、下外壳，找出位于外壳与热腔体之间的温控器，逆时针微调温控器调温螺钉，使设定温度适当升高，并在使用中校准所需要的温度。二是电热管损坏，应更换。

温度偏高，沸腾不自停。原因有两点：一是温控器设定温度偏高。顺时针微调温控器调温螺钉，使设定温度降低。二是温控器触头烧结熔合，达到设定温度时动静触头不能分开，电热管一直通电发热，导致温度过高。在熔合处用小刀分开动静触头，再用细砂纸打磨烧结面。若严重烧坏，更换新的同型号温控器。

三、电烤箱与高温箱类控制电路

1. 电路原理图与工作原理

定时调温电烤箱电路如图 10-4 所示。电路中，PT 为定时器，ST 为温控调节器，R 为降压电阻器；HL 为指示灯；EH1 ～ EH4 为电热管；FU 为过热熔断器。S1、S2 为火力选择开关。接通电源，旋转定时器，调节钮 ST，调节火力选择开关，可控制箱内加热温度，当锅体达到加热温度时，温控器 ST 动作，自动接通电源，然后，重复上述过程。当达到定时时间后，定时器切断电源，停止加热。

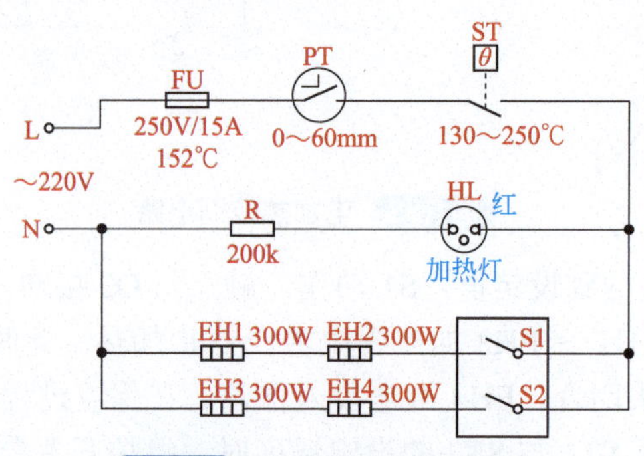

图10-4 定时调温电烤箱电路

为防止电烤箱出现异常发热或其他故障，电路中串有过热熔断器。一旦发热不正常或发生故障，过热熔断器就自动烧断，自动切断电源，起到安全保护作用。

2. 电路调试与检修

（1）接上电源，不发热

不发热，食物不熟，说明电源没接通，电热管不发热。其故障原因及维修方法有：一是过流熔丝烧断。找出原因予以排除，更换同规格过流熔丝。二是电源插头与插座接触不良或损坏，电源线折断等。用万用表交流电压挡测量插座，若无电压，关断电源，用打磨、矫正方法修理插头插座，使之恢复正常接触。检查电源线，若折断，应找出折断点，重新接牢或者更换新的电源线。三是接线盒内相关螺钉松动，导致电源线接头松脱。打开接线盒将松动螺钉拧紧。四是电热器接插端子接触不良或松脱。用细砂纸打磨氧化物，调整插线端子紧固度，重新插牢插线端子。五是电热器中有一支电热管烧断。用万用表测量电热器，若有一支电热管直流电阻为无穷大，说明烧断，按原规格更换新的电热管。六是温控器接触不良。用万用表测量温控器，常态下其接触电阻应为零，若为无穷大，说明动静触头烧蚀引起接触不良，用细砂纸打磨两触头，使之恢复正常接触。若严重损坏，应更换新品。

（2）温度低或温度高

加热温度偏低。其原因有两点：一是温控器使用日久，设定温度精度下降。拆开上、下外壳，找出位于外壳与热腔体之间的温控器，逆时针微调温控器调温螺钉，使设定温度适当升高，并在使用中校准所需要的温度。二是上、下热腔体局部变形，合起来相应部位存在间隙，由此引起跑温。拔出铰链的转轴，轻力移出上热腔体，用细锉刀修磨变形部位，使上、下热腔体吻合。

烘烤温度偏高。原因有两点：一是温控器设定温度偏高。顺时针微调温控器调温螺钉，使设定温度降低。二是温控器触头烧结熔合，达到设定温度时动静触头不能分开，电热管一直通电发热，导致温度过高。在熔合处用小刀分开动静触头，再用细砂纸打磨烧结面。若严重烧坏，更换新的同型号温控器。

知识拓展：带温度显示的烤箱类温度控制电路

图 10-5 所示为一款带温度显示的温控电路，图 10-6 为温控仪的接线端子图。

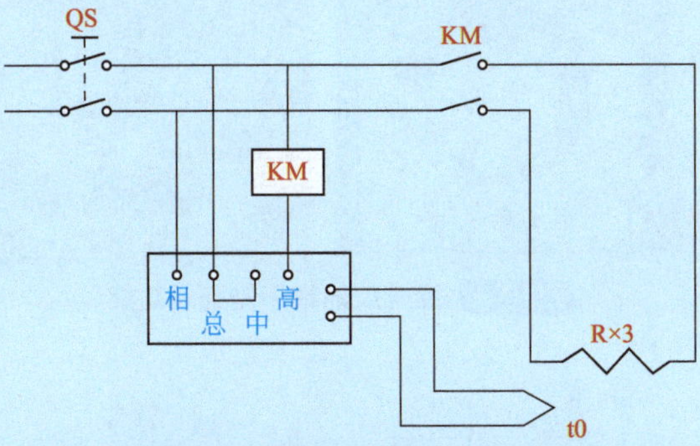

图10-5　带温度显示的温控电路图

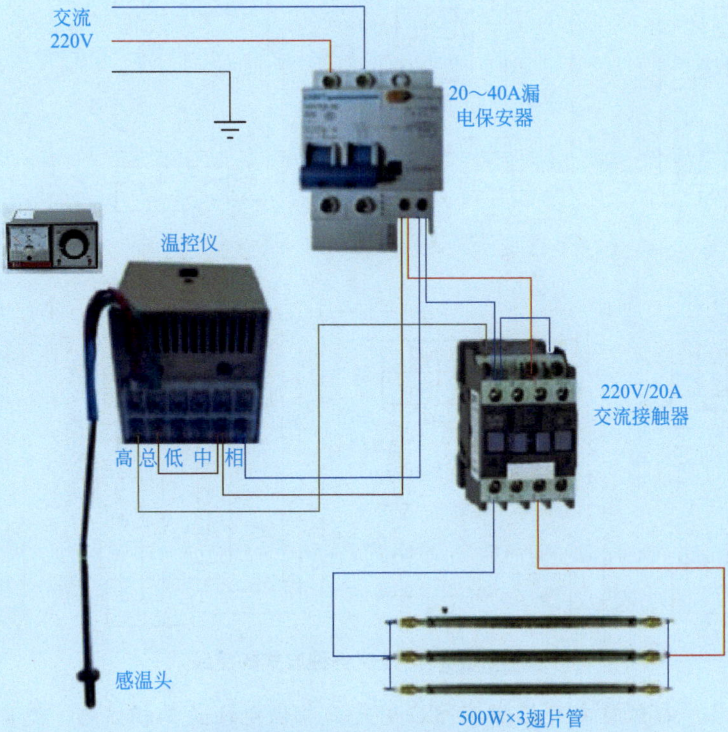

图10-6　温控仪的接线端子图

电路中为了使用大功率加热器，使用交流接触器控制，根据使用的电源确定交流接触器线圈电压，一般为220V/380V，图中加热管为220V，如果使用380V供电，可以将电热管接成Y形，如果是380V接热管，接成三角形即可。

受温度器控制，当温度到达设定值高或低限值时，温控器会控制交流接触器接通或断开，从而控制加热器工作，达到温控目的。

温控仪的端子排列及功能如图10-7所示；温控仪各种方式的接线如图10-8所示。

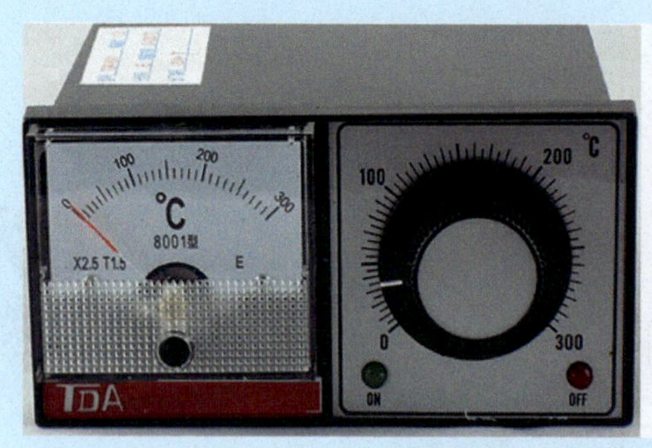

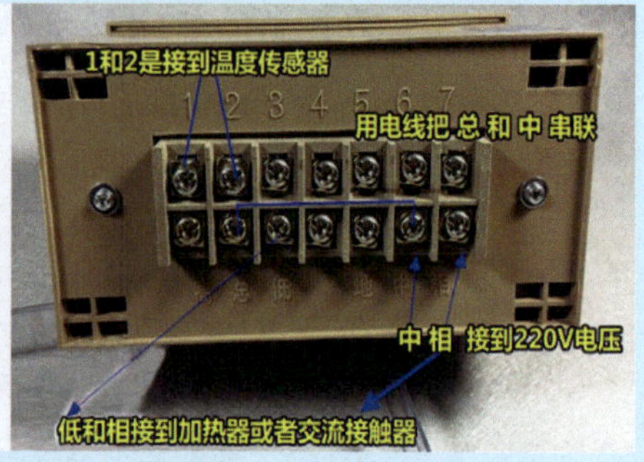

图10-7 温控仪的端子排列及功能

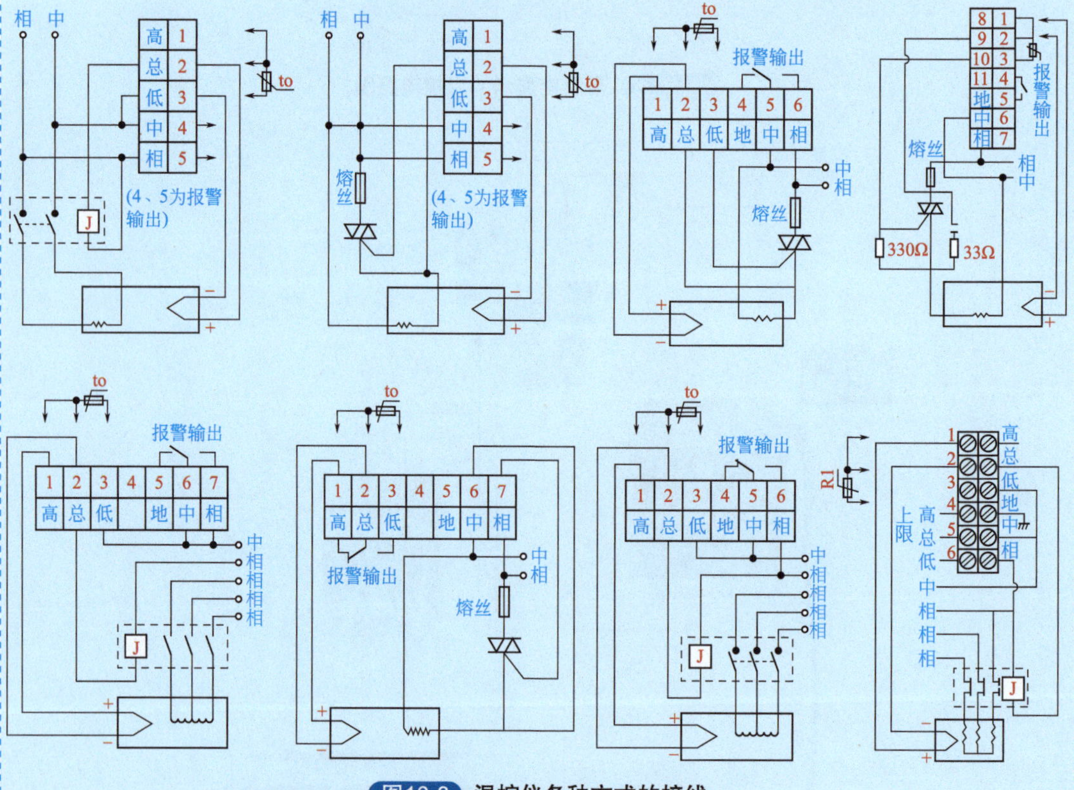

图10-8 温控仪各种方式的接线

图中的各种接线方式可根据实际应用是三相供电还是单相供电，选用继电器或可控硅接线方式，只要正确接线即可正常工作。

四、压力自动控制（气泵）电路

1. 电路原理图与工作原理

如图 10-9 所示。

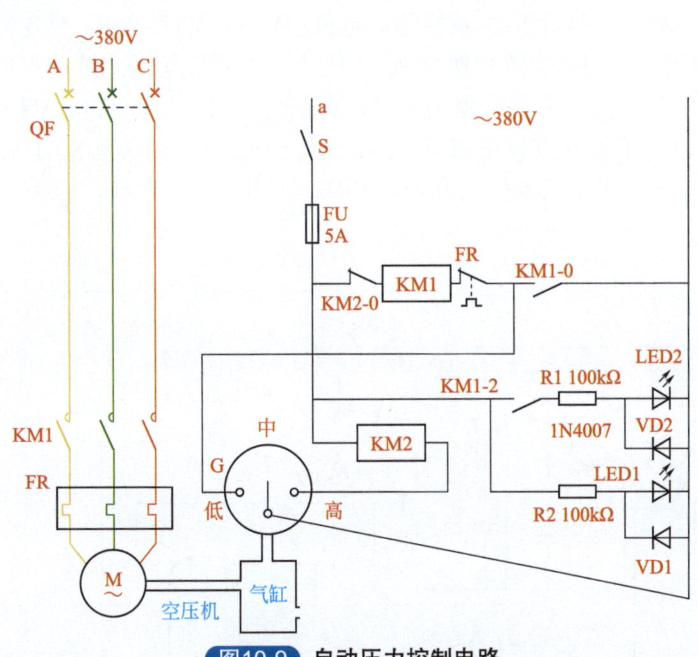

图10-9 自动压力控制电路

电路工作原理：闭合自动开关 QF 及开关 S 接通，电源给控制器供电。当气缸内空气压力下降到电接点压力表“G”（低点）整定值以下时，表的指针使“中”点与“低”点接通，交流接触器 KM1 通电吸合并自锁，气泵 M 启动运转，红色指示灯 LED 亮，绿色指示灯 LED2 点亮，气泵开始往气缸里输送空气（逆止阀门打开，空气流入气缸内）。气缸内的空气压力也逐渐增大，使表的“中”点与“高”点接通，继电器 KM2 通电吸合，其常闭触点 KM2-0 断开，切断交流接触器 KM1 线圈供电，KM1 即失电释放，气泵 M 停止运转，LED2 熄灭，逆止阀门闭上。假设喷漆时，手拿喷枪端，则压力开关打开，关闭后气门开关自动闭上；当气泵气缸内的压力下降到整定值以下时，气泵 M 又启动运转。如此周而复始，使气泵气缸内的压力稳定在整定值范围，满足喷漆用气的需要。

2. 电路调试与检修

组装完成后，首先检查连接线是否正确，当确认连接线无误后，闭合总开关 QF 及 S，泵应能启动，若不能启动，先检查供电是否正常，熔断器是否正常，如都正常则应检查 KM1 线圈回路所串联的各接点开关是否正常，不正常应查找原因，若有损坏应更换。

闭合总开关 QF 及 S，泵可能启动，但压力达到后不能自停，应主要检查电接点压力开关及 KM2 电路元件，不正常应查找原因，若有损坏应更换。

五、高层补水全自动控制水池水位抽水电路

1. 电路原理图与工作原理

晶体管全自动控制水池水位抽水电路可广泛应用于楼房高层供水系统，如图10-10所示。当水箱位高于C点时，三极管VT2基极接高电位，VT1、VT2导通，继电器KA1得电动作，使继电器KA2也吸合，因此交流接触器KM1吸合，电动机运行，带动水泵抽水。此时，水位虽下降至c点以下，但由于继电器KA1触点闭合，故仍能使VT1、VT2导通，水泵继续抽水。只有当水位下降到b点以下时，VT1、VT2才截止，继电器KA1失电释放，使水箱无水时停止向外抽水。当水箱水位上升到c点时，再重复上述过程。

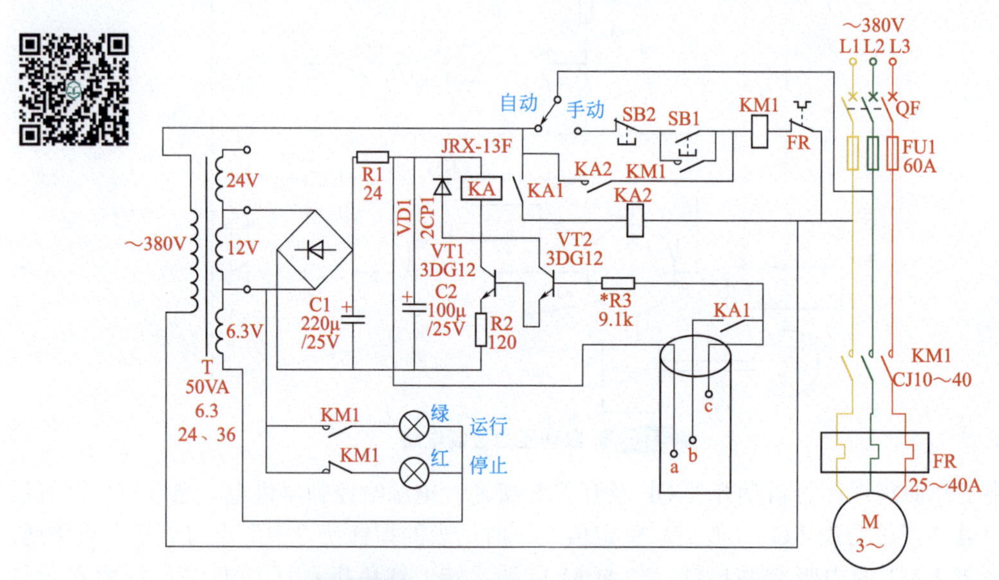

图10-10 晶体管全自动控制水池水位抽水电路

变压器可选用50VA行灯变压器，为保护继电器KA1触点不被烧坏，加了一个中间继电器。在使用中，如维修自动水位控制线路可把开关拨到手动位置，这样可暂时用手动操作启停电动机。

2. 电路调试与检修

检修分两部分：

一是主电路部分，可以直接接通QF，按压开关SB1，看KM1线圈是否能够通电，当KM1能够通电时，主电路水泵应可以旋转，若水泵不能旋转，检查热保护FR，若热保护没有毁坏，应检查水泵电动机。

二是控制电路部分，主电路工作正常，电路仍不能正常工作，应该是控制电路故障，应该接通QF，直接检测变压器的输出电压，看是否有输出电压，然后测量整流输出，如果整流输出电压正常，电路仍不能正常工作，应用万用表检测三极管是否毁坏，液位接点是否能够正常工作，中间继电器KA和KM1的接点是否正常工作。

六、电接点无塔压力供水自动控制电路

1. 电路原理图与工作原理

如图 10-11 所示，将手动、自动转换开关拨到自动位置，在水罐里面压力处于下限或零值时，电接点压力表动触点接通接触器 KM 线圈，接触器主触点动作并自锁，电动机水泵运转，向水罐注水，与此同时，串接在电接点压力表和中间继电器之间的接触器动合辅助触点闭合。当水罐内压力达到设定上限值时，电接点压力表动触点接通中间继电器 KA 线圈，KA 吸合，其动断触点断开接触器 KM 线圈回路，使电动机停转，停止注水。手动控制同上。

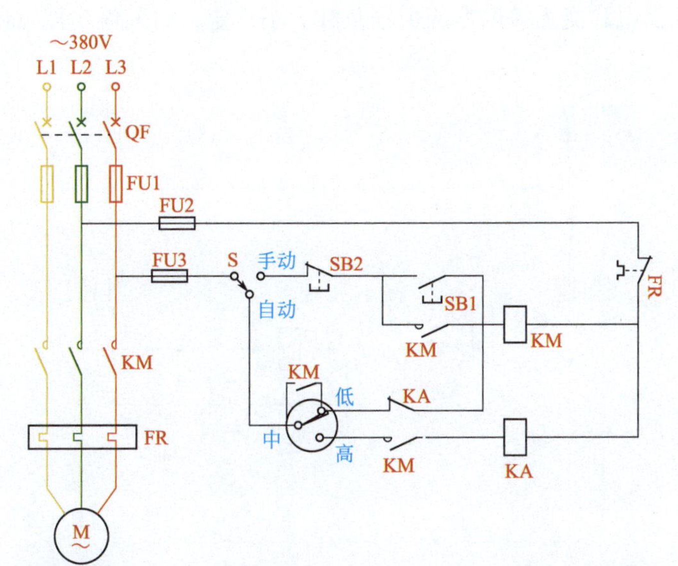

图10-11 用一只中间继电器的电接点压力表无塔供水控制线路

2. 电路调试与检修

不能正常工作时可分手动和自动控制检修。

手动控制检修时首先把开关放至手动位置，用手动控制看水泵是否可以正常工作，如果手动不能正常工作，主要检查控制开关 SB2、启动开关 SB1、交流接触器 KM 是否毁坏，线圈是否断开，接点是否接触不良，热保护 FR 是否毁坏。如果这些元件都完好，电动机仍不能够正常旋转，接通总开关 QF，用万用表检测输出电压，如果没有输出电压应该是熔断器熔断，有输出电压则检测 KM 的输出电压，检测 FR 的输出电压，直到检测电动机的输入端；有输入电压，说明水泵出现问题。

当手动控制电路工作正常时，自动控制电路不能工作，主要检查电接点压力开关、中间接电器 KA 是否毁坏，只要电接点压力开关无毁坏现象，中间接电器 KA 没有毁坏现象，自动控制电路就可以正常工作；如发现电接点压力开关毁坏或中间继电器毁坏，应该更换器件。

七、双路三相电源自投控制电路

1. 电路原理图与工作原理

如图 10-12 所示是一双路三相电源自投线路。用电时可同时合上开关 QF1 和 QF2，KM1 常闭触点断开了 KT 时间继电器的电源，向负载供电。当甲电源因故停电时，KM1 交流接触器释放，这时 KM1 常闭触点闭合，接通时间继电器 KT 线圈上的电源，时间继电器经延时数秒钟后，使 KT 延时常开点闭合，KM2 得电吸合，并自锁。由于 KM2 的吸合，其常闭点一方面断开延时继电器线电源，另一方面又断开 KM1 线圈的电源回路，使甲电源停止供电，保证乙电源进行正常供电。乙电源工作一段时间停电后，KM2 常闭点会自动接通线圈 KM1 的电源换为甲电源供电。交流接触器应根据负载大小选定；时间继电器可用 0 ～ 60s 的交流时间继电器。

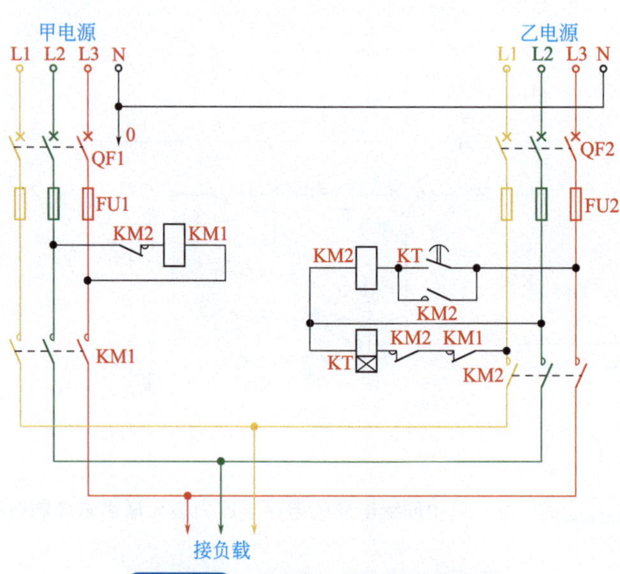

图10-12 一双路三相电源自投线路

2. 电路调试与检修

当电路不能够备用转换，主要检查接触器和 KT 时间继电器是否有毁坏的现象，如毁坏，应更换 KM2、KM1、KT。

八、木工电刨子控制电路

1. 电路原理图与工作原理

市场上购买的三相倒顺开关，一般用于三相电动机正反转控制。电刨上单相电动机正反向控制时，应作如下改动：打开外罩，卸掉胶木盖板，露出 9 个接线端子，该端子分别用 1 ～ 9 表示，如图 10-13 所示。接线端子之间原有三根连接线，我们把交叉连接的一根（2、7 之间）拆掉，另两根保留，再按照图示在端子 2 和 3 之间、6 和 7 之间各连接一根导线。至此，倒顺开关内部连接完毕。再把电动机工作线圈的两个端头 T1、T3 分别接到端子 4、5 上，启动回路的两个端头 T2、T4 接到端子 1、7 上，最后在倒顺开关的 1、2 端子上接入 220V 交流电源（1 端子接零线，2 端子接火线），电刨便能够很方便地进行倒转、正转和停车操作了。

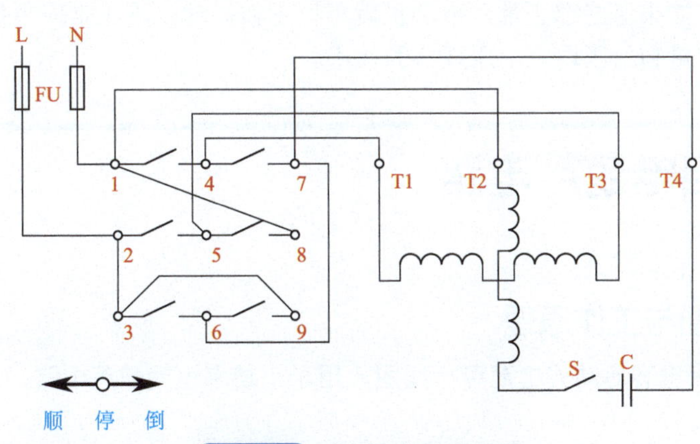

图10-13 电刨子电路原理图

2. 电路接线组装

电路接线如图 10-14 所示。

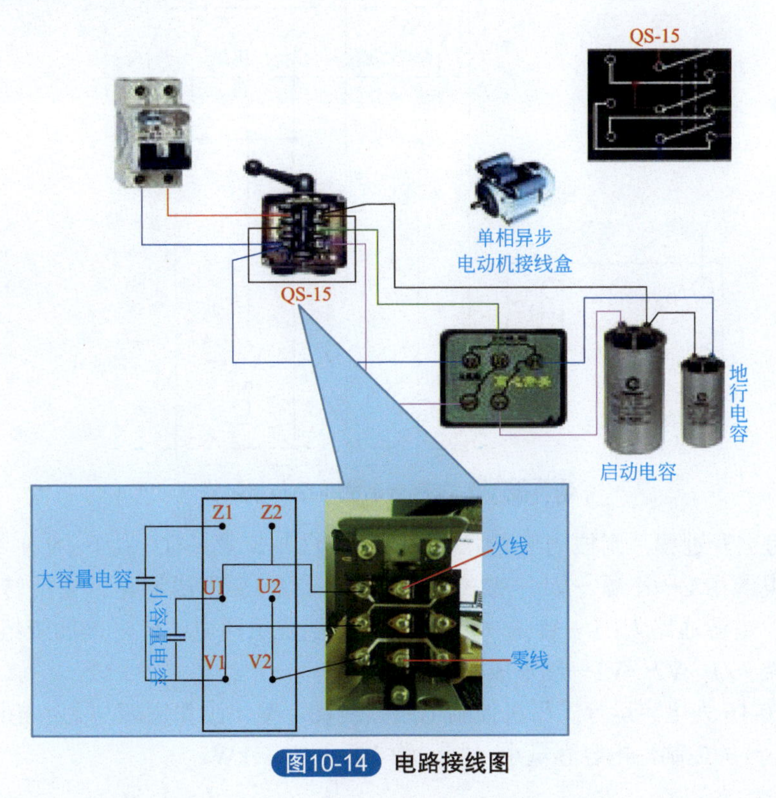

图10-14 电路接线图

3. 电路调试与检修

当电刨不能够运转时，用万用表检测开关的输入端是否有电压，如用万用表检测转换开关的输出电压，如果转换开关的输出端没有电压，直接检查输入开关是否毁坏，一般拆开转换开关，可直接观察各触点是否毁坏。如果转换开关有输出电压，故障主要集中在电动机，用万用表检测电动机的绕组是否毁坏，检查主绕组的阻值，如果主绕组断了，说明电动机毁坏。

当电动机接通电源后，有“嗡嗡”声，但是不能启动，主要查看启动电容、内部的离心开关和启动线圈，如果这些都正常，电动机就可以正常启动，不正常应更换，更换电容时应该注意电容相对容量和耐压均应用原规格的代用。

九、单相电葫芦电路

1. 电路原理图与工作原理

（1）图 10-15 为电容启动式电葫芦接线图，用于小功率电动葫芦电路，启动电容约 150 ～ 200μF/kW。

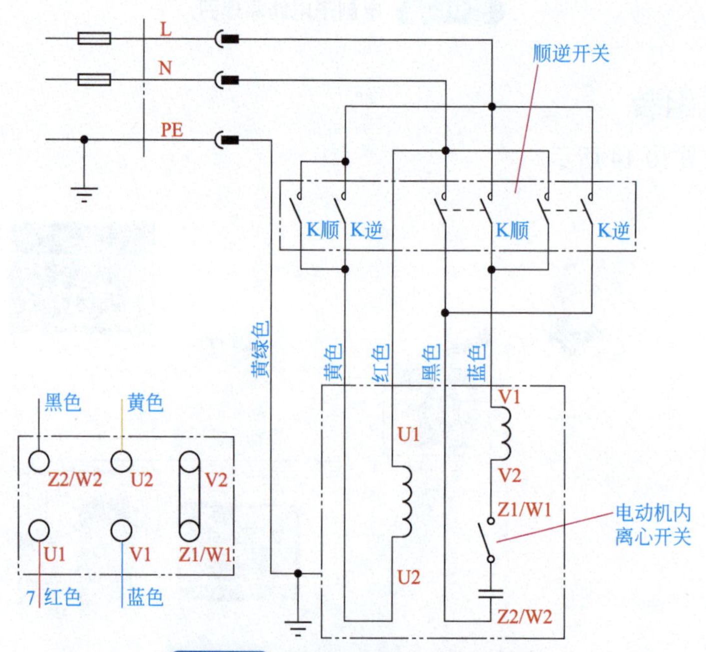

图10-15 电容启动式电葫芦接线图

设正转为上升过程，则按动 K 顺，电源通路为 L—K 顺—U2—U1—N 主绕组通电；此时辅助绕组电源由 L—K 顺—V1—V2—Z1—电容—Z2—N 形成通路。设反转为下降过程，则按动 K 逆，电源通路为：L—K 逆—U2—U1—N 主绕组通电；此时辅助绕组电源由 L—K 逆—Z2—电容—ZI—V2—V1—N 形成通路。

（2）图 10-16 为电容运行式吊机控制电路接线图，基本工作原理与上述相同，电动机内部只是无离心开关控制，电容容量小一些，约 30 ～ 40μF/kW。

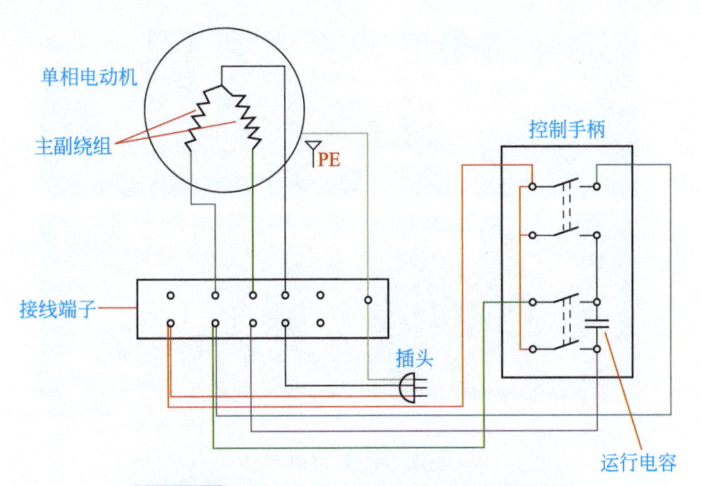

图10-16 电容运行式吊机控制电路接线图

（3）图 10-17 为双电容启动运行式，电路接线就是上面两个电路的组合。

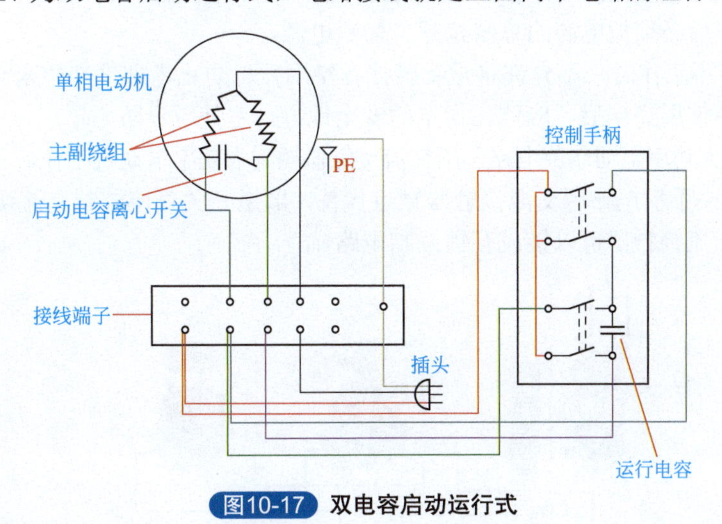

图10-17 双电容启动运行式

2. 单相电动葫芦维修

① 首先用万用表测电阻，从电动葫芦电动机里出来的三根线，有一根是公共端进线，另外两根是绕组的进线。一般主副两绕组进线和公共端线的电阻是一样大的。电动机至少是 4 线或 6 线的多为电容启动或电容运行的，测阻值一样大的不分主副绕组，不一样的分主副绕组。测量过程见前面内容。

② 电动葫芦接线主要是葫芦主体和手柄的操作，一般情况下，操作手柄上设有四、五或六个按钮开关，分别是红、绿和四个方向键，葫芦上有接线端子排，也就是用于连接葫芦主体与手柄的地方，根据线所对应的颜色，进行接线即可。如图 10-18 所示为五键手柄。

③ 注意事项

a. 新安装或经拆检后安装的电动葫芦，应进行空车试运转数次。未安装完毕前，切忌通电试转。

b. 电动葫芦使用中，绝对禁止在不允许的环境下，以及超过额定负荷和每小时额定合闸次数（120 次）情况下使用。

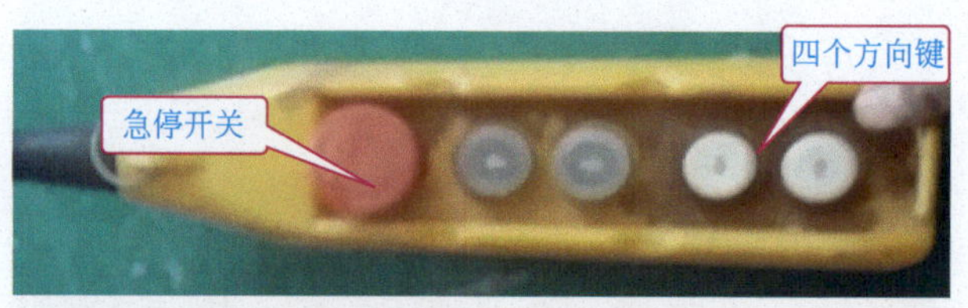

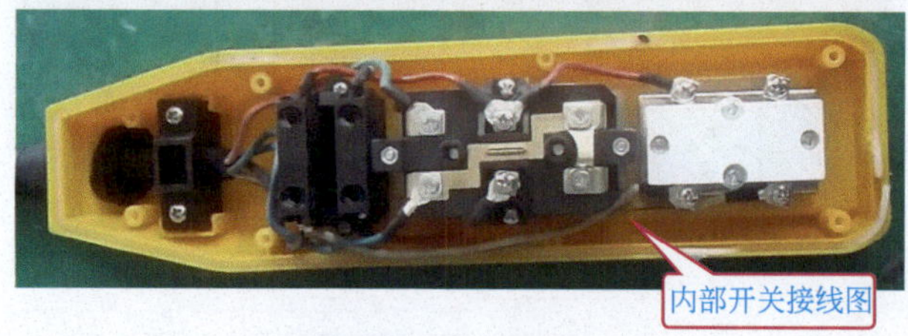

图10-18 五键手柄

c. 不允许同时按动两个使电动葫芦按相反方向运动的手电门按钮开关。

d. 电动葫芦应由专人操纵，操纵者应充分掌握安全操作规程，严禁歪拉斜吊。

e. 工作完毕后必须把电源的总闸拉开，切断电源。

f. 电动葫芦不工作时，不允许将重物悬挂在空中，以防止零部件产生永久变形。

g. 电动葫芦使用完毕后，应停在指定的安全地方。室外应设防雨罩。

图 10-19 为大功率电动葫芦电路，用交流接触器控制大功率电动机工作，其工作原理相同。接线时图 10-18 中手柄电路用交流接触器触点代替，顺逆开关直接控制交流接触器线圈即可，在接线时两个交流接触器可以接成互锁控制电路。

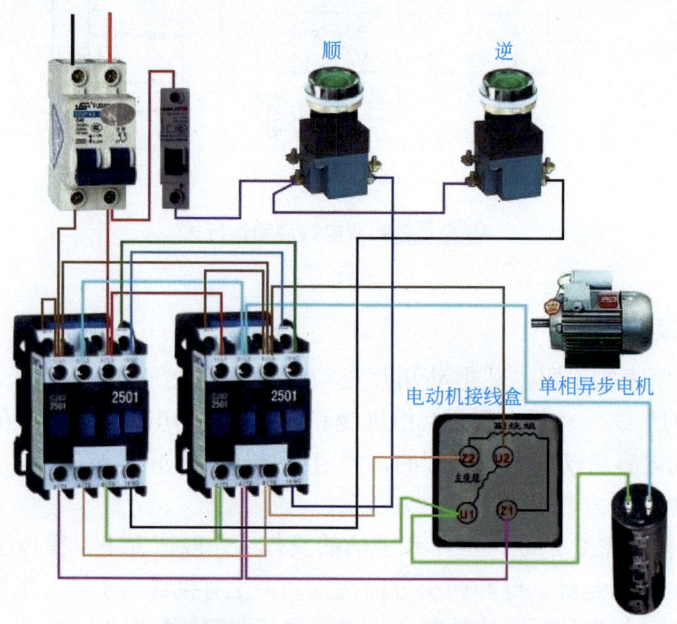

图10-19 大功率单相电动葫芦电路

3. 电路调试与检修

这是用交流接触器控制的电动葫芦电路，属于大功率单相电动机的正反转控制电路，它是利用交流接触器控制电动机的接线，实现了正反转控制。同样在检修时，首先断开总开关，用万用表电阻挡检测熔断器是否熔断，按动按钮开关测量两点的接线点是否有通的现象，通为好，不通为坏。同样用万用表检测交流接触器的输入、输出点电阻时，应有接通现象，如没有接通现象，说明交流接触器的触点接触不良，检查交流接触器线圈是否毁坏，一般用万用表检修时，直接测量接收器线圈两端电阻值，应该有电阻值，如不通为线圈毁坏，如阻值为 0 是内部短路，应该更换交流接触器。当交流接触器完好时，可用万用表检测电动机的接线柱，判断电动机的线圈是否有开路或短路故障。当线圈阻值正常，可检测电容是否有充放电的现象，电容可以直接用代换法试验。

十、三相电葫芦电路

1. 电路原理图与工作原理

电动葫芦是一种起重量较小、结构简单的起重设备，它由提升机构和移动机构（行车）两部分组成，由两台笼型电动机拖动。其中，M1 是用来提升货物的，采用电磁抱闸制动，由接触器 KM1、KM2 进行正反转控制，实现吊钩的升降；M2 是带动电动葫芦作水平移动的，由接触器 KM3、KM4 进行正反转控制，实现左右水平移动。控制电路有 4 条，两条为升降控制，两条为移动控制。控制按钮 SB1、SB2、SB3、SB4 系悬挂式复合按钮，SA1、SA2、SA3 是限位开关，用于提升和移动的终端保护。电路的工作原理与电动机正反转限位控制电路基本相同，其电气原理如图 10-20 所示。

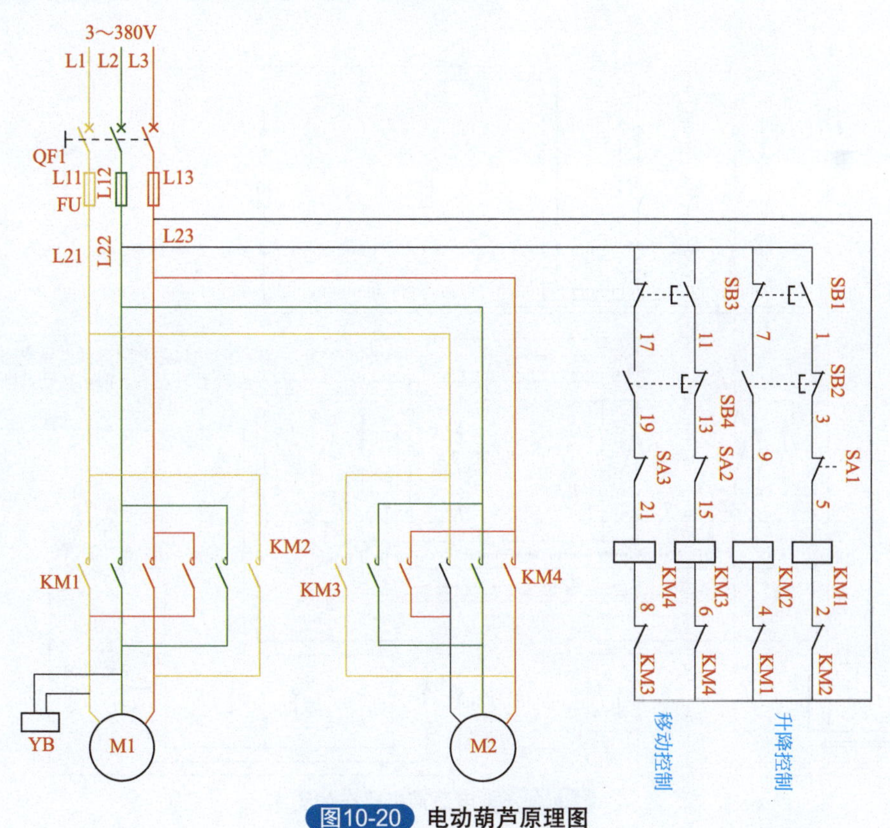

图10-20 电动葫芦原理图

电路原理图如图 10-21 所示。

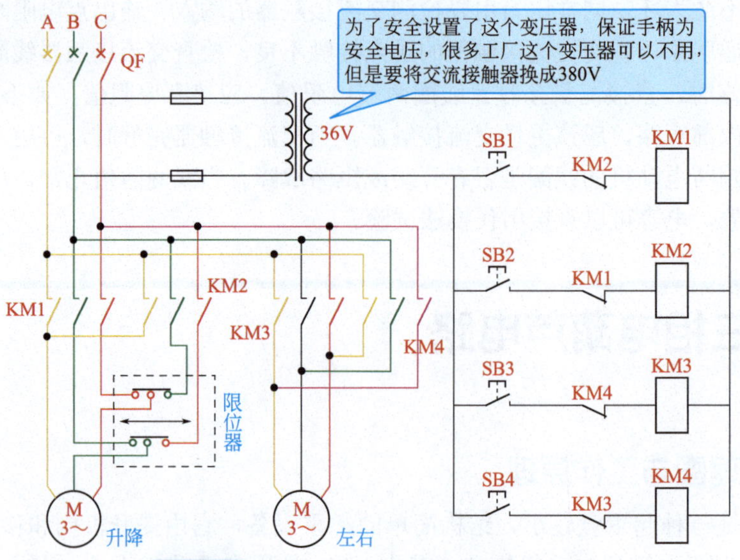

图10-21 带安全电压变压器的电葫芦电路

2. 电路接线组装

布线图如图 10-22 所示。实物如图 10-23 所示，只有上下运动的为两个交流接触器，带左右运动的为四个交流接触器，电路相同。一般，起重电动机功率大，交流接触器容量也大。

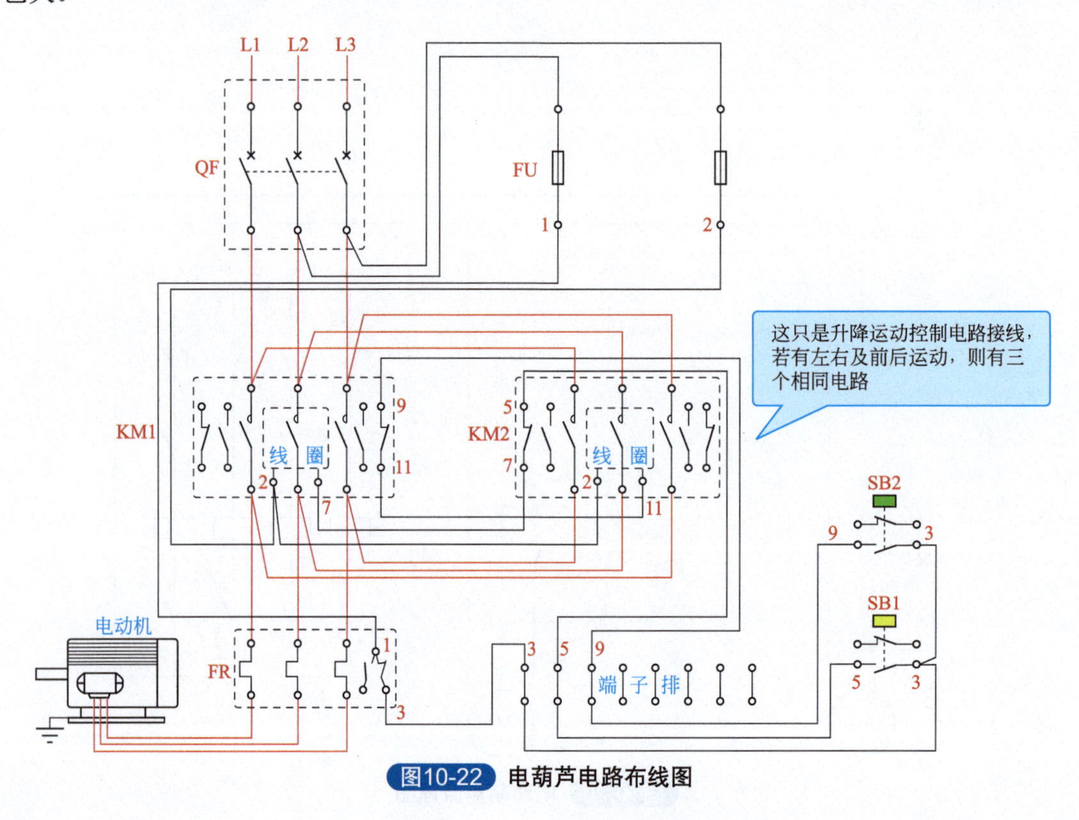

图10-22 电葫芦电路布线图

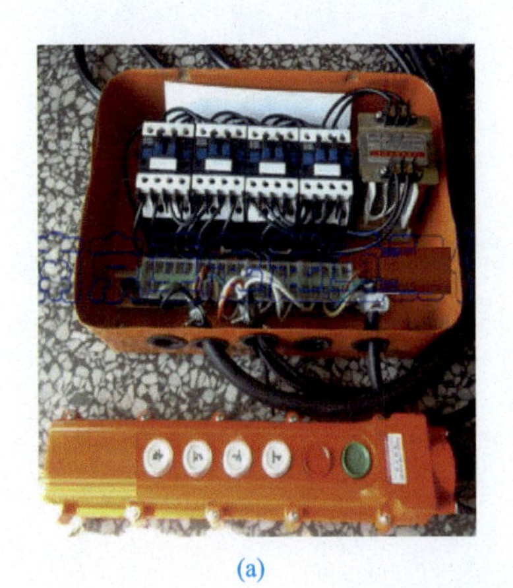
(a)

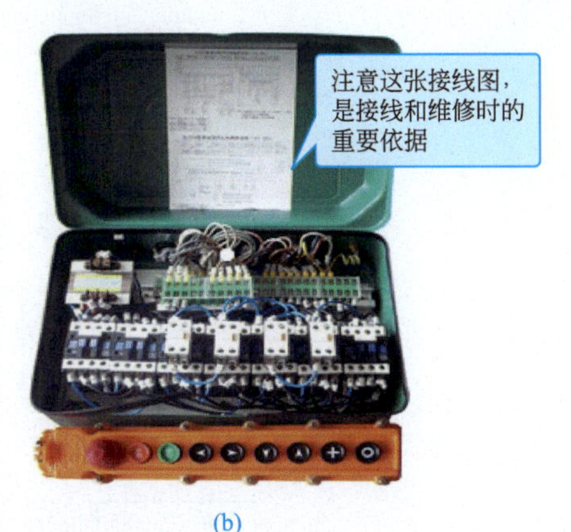

(b)

图10-23 控制器实物图

3. 电路调试与检修

实际三相电葫芦电路是电动机的正反转控制，两个电动机电路中就有两个正反转控制电路，检修的方法是一样的。假如升降电动机不能够正常工作，首先用万用表检测 KM1、KM2 的触点、线圈是否毁坏，如果 KM1、KM2 触点线圈没有毁坏，检查接通断开的按钮开关 SB1、SB2 是否有毁坏现象，相应的开关是否毁坏，当元器件都没有毁坏现象，电动机仍然不转，可以用万用表的电压挡测量输入电压是否正常，也就是主电路的输入电压是否正常，副路的输入电压是否正常。当输入输出电压不正常时，比如检测到 SB2 输入电压正常，输出不正常，则是 SB2 接触不良或损坏。当输入输出电压正常时，就要检查电动机是否毁坏，如果电动机毁坏就要维修或更换电动机。

十一、脚踏开关控制电路

1. 电路原理图与工作原理

图 10-24 是一种利用脚踏开关对砂轮机进行控制的电路，电路由电源变压器 T、交流接触器 KM、热继电器 FR、脚踏开关 SF 等组成。脚踏开关安装在砂轮机旁边的地面上，磨工件时，右脚踏上脚踏开关，接触器线圈得电吸合，砂轮机运行，工作完毕右脚离开脚踏开关，接触器线圈失电，砂轮机停止运行。热继电器 FR 作过载保护。

提示：安全起见，交流接触器线圈一般使用 36V 以下接触器线圈，与变压器的次级电压保持一致。

2. 电路调试与检修

若不能启动，主要检查熔断器、FR、KM 及脚踏开关等元器件，如有损坏应更换，若无损坏应检测变压器输入 / 输出电压，如果没有输出则为变压器损坏。

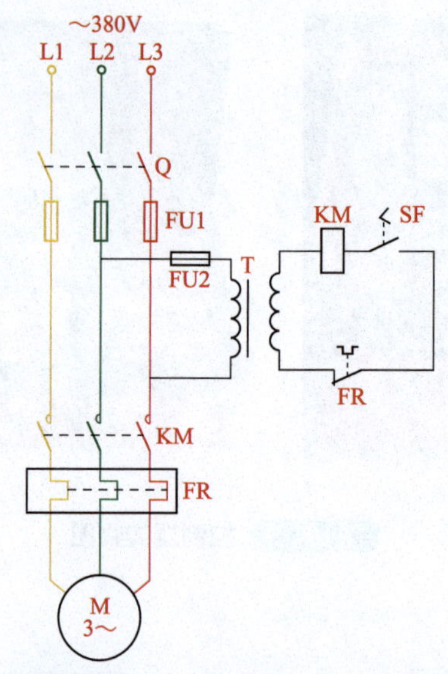

图10-24 砂轮机脚踏开关控制电路

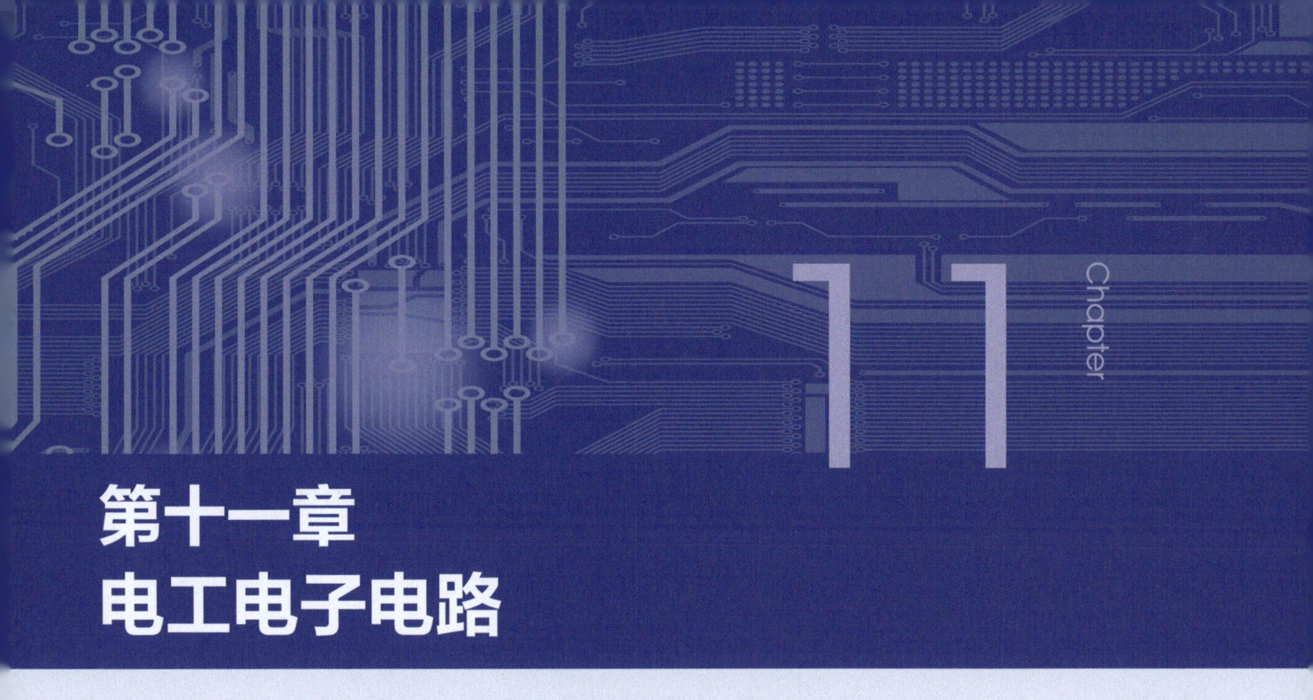

第十一章 电工电子电路

一、各种单相整流电路

1. 单只二极管半波整流电路

单相半波电阻负载整流电路如图 11-1 所示。

图 11-1 中，e_1 为电源电压，T 为变压器，VD 为二极管，RL 为负载电阻。$e_1=\sqrt{2}E_1\sin\omega t$ 是一个按正弦规律变化的电压，其中 E_1 是电压的有效值，$\sqrt{2}E_1$ 是电源电压的最大值，$\sin\omega t$ 是按正弦变化的符号。通常 e_1 为 220V（或 380V）/50Hz 交流电源。

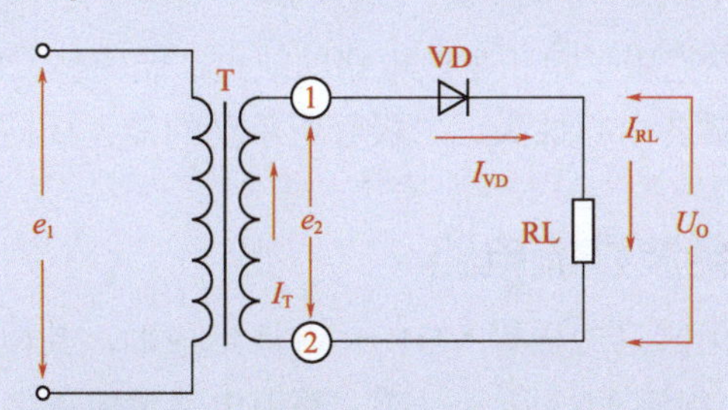

图11-1 二极管单相半波电阻负载整流电路

变压器 T 将电网的交流电压变换成负载要求的电压 e_2。二极管 VD 将忽正忽负的交变压 e_2 变换成单方向的脉动电压。负载电阻器 RL 相当于需要用直流电源的电气设备。

T 的二次电压 e_2 的变化规律与一次电压 e_1 是一致的，但为了适合负载 RL 的需要，在数值上往往是不同的。e_2 是一个随时间变化的正弦波电压。当 T 的①端为正、②端为负时，流经 T 的二次绕组的电流 I_T 如箭头方向，e_2 使二极管 VD 正向导通，流经 VD、RL 的电流 $I_{VD}=I_{RL}=I_T$，负载电压与电源电压 e_2 几乎一样。负载电流的大小由负载电阻 RL 决定。当 T 的①端为正、②端为负时，VD 加反向电压而不能导通，RL 上没有电压。这就是说，加在负载 RL 上的电压变压器 T 将只有电源电压 e_2 的半个波，所以通常叫做半波整流。

单相半波整流电路的主要优点是电路简单，缺点是电压脉动大、变压器利用率比较低。

2. 两只二极管全波整流电路

单相全波整流电路是由两个单相半波整流电路组合而成的，电路如图 11-2 所示。

图 11-2 中，T 的二次侧供给大小相等、方向相反的两个电压 e_{2a} 和 e_{2b}，即 e_{2a}=e_{2b}。当 A 端为正、B 端为负时，e_{2a} 经过 VD2、RL、变压器中心抽头构成通电回路。此时 VD2 因加反向电压而截止（不导电）。当 B 端为正、A 端为负时，e_{2b} 经过 VD2、RL 和变压器中心抽头构成回路。此时 VD1 因加反向电压而截止。由于 VD1、VD2 构成的两个单相半波电路轮流导通，从而使负载电阻 RL 上得到了单方向流动的电流，即直流，但仍有电压脉动。

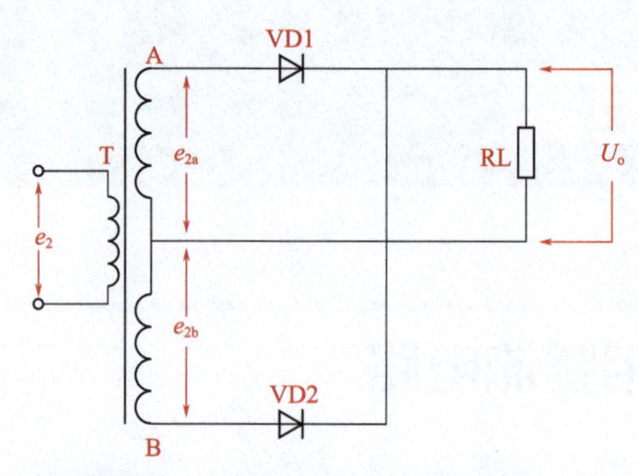

图11-2 二极管单相全波电阻负载整流电路

全波整流电路的直流输出电压 U_o 比半波整流电路大一倍，即

$$U_o=0.9e_2$$

VD1、VD2 为全波整流电路中整流二极管，它们是轮流导通的，流过每只二极管的平均电流只有负载电流的一半。每只二极管所承受的最大反向电压是变压器二次电压最大值的两倍，即 $2\sqrt{2}E_2$。

单相全波整流电路虽然克服了单相半波电路的缺点，能使整流出来的电压脉动减小一些，但其本身存在着变压器需要有中心抽头、二极管所承受的最大反向电压较高等不足。

3. 四只二极管桥式全波整流电路

单相桥式整流电路是由四只二极管 VD1 ～ VD4 组成的，其电路接成一个电桥形式，所以称为“桥式整流电路”，如图 11-3 所示。桥式整流电路常用文字符号“UR”表示。

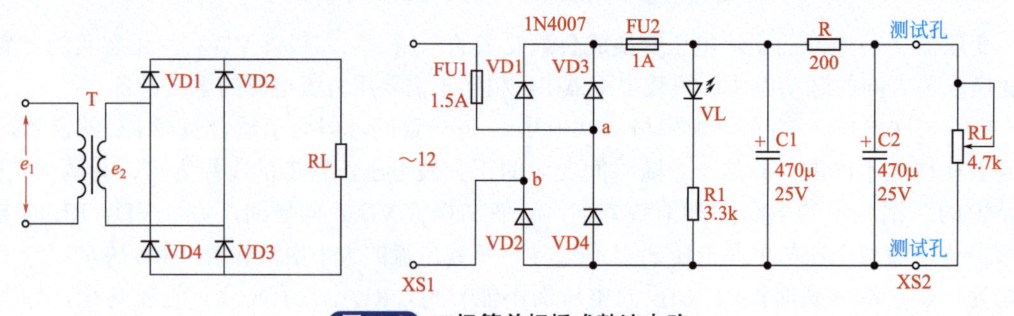

图11-3 二极管单相桥式整流电路

图10-18 五键手柄

c. 不允许同时按动两个使电动葫芦按相反方向运动的手电门按钮开关。

d. 电动葫芦应由专人操纵，操纵者应充分掌握安全操作规程，严禁歪拉斜吊。

e. 工作完毕后必须把电源的总闸拉开，切断电源。

f. 电动葫芦不工作时，不允许将重物悬挂在空中，以防止零部件产生永久变形。

g. 电动葫芦使用完毕后，应停在指定的安全地方。室外应设防雨罩。

图 10-19 为大功率电动葫芦电路，用交流接触器控制大功率电动机工作，其工作原理相同。接线时图 10-18 中手柄电路用交流接触器触点代替，顺逆开关直接控制交流接触器线圈即可，在接线时两个交流接触器可以接成互锁控制电路。

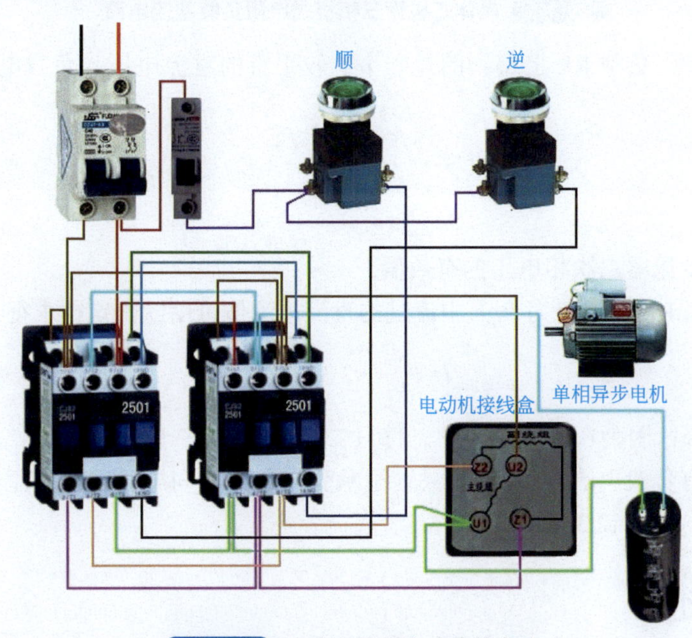

图10-19 大功率单相电动葫芦电路

3. 电路调试与检修

这是用交流接触器控制的电动葫芦电路，属于大功率单相电动机的正反转控制电路，它是利用交流接触器控制电动机的接线，实现了正反转控制。同样在检修时，首先断开总开

二、三相整流电路

1. 电路原理图与工作原理

三相桥式整流电路如图 11-4 所示。T 为变压器，一次、二次绕组接成星形。

变压器二次相电压 u_{w-O}、u_{v-O}、u_{n-O} 是按正弦规律不断变化的。当 U 相的电压变化到最大，而 V 相的电压变化到最低时，电流 i_u 经过 VD1、负载电阻 RL、VD4，流入 V-O，构成了一个导电回路；当 U 相电压仍旧最高，而 W 相的电压变得最低时，电流 i_u 经 VD1、RL、VD6，流入 W-O，此时 U-W 之间的线电压加到 RL 上，当 V 相电压变得最高，而 W 相电压仍旧最低时，电流 i_v 经过 VD3、RL、VD6 回到 W-O，此时，V-W 之间的线电压加到 RL 上，如此类推，使三相整流电流全部加到负载电阻 RL 上。

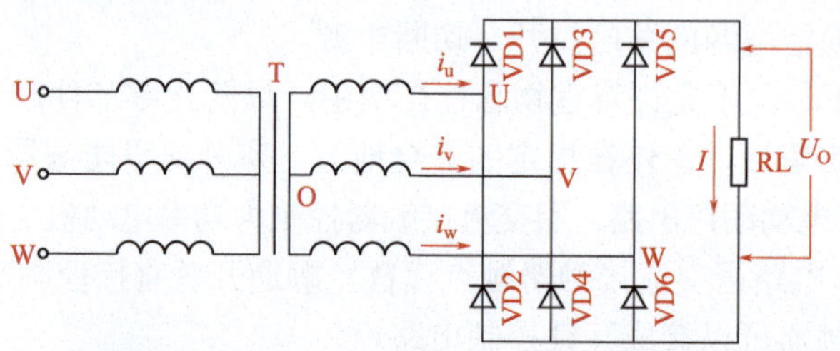

图11-4 晶体二极管三相桥式电阻负载整流电路

在这个电路中，负载 RL 上得到的是一个比较平直的直流电压。负载电阻 RL 两端的电压为

$$U_o=\frac{3\times\sqrt{2}\times\sqrt{3}}{\pi}E_2$$

$$=2.34E_2$$

式中，E_2 为变压器二次相电压的有效值。

负载（电阻器 RL 的阻值为 R_L）中流过的直流电流值可用欧姆定律求得

$$I=\frac{U_o}{R_L}=2.34\frac{E_2}{R_L}$$

二极管的选择：因为在一个周期中，每只二极管只有 1/3 时间内导通，所以每只管子的平均整流电流只有负载电流的 1/3。每只管子承受的最大反向电压应是变压器二次线电压的最大值，即$\sqrt{2}\times\sqrt{3}E_2=2.34E_2=1.05U_o$。

2. 电路接线组装

元件安装时，常采用卧式安装，首先将电子元件的引线搪锡，再用钳子夹持引线根部，将引线弯成直角（弯折处通常距根部约 3 ～ 5mm），然后插入印制电路板所确定的元件位置的孔中。除接插件、熔丝座等必须紧贴底板外，其余元件距底板约 3 ～ 5mm，以平整美观为宜。用焊锡丝进行焊接，焊盘应光洁，不宜过大，焊点不应虚焊，烙铁功率通常为 15 ～ 30W。最后将过长的引线（在元件的反面，即铜箔面上）用斜口钳剪去。

3. 电路调试与检修

在检修三相整流电路中，首先应该测量三相整流前极变压器是否正常，用万用表测量三根接线端的电阻值，如果电阻值不正常无阻值，说明变压器有毁坏现象。然后检测输出端的电阻值，如果输出端的电阻值非常小或不导通，说明变压器毁坏。用万用表的电阻挡检测二极管的正反向电阻，当二极管正反向电阻正常，说明二极管是好的，如果正反向二极管电阻为 0 或正反向都不通，说明二极管击穿或开路，应该进行更换。

三、晶闸管调压、调速、调光电路

1. 电路原理图与工作原理

如图 11-5、图 11-6 所示。调整 RP 进行无级调压，灯光就能连续变化。这个电路还可以把灯换成别的家用电器负载，如方便地调整电风扇、小鼓风机、手电钻的转速，电炉、电热毯、电熨斗、电烙铁的温度，落地灯、壁灯的亮度等。

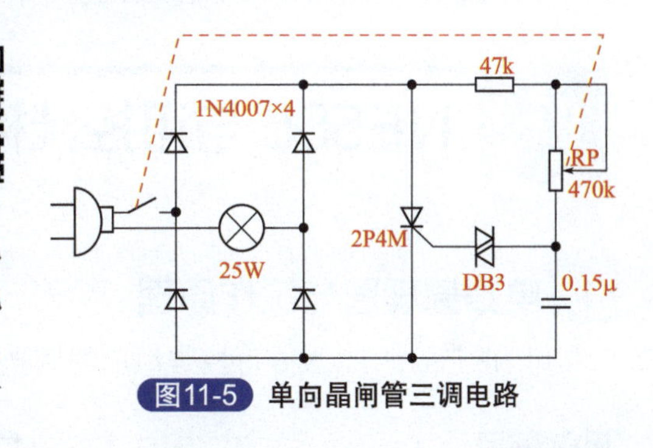

图11-5 单向晶闸管三调电路

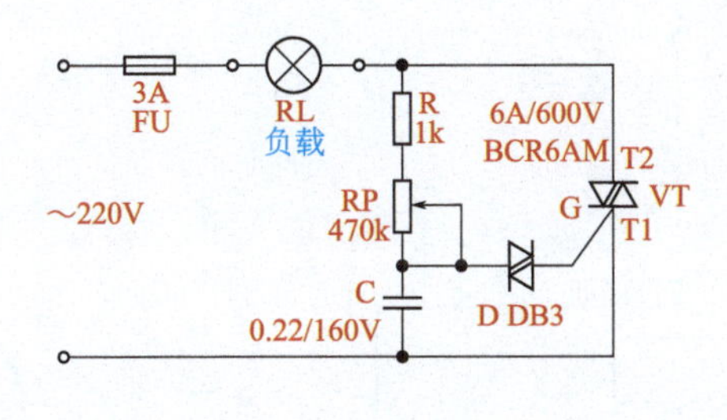

TIC226可控硅引脚图

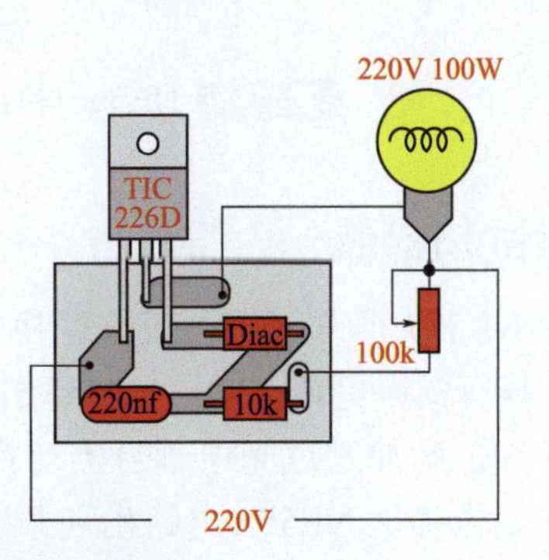

220　100W　100k　10k　DB3　MT2　TIC226　g　MT1　220nF　250V　220

图11-6 双向晶闸管三调电路

工作原理：R、RP、C、D组成脉冲形成网络触发双向可控硅VT，使VT在市电正负半周均保持相应正反向导通。调节RP阻值，即可改变VT的导通角，达到调节负载RL上电压的目的，可用于家庭台灯调光、电熨斗、电热毯的调温及电风扇调速等。此双向可控硅在加散热器的情况下，控制的负载功率可达500W左右。

2. 电路调试与检修

如果电路不能够正常工作，不能正常调压、调速、调光时，可用万用表直接检测电阻值、电容值，判断双相二极管是否毁坏、双向可控硅是否毁坏，当无法判断电子元器件是否毁坏，可直接用代换法去代换这些元件，先代换的元件是双向可控硅和双向二极管，一般情况下电阻毁坏的概率比较小，主要是功率元器件。

四、NE555与可控硅构成的调光、调压、调速电路

1. 电路原理图与工作原理

用NE555与TIC226可控硅组成的调光电路如图11-7所示。

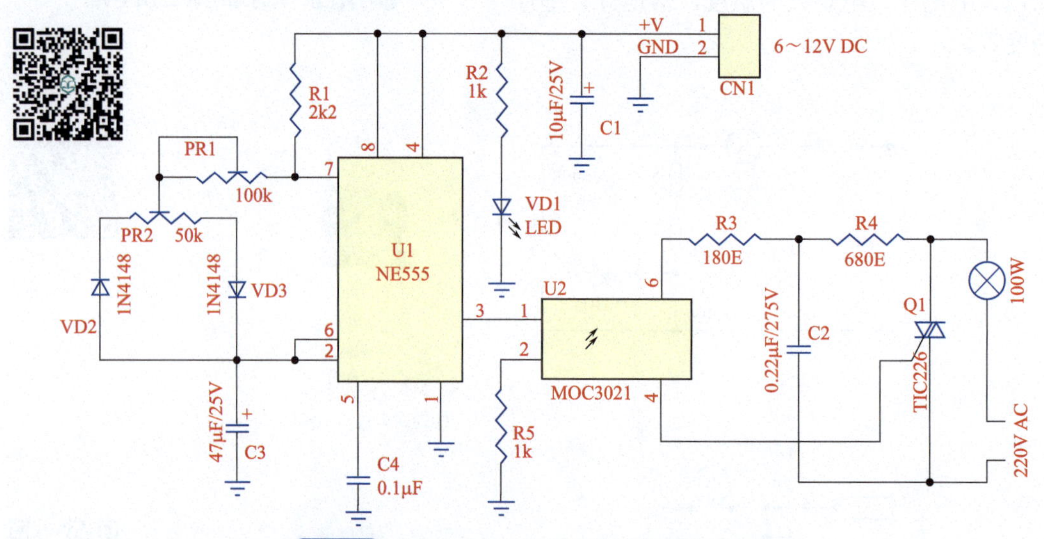

图11-7 NE555与TIC226可控硅组成的调光电路

2. 电路调试与检修

在电路中NE555正常工作，应该有稳定的供电，当电路出现故障后，首先检查供电电路是否正常，只有供电电路正常，NE555外围元件没有毁坏，NE555才能够振荡，才能够在输出脚输出脉冲，脉冲通过光电耦合器转换后控制双向可控硅的导通状态，从而进行调光、调压或调功率。当确认NE555电路出现故障时，可以用新的NE555进行代换。若代换后仍然没有正常输出，应该是外围元件出现问题，一般情况下电路中辅助电路出故障的概率相对比较低，而真正故障主要是功率元器件毁坏，实际检修时直接代换就可以。

五、固态继电器控制光电式水龙头电路

1. 各种固态继电器电路原理图与工作原理

固态继电器（SSR）是一种全电子电路组合的元件，它依靠半导体器件和电子元件的电磁和光特性来完成其隔离和继电切换功能。常见的固态继电器的实物外形如图11-8所示。

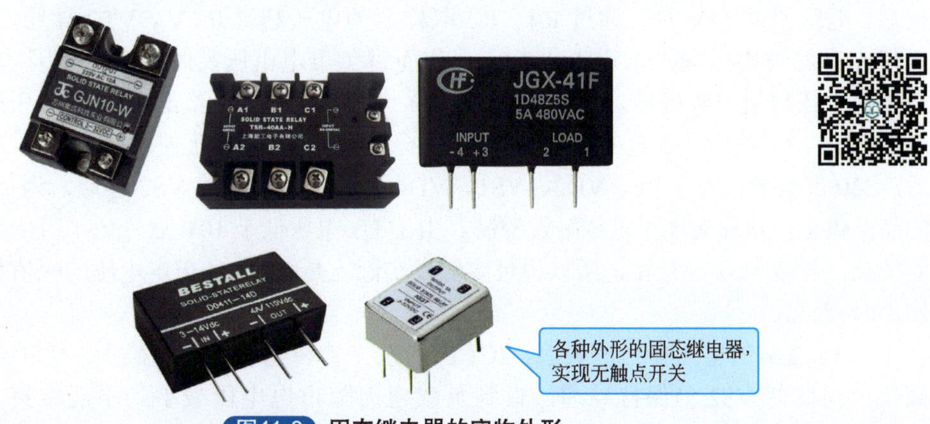

图11-8　固态继电器的实物外形

（1）过零触发型交流固态继电器

典型的过零触发型ACSSR的工作原理如图11-9所示。1、2脚是输入端，3、4脚是输出端。R9为限流电阻；VD1是为防止反向供电损坏光电耦合器IC1而设置的保护管；IC1将输入与输出电路隔离；VT1构成倒相放大器；R4、R5、VT2和单向晶闸管VS1组成过零检测电路；VD2-VD5构成整流桥，为VT1、VT2、VS1和IC1等电路供电；由VS1和VD2、VD3为双向晶闸管VS2提供开启的双向触发脉冲；R3、R7为分流电阻，分别用来保护VS1和VS2，R8和C1组成浪涌吸收网络，以吸收电源中的尖峰电压或浪涌电流，防止给VS2带来冲击或干扰。

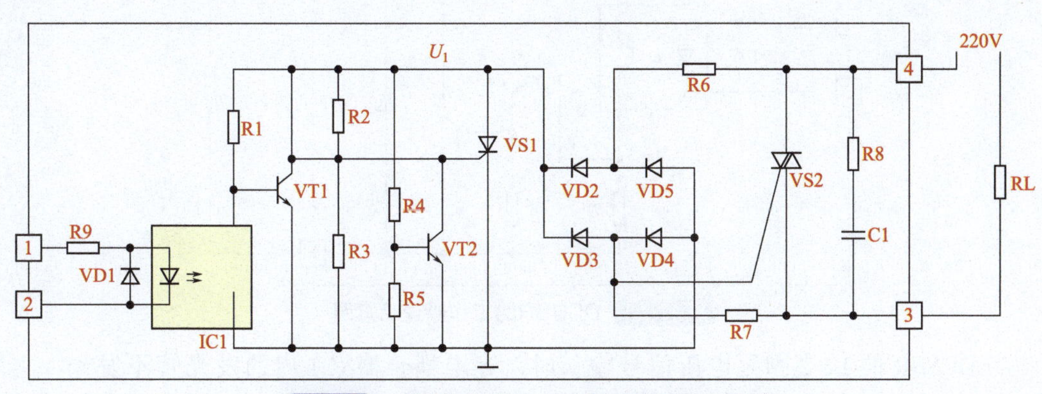

图11-9　过零触发型ACSSR的工作原理示意图

当ACSSR接入电路后，220V市电电压通过负载RL构成的回路，加到ACSSR的3、4脚上，经R6、R7限流，再经VD2～VD5桥式整流产生脉动电压U_1，U_1除了为IC1、VT1、VT2、VS1供电外，还通过电阻取样后为VT1、VT2提供偏置电压，ACSSR的1、2脚无电压信号输入时，光电耦合器IC1内的发光管不发光，它内部的光敏三极管因无光照而截止，U1通过R1限流使VT1导通，致使晶闸管VS1因无触发电压而截止，进而使双向晶闸管VS2因G极无触发电压而截止，ACSSR处于关闭状态。当ACSSR的1、2脚有信号输入后，通过R9使IC1内的发光管发光，它内部的光敏三极管导通，VT1因b极没有电压输入而截止，VT1不再对VS1的G极电位进行控制。此时，若市电电压较高，使U1电压超过25V时，通过R4、R5取样后的电压超过0.6V，VT2导通，VS1的G极仍然没有触发电压输入，VS1仍截止，从而避免市电电压高时导通可能因功耗大而损坏。当市电电压接近过零区域，使U1电压在10～25V的范围，经R4和R5分压产生的电压不足0.6V，VT2截止，于是U1通过R2、R3分压产生0.7V电压使VS1触发导通。VS1导通后，220市电电压通过R6、VD2、VS1、VD4构成的回路触发VS2导通，为负载提供220V的交流供电，从而实现了过零触发控制。由于U1电压低于10V后，VS1可能因触发电压低而截止，导致VS2也截止，所以说过零触发实际上是与220V市电电压的幅值相比可近似看作“0”而已。

当1、2脚的电压信号消失后，IC1内的发光管和光敏三极管截止，VT1导通，使VS1截止，但此时VS2仍保持导通，直到负载电流随市电电压减小到不能维持VS2导通后，VS2截止，ACSSR进入关断状态。

在ACSSR关断期间，虽然220V电压通过负载RL、R6、R7、VD2～VD5构成回路，但由于RL、R6、R7的阻值较大，只有微弱的电流流过RL，所以RL不工作。

（2）直流固态继电器

典型的触发型DCSSR的工作原理如图11-10所示。1、2脚是输入端，3、4脚是输出端。R1为限流电阻，VD1是为防止反向供电损坏光电耦合器IC1而设置的保护管，IC1将输入与输出电路隔离，VT1构成射随放大器，VT2是输出放大器，R2、R3是分流电阻，VD2是为防止VT2反向击穿而设置的保护管。

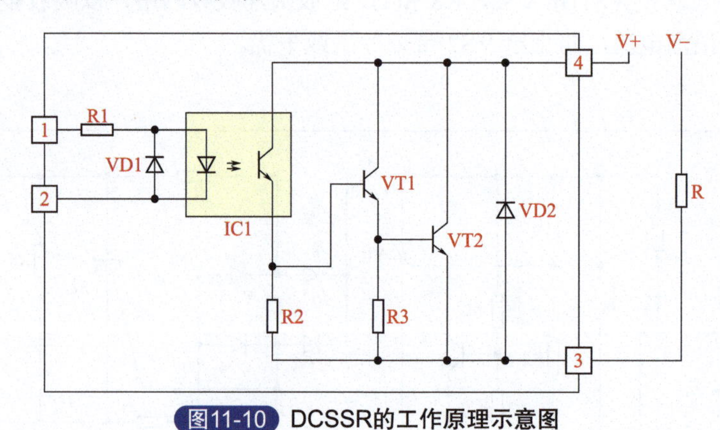

图11-10 DCSSR的工作原理示意图

当DCSSR的1、2脚无电压信号输入时，光电耦合器IC1内的发光管不发光，它内部的光敏三极管因无光照而截止，致使VT1和VT2相继截止，DCSSR处于关闭状态。当DCSSR的1、2脚有信号输入后，通过R1使IC1内的发光管发光，它内部的光敏三极管导通，由它的 e 极输出的电压加到 VT1 的 b 极，经 VT1 射随放大后，从它的 e 极输出，再使 VT2 饱和导通，给负载提供直流电压，负载开始工作。

当 1、2 脚的电压信号消失后，IC1 内的发光管和光敏三极管相继截止，VT1 和 VT2 因 b 极无导通电压输入而截止，DCSSR 反进入关断状态。

表 11-1 和表 11-2 列出了几种 ACSSR 和 DCSSR 的主要性能参数，可供选用时参考。表中，两个重要参数为输出电压和输出负载电流，在选用器件时应加以注意。

表 11-1 几种ACSSR主要参数

参数	输入电压 /V	输入电流 /mA	输出负载电压 /V	断态漏电流 /mA	输出负载电流 /A	通态压降 /V
V23103-S2192-B402	3 ～ 30	<30	24 ～ 280	4.5	2.5	1.6
G30-202P	3 ～ 28		75 ～ 250	<10	2	1.6
GTJ-1AP	3 ～ 30	<30	30 ～ 220	<5	1	1.8
GTJ-2.5AP	3 ～ 30	<30	30 ～ 220	<5	2.5	1.8
SP1110		5 ～ 10	24 ～ 140	<1	1	
SP2210		10 ～ 20	24 ～ 280	<1	2	
JGX-10F	3.2 ～ 14	20	25 ～ 250	10	10	

表 11-2 几种DCSSR主要参数

型号	#675	GTJ-0.5DP	GTJ-1DP	16045580
输入电压 /V	10 ～ 32	6 ～ 30	6 ～ 30	5 ～ 10
输入电流 /mA	12	3 ～ 30	3 ～ 30	3 ～ 8
输出负载电压 /V	4 ～ 55	24	24	25
输出负载电流 /A	3	0.5	1	1
断态漏电流 /mA	4	10（μA）	10（μA）	
通态压降 /V	2（2A 时）	1.5（1A 时）	1.5（1A 时）	0.6
开通时间 /μs	500	200	200	
关断时间 /ms	2.5	1	1	

2. 光电式水龙头电路

图 11-11 所示为光电式水龙头电路。手靠近时，挡住 VD1 发光，CX20106 的 7 脚高电平，K 吸合，带动电磁阀工作，水流出；洗手完毕后，VD1 又照到 PH302，K 截止，电磁阀不工作，关闭水阀。

3. 电路调试与检修

固态继电器毁坏，都要更换完整的固态继电器。因为它在封闭盒里，所以直接更换固态继电器。对于由固态继电器组成的整机电路，当电路不能正常工作时，首先检查它的供电，看三端稳压器的输出端是否有正常的供电输出，如果三端稳压器没有输出，故障应该在电源电路，应检查电源电路。如果有输出，可以先检查接收头部分，检查发射管和接收管是否正常，若发射管和接收管都正常，故障应在接收头内部，只能进行更换。CX20106 是老

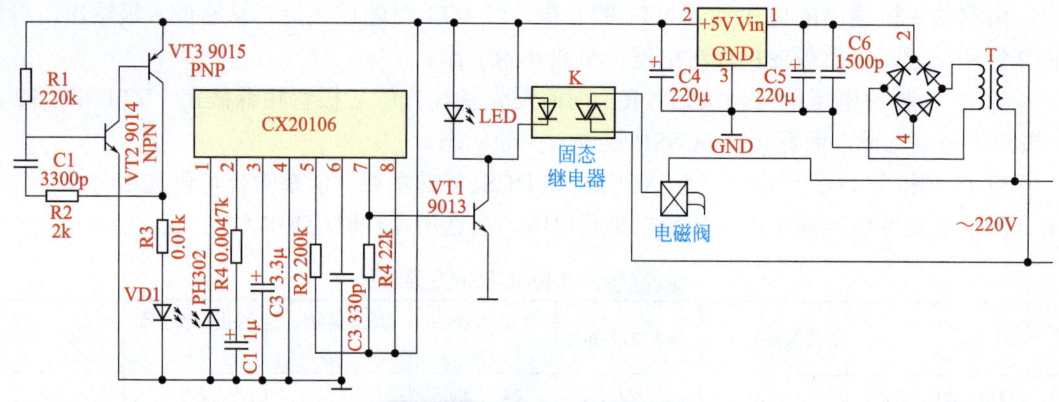

图11-11 光电式水龙头电路

式的接收头，新型的接收头是直接塑封在一起的，直接引出三个引脚的接收头，对于发射管和接收管来讲，检测时可以用发射器发射信号，用万用表测量接收头输出端电压值，如无变化，说明发射接收电路故障，进行更换。如果有变化，说明发射接收电路没问题，查控制电路三极管、电子器件有没有毁坏，均正常时，应检查电磁阀或电磁开关是否毁坏。一般情况下固态继电器电路主要毁坏元器件是输出端的被控制元件或固态继电器本身，直接更换就可以了。

六、液位自动控制电路

1. 电路原理图与工作原理

该液位自动控制电路由电源电路、液位检测电路和控制执行电路组成，如图11-12所示。

电源电路由刀开关Q、熔断器FU、电源变压器T、整流二极管VD1～VD4、限流电阻器R1与R5、滤波电容器C1和稳压二极管VS组成。

液位检测电路由高液位电极H、低液位电极L和主电极M组成。

控制执行电路由晶体管VT、继电器K、时基集成电路IC、二极管VD5～VD8和外围阻容元件组成。

接通刀开关Q，交流380V电压经T降压后，在储液池内无液体或液位低于低液位电极L时，整流电路中无电流，控制执行电路无工作电压，继电器K处于释放状态，其常闭触头接通，交流接触器KM通电吸合，加液泵电动机M通电工作，开始加液。

当储液池内液位达到低液位电极L时，低液位电极L通过液体与主电极M相接，整流电路有直流电压输出。该直流电压经C1滤波、R5限流降压及VS稳压后，产生12V直流电压，供给控制执行电路。此时，VT处于截止状态，IC的2脚和6脚均为高电平，3脚输出低电平，继电器K不动作，加液泵电动机M继续加液。

当储液池内液位到达高液位电极H时，高液位电极H通过液体与主电极板接通，使VT导通，IC的2脚和6脚变为低电平，3脚输出高电平，继电器K吸合，其常闭触头K断开，使交流接触器KM断电释放，切断加液泵电动机M的工作电源，加液泵停止加液。

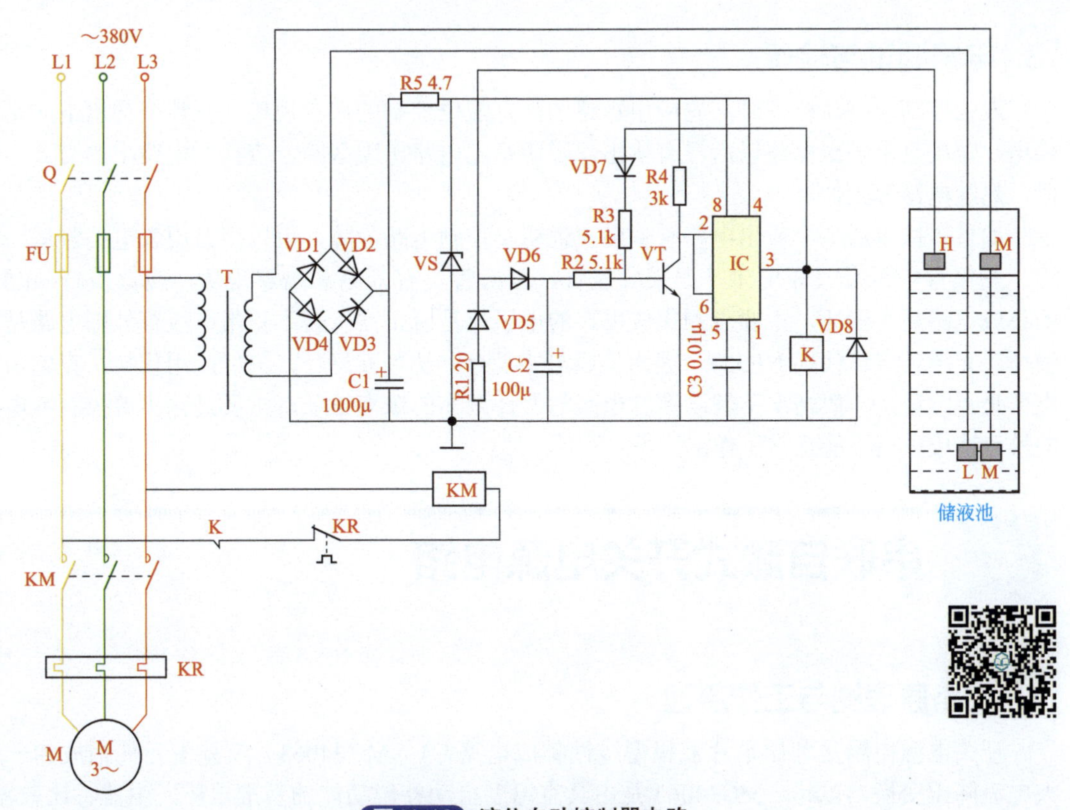

图11-12　液位自动控制器电路

当储液池内的液位下降至低液位电极 L 以下时，整流电路的输入回路又断开，使控制执行电路失去工作电源，继电器 K 释放，加液泵又开始加液。如此周而复始，可实现无人值守自动供液。

2. 电气控制部件的选择

① R1 和 R5 选用 2\7 的线绕电阻器；R2 ～ M 选用 1/4W 金属膜电阻器。

② C1 选用耐压值为 50V 的铝电解电容器；C2 选用耐压值为 25V 的铝电解电容器；C3 选用独石电容器或涤纶电容器。

③ VD1 ～ VD8 选用 1N4001 或 1N4007 型硅整流二极管。

④ VS 选用 1W/12V 的稳压二极管，如 1N4742 等型号。

⑤ V 选用 C8050 或 58050、3DG8050 硅 NPN 型晶体管。

⑥ IC 选用 NE555 型时基集成电路。

⑦ K 选用 JRX-13F 型 12V 直流继电器。

⑧ KM 选用线圈电压为 220V 的交流接触器，其触头电流容量应根据加液泵电动机的功率而定。

⑨ T 选用 5W、二次电压为 18V（380V/18V）的电源变压器。

⑩ 液位电极可使用 1 号电池内部的碳棒（将引线的一端与碳棒上的金属帽焊接好后，再用环氧树脂胶封固）。

3. 电路调试与检修

液位控制电路在检修时，先应用短路法，把液位控制的接点短接，查整个输出电路是否输出，短接整个输出电路以后没有输出，说明是主电路出现故障，查找主电路中的交流接触器、热继电器等元件。

如果短接以后整个输出电路有输出，说明是控制电路故障，可以用万用表电挡测量二极管、三极管是否有毁坏现象，如果二极管、三极管没有开路和击穿现象，应该检查 NE555 的集成电路是否毁坏，主要查测集成电路的电压值是否正常，若不正常应检查外围电路是否毁坏，无损坏应该代换 NE555，因为集成电路没有办法判断好坏，只能应用代换。查输出继电器是否毁坏，一般情况下辅助控制电路的器件毁坏的概率很低，主要是输出端控制继电器的触点造成电路不能正常工作。

七、串联自激式开关电源电路

1. 电路原理图与工作原理

开关电源电路是利用单片双极型线性集成电路 U1（MC34063）及外围元件构成的一个大电流降压变换器电路。MC34063 是由具有温度自动补偿功能的基准电压发生器、比较器、占空比可控的振荡器，R-S 触发器和大电流输出开关电路等组成。输入电压范围 2.5 ～ 40V，输出电压可调范围 1.25 ～ 40V，输出电流可达 1.5A，如图 11-13 所示。

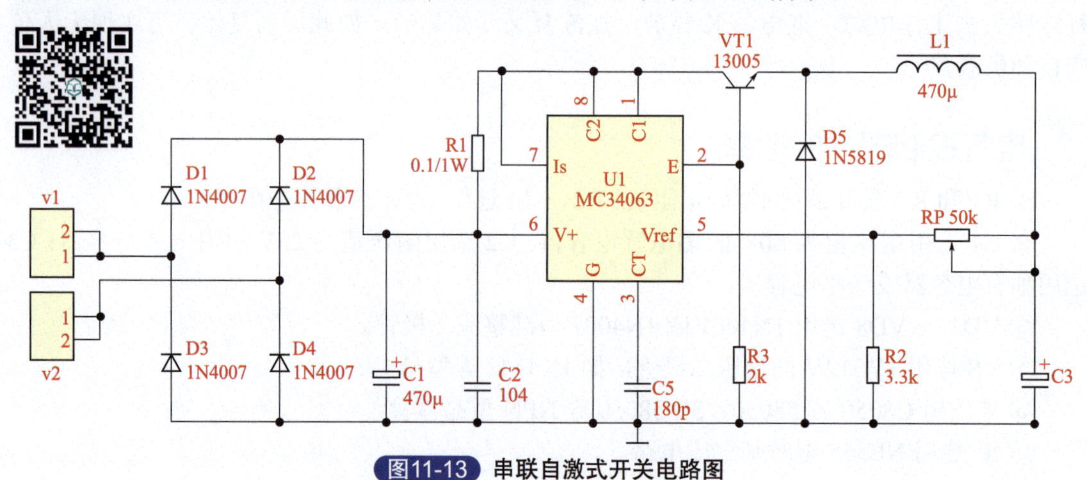

图11-13 串联自激式开关电路图

U1 的第 5 脚通过外接分压电阻 R2、RP 监视输出电压。其中，输出电压 U_o=1.25［1+R2/RP（接入电路中的部分）］，由公式可知输出电压仅与 RP、R2 数值有关，因 1.25V 为基准电压，恒定不变。若 RP、R2 阻值稳定，U_o 亦稳定。

U1 的第 5 脚电压与内部基准电压 1.25V 同时送入内部比较器进行电压比较。当第 5 脚的电压值低于内部基准电压（1.25V）时，控制内部电路导通，使输入电压 U_i 向输出滤波器电容 C3 充电以提高 U_o；当第 5 脚的电压值高于内部基准电压（1.25V）时，控制内部电路截止，从而达到自动控制输出电压 U_o 稳定的目的。

2. 电路组装调试

根据表 11-3 及电路板编号安装焊接元器件，焊好后检查元器件无误，即可通电实验。调试时要接 100W 电路。

表11-3 元件清单

序号	元件型号	参数	标号	数量
1	0805 贴片电阻	3.3k	R2	1
2		2k	R3	1
3	1W 功率电阻	0.1Ω	R1	1
4	电位器	50k	RP	1
5	电解电容	470μF/50V	C1	1
6		1000μF/25V	C3	1
7	瓷片电容	104	C2，C4	2
8		180pF（181）	C5	1
9	贴片二极管	1N4007	D1，D2，D3，D4	4
10	二极管	1N5819	D5	1
11	电感	470μH	L1	1
12	三极管	13005	T1	1
13	贴片集成块	MC34063	U1	1
14	电路板	50×40		1

灯泡做假负载，开关电源调试检修过程参见下面自激振荡开关电源的调试与检修，并参看视频讲解，如图 11-14 所示。

图11-14 焊接好的电路板

3. 电路故障检修

串联式开关电路中，220V 电压直接通过整流送入电路中，造成整个底板都有电，因此用手触摸任何一个触头或焊点时电路都是有电的。在检修电路时应该注意人身安全，或者使用 1 ：1 的隔离变压器（输入 220V、输出 220V 互感变压器）接在输入端再进行电压的测量。在检修串联型稳压电源时，首先用万用表的电阻挡对电路中的元器件进行全面测量。检查是否有开路、击穿的元器件，如果没有开路、击穿的元器件，接通电源，从前级向后级检测各级电压，先整流输入、输出电压，检测集成电路供电电压，检测集成电路输出角，检测功率开关管的基极电压、集电极电压和发射极电压，检测输出负载的电压，到哪一极电压值没有，说明是在这一点的前级，比如检测到滤波电容两端没有电压时，检测它的前级整流电路是否出现故障，如有故障元件应该进行更换。

第十二章 机床设备控制电路

一、车床控制电路

1. 电路原理图与工作原理

CA6140 型普通车床外形如图 12-1 所示，CA6140 型普通车床电气控制电路如图 12-2 所示。

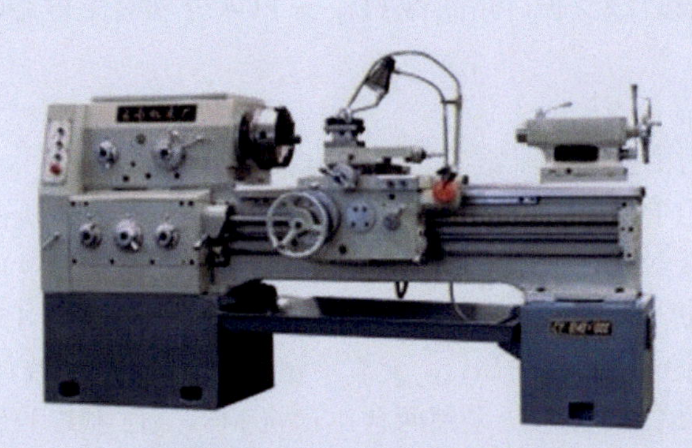

图12-1 CA6140型普通车床外形

（1）主电路分析

主电路中有 3 台控制电动机。

① 主轴电动机 M1，完成主轴主运动和刀具的纵横向进给运动的驱动。该电动机为三相电动机。主轴采用机械变速，正反向运行采用机械换向机构。

② 冷却泵电动机 M2，提供冷却液用，为防止刀具和工件的温升过高，用冷却液降温。

③ 刀架电动机 M3，为刀架快速移动电动机，根据使用需要，手动控制启动或停止。

电动机 M1、M2、M3 容量都小于 10kW，均采用全压直接启动。三相交流电源通过转换开关 QS 引入，交流接触器 KM1 控制 M1 的启动和停止。交流接触器 KM2 控制 M2 的启动和停止。交流接触器 KM3 控制 M3 启动和停止。KM1 由按钮开关 SB1、SB2 控制，KM3 由 SB3 进行点动控制，KM2 由开关 SA1 控制。主轴正反向运行由机械离合器实现。

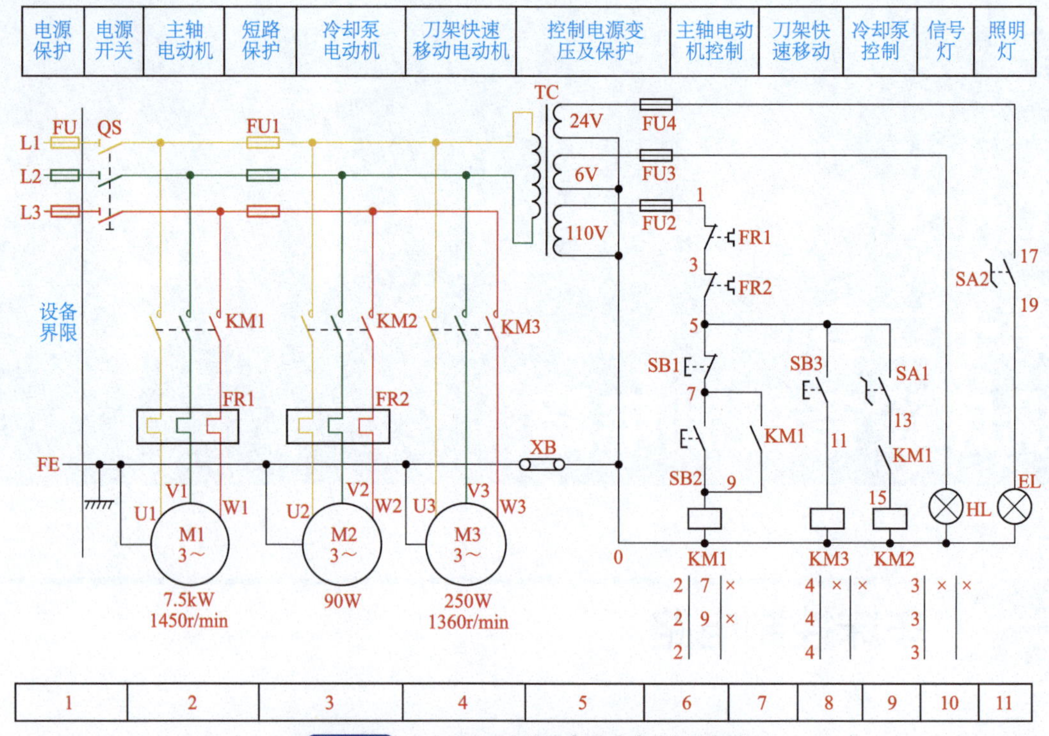

图12-2 CA6140型普通车床电气控制电路

M1、M2 为连续运动的电动机，分别利用热继电器 FR1、FR2 作过载保护：M3 为短期工作电动机，因此未设过载保护。熔断器 FU1 ～ FU4 分别对主电路、控制电路和辅助电路实行短路保护。

（2）控制电路分析

控制电路的电源为由控制变压器 TC 次级输出的 110V 电压。

① 主轴电动机 M1 的控制。采用了具有过载保护全压启动控制的典型电路。按动启动按钮开关 SB2，交流接触器 KM1 得电吸合，其动合触头 KM1（7-9）闭合自锁，KM1 的主触点闭合，主轴电动机 M1 启动；同时其辅助动合触头 KM1（13-15）闭合，作为 KM2 得电的先决条件。按动停止按钮开关 SB1，交流接触器 KM1 失电释放，电动机 M1 停转。

② 冷却泵电动机 M2 的控制。采用两台电动机 M1、M2 顺序控制的典型电路，使主轴电动机启动后，冷却泵电动机才能启动；当主轴电动机停止运行时，冷却泵电动机也自动停止运行。主轴电动机 M1 启动后，交流接触器 KM1 得电吸合，其辅助动合触头 KM1(13-15) 闭合，因此合上开关 SA1，使交流接触器 KM2 线圈得电吸合，冷却泵电动机 M2 才能启动。

③ 刀架快速移动电动机 M3 的控制。采用点动控制。按动按钮开关 SB3，KM3 得电吸合，对 M3 电动机实施点动控制，电动机 M3 经传动系统，驱动溜板带动刀架快速移动。松开 SB3，KM3 失电，电动机 M3 停转。

④ 照明和信号电路。控制变压器 TC 的副绕组分别输出 24V 和 6V 电压，作为机床照明灯和信号灯的电源。EL 为机床的低压照明灯，由开关 SA2 控制；HL 为电源的信号灯。

2. 常见电气故障检修

① 主轴电动机 M1 不能启动的检修：检查交流接触器 KM1 是否吸合，如果交流接触器

KM 吸合，故障必然发生在电源电路和主电路上。

② 交流接触器 KM 不吸合：交流接触器不吸合故障的主要原因一般在控制电路，主要检查启动和停止按钮开关，以及交流接触器的线圈。

③ 主轴电动机 M1 启动后不能自锁的检修：主轴电动机 M1 启动不能自锁的故障点在 KM1 交流接触器的自锁常开触点脏污或者疲劳变形，一般更换触点就可以解决。

④ 主轴电动机 M1 不能停车的检修：主轴电动机 M1 不能停车的故障点主要是 KM1 交流接触器卡滞，处理方法是予以更换。

⑤ 主轴电动机在运行中突然停车的检修：主轴电动机在运行中突然停车的故障主要在过流保护器动作，一般是过流保护器损坏或电动机绕组绝缘损坏造成。

齿轮机床电路

1. 电路原理图与工作原理

Y3150 齿轮机床的外形如图 12-3 所示，Y3150 齿轮机床的电路原理如图 12-4 所示。

图12-3 Y3150齿轮机床的外形图

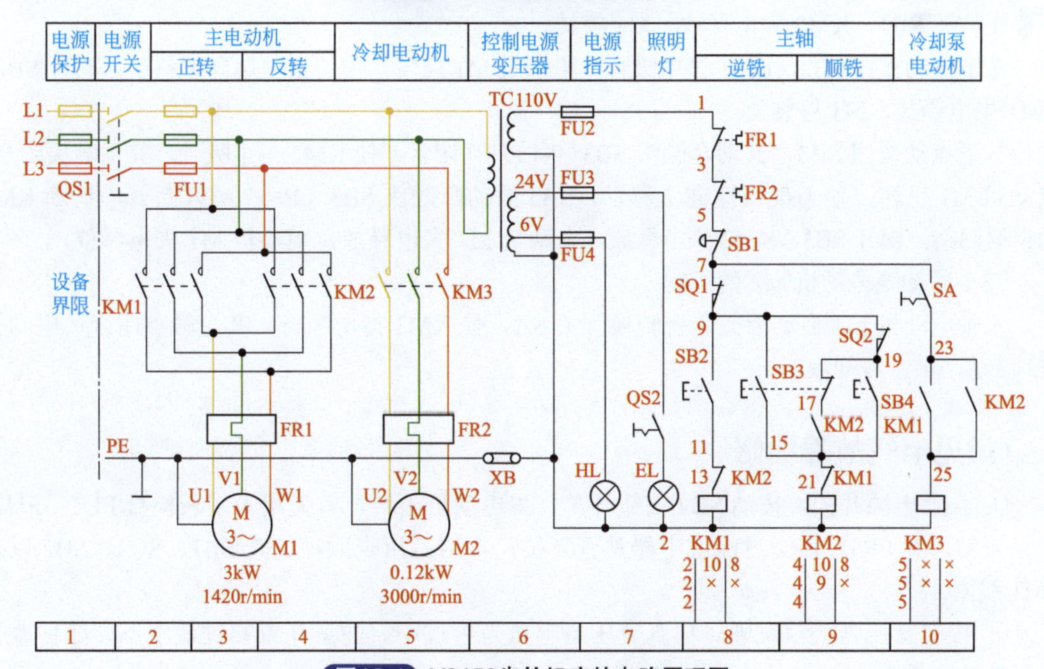

图12-4 Y3150齿轮机床的电路原理图

（1）主电路分析

该机床主电路中有两台电动机。其中 M1 是主轴电动机，由接触器 KM1、KM2 控制其正、反转，通过机械传动装置供给刀具旋转、刀架进给及工件转动的动力；M2 为冷却泵电动机，由接触器 KM3 控制其单向运行，为切削工件时输送冷却液。FU1 作 M1 和 M2 短路保护，热继电器 FR1、FR2 分别作 M1、M2 的长期过载保护。

根据电动机主电路控制电器主触头文字符号将控制电路分解。

① 根据电动机 M1 主电路控制电器主触头文字符号 KM1，如图 12-4 所示，在图区 8 中可找到 KM1 线圈电路，该电路为点动控制电路，SB2 为点动按钮。根据电动机 M1 主电路控制电器主触头文字符号 KM2，在图区 9 中找到 KM2 线圈电路，为点动与连续运行控制电路，SB3 为点按钮，按下 SB3，其动合触头 SB3（9-15）闭合，使 KM2 得电吸合，但 SB3 的动断触头 SB3（19-17）断开，切断 KM2 自锁支路；松开 SB3，KM2 失电释放。SB4 为启动按钮。

在 KM1 和 KM2 线圈电路中有行程开关 SQ1。SQ1 为滚刀架工作行程的极限开关，当刀架超出工作行程时，撞铁撞到 SQ1，其动断触头 SQ1（7-9）[8] 断开，KM1、KM2 控制电路电源，使机床停车。这时若再开车，则必须先用机械手柄把滚刀架摇到使挡铁离开行程开关 SQ1，让 SQ1（7-9）复位闭合，然后机床才能工作。

在 KM2 线圈电路中还有行程开关 SQ2。SQ2 为终点极限开关，当工件加工完毕时，装在机床刀架滑块上的挡铁撞到 SQ2，其动断触头 SQ2（9-19）[8] 断开，使 KM2 失电释放，电动机 M1 自动停车。

② 根据电动机 M2 主电路控制电器主触头文字符号 KM3，在图区 10 中找到 KM3 的线圈电路，该电路由接触器 KM1、KM2 及转换开关 SA 控制。

（2）控制电路分析

按下启动按钮 SB4，KM2 得电吸合并自锁，其主触点闭合，电动机 M1 启动运转，按下停止按钮 SB1，KM2 失电释放，M1 停转。

按下点动按钮 SB2，KM1 得电吸合，电动机 M1 反转，使刀架快速向下移动；松开 SB2，KM1 失电释放，M1 停转。

按下点动按钮 SB3，其动合触头 SB3（9-15）[8] 闭合，使 KM2 得电吸合，其主触头闭合，电动机 M1 正转，使刀架快速向上移动，SB3 的动断触头 SB3（19-17）[9] 断开，切断 KM2 的自锁回路；松开 SB3，KM2 失电释放，电动机 M1 失电释放，电动机 M1 失电释放。

（3）冷却泵电动机 M2 的控制

主轴电动机 M1 启动后，闭合转换开关 SA，使 KM3 得电吸合，其主触点闭合，电动机 M2 启动，供给冷却液。

2. 常见电气故障检修

① 合上电源开关，按动 SB2 按钮开关，主电动机不转。首先用万用表检查 FU1、FU2，如果正常，看 FR1、FR2 过流继电器是否复位，再用万用表顺序检查 SB1、SQ1、SB2 以及 FM1 线圈。

② 控制变压器绕组烧毁。检查变压器容量是否过小。注意在维修过程中不要随便改变变压器的容量。

③ 照明灯 EL 不亮。用万用表测量 QS2 开关是否正常，FU3 是否熔断，及从 EL 灯到地是否良好。

④ 顺铣时冷却泵电动机不转。故障原因主要是 KM1 交流接触器互锁常开触点接触不良或接线断线，更换交流接触器或接线即可排除故障。

三、磨床控制电路

1. 电路原理图与工作原理

M7120 磨床的外形如图 12-5 所示，M7120 磨床的电气控制电路如图 12-6 所示。

图12-5 M7120磨床的外形

（1）主电路分析

主电路共有 4 台电动机。其中 M1 为液压泵电动机，起到实现工作台的往复运动作用，由交流接触器 KM1 的主触头控制，单向旋转；M2 为砂轮电动机，起到带动砂轮转动完成磨加工工作作用；M3 是冷却泵电动机，M2 和 M3 同由交流接触器 KM2 的主触头控制，单向旋转，冷却泵电动机 M3 只有在砂轮电动机 M2 启动后才能运转。由于冷却泵电动机和机床床身是分开的，因此通过插头插座 XS2 和电源接通；M4 是砂轮升降电动机，用于磨削过程中调整砂轮与工件之间的位置，由交流接触器 KM3、KM4 的主触头控制双向旋转。

因 M1、M2、M3 是长期工作的，所以装有 FR1、FR2、FR3 分别对其进行过载保护；M4 是短期工作的，可不设过载保护。4 台电动机共用一组熔断器 FU1 作短路保护。

（2）控制电路分析

① 液压泵电动机 M1 的控制。合上总开关 QS1，整流变压器 T[16、17] 的副边绕组输出 135V 交流电压，经桥式整流器 UR[16、17] 整流得到直流电压，使电压继电器 KUD[16、17] 得电吸合，其动合触头 KUD（9-2）[7] 闭合，使液压泵电动机 M1 和砂轮电动机 M2 的控制电路具有得电的前提条件，为启动电动机做好准备。如果 KUD 不能可靠地动作，则各电动机均无法运行。由于平面磨床的工件靠直流电磁吸盘的吸力将工件吸牢在工件台上，因此只

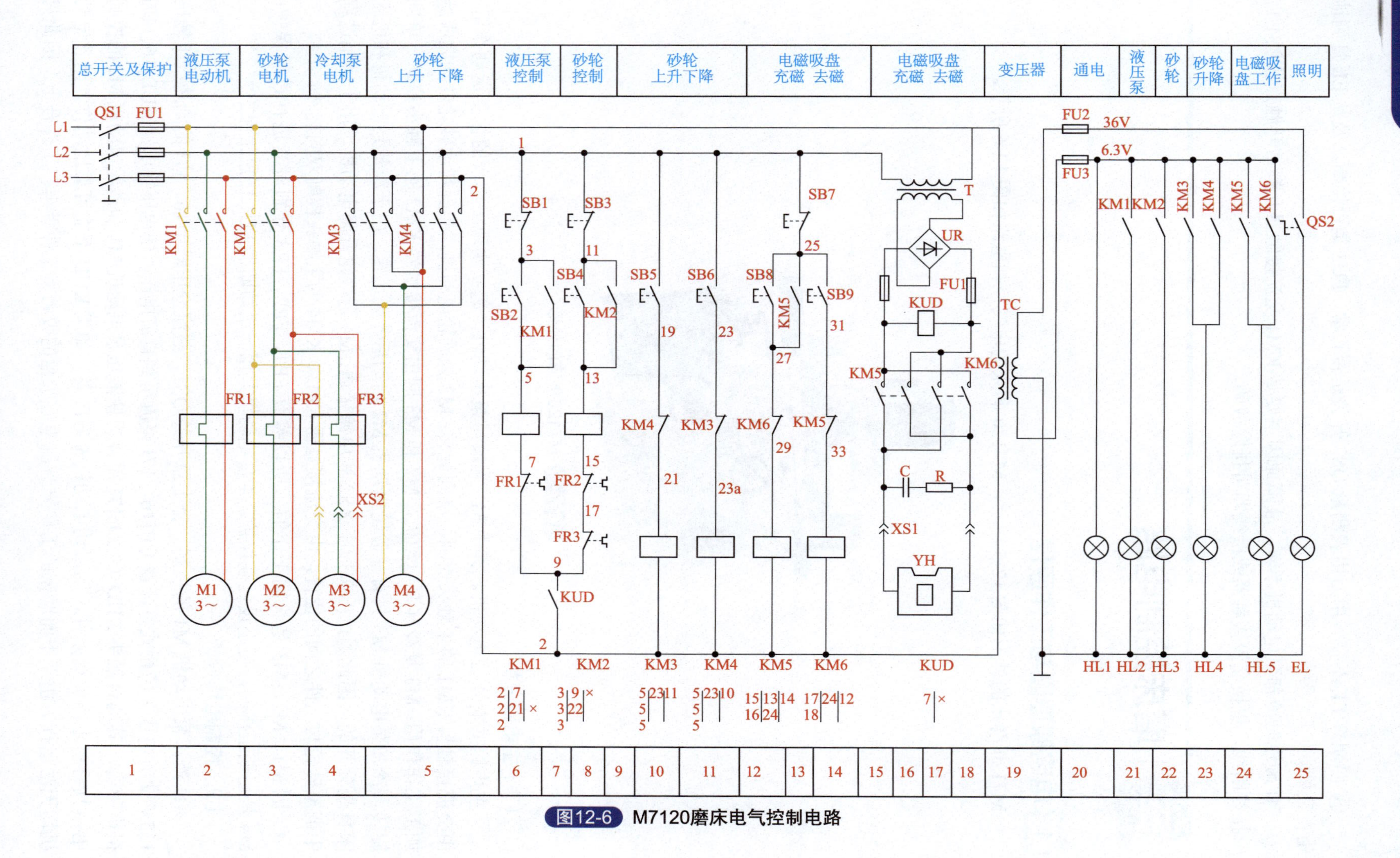

图12-6 M7120磨床电气控制电路

有具备可靠的直流电压后，才允许启动砂轮和液压系统，以保证安全。

当欠电压继电器 KUD 吸合后，其动合触头 KUD（9-2）[7] 闭合，按动启动按钮开关 SB2[6]，交流接触器 KM1 得电吸合并自锁，液压泵电动机 M1 启动运转，指示灯 HL2 亮。若按动停止按钮开关 SB1[6]，则 KM1 失电释放，电动机 M1 失电停转。在运转过程中，若 M1 过载，则热继电器 FR1 的动断触头 FR1（7-9）断开，M1 停转，起到过载保护作用。

② 砂轮电动机 M2 和冷却泵电动机 M3 的控制。按动启动按钮开关 SB4，交流接触器 KM2 得电吸合并自锁，M2 启动运转。由于冷却泵电动机 M3 通过连接器 XS2 与 M2 联动控制，因此 M3 与 M2 同时启动运转。按动停止按钮开关 SB3，KM2 失电释放，电动机 M2 与 M3 同时失电停转。

③ 砂轮升降电动机 M4 的控制。砂轮升降电动机只有在调整工件和砂轮之间位置时才使用，常用点动控制。

当按动点动按钮开关 SB5（或 SB6）时，交流接触器 KM3（或 KM4）得电吸合，电动机 M4 启动正转（或反转），砂轮上升（或下降）。砂轮达到所需位置时，松开 SB5（或 SB6），KM3（或 KM4）失电释放，M4 停转，砂轮停止上升（或下降）。

④ 电磁吸盘控制电路。电磁吸盘控制电路由整流、控制电路和保护电路等组成，整流电路由变压器 T、桥式整流器 UR 组成，输出 110V 直流电源，控制电路由按钮开关 SB7、SB8、SB9 和交流接触器 KM5、KM6 组成。

充磁过程：按动充磁按钮开关 SB8，KM5 得电吸合并自锁，其主触头 [15、16] 闭合，电磁吸盘 YH 线圈得电，工作台充磁吸住工件，同时 KM5 辅助动断触头 KM5（31-33）断开，使 KM6 不能得电，实现互锁。磨削加工完毕，在取下加工好的工件时，先按动 SB7，切断电磁吸盘 YH 上的直流电源。由于吸盘和工件都有剩磁，这时需对吸盘和工件进行去磁。

去磁过程：操作者按动点动按钮开关 SB9，交流接触器 KM6 线圈得电吸合，其两副主触头 [17、18] 闭合，电磁吸盘通入反向直流电，使工作台和工件去磁。去磁时，为防止因时间过长而使工作台反向磁化，再次吸住工件，因而交流接触器 KM6 采用点动控制。

保护装置由放电电阻 R 和 C 以及欠压继电器 KUD 组成。电阻 R 和电容 C 的作用是，因为在充磁吸工件时，吸盘存储了大量磁场能量。在断开电源的一瞬间，吸盘 YH 的两端产生较大的自感电动势，使线圈和其他电器元件损坏，所以用电阻和电容组成放电回路，它是利用电容 C 两端的电压不能突变的特点，使电磁吸盘线圈两端电压变化趋于缓慢，利用电阻消耗电磁能量。R-L-C 电路可以组成一个衰减振荡电路，有利于去磁，欠压继电器 KUD 的作用是，在加工过程中，若电源电压低，则电磁吸盘将不能吸牢工件，导致工件被砂轮打出，造成严重事故。因此，在电路中设置了欠压继电器 KUD，将其线圈并联在直流电源上，其动合触头 [7] 串联在液压泵电动机和砂轮电动机的控制电路中，若电磁吸盘不能吸牢工件，KUD 就会释放，使液压泵电动机和砂轮电动机停转，保证了安全。

⑤ 照明和指示灯电路。EL 为照明灯，其工作电压为 24V，由变压器 TC 供电。QS2 为照明负荷隔离开关。

HL1 ～ HL5 为指示灯，工作电压均为 6V，也由变压器 TC 供给。其中，HL1 为控制电路指示灯，HL2 为 M1 运转指示灯，HL3 为 M3 及 M2 运；转指示灯，HL4 为 M4 工作指示灯，HL5 为电磁吸盘工作（充磁或去磁）指示灯。

2. 常见电气故障检修

① 砂轮升降电动机正反向均不能启动。故障原因一般是主电路熔断器 FU1 熔断，按钮开关 SB5、SB6 触点接触不良老化是另外一个原因，可用万用表测量其常开点。

② 电磁吸盘没吸力。对于电磁吸盘没吸力，首先检查 FU4 是否熔断，其次检查 YH 吸盘两个出线头是否脱落，并用万用表测量吸盘 XS1 两端电压判断吸盘是否有短路或断路性故障。切削液容易造成吸盘绝缘损坏。

③ 砂轮电动机 M2 启动后转动不停止。砂轮电动机 M2 启动后转动不停止，主要检查交流接触器 KM2 触点是否粘连。一般对交流接触器更换就可以解决。

④ 冷却泵电动机不转。对于冷却泵电动机不转，在实际维修中除去电动机绕组损坏外，主要是冷却泵电动机插头松脱造成。

四、万能铣床控制电路

1. 电路原理图与工作原理

X62W 万能铣床外形如图 12-7 所示，电气控制线路如图 12-8 所示。

图12-7 X62W万能铣床外形

（1）主电路分析

有三台电动机：1M 是主轴电动机；2M 是进给电动机；3M 是冷却泵电动机。

① 主轴电动机 1M 通过换相开关 SA4 与交流接触器 KM1 配合，能实现正、反转控制，与交流接触器 KM2、制动电阻器 R 及速度继电器的配合，能实现串电阻瞬时冲动和正、反转反接制动控制，并能通过机械机构进行变速。

② 进给电动机 2M 通过交流接触器 KM3、KM4 与行程开关及 KM5、牵引电磁铁 YA 配合，可实现进给变速时的瞬时冲动、三个相互垂直方向的常速进给和快速进给控制。

③ 冷却泵电动机 3M 只需正转。

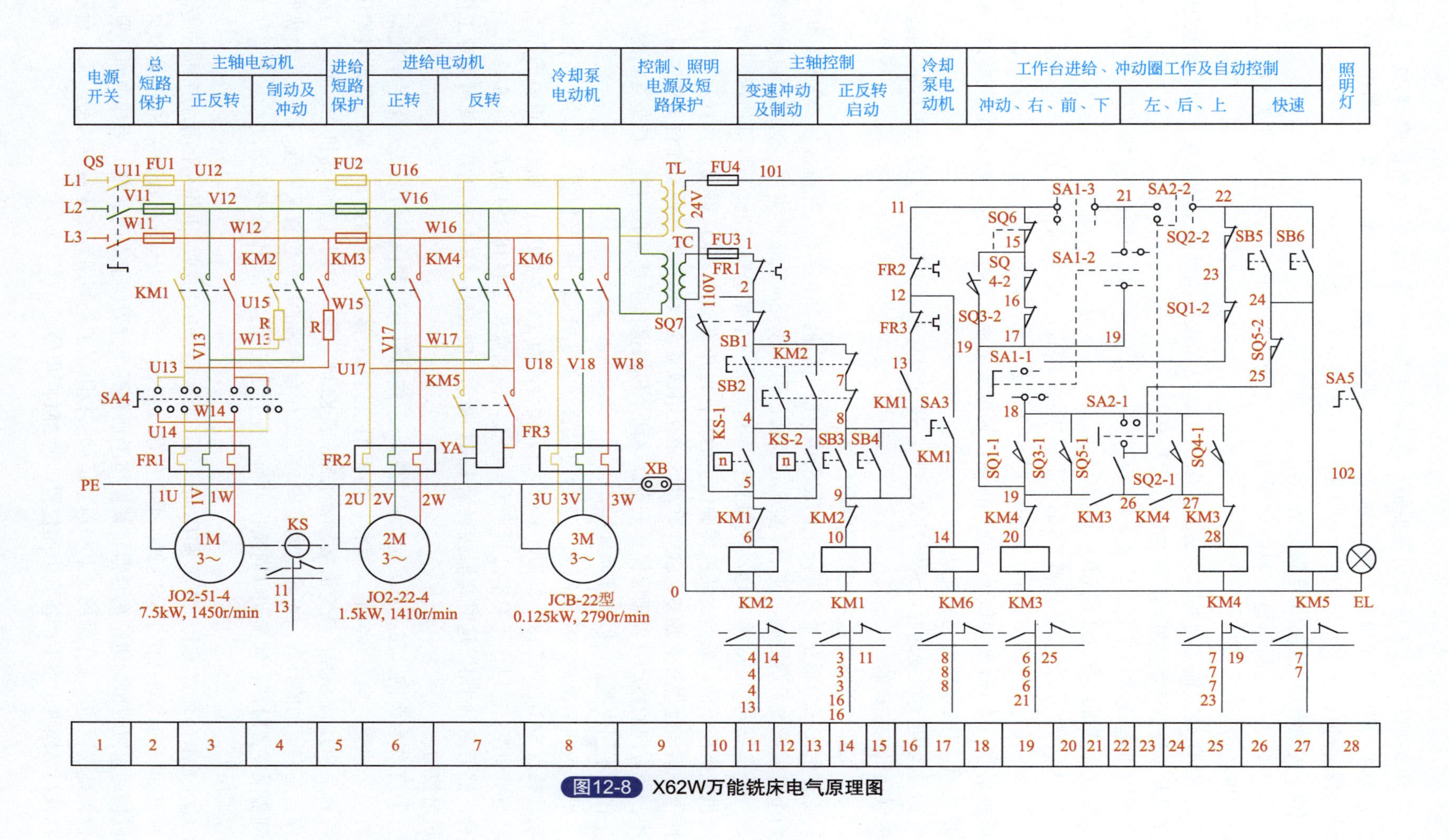

图12-8　X62W万能铣床电气原理图

④ 电路中 FU1 作机床总短路保护，也兼作主轴电动机 1M 的短路保护；FU2 作为 2M、3M 及控制、照明变压器一次侧的短路保护；热继电器 FR1、FR2、FR3 分别作 1M、2M、3M 的过载保护。

（2）主轴电动机的控制电路分析

① 主轴电动机的两地控制由分别装在机床两边的停止和启动按钮开关 SB1、SB3 与 SB2、SB4 完成。

② KM1 是主轴电动机启动交流接触器，KM2 是反接制动和主轴变速冲动交流接触器，SQ7 是与主轴变速手柄联动的瞬时动作行程开关。

③ 主轴电动机启动之前，要先将换相开关 SA4 扳到主轴电动机所需要的旋转方向，然后再按启动按钮开关 SB3 或 SB4，完成启动。

④ 1M 启动后，速度继电器 KS 的一副常开触点闭合，为主轴电动机的停转制动做好准备。

⑤ 停车时，按停车按钮开关 SB1 或 SB2 切断 KM1 电路，接通 KM2 电路，进行串电阻反接制动。当 1M 转速低于 120r/min 时，速度继电器 KS 的一副常开触点恢复断开，切断 KM2 电路，1M 停转，完成制动。

⑥ 主轴电动机变速时的瞬时冲动控制，是利用变速手柄与冲动行程开关 SQ7 通过机械上的联动机构完成的。

（3）工作台进给电动机的控制电路分析

工作台在三个相互垂直方向上的运动由进给电动机 2M 驱动，交流接触器 KM3 和 KM4 由两个机械操作手柄控制，使 2M 实现正反转，用以改变进给运动方向。这两个机械操作手柄，一个是纵向（左、右）运动机械操作手柄，另一个是垂直（上、下）和横向（前、后）运动机械操作手柄。纵向运动机械操作手柄与行程开关 SQ1、SQ2 联动，垂直及横向运动机械操作手柄与行程开关 SQ3、SQ4 联动，相互组成复合联锁控制，使工作台工作时只能进行其中一个方向的移动，以确保操作安全。这两个机械操作手柄各有两套，都是复式的，分设在工作台不同位置上，以实现两地操作。

机床接通电源后，将控制圆工作台的组合开关 SA1 扳到断开位置，此时不需圆工作台运动，触点 SA1-1（17-18）和 SA1-3（11-21）闭合，而 SA1-2（19-21）断开，再将选择工作台自动与手动控制的组合开关 SA2 扳到手动位置，使触点 SA2-1（18-25）断开，而 SA2-2（21-22）闭合，然后启动 1M，这时交流接触器 KM1 吸合，使 KM1（8-13）闭合，就可进行工作台的进给控制。

① 工作台纵向（左、右）运动的控制。工作台纵向运动由纵向运动操作手柄控制。手柄有三个位置：向左、向右、零位。当手柄扳到向右或向左位置时，手柄的联动机构压下行程开关 SQ1 或 SQ2，使交流接触器 KM3 或 KM4 动作，控制进给电动机 2M 的正、反转。工作台左右运动的行程，可通过调整安装在工作台两端的挡铁位置来实现。当工作台纵向运动到极限位置时，挡铁撞动纵向操作手柄，使它回到零位，工作台停止运动，从而实现了纵向极限保护。

② 工作台垂直（上、下）和横向（前、后）运动的控制。工作台的垂直和横向运动，由垂直和横向运动操作手柄控制。手柄的联动机械一方面能压下行程开关 SQ3 或 SQ4，同时能接通垂直或横向进给离合器。其操作手柄有五个位置：上、下、前、后和中间位置，五个位置是联锁的。工作台的上下和前后运动的极限保护是利用装在床身导轨旁与工作台座上的挡铁，将操纵十字手柄撞到中间位置，使 2M 断电停转。

③ 工作台快速进给控制。当铣床不作铣切加工时，为提高劳动生产效率，要求工作台能快速移动。工作台在三个相互垂直方向上的运动都可实现快速进给控制，且有手动和自动两种控制方式，一般都采用手动控制。

当工作台作常速进给移动时，再按动快速进给按钮开关 SB5（或 SB6），使交流接触器 KM5 通电吸合，接通牵引电磁铁 YA，电磁铁通过杠杆使摩擦离合器合上，减少中间传动装置，使工作台按原运动方向作快速进给运动。松开快速进给按钮开关时，电磁铁 YA 断电，摩擦离合器断开，快速进给运动停止，工作台仍按原常速进给时的速度继续运动。可见快速移动是点动控制。

④ 进给电动机变速时瞬动（冲动）控制。变速时，为使齿轮易于啮合，进给变速也设有变速冲动环节。进给变速冲动是由进给变速手柄配合进给变速冲动开关 SQ6 实现的。需要进给变速时，应将转速盘的蘑菇形手轮向外拉出并转动转速盘，将所需进给量的标尺数字对准箭头，然后再把蘑菇形手轮用力拉到极限位置并随即推回原位。在将蘑菇形手轮拉到极限位置的瞬间，其连杆机构瞬时压下行程开关 SQ6，使 SQ6 的常闭触点 SQ6（11-15）断开，常开触点 SQ6（15-19）闭合，使 KM3 通电，电动机 2M 正转。由于操作时只使 SQ6 瞬时压合，所以 KM3 是瞬时接通的，故能达到 2M 瞬时转动一下，从而保证变速齿轮易于啮合。由于进给变速瞬时冲动的通电回路要经过 SQ1 ～ SQ4 四个行程开关的常闭触点，因此，只有当进给运动的操作手柄都在中间（停止）位置时，才能实现进给变速冲动控制，以保证操作时的安全。同时，与主轴变速时冲动控制一样，电动机的通电时间不能太长，以防止转速过高，在变速时打坏齿轮。

（4）圆工作台运动的控制电路分析

为铣切螺旋槽、弧形槽等曲线，X62W 万能铣床附有圆形工作台及其传动机构，可安装在工作台上。圆形工作台的回转运动也是由进给电动机 2M 经传动机构驱动的。

圆工作台工作时，首先将进给操作手柄扳到中间（停止）位置，然后将组合开关 SA1 扳到接通位置，这时触点 SA1-1（17-18）及 SA1-3（11-21）断开，SA1-2（19-21）闭合。按动主轴启动按钮开关 SB3 或 SB4，则交流接触器 KM1 与 KM3 相继吸合，主轴电动机 1M 与进给电动机 2M 相继启动并运转，进给电动机仅以正转方向带动圆工作台作定向回转运动。由于圆工作台控制电路是经行程开关 SQ1 ～ SQ4 的四个行程开关的常闭触点形成闭合回路的，所以操作任何一个长工作台进给手柄，都将切断圆工作台控制电路，实现圆形工作台和长方形工作台的联锁。若要使圆工作台停止转动，可按主轴停止按钮开关 SB1 或 SB2，则主轴与圆工作台同时停止工作。

（5）冷却泵电动机的控制与照明电路分析

冷却泵电动机 3M 通常在铣削加工时由转换开关 SA3 操作。扳至接通位置时，交流接触器 KM6 通电，3M 启动，输送切削液，供铣削加工冷却用。机床照明由照明变压器 TL 输出 24V 安全电压，由转换开关 SA5 控制照明灯 EL。

2. 常见电气故障检修

从 X62W 万能铣床电气控制线路分析中可知，它与机械系统的配合十分密切，例如进给电动机采用电气与机械联合控制，整个电气线路的正常工作往往与机械系统正常工作是分不开的。因此，在出现故障时，正确判断是电气故障还是机械故障以及对电气与机械相配合情况的掌握，是迅速排除故障的关键。同时，X62W 万能铣床控制电路联锁较多，这也是其易出现故障的一个方面。下面以几个实例来叙述 X62W 铣床的常见故障及其排除方法。

（1）主轴的制动故障检修

① 主轴停车制动效果不明显或无制动。首先检查按动停止按钮开关 SB1 或 SB2 后，反接制动交流接触器 KM2 是否吸合，如 KM2 不吸合，可先操作主轴变速冲动手柄，若有冲动，则故障范围就缩小到速度继电器和按钮开关支路上。若 KM2 吸合，则故障就可能是在主电路的 KM2、R 制动支路上，可能是二相或三相断路，使主轴停车无制动；或者是速度继电器过早断开，使 KM2 过早断开，造成主轴停车制动效果不明显。可见，这个故障较多是由于速度继电器 KS 发生故障引起的。速度继电器的两对常开触点是用胶木摆杆推动动作的，如果胶木摆杆断裂，将使 KS 常开触点不能正常闭合，使主轴停车无制动。另外，KS 轴伸端圆销扭弯、磨损或弹性连接件损坏，螺钉、销钉松动或打滑等，都会使主轴停车无制动。若 KS 常开触点过早断开，则原因可能是 KS 动触点的反力弹簧调节过紧或 KS 的永久磁铁转子的磁性衰减等，这些故障会使主轴停车效果不明显。

② 主轴停车后短时反向旋转。一般是由于速度继电器 KS 动触点弹簧调整得过松，使触点复位过迟，导致在反接的惯性作用下主轴电动机出现短时反向旋转。

③ 主轴变速时无瞬时冲动。可能是冲动行程开关 SQ7 在频繁压合下，开关位置改变以致压不上或触点接触不良。

④ 按动停止按钮开关后主轴不停。产生该故障的原因可能有：交流接触器 KM1 主触点熔焊、反接制动时两相运行、启动按钮开关 SB3 或 SB4 在启动后绝缘被击穿损坏。

⑤ 工作台不能快速进给。常见原因是牵引电磁铁 YA 电路不通，如线圈烧毁、线头脱落或机械卡死。如果按动 SB5 或 SB6 后交流接触器 KM5 不吸合，则故障在控制电路部分；若 KM5 能吸合，且牵引电磁铁 YA 吸合正常，则故障大多为机械故障，如杠杆卡死或离合器摩擦片间隙调整不当。

⑥ 工作台控制电路的故障。这部分电路故障较多，仅举一例说明。工作台能够纵向进给但不能横向或垂直进给。从故障现象看，工作台能够纵向进给，说明进给电动机 2M、主电路、交流接触器 KM3 和 KM4 及与纵向进给相关的公共支路都正常，这样就缩小了故障范围。操作垂直和横向进给手柄无进给，可能是由于该手柄压合的行程开关 SQ3 或 SQ4 压合不上；也可能是 SQ1 或 SQ2 在纵向操纵手柄扳回中间位置后不能复位，引起联锁故障，致使 22-23-17 支路被切断，无法接通进给控制电路。

（2）继电器的检修

继电器是一种根据外界输入的信号如电气量（电压、电流）或非电气量（热量、时间、转速等）的变化接通或断开控制电路，以完成控制或保护任务的电器。继电器有三个基本部分，即感测机构、中间机构和执行机构。检修各种继电器装置，主要就是检修这三个基本部分。

① 感测机构的检修。对于电磁式（电压、电流、中间）继电器而言，其感测机构即电磁系统。电磁系统的故障主要集中在线圈及动、静铁芯部分。

a. 线圈故障检修：线圈绝缘损坏；受机械损伤形成匝间短路或接地；由于电源电压过低，动、静铁芯接触不严密，使通过线圈电流过大，线圈过热以至烧毁。其修理时，应重绕线圈。

如果线圈通电后衔铁不吸合，可能是线圈引出线连接处脱落，使线圈断路。检查出脱落处后焊接上即可。

b. 铁芯故障检修：

通电后，衔铁吸不上。这可能是线圈断线，动、静铁芯被卡住，动、静铁芯之间有异物，电源电压过低等造成的。应区别情况修理。

通电后，衔铁噪声大。可能是动、静铁芯接触面不平整或有油污造成的。修理时，应取下线圈，锉平或磨平其接触面；如有油污应用汽油进行清洗。噪声大可能是短路、环断裂引起的，修理或更换新的短路环即可。

断电后，衔铁不能立即释放。这可能是动铁芯被卡住、铁芯气隙太小、弹簧劳损和铁芯接触面有油污等造成的。检修时应针对故障原因区别对待：调整气隙，使其保持在 0.02 ～ 0.05mm；更换弹簧；用汽油清洗油污。

② 对热继电器而言，其感测机构是热元件。其常见故障是热元件烧坏、热元件误动作或不动作。

a. 热元件烧坏：这可能是负载侧发生短路，或热元件动作频率太高造成的。检修时应更换热元件，重新调整整定值。

b. 热元件误动作：这可能是整定值太小、未过载就动作，或使用场合有强烈的冲击及振动，使其动作机构松动脱扣而引起误动作造成的。

c. 热元件不动作：这可能是由于整定值太大，使热元件失去过载保护功能，以致过载很久仍不动作。检修时应根据负载工作电流来调整整定电流。

（3）执行机构的检修

大多数继电器的执行机构都是触点系统。通过它的“通”与“断”，来完成一定的控制功能。触点系统的故障一般有触点过热、磨损、熔焊等。引起触点过热的主要原因是容量不够，触点压力不够，表面氧化或不清洁等；引起磨损加剧的主要原因是触点容量太小，电弧温度过高使触点金属气化等；引起触点熔焊的主要原因是电弧温度过高，或触点严重跳动等。触点的检修顺序如下：

① 打开外盖，检查触点表面情况。

② 如果触点表面氧化，对银触点可不作修理，对铜触点可用油光锉锉平或用小刀轻轻刮去其表面的氧化层。

③ 如触点表面不清洁，可用汽油或四氯化碳清洗。

④ 如果触点表面有灼伤烧毛痕迹，对银触点可不必整修，对铜触点可用油光锉或小刀整修。不允许用砂布或砂纸来整修，以免残留砂粒，造成接触不良。

⑤ 触点如果熔焊，应更换触点。如果是因触点容量太小造成的，则应更换容量大一级的继电器。

⑥ 如果触点压力不够，应调整弹簧或更换弹簧来增大压力。若压力仍不够，则应更换触点。

（4）中间机构的检修

① 对空气式时间继电器而言，其中间机构主要是气囊。其常见故障是延时不准。这可能是由于气囊密封不严或漏气，使动作延时缩短，甚至不延时；也可能是气囊空气通道堵塞，使动作延时变长。修理时，对于前者应重新装配或更换新气囊，对于后者应拆开气室，清除堵塞物。

② 对速度继电器而言，其胶木摆杆属于中间机构。如反接制动时电动机不能制动停转，就可能是胶木摆杆断裂。检修时应予以更换。

（5）电缆常见故障与检修

① 线路故障：主要包括断线和不完全断线故障。

② 绝缘故障：包括绝缘损坏或击穿，如相间短路、单相接地等。

③ 综合故障：兼有以上两种故障。

电缆产生故障的原因很多：

① 机械损伤：电缆直接受到外力损伤，如基建施工时受挖掘工具的损伤，或由于电缆铅包层的疲劳损坏、铅包龟裂、弯曲过度、热胀冷缩等引起电缆的机械损伤。

② 绝缘受潮：由于设计或施工不良，使水分浸入，使绝缘受潮，绝缘性能下降。绝缘受潮是电缆终端头和中间接线盒最常见的故障。

③ 绝缘老化：电缆中的浸渍剂在电热作用下，化学分解使介质损耗增大，导致电缆局部过热，绝缘老化造成击穿。

④ 电缆击穿：由于设计不当，电缆长期过热，使电缆过热击穿或由于操作过电压，造成电缆过电压击穿。

⑤ 材料缺陷：材料质差引起，如电缆中间接线盒或电缆终端头等附件的铸铁质量差，有细小裂缝或砂眼，造成电缆损坏。

⑥ 化学腐蚀：电缆线路由于受到酸、碱等化学腐蚀而击穿。

（6）电缆故障的检测

① 无论何种电缆，均须在电缆与电力系统完全隔离后，才可进行鉴定故障性质的试验。

② 鉴定故障性质的试验，应包括每根电缆芯的对地绝缘电阻，各电缆芯间的绝缘电阻和每根电缆芯的连续性。

③ 鉴定故障性质可用兆欧表试验。电缆在运动中或试验中已发现故障，兆欧表不能鉴别其性质时，可用高压直流来测试电缆芯间及芯与铅包间的绝缘。

④ 电缆一芯接地故障时，不允许利用另一芯的自身电容做声测试验。

⑤ 电缆故障的测寻方法可参照表 12-1 进行。测出故障点距离后，应根据故障的性质，采用声测法或感应法定出故障点的确切位置。充油电缆的漏油点可采用流量法和冷冻法测寻。

表12-1 测寻电缆故障的方法

故障情况		电桥法	感应法	脉冲反射示波器法	脉冲振荡示波器法
接地电阻小于 10kΩ	单相	○	△①	△②	○
	二相短路接地	○	△①	△②	○
接地电阻小于 10kΩ	三相短路接地	△③	△①	△②	○
	护层接地	○	△①	△②	○
高阻接地		△	×	×	○
断线		△	×	○	×
闪络		×	×	×	○

① 结合烧穿法，电阻小于 1000Ω。

② 结合烧穿法，电阻小于 100Ω（电缆波阻抗值的 2 ～ 3 倍）。

③ 放全长临时线，或借用其他电缆芯作回线。

注：○—推广方法，△—可用方法；×—不用方法。

（7）故障点的精测方法

① 感应法。其原理是当音频电流经过电缆线时，在电缆周围产生电磁波，当携带感应

接收器沿电缆线路行走时，可以听到电磁波的音响。在故障点，音频电流突变，电磁波的音响也发生突变。该方法适用于寻找断线、相间低电阻短路故障，不适用于寻找高电阻短路及单相接地故障。

② 声测法。其原理是利用电容器充电后经过球隙向故障线芯放电，故在故障点附近用拾音器可判断故障点的准确位置，如表 12-1 所示。

③ 发现电缆故障部位后，应按《电业安全工作规程》的规定进行处理。

④ 清除电缆故障部分后，必须进行电缆绝缘的潮气试验和绝缘电阻试验。检验潮气用油的温度为 150℃。对于橡塑电缆则以导线内有无水滴作为判断标准。

⑤ 电缆故障修复后，必须核对相位，并做耐压试验，合格后，才可恢复运行。

五、PLC 控制的 Z3040 摇臂钻床电路

1. 电路原理图与工作原理

Z3040 摇臂钻床的外形如图 12-9 所示，Z3040 摇臂钻床的电路原理如图 12-10 和图 12-11 所示。

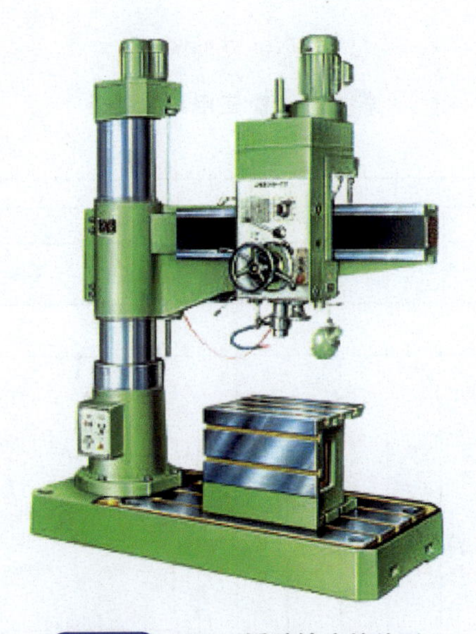

图12-9 Z3040摇臂钻床的外形

（1）控制回路分析

Z3040 摇臂钻床控制回路电压为 AC110，照明回路电压为 AC24V，机床上安装电动机如下，M1 主轴电动机，M2 横臂升降电动机，M3 液压泵电动机，M4 冷却泵电动机。

开车前准备：打开横臂上电气箱，合上空气断路器 QF2、QF3、QF4，然后关好箱门。

开机：合上立柱下面的总电源开关，QS1 电源指示灯 HL1 亮。

（2）主轴电动机的旋转电路分析

按启动按钮开关 SB3，交流接触器 KM1 通电吸合并自锁，主轴电动机 M1 旋转，按停止按钮开关 SB2，交流接触器 KM1 失电释放，主轴电动机 M1 停止旋转。

1	2		3		4		5	6
	电源开关				摇臂升降电动机		液压泵电动机	
电源进线	切断开关	保护开关	冷却泵电动机	主电动机	上升	下降	松开	夹紧

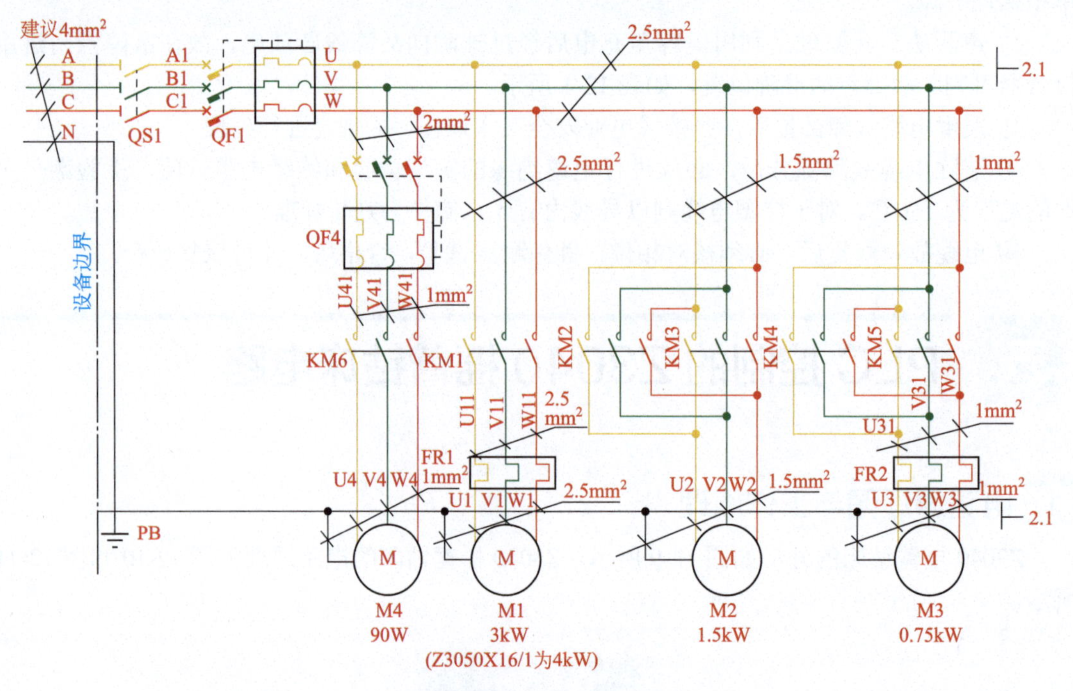

图12-10 主电路原理图

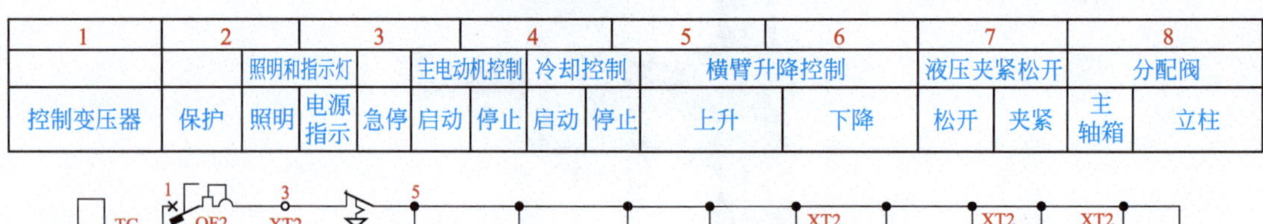

1	2	3			4				5	6	7		8	
		照明和指示灯			主电动机控制		冷却控制		横臂升降控制		液压夹紧松开		分配阀	
控制变压器	保护	照明	电源指示	急停	启动	停止	启动	停止	上升	下降	松开	夹紧	主轴箱	立柱

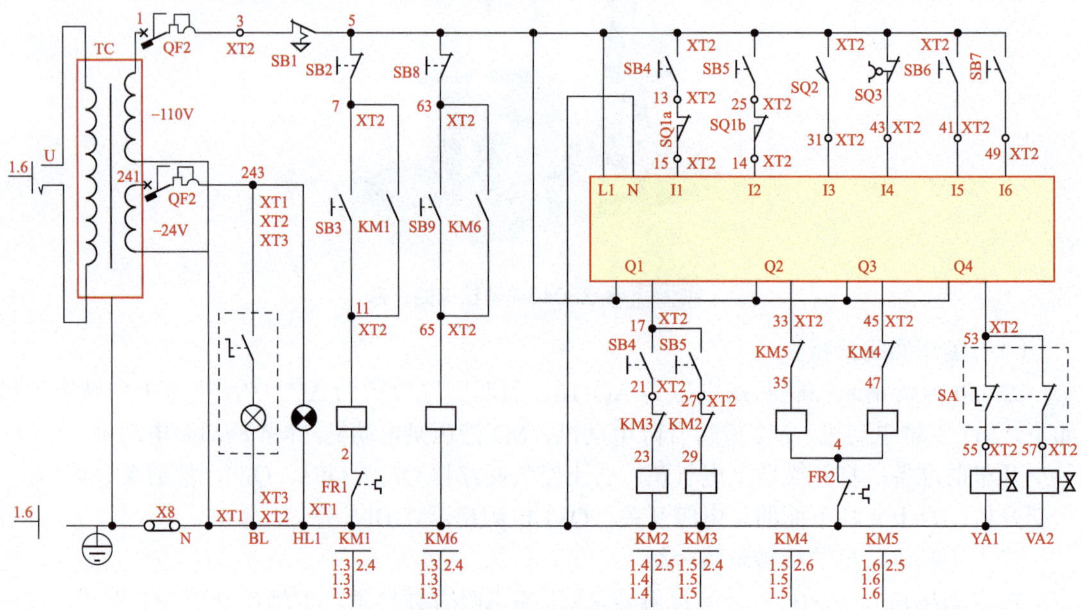

图12-11 控制电路原理图

为防止主轴电动机长时间过载运行，电路中设置热继电器 FR1，其整定值应根据主轴电动机电气铭牌所示的额定电流值进行调整。

（3）摇臂升降

按上升或下降按钮开关 SB4（或 SB5），通过 PLC 使交流接触器 KM4 通电吸合，液压泵电动机 M3 正向旋转，压力油经分配阀进入摇臂松夹油缸的松开油腔，推动活塞和菱形块，使摇臂松开。同时，活塞杆通过弹簧片压好受位开关 SQ2，通过 PLC 使交流接触器 KM4 失释放，交流接触器 KM2（或 KM3）通电吸合，液压泵电动机 M3 停止旋转，升降电动机 M2 旋转带动摇臂上升（或下降）。

如果摇臂没松开，限位开关 SQ2 常开触点不能闭合；交流接触器 KM2（或 KM3）就不能通电吸合，摇臂不能升降。当摇臂上升或下降到所需位置时，松开按钮开关 SB4（或 SB5），通过 PLC 使交流接触器 KM2（或 KM3）失电释放，升降电动机 M2 停止旋转，摇臂停止上升（或下降）。然后，经 1.5s 交流接触器 KM5 受电吸合，液压泵电动机 M3 反向旋转，供给压力油。压力油经分配阀进入摇臂松夹紧油腔，使摇臂夹紧；同时活塞杆通过弹簧片压限位开关 SQ3，通过 PLC 例交流接触器 KM5 失电释放，液压泵电动机 M3 停止旋转。

行程开关 SQ1（SQIa、SOIb）用来限制摇臂的升降行程，当摇臂升降到极限位置时，SQ1（SQIa、SQIb）动作，交流接触器 KM2（或 KM3）断电，升降电动机 M2 停止旋转，摇臂停止升降。

摇臂的自动夹紧动作是由限位开关 SQ3 来控制的，如果液压夹紧系统出现故障，不能自动夹紧摇臂，或者由于 SQ3 调整不当，在摇臂夹紧后不能使 SQ3 常闭触点断开，都会使液压示电动机处于长时间过载运行状态；为防止因过载运行损坏液压泵电动机，电路中使用热继电器 FR2 对液压泵电动机进行过载保护，其整定值应根据液压泵电动机 M3 的额定电流进行调整。

（4）立柱和主轴箱的松开或加紧

立柱和主轴箱的松开或加紧既可单独进行又可同时进行。首先把转换开关 S 扳到中间位置，这时按夹紧（或松开）按钮开关 SB6（或 SB7），则电磁铁 YA1、YA2 得电吸合，经过 1 ～ 3s 交流接触器 KM4（或 KM5）通电吸合，液压泵电动机 M3 正转（或反转），供压力油给油缸的松开（或夹紧）油腔，推动活塞和菱形块，使立柱和主轴箱松开（或夹紧）。

（5）立柱和主轴箱松开加紧单独进行

把转换开关 SA 扳到左边（或右边），按松开（或夹紧）按钮开关 SB6（或 SB7），仿照同时进行的原理，YA1 或 YA2 单独得电吸合，即可实现立柱和主轴箱的单独松开或夹紧。

（6）冷却泵的启动和停止

按启动按钮开关 SB9，交流接触器 KM6 通电吸合并自锁，冷却泵电动机旋转；按停止按钮开关 SB8，交流接触器 KM6 失电释放，冷却泵电动机停止旋转。

（7）紧急停止和解除

按动带自锁的紧急停止按钮开关 SB1，各部电动机均停止运转，机床处于紧急停止状态。按箭头方向旋转紧急停止按钮开关 SB1，急停按钮开关将复位，紧急停止状态解除。

注意：按动紧急按钮开关后机床内某些元器件仍然带电，只有关断总电源开关 QS1，机床内除总电源开关一次侧外均不带电。

2. PLC 控制电路分析

如图 12-12 所示，按动上升按钮开关 I1 闭合，按动下降按钮开关 I2 闭合，当 SQ2 被压下 I3 闭合，Q1 动作摇臂上升或下降。按动上升或下降按钮开关后，SQ2 没有被压下，I3 没有动作处于原始位置，摇臂松开到位，限位开关 SQ3 没有被压下，I4 闭合，时间继电器 T4 通电延时。T4 延时闭合 Q2 使液压松开。

当满足 I4、I3、Q3 在原始位置时 Q2 使液压松开，主轴箱按钮开关 SB6 按动，I5 闭合，时间继电器 T2 通电延时闭合，Q3 在原始位置未动作的条件下 Q2 使液压松开。当上升和下降按钮开关 SB4、SB5 没被按动，SQ3 在闭合位置，T1 通电延时。横臂松开到位行程开关 SQ3 没被压下在闭合位置，T1 通电延时闭合，Q2 在原始位置没有动作，Q3 夹紧。立柱按钮开关 SB7 被按动，T2 延时时间闭合，Q2 在原始位置没有动作，Q3 夹紧。主轴箱和立柱 SB6、SB7 被按动，I5、I6 闭合，T2 通电延时动作，T3 断电延时动作。当 T3 断电延时动作，Q4 动作，电磁铁动作。

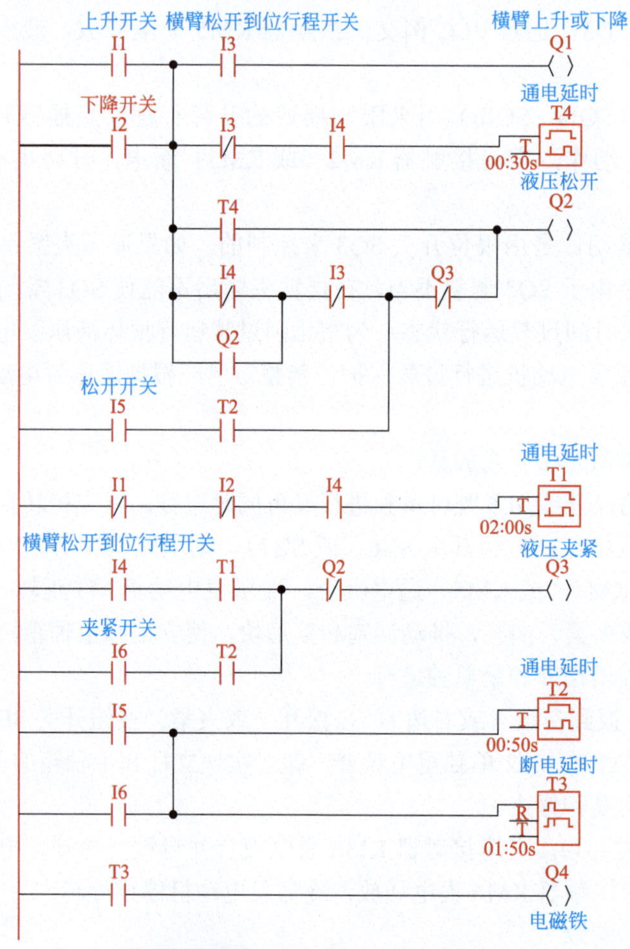

图12-12 摇臂钻PLC控制梯形图

3. Z3040 摇臂钻床电路接线

Z3040 摇臂钻床电路接线图如图 12-13 所示。

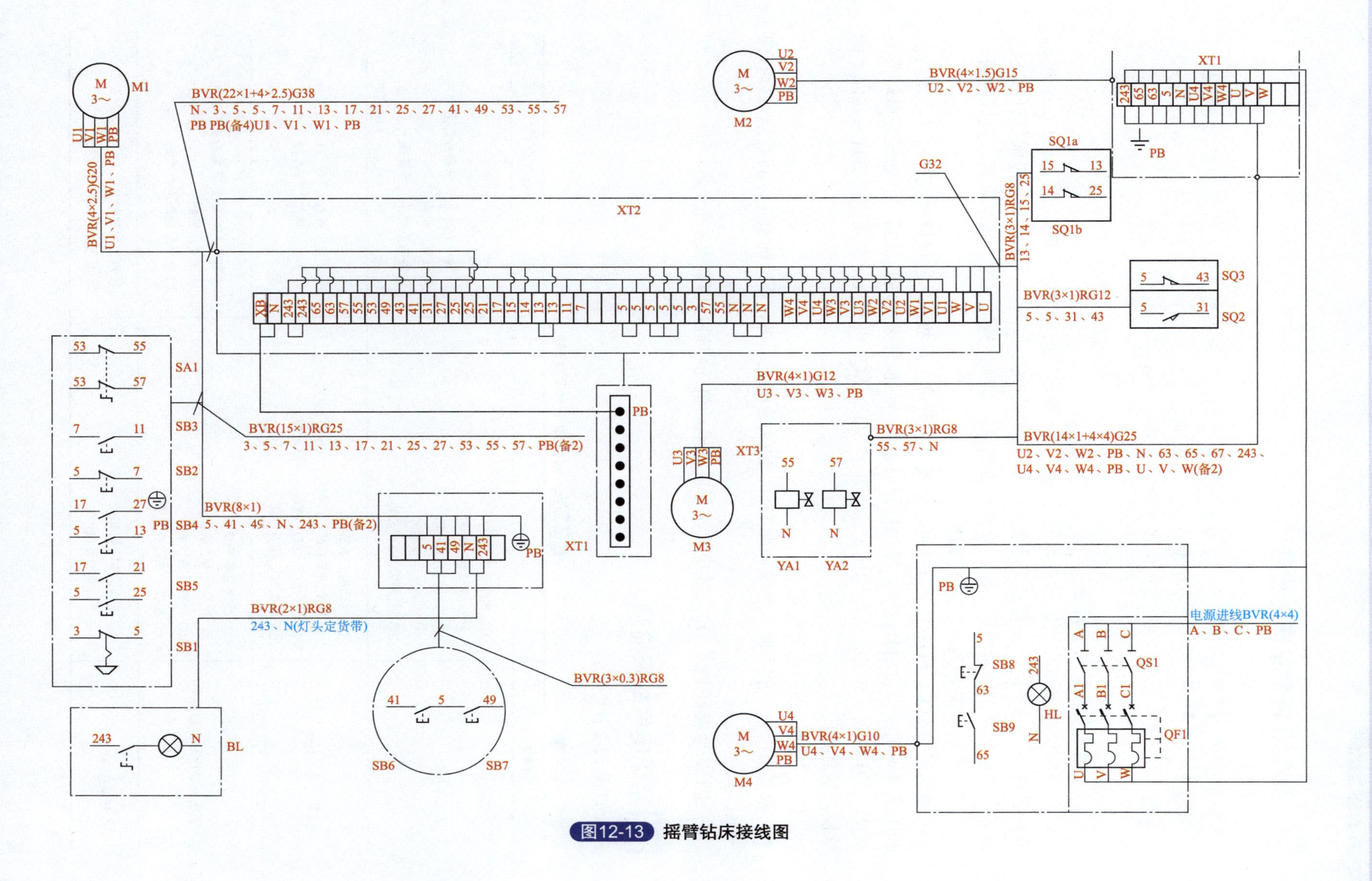

图12-13 摇臂钻床接线图

4. Z3040 摇臂钻床的维修

在检查电气设备时，总电源开关及交流接触器的电源线中仍有电压，请注意安全！本机床没有开门断电，建议用户在打开电器门之前应将总电源开关 QS1 关断。

（1）升降限位开关的调整

升降限位开关 SQ1 内的触点角度可调整，一般出厂前已调好，但如果升降时开关失灵，或按升降按钮开关时，摇臂升降不动作，如确认是 SQ1 故障，可以打开升降限位开关 SQ1 盒盖，拧松侧面的锁紧螺丝，然后调整触点角度，调到位置适宜时，锁紧螺钉，关好盒盖。

（2）微动开关 SQ2、SQ3 的调整

微动开关 SQ2、SQ3 上下位置可以微调。当升降出现故障，发现横臂没有松开，或者松开了横臂夹紧没有自动复位时，可以打开横臂后面封横臂夹紧油缸的封门，如发现微动开关 SQ2、SQ3 位置不合理，可窜动固定微动开关 SQ2、SQ3 调整板，调到位置适宜后，固定调整板，恢复封门。

（3）热继电器的电流整定

根据出厂电压的不同，热继电器 FR1、FR2 的电流须进行相应的整定，其数据可以查阅得到。

对于热继电器 FR1、FR2 的电流，可根据电动机功率进行调整保护值。

5. 常见电气故障检修

如表 12-2 所示。

表12-2 常见电气故障检修

故障现象	原因分析	排除方法
主轴不旋转	① 相序不正确 ② 热继电器 FR1 过热 ③ 电动机 M1 缺相 ④ 控制回路有故障 ⑤ 机械和油路有故障	① 调相序 ② 等待 FR1 过热恢复冷态后合闸 ③ 恢复所缺相 ④ 参考原理图进行查找
横臂升降有故障	① 电动机 M2 缺相 ② 控制回路有故障，例如微动开关 SQ2、SQ3 位置调整不正确，SQ1 触点角度没对好 ③ 机械和油路有故障	① 恢复所缺相 ② 参考原理图进行查找
液压夹紧松开有故障	① 热继电器 FR2 过热 ② 电动机 M3 缺相 ③ 控制回路有故障 ④ 机械和油路有故障	① 等待 FR2 过热恢复冷态后合闸 ② 恢复所缺相 ③ 参考原理图进行查找
冷却系统有故障	① 电动机 M4 缺相 ② 控制回路有故障	① 恢复所缺相 ② 参考原理图进行查找

六、搅拌机控制电路

1. 电路原理图与工作原理

JZ350 型搅拌机控制电路如图 12-14 所示。

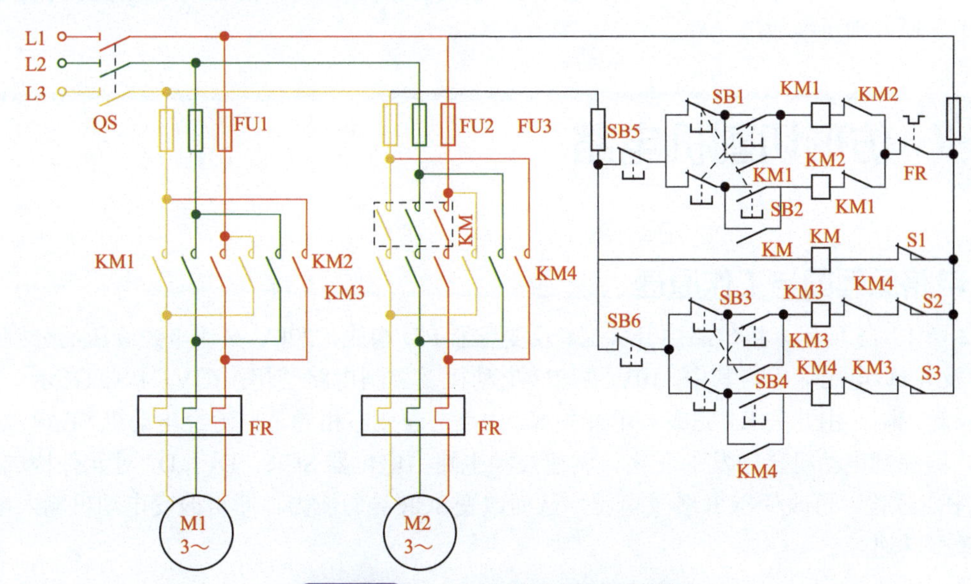

图12-14 JZ350型搅拌机控制电路图

（1）搅拌电动机 M1 的控制电路

电动机 M1 的控制电路就是一个典型的按钮开关、交流接触器复合联锁正反转控制电路图。图中 FU1 是电动机短路保护，FR 是电动机过载保护，KM1 为正转交流接触器，KM2 为反转交流接触器。按启动按钮开关 SB1，M2 正转，搅拌机开始搅拌。

搅拌好后，按反转按钮开关 SB2，搅拌机反转出料，按停止按钮开关 SB5 则停止出料。

在新型的 JZ 系列搅拌机上，为了提高工作效率，加入了时间控制电路，搅拌到时后自动反转出料。

（2）进料斗提升电动机 M2 的控制电路

料斗提升电动机 M2 的工作状态也是正反转状态，控制电路与 M1 基本相同，在 M1 电路基础上增加了位置开关 S1、S2、S3 的常闭触点，在电源回路增加一只交流接触器 KM。位置开关 S1、S2 装在斜轨顶端，S2 在下，S1 在上；S3 装在斜轨下端，开关位置可以调整，搅拌机及料斗安好后，调整上下行程位置，使下行位置正好是料斗到坑底，上行位置料斗正好到顶部卸料位置。

运行过程中，料斗上升到顶部卸料位置，触动位置开关 S2，电动机停转，同时电磁抱闸（图中未画出）工作，使料斗停止运行。卸料后按反转按钮开关 SB4，料斗下行到坑底，触动位置开关 S3，电动机停转。S1 是极限位置开关，在 S2 开关上部，如果 S2 出现故障，料斗继续上行，触及 S1，交流接触器 KM 线圈断电，主触头释放切断 M2 电源，防止料斗向上出轨。

2. 常见电气故障检修

① 搅拌机不能进入到启动时，先测量交流接触器 KM2、KM1 线圈电阻（正常约为几百欧姆）。再测量以下几个常闭触点的电阻：串在 KM2、KM1 线圈回路中的常闭触点是否正常，如果不正常，则更换故障元件。

② 上料料斗不能上行或下行，重点检查行程开关 S1 或 S2 的常闭触点是否闭合好；如果 S1 和 S2 内常闭触点闭合好，则检查 KM3 与 KM4 线圈回路中的互锁常闭触点是否导通，如果不导通，则更换故障元件。

仿形切割机电路

1. 电路原理图与工作原理

如图 12-15 所示，该电路由开关 K1 及变压器 RD 构成，220V 交流电经降压后分别产生 110V 及 6.3V 电压输出，其中 110V 供旋转电动机及控制电路使用，63V 为电源指示。电动机正反转控制，由开关 K1 完成，单开关 K2 中点与左或右相通时，流经电动机 SE 电源方向不同，则控制电动机转向发生变化。调速控制电路由电位器 SCR、D1、D2 等元件构成，改变 W 中点位置，可改变 SCR 触发电压，从而改变 SCR 导通能力，即可改变电动机输入电压，即而改变转速。

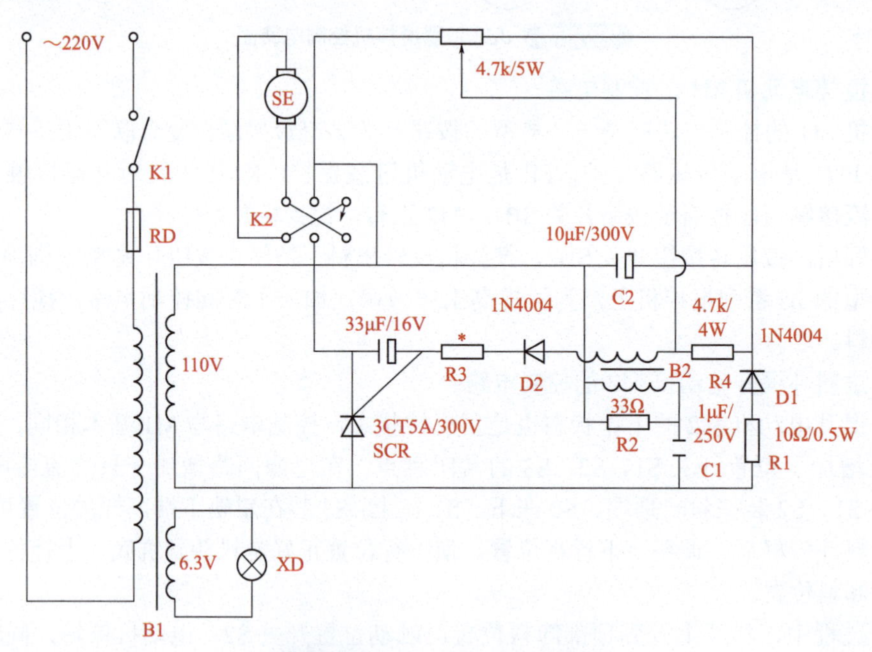

图12-15 仿形切割机电路原理图

2. 电路调试与检修

当电路不能工作或不能实现正反转时，主要检查开关 K1、K2；当电路不能调速时，主要查找 SCR、D1、D2、W 等元器件是否损坏，若有损坏应更换新件。

八、卷扬机控制电路

1. 电路原理图与工作原理

图 12-16 是建筑工地卷扬机控制电路，主要由提升交流电动机、电磁抱闸、减速器、卷筒及钢丝绳等组成，是一个典型的电动机正反转运行、电磁抱闸制动的控制电路。该控制电路具有结构简单、操作方便，体积小、上升下降安全可靠等优点，被广泛采用。

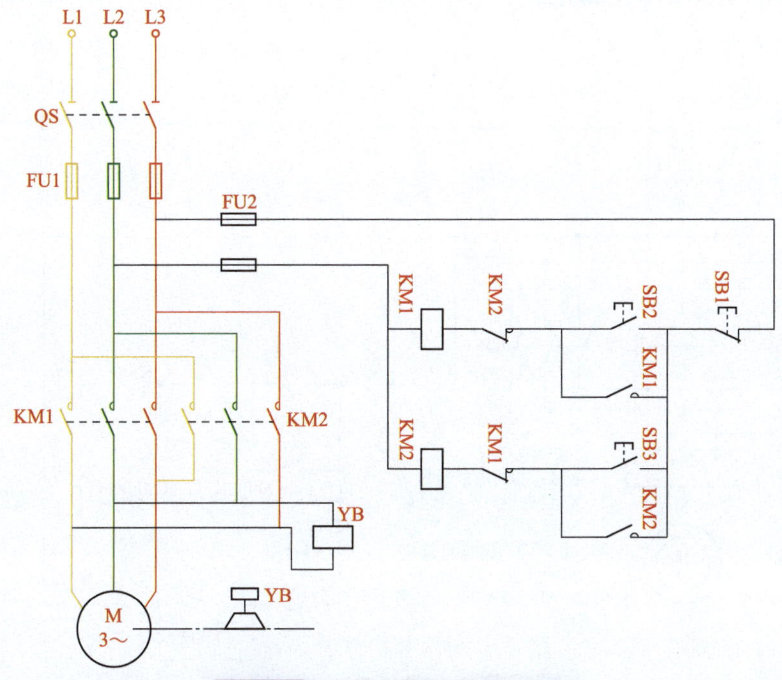

图12-16 建筑工地卷扬机控制电路

工作原理：合上电源开关 QS，按下提升启动按钮 SB2，提升接触器 KM1 得电吸合并自锁，其主触点接通电动机 M 和电磁铁 YB 线圈电源，电磁铁得电吸合，电磁制动器松开制动轮，电动机运行，电动机带动卷筒转动，将钢丝绳卷在卷筒上，带动提升设备向高处运送物料。

在物料运送到预定高度时，按下停止按钮 SB1，接触器 KM1 失电释放，打开电动机 M 和电磁铁 YB 电源，电磁抱闸立即紧紧抱住制动轮，防止物料以自重下降。

当需要卷扬机下降时，按下下降按钮 SB3，下降接触器得电吸合并自锁，其主触点反相序接通电动机电源，与此同时，电磁铁线圈也得电吸合，松开抱闸，电动机反转运行，松开卷筒上的钢丝绳，提升设备下降，下降到预定位置时，按下停止按钮 SB1，接触器 KM2 失电释放，电动机停止运行，电磁抱闸立即紧紧抱住制动轮。

另外，在提升和下降控制回路中，分别串入 KM2、KM1 的动断辅助触点，实现互锁，增加了控制电路的可靠性。

2. 电路调试与检修

卷扬机不能进入到启动时，先测量交流接触器 SB1、SB2 及 KM2、KM1 线圈电阻（正常约为几百欧姆）。再测量以下几个常闭触点的电阻：串在 KM2、KM1 线圈回路中的常闭触点是否正常，如果不正常，则更换故障元件。

九、钢筋折弯机控制电路

1. 电路工作原理与电路图

如图 12-17 所示。

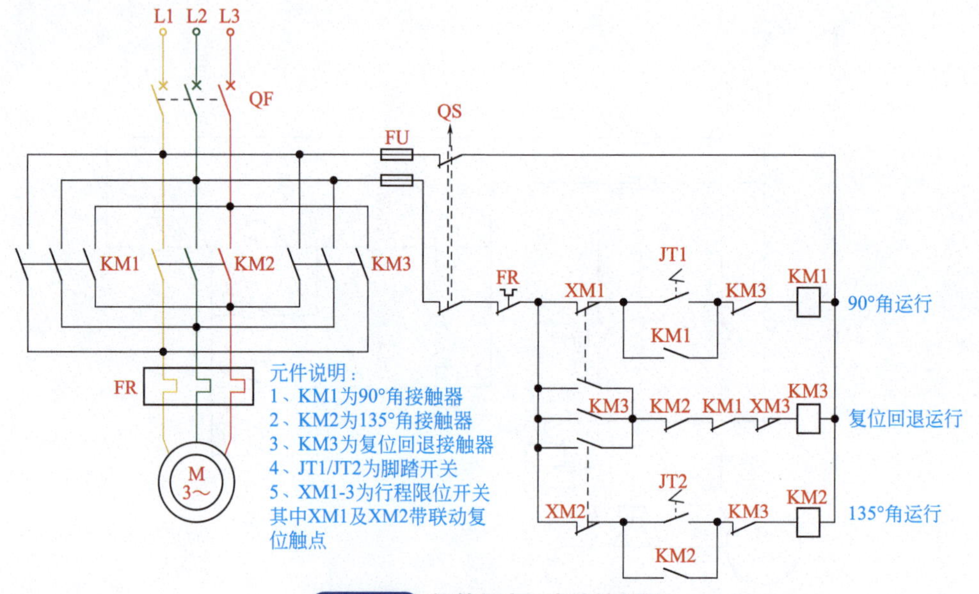

图12-17 钢筋折弯机电路控制图

接通电源，在90° 折弯时，脚踏启动开关JT1，此时电源通过QS、FR、XM1常闭触点、JT1、KM3常闭触点使KM1得电吸合，KM1主触点吸合，设电动机启动正向运行，与JT1并联的KM1辅助触点闭合自锁，与KM3线圈相连的触点断开，实现互锁，防止KM3误动作。当电动机运行到位置时，触动行程开关XM1，则其常闭触点断开，KM1断电，常闭触点接通，KM1常闭触点接通，KM3得电吸合，主触点控制电动机反转，与XM1相连的辅助触点自锁。当电动机回退到位时，触动XM3，触点断开，KM3线圈失电断开，电动机停止运行。

在135° 折弯时，脚踏启动开关JT2，此时电源通过QS、FR、XM2常闭触点、JT2、KM3常闭触点使KM2得电吸合，KM2主触点吸合，设电动机启动正向运行，与JT2并联的KM2辅助触点闭合自锁，与KM3线圈相连的触点断开，实现互锁，防止KM3误动作。当电动机运行到位置时，触动行程开关XM2，则其常闭触点断开，KM2断电，常开触点接通，KM2常闭触点接通，KM3得电吸合，主触点控制电动机反转，与XM2相连的辅助触点自锁。当电动机回退到位时，触动XM3，触点断开，KM3线圈失电断开，电动机停止运行。

2. 常见电气故障检修

接通电源不工作，主要检查熔断器、热保护、KM 及脚踏开关等元器件，如有损坏应更换。不能复位回退，检查 KM3 线圈及接在 KM3 线圈回路中的几个接点，如有损坏应更换。90° 折弯不能工作，检查 KM1 线圈及接在 KM1 线圈回路中的几个接点，如有损坏应更换。135° 折弯不能工作，检查 KM2 线圈及接在 KM2 线圈回路中的几个接点，如有损坏应更换。

知识拓展：

用中间继电器控制的折弯机电路，电路中用了两只交流接触器控制电动机正反转，用中间继电器在控制电路中控制回路的自锁和互锁。电路如图 12-18 所示。

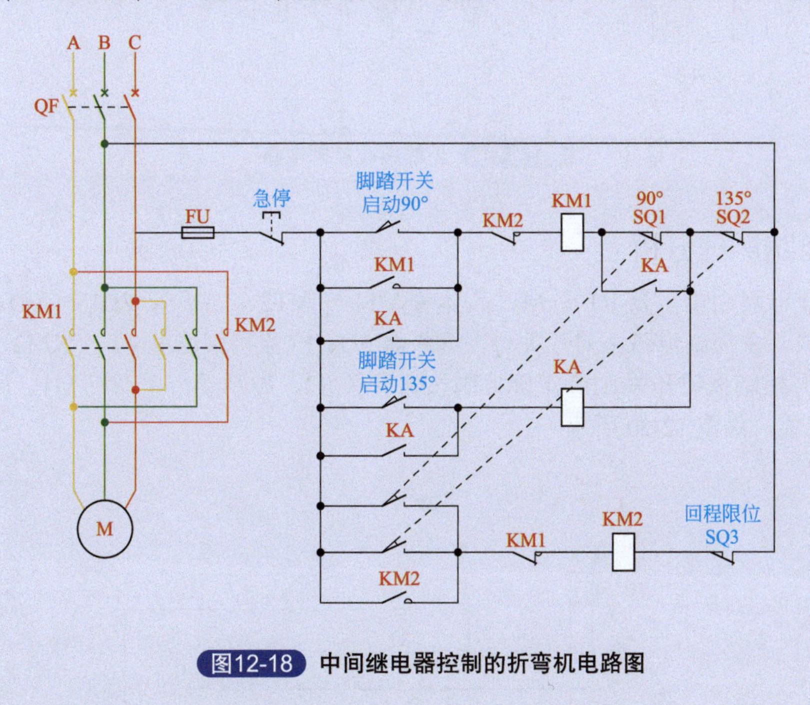

图12-18 中间继电器控制的折弯机电路图

十、电动卷帘门控制电路

电动卷帘门控制电路有手动控制和用无线电遥控方式，用无线电遥控方式遥控距离（或高度）大于 10m。

1. 遥控电路原理分析

该遥控电动卷帘门控制电路由无线发射器、无线接收控制电路和主控制电路三部分组成。

通用无线发射器多采用 TWH9326 四键成品 BP 机式发射器，无线接收电路控制电路由电源电路、无线接收集成电路 IC2 和控制执行电路组成，如图 12-19 所示。电源电路由电源变压器 T、整流桥堆 UR、电阻器 R5、稳压二极管 VS、三端稳压集成电路 IC1 和滤波电容器 C1、C2 组成。交流 220V 电压经 T 降压、UR 整流、R5 限流 VS 稳压及 C1 滤波后，为控制执行电路提供+ 12V 电压。+ 12V 电压还经 IC1 稳压为+ 6V，作为 IC2 的工作电源。

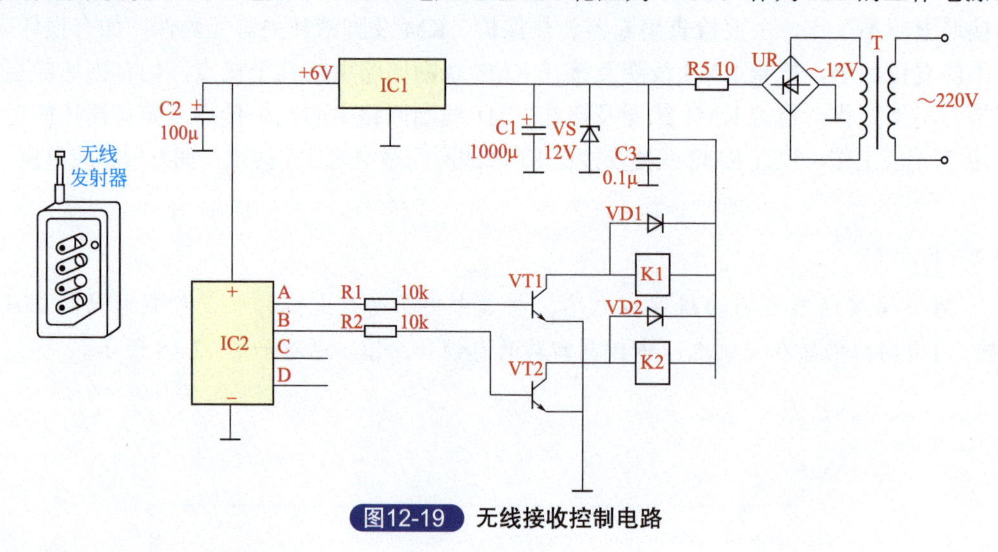

图12-19 无线接收控制电路

2. 控制电路原理分析

控制执行电路由电阻器 R1 ～ M、晶体管 VT1 ～ VT2、二极管 VD1 ～ VD2 和继电器 K1 ～ K2 组成。主控制电路由刀开关 Q、熔断器 FU、交流接触器 KM1 ～ KM2、限位保护开关 S5、提升控制按钮开关 S1、下降控制按钮开关 S2、控制卷帘电动机 M1、断电型电磁制动器 YA 组成，如图 12-20 所示。

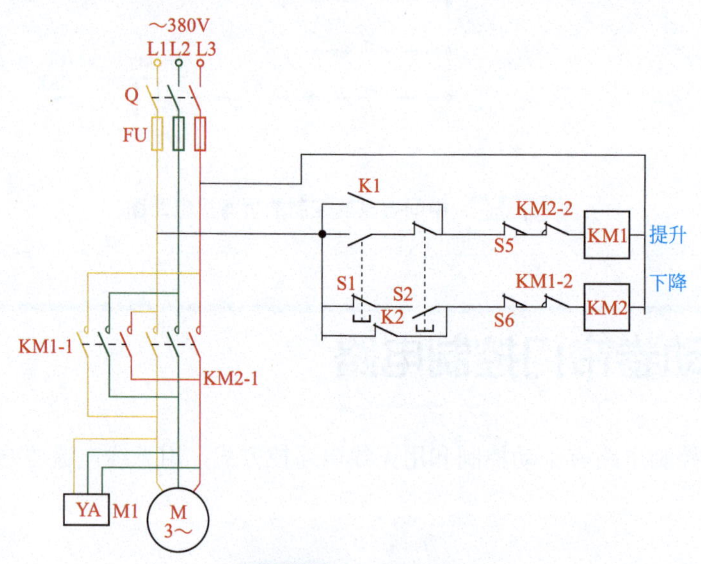

图12-20 主控制电路

卷帘 M1 断电，电磁制动器 YA 动作，使 M1 停转。当卷帘上升至指定位置时，松开即释放。手动控制卷帘向上提升时，按动 S1，KM1 吸合，卷帘电动机 M1 通电正转运行，带动滚筒转动，卷起卷帘，当卷帘提升至上限位置时，限位保护开关 S5 受碰撞而断开，使 KM1 释放，M1 断电，电磁制动器 YA 动作，使 M1 停转。

控制卷帘下降时，按动 S2，使 KM2 吸合，M1 通电反向运行，使卷帘下降。至指定位置时，限位保护开关 S5 受碰撞而断开，使 KM1 释放，M1 断电，电磁制动器 YA 动作，使 M1 停转。

遥控操作时，可通过遥控器按键来分别控制卷帘提升机构的上升、下降运行。按动提升键时，IC2 的 A 端输出高电平，VT1 饱和导通，K1 通电吸合，其常开触点接通，相当于按动按钮开关 S1；按动 B 键时，IC2 的 B 端输出高电平，VT2 饱和导通，K2 通电吸合，其常开触点接通，相当于按动按钮开关 S2。

3. 电路常见故障检修

① 主电路维修：不能提升，检查 KM1 线圈及接在 KM1 线圈回路中的几个接点，如有损坏应更换；不能下降，折弯不能工作，检查 KM2 线圈及接在 KM2 线圈回路中的几个接点，如有损坏应更换。

② 遥控控制电路的检修：在检修电路时，首先检测降压整流稳压部分，正常后按压遥控器，测试集成电路输出脚电压，在确定遥控器是好的时，如控制块无电压输出，为接受集成块故障，有输出则为驱动三极管或交流接触器线圈故障。

知识拓展：

本节讲解的是三相电动卷帘门电路，对于单相卷帘门，只要将电动机换成单相离心开关式电动机，两个交流接触器按照单相电动机铭牌上的接线方式接线即可，或者参看前面章节正反转单相电动机控制电路接线即可。

十一、塔式起重机电路

TQ60/80 快速拆装式塔式起重机控制电路如图 12-21 所示。

图中电源进线处为集电环，快速拆装式塔式起重机为下回转，电源不能用导线直接接入，采用滑动连接，在回转部位装有集电环。M 为起重电动机（绕线式电动机），用凸轮控制器 QM 进行启动和调速控制。YB1 是起升制动器，当 M 断电时 YB1 的闸瓦将起升电动机刹死，M1 是行走电动机，正反转用交流接触器 K1 和 K2 控制；M2 是回转电动机，正反转用 K3 和 K4 控制；M3 是变幅电动机，正反转用 K5 和 K6 控制，变幅电动机上装有制动器 YB2 进行制动，变幅动作为点动，向上抬时有幅度限制开关 SL2，超过上抬幅度时自动停止。三台电动机控制电路中均为交流接触器联锁。在电动机 M1 的控制回路中有限位开关 SL3 和 SL4，分别装在轨道两尽头，当起重机行走到轨道尽头时，限位开关动作，自动停止行走。

S1 是聚光灯开关，是场地照明用开关；S2 是工作灯开关，是司机室照明灯开关；SF1 是电铃脚踏开关，当起重机有动作时都要打铃警告下面的人注意；JD 是警笛，在司机室内，起升、变幅、行走到极限位置，警笛都要响，警告驾驶员；SF2 是起升停止脚踏开关，踏下 SF2，K7 断电，制动器 YB1 动作刹住主电动机；QC 是电压表转换开关。

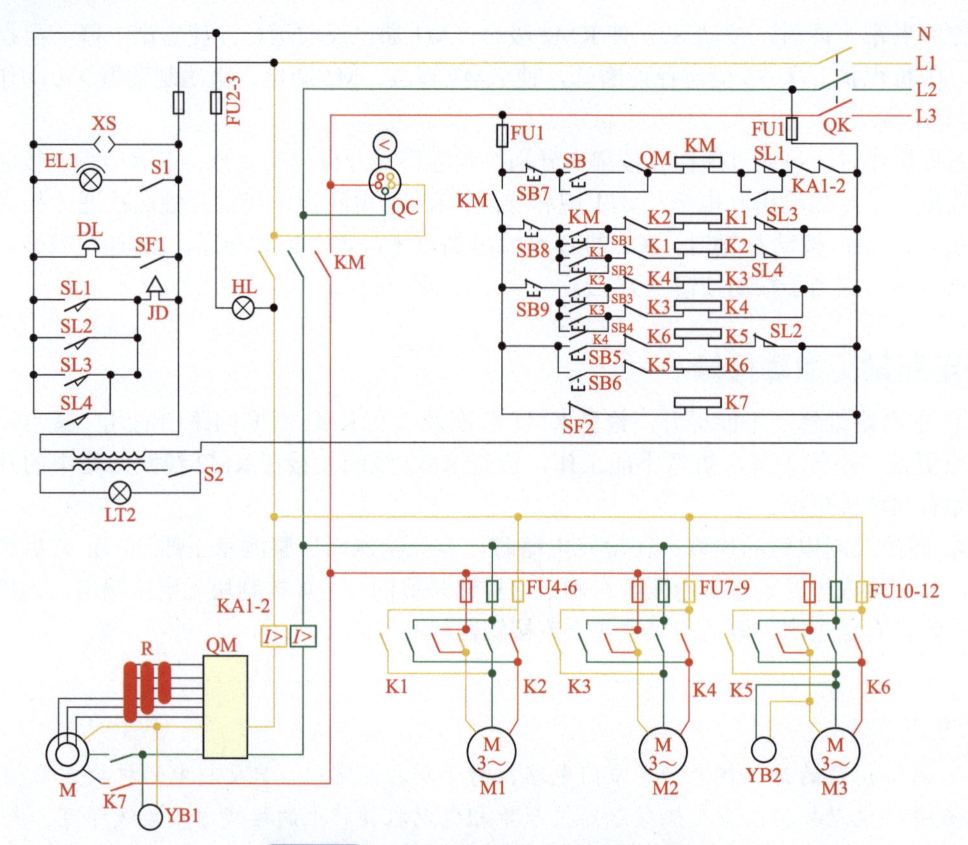

图12-21 快速拆装式塔式起重机控制电路

电路用熔断器做短路保护，主电动机用过流继电器 KA 做过载保护。

十二、大型天车及行车的遥控控制电路

一般大型电动葫芦（包括行车）均具有前进、后退、左行、右行、上升和下降 6 种控制方式，通过各种复杂的联锁进行控制。其缺点是人必须靠近操作，安全性较差。电动葫芦遥控控制电路，多采用红外遥控方式，遥控距离（或高度）为 8m 以上，使用安全方便，可满足危险场所对吊装装置的特殊要求。

1. 电路原理图与工作原理

该遥控电动葫芦控制电路由红外发射电路和红外接收控制电路两部分组成。行车发射及接收器外形如图 12-22 所示。

图12-22 行车发射及接收器外形

红外发射电路由红外发射编码集成电路 ICI 和外围元器件组成，如图 12-23 所示。控制按钮开关 S1 ～ S4、二极管 VD1 ～ VD3、电容器 C3 ～ C8 和 IC1 的 4 ～ 13 脚内电路组成键控输入电路；电容器 C1 与 C2、石英晶振 BC 和 IC1 的 2、3 脚内电路组成振荡器电路；电阻器 R1 ～ R4、晶体管

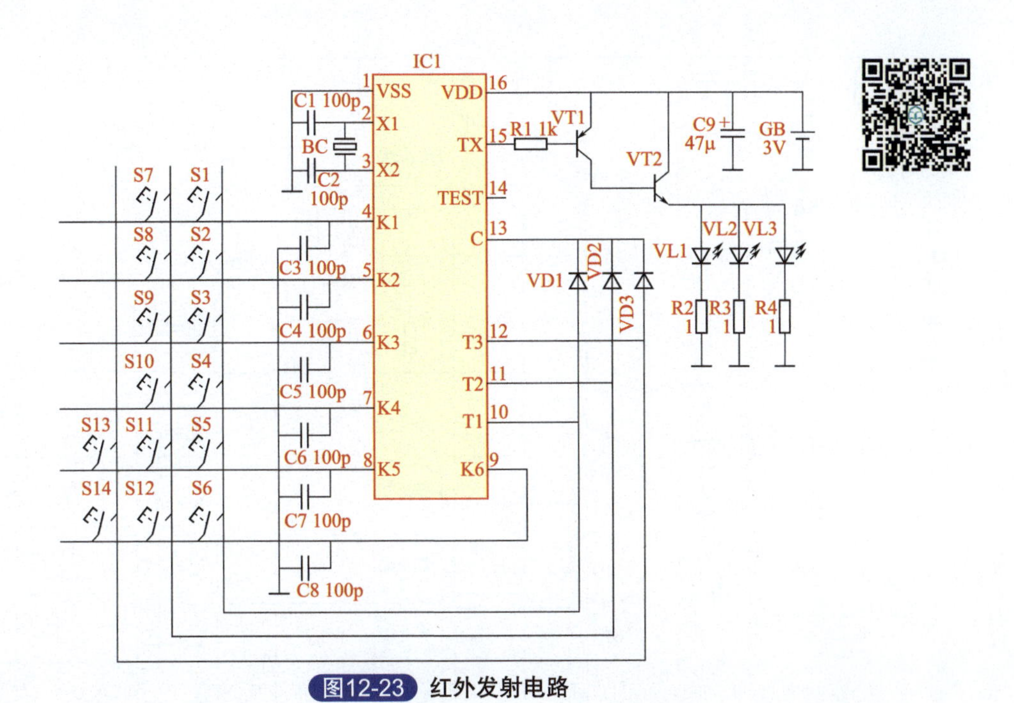

图12-23 红外发射电路

VT1 与 VT2、红外发光二极管 VL1 ～ VL3 和 IC1 的 15 脚内电路组成红外驱动电路。

红外接收控制电路由红外接收放大电路、解码电路、触发器控制电路和控制执行电路组成，如图 12-24 所示。红外接收放大电路由电阻器 R5 ～ R8、电容器 C10 ～ C13、红外信号处理集成电路 IC2、红外接收二极管 VD4 和晶体管 VT3 组成。解码电路由 IC3、电容器 C14 ～ C17、电阻器 R9 与 R10 和晶体管 VT4、VT5 组成。

触发控制电路由双 D 触发器集成电路 IC4 ～ IC6、电阻器 R11 ～ R28、电容器 C18 ～ C23、二极管 VD5 ～ VD16 和光耦合器 VLC1 ～ VLC6 内部的发光二极管组成。电路中 IC4b ～ IC6b、C19 ～ C23、R14 ～ R28 和 VD7 ～ VD16 同 IC4a 电路。

控制执行电路由光耦合器 VLC1 ～ VLC7、交流接触器 KM1 ～ KM7 和电阻器 R29 组成。

VD4 接收到 VL1 ～ VL3 发射的红外光信号，并将其转换成电脉冲信号。此电脉冲信号经 IC2 解调放大处理及 VT3 反相放大后加至 IC3 的 2 脚，经 IC3 比较及解码处理后输出控制电平，使相应的触发器翻转，通过相应的交流接触器来控制电动葫芦，完成相应的动作。

按动一下 S1 ～ S14 中某按钮开关时，IC1 内部电路将该按钮开关产生的遥控指令信号进行编码后调制为 38kHz 脉冲信号，该脉冲信号经 VT1 和 VT2 放大后，驱动 VL1 ～ VL3 发射出红外光。

S1 ～ S6 用作点动控制，S7 ～ S12 用于连续动作控制，S13 为点动 / 连续动作方式选择控制，S14 为电动机总电源开关控制。按一下 S1 时，IC2 的 3 脚输出单脉冲控制信号，使 VLC1 内部的发光二极管间歇点亮，光控晶闸管间歇导通，KM2 间歇通电吸合，电动葫芦向前点动运行。分别按一下 S2、S3、S4、S5 和 S6 时，IC2 的 4 脚、5 脚、6 脚、7 脚和 8 脚将分别输出单脉冲控制信号，分别通过 VLC2 ～ VLC6 使 KM2 ～ KM6 间歇工作，控制电动葫芦分别完成向后、向左、向右、上升和下降的点动运行。

当按动一下按钮开关 S7 时，IC3 的 20 脚将输出连续控制脉冲信号，通过触发器 A（由 IC4a 和外围元器件组成）使 VLC1 内部的发光二极管点亮，光控晶闸管导通，KM1 通电吸合，控制电动葫芦连续向前运行。分别按动 S8、S9、S10、S11 和 S12 时，IC3 的 19 脚、18 脚、

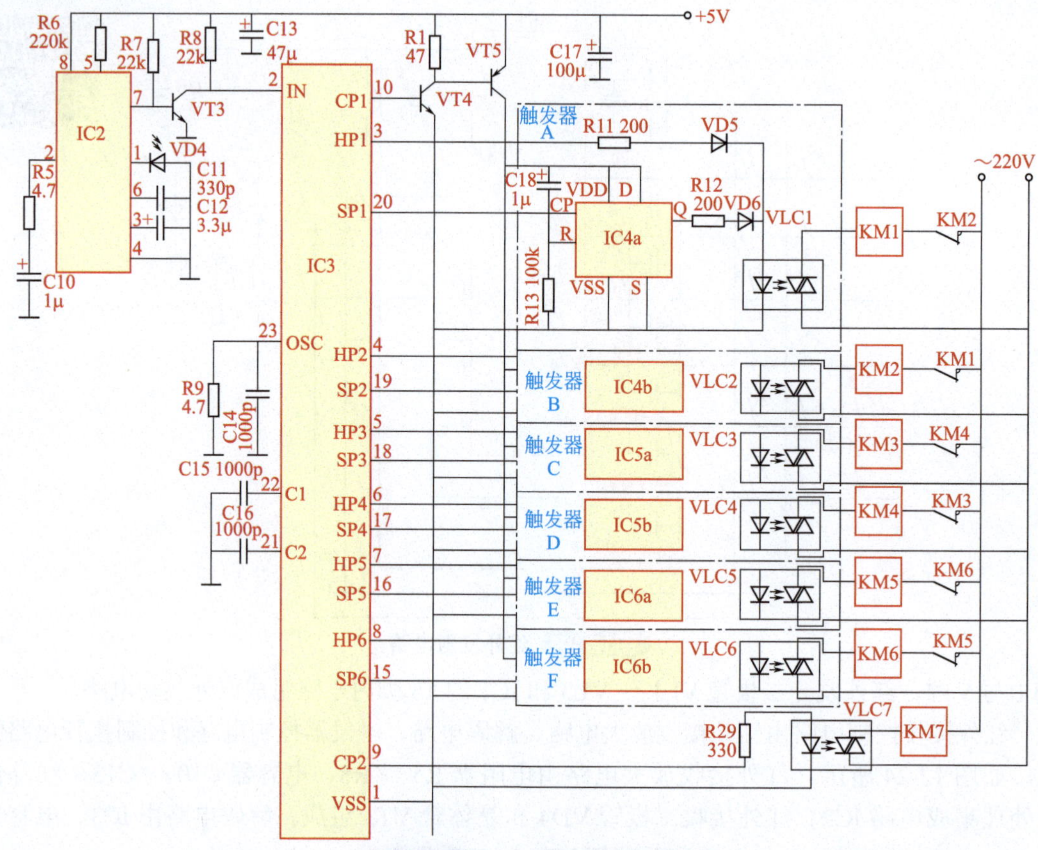

图12-24 红外接收控制电路

17 脚、16 脚和 15 脚将分别输出控制信号，分别通过触发器 B 至触发器 F 使 VLC2、VLC3、VLC4、VLC5 和 VLC6 导通工作，KM2 ～ KM6 分别通电吸合，控制电动葫芦分别完成向后、向左、向右、上升和下降的连续运行。

按动一下 S13，IC3 的 10 脚输出低电平，使 VT4 和 VT5 导通，IC4 ～ IC6 通电工作，此时电路可进行连续运行控制；再按一下 S13，IC3 的 10 脚输出高电平，使 VT4 和 VT5 截止，IC4 ～ IC6 停止工作，此时电路只能进行点动运行控制。

按动一下 S14，IC3 的 9 脚输出高电平，使 VLC7 内部的发光二极管点亮，光控晶闸管导通，KM7 通电吸合，电动葫芦驱动电动机总电源被接通，可进行各种控制操作；再按一下 S14 时，IC3 的 9 脚输出低电平，使 VLC7 内部的发光二极管熄灭，光控晶闸管截止，KM7 释放，电动机的总电源被切断。

2. 元器件选择

见表 12-3。

表12-3 元器件选择

R1 ～ R29	宜选 1/4W 的金属膜电阻器
C1 ～ C8、C11、C14 ～ C16	宜选高频瓷介电容器
C9、C10、C12、C13 和 C17	宜选耐压值为 10V 的铝电解电容器
VD1 ～ VD3 和 VD5 ～ VD6	宜选 1N4148 型硅开关二极管

续表

VD4	宜选 PH302 型红外发光二极管
VL1 ～ VL3	宜选 SE303A 型红外光敏二极管
V1 和 V5	宜选 58550 或 3CG8550 型硅 PNP 晶体管
V2 ～ V4	宜选 58050 或 3DG8050 型硅 NPN 晶体管
IC1	宜选 BL9148 型红外编码集成电路
IC2	宜选 CX20106A 型红外接收集成电路
IC3	宜选 BL9150 型红外解码集成电路
IC4 ～ IC6	宜选 CD4013 型双 D 触发器集成电路
VLC1 ～ VLC7	宜选 TAC018 型光耦合器
KM1 ～ KM7	宜选线圈电压为 220V 的交流接触器
S1 ～ S14	宜选微型轻触开关或导电橡胶按键
BC	宜选 455kHz 的石英晶体振荡器

3. 遥控控制电路的检修

在检修电路时，首先检测供电部分，正常后按压遥控器，测试集成电路 IC3 输入脚 2 电压，若没有变化则查 IC2 周围电路，并代换 IC2 试验；若有电压变化，则查输出脚电压，在确定遥控器是好的时，如控制块无电压输出则为接集成块 IC3 及外围元件故障，有输出则为接口集成电路 IC4/5/6 及驱动 VLC 管或交流接触器线圈故障。

十三、PLC 控制的红外线自动门电路

对自动门控制的要求包含以下方面。

进门：行人到门前一米，门自动打开，进门后人离门一米开始算起延时 10s 自动关门。

出门：行人到门后一米，门自动打开，出门后人离门一米开始起延时 10s 自动关门。

门下有人：如果门前后一米范围内有人，门不关；直到人离开，延时 10s 自动关门。

电动门部件安装位置，电动门部件安装位置如图 12-25 所示。硬件控制接线图如图 12-26 所示。电路元件清单见表 12-4。

进门：X2 感应到人闭合→ Y0 得电自锁同时 K0 得电→门得到电动机动力移动开门，联动杆触发 X0 接通，同时 PLC 内部 X1 常闭断开→ Y0 掉电解锁同时 K0 掉电断开→门失去电动机动力停止移动→在 X0 接通同时触发 M0 自锁 T0 开始计时 10s 后→ T0 触发 Y1、K1 得电门得到电动机动力移动关门→联动杆触发 X1 接通同时 PLC 内部 X1 常闭断开→ M0 掉电解锁 T0、Y1、K1 同时失电→门失去电动机动力停止移动。

出门：原理与进门相同。

门下有人：此时门应该是打开状态，X0 接通，M0 自锁 10s 后 T0 动作，此时因 X2 是接通状态，使得 Y1 无法得电，故门不动作。

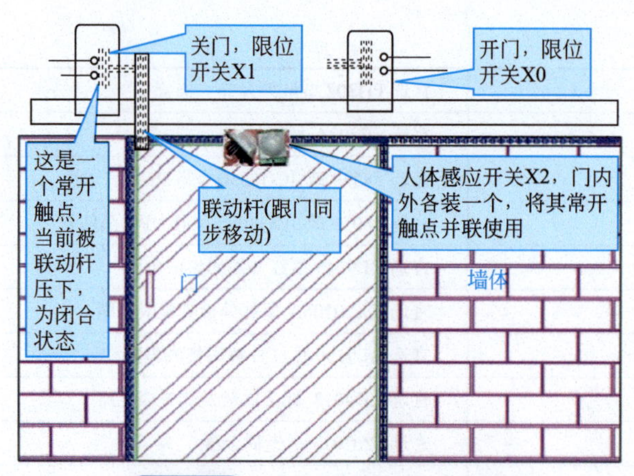

图12-25 电动门部件安装位置图

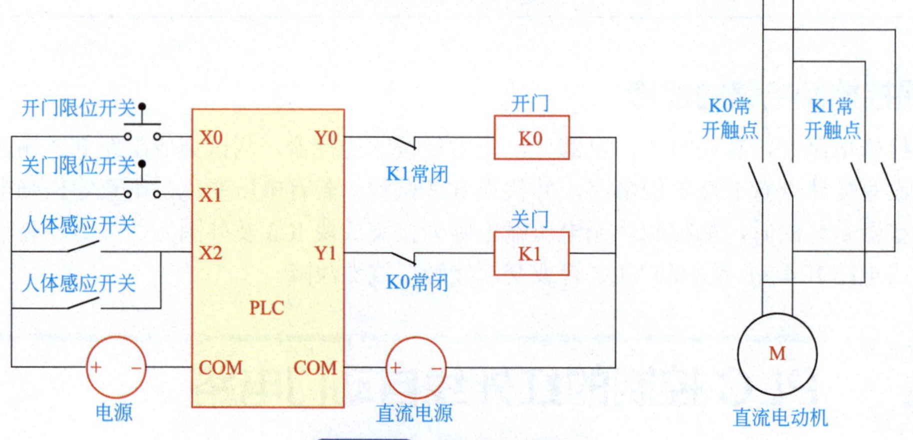

图12-26 硬件控制接线图

表12-4 电路元件清单

名称	编号	备注
开门：限位开关	X0	安装到门左上侧，连接 PLCX0 接口
关门：限位开关	X1	安装到门右上侧，连接 PLCX1 接口
进门：感应开关	X2- 外	安装到外上方，调节为感应一米动作，连接 PLCX2 接口
出门：感应开关	X2- 内	安装到内上方，调节为感应一米动作，连接 PLCX2 接口
继电器	K0	控制电动机开门，线圈连接 PLC Y0 接口
继电器	K1	控制电动机关门，线圈连接 PLC Y1 接口
可编程控制器	PLC	
直流电动机	M	带动机械开门关门

附录一 变频器的安装、接线、调试与检修

一、变频器安装

1. 安装要求

使用变频器传动电动机时，在变频器侧和电动机侧电路中都将产生高次谐波，所以须考虑高次谐波抑制。在安装变频器时，还需充分考虑变频器工作场所的温度、湿度、周围气体、振动、电气环境和海拔高度等因素。

2. 变频器的安装方法

变频器在运行过程中有功率损耗，并转换为热能，使自身的温度升高。粗略地说，每1kVA的变频器容量，其损耗功率为40～50W。安装变频器时要考虑变频器散热问题，要考虑如何把变频器运行时产生的热量充分地散发出去，讲究安装方式。变频器的安装方式主要有壁挂式安装和柜式安装。

壁挂式安装即将变频器垂直固定在坚固的墙壁上，如附图1-1所示。为了保证有通畅的气流通道，变频器与上、下方墙壁间至少留有15cm的距离，与两侧墙壁至少留有10cm的距离。变频器工作时，其散热片附近温度较高，故变频器上方不能放置不耐热的装置，安装板需为耐热材料。此外，还需保证不能有杂物进入变频器，以免造成短路或其他故障。

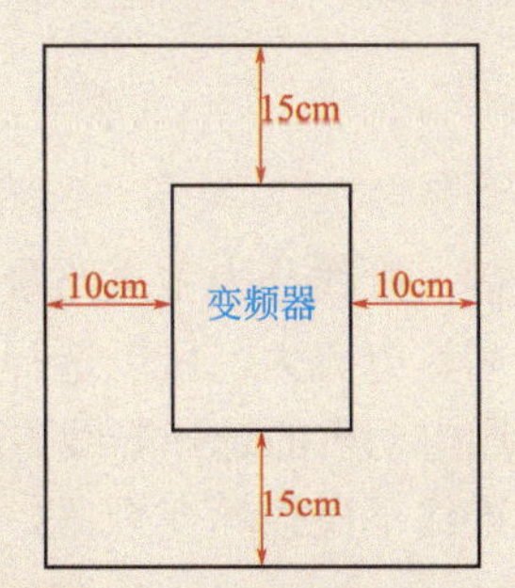

附图1-1 变频器壁挂式安装示意图

① 在电气柜安装变频器，应垂直向上安装。

② 在电气柜体的中下部安装变频器，柜体上部一般安装电器元件，柜内下方要有进气通道，上方要有排气通道，使排气畅通，如附图 1-2 所示。

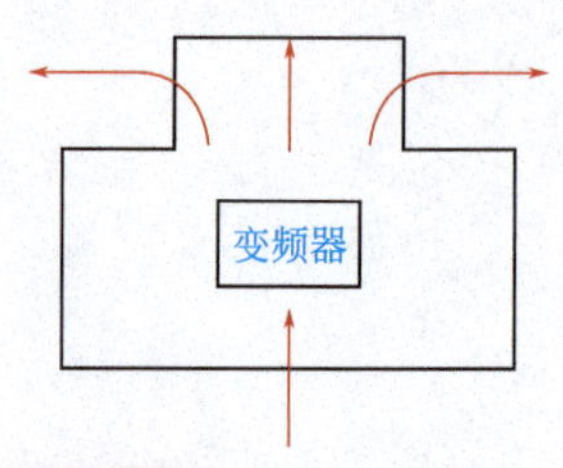

附图1-2 单台变频器柜内安装示意图

当柜内温度较高时，必须在柜顶加装抽风式冷却风扇。冷却风扇应尽量安装在变频器的正上方，以便达到更好的冷却效果。

③ 柜内安装多台变频器时，变频器应尽量横向排列安装，如附图 1-3（a）所示，要求必须纵向排列或多排横向排列时，如果上放，变频器上下对齐，下方排出的热量进入上方的进气口，则严重影响上方变频器的冷却，故应当适当错开，或在上下两台变频器之间加装隔板，如附图 1-3（b）所示。

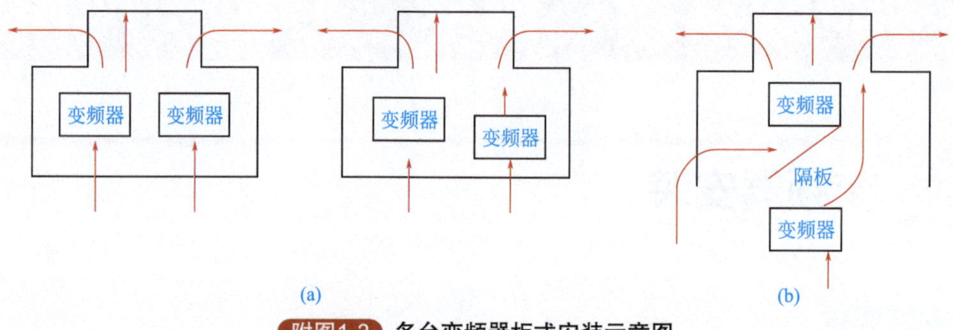

附图1-3 多台变频器柜式安装示意图

3. 变频器与机械设备的配套安装

在有些机械成套设备中，由于结构原因不能将通用变频器安装在设备外部，而要求安装在设备内腔中，将操作面板或者调速旋钮与设备的操作面板统一布置安装。通常采取 3 种方法。

① 目前多数通用变频器的操作面板可与主体分离，这样只需将操作面板用专用电缆和接插件与设备的操作面板统一设计连接即可。

② 从通用变频器的外部控制端子上引出启停控制、调速电位器或模拟信号、显示信号和报警信号等端子，并将它直接设计并安装在设备操作面板上，这种方法既方便又实用。

③ 目前已有生产机械设备专用的一体化变频器，变频器主体上无任何操作部件，操作部件单独提供给用户，通过电缆线接入变频器。

二、变频器的接线

1. 主电路接线

变频器通过接线与外围设备连接，接线分为主电路接线和控制电路接线。主电路连接导线选择较为简单，由于主电路电压高、电流大，所以选择主电路连接导线时应该遵循“线径宜粗不宜细”的原则，具体可按普通电动机的选择导线方法来选用。

主电路为功率电路，不正确的连线不仅损坏变频器，而且会给操作者带来危险。主电路接线时须注意以下几个问题。

① 在电源和变频器的输入侧应安装一个接地漏电保护断路器，保证出现过电流或短路故障时能自动断开电源。

② 在变频器和电动机之间应加装热继电器。

③ 当变频器与电动机之间的连接线太长时，由于高次谐波的作用，热继电器会误动作，此时需要在变频器和电动机之间安装交流电抗器或用电流传感器代替热继电器。

④ 变频器接地状态必须良好，接地的主要目的是防止漏电及干扰和对外辐射。

⑤ 主电路电源输入端（R、C、T）。主电路电源输入端子通过线路保护用断路器或带漏电保护的断路器连接到三相交流电源。一般电源电路中还需连接一个电磁接触器，目的是使变频器保护功能动作时能切断变频器电源。变频器的运行与停止不能采用主电路电源的开/断方法，而应使用变频器本身的控制键来控制，否则达不到理想的控制效果，甚至损坏变频器。此外，主电路电源端部不能连接单相电源。要特别注意，三相交流电源绝对不能直接接到变频器输出端子，否则将导致变频器内部元器件的损坏。

⑥ 变频器输出端子（U、V、W）。变频器的输出端子应按相序连接到三相异步电动机上。如果电动机的旋转方向不对，则相序连接错误，只需交换U、V、W中任意两相的接线，也可以通过设置变频器参数来实现。要注意，变频器输出侧不能连接进相电容器和电涌吸收器。变频器和电动机之间的连线不宜过长，电动机功率小于3.7kW时，配线长度应不超过50m，3.7kW以上的不超过100m。如果连线必须很长，则增设线路滤波器（OFL滤波器）。

⑦ 控制电源辅助输入端（R0、T0）。控制电源辅助输入端（R0、T0）的主要功能是再生制动运行时，将主变频器的整流部分和三相交流电源脱开。当变频器的保护功能动作时，变频器电源侧的电磁接触器断开，变频器控制电路失电，系统总报警，输出不能保持，面板显示消失。为防止这种情况发生，将和主电路电压相同的电压输入至R0、T0端。当变频器连接有无线电干扰滤波器时，R0、T0端子应接在滤波器输出侧电源上。当22kW以下容量的变频器连接漏电断路器时，R0、T0端子应连接在漏电断路器的输出侧，否则会导致漏电断路器误动作，具体连接如附图1-4所示。

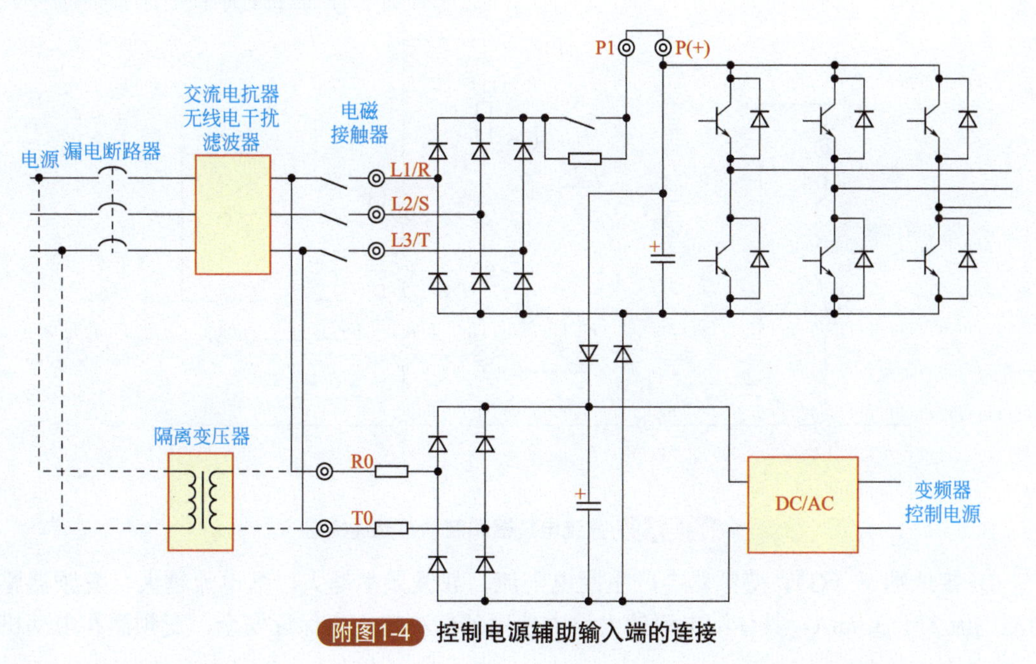

附图1-4 控制电源辅助输入端的连接

⑧ 直流电抗器连接端子［P1、P(+)］。直流电抗器连接端子接改善功率因数用的直流电抗器，端子上连接有短路导体，使用直流电抗器时，先要取出短路导体。不使用直流电抗器时，该导体不必去掉。

⑨ 外部制动电阻连接端子［P(+)、DB］。一般小功率（7.5kW 以下）变频器内置制动电阻，且连接于 P(+)、DB 端子上，如果内置制动电流容量不足或要提高制动力矩，则可外接制动电阻。连接时，先从 P(+)、DB 端子上卸下内置制动电阻的连接线，并对其线端进行绝缘，然后将外部制动电阻接到 P(+)、DB 端子上，如附图 1-5 所示。

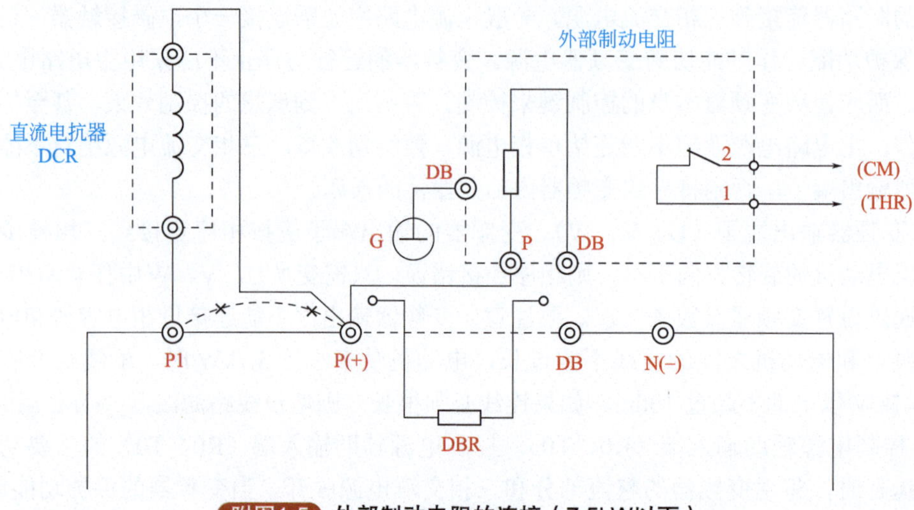

附图1-5 外部制动电阻的连接（7.5kW以下）

⑩ 直流中间电路端子［P(+)、N(−)］。对于功率大于 15kW 的变频器，除外接制动电阻 DB 外，还需对制动特性进行控制，以提高制动能力，方法是增设用功率晶体管控制的制动单元 BU 连接于 P(+)、N(−) 端子，如附图 1-6 所示（图中 CM、THR 为驱动信号输入端）。

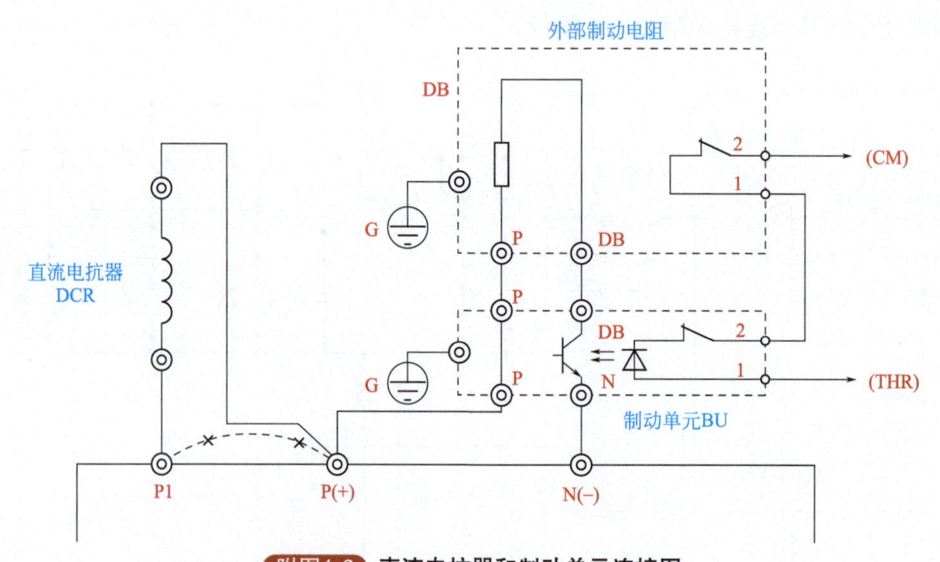

附图1-6 直流电抗器和制动单元连接图

⑪ 接地端子（G）。变频器会产生漏电电流，载波频率越大，漏电流越大。变频器整机的漏电流大于 3.5mA，具体漏电流的大小由使用条件决定，为保证安全，变频器和电动机必

须接地。注意事项如下：接地电阻应小于10Ω，接地电缆的线径要求，应根据变频器功率的大小而定。切勿与焊接机及其他动力设备共用接地线。如果供电线路是零地共用，最好考虑单独铺设地线。如果是多台变频器接地，则各变频器应分别和大地相连，请勿使接地线形成回路。

2. 控制电路接线

控制信号分为连接的模拟量、频率脉冲信号和开关信号三大类。模拟量控制线主要包括：输入侧的给定信号线和反馈信号线，输出侧的频率信号线和电流信号线。开关信号控制线有启动、点动、多挡转速控制等控制线。控制线的选择和铺设需增加抗干扰措施。

控制电路的连接导线种类较多，接线时要符合其相应的特点。下面介绍各种控制接线及接线方法。

连接控制线时需注意以下几个问题。

（1）控制线截面积要求

控制电缆导体的粗细必须考虑机械强度、电压降及铺设费用等因素。控制线截面积要求如下：

① 单股导线的截面积不小于1.5mm^2。

② 多股导线的截面积不小于1.0mm^2。

③ 弱电回路的截面积不小于0.5mm^2。

④ 电流回路的截面积不小于2.5mm^2。

⑤ 保护接地线的截面积不小于2.5mm^2。

（2）电缆的分离与屏蔽

变频器控制线与主回路电缆或其他电力电缆分开铺设，尽量远离主电路100mm以上，且尽量不要和主电路电缆平行铺设或交叉。必须交叉时，应采取垂直交叉的方式。

对电缆进线进行屏蔽能有效降低电缆间的电磁干扰。变频器电缆的屏蔽可利用已接地的金属管或者带屏蔽的电缆。屏蔽层一端接变频器控制电路的公共端（COM），但不要接到变频器接地端（E），屏蔽层另一端应悬空，如附图1-7所示。

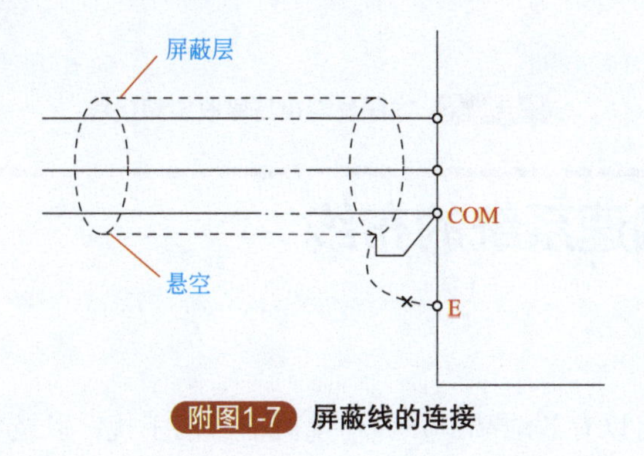

附图1-7　屏蔽线的连接

（3）铺设路线

应尽可能地选择最短的铺设路线，这是由于电磁干扰的大小与电缆的长度成正比。此外，大容量变压器和电动机的漏磁会控制电缆直接感应，产生干扰，所以电缆线路应尽量远离此类设备。弱电压电流回路使用的电缆，应远离内装很多断路器和继电器的控制柜。

（4）开关量控制线

开关量接线主要包括启动、点动和多挡转速等接线。一般情况下，模拟量接线原则适用开关量接线，不过由于开关量信号抗干扰能力强，所以在距离不远时，开关量接线可不采用屏蔽线，而使用普通的导线，但同一信号的两根线必须互相绞在一起，绞合线的绞合间距应尽可能小，信号线电缆最长不得超过 50m。

如果开关量控制操作台距离变频器很近，应先用电路将控制信号转换成能远距离传送的信号，当信号传送到变频器一端时，要将该信号还原为变频器所要求的信号。

（5）控制回路的接地

① 弱电压电流回路（4 ～ 20mA、0 ～ 5V/1 ～ 5V）的电线取一点接地，接地线不作为传送信号的电路使用。

② 电线的接地在变频器侧进行，使用专设的接地端子，不与其他的接地端子共用。

③ 使用屏蔽电缆时需选用绝缘电线，以防屏蔽金属与被接地的通道金属管接触。

④ 屏蔽电线的屏蔽层应与电线同样长，电线进行中断时，应将屏蔽端子互相连接。

3. 线圈反峰电压吸收电路接线

接触器、继电器或电磁铁线圈在断电的瞬间会产生很高的反峰电压，易损坏电路中的元器件或使电路产生误动作，在线圈两端接吸收电路可以有效抑制反峰电压。对于交流电源供电的控制电路，可在线圈两端接 RC 元件来吸收反峰电压，如附图 1-8（a）所示，当线圈瞬间断电时产生很高的反峰电压，该电压随着对电容 C 充电而迅速降低，对于直流电源供电的控制电路，可在线圈两端接二极管来吸收反峰电压，如附图 1-8（b）所示，图中线圈断电后会产生很高的反峰电压，二极管 VD 马上导通而使反峰电压降低，为了使能抑制反峰电压，二极管正极应对应电源的负极。

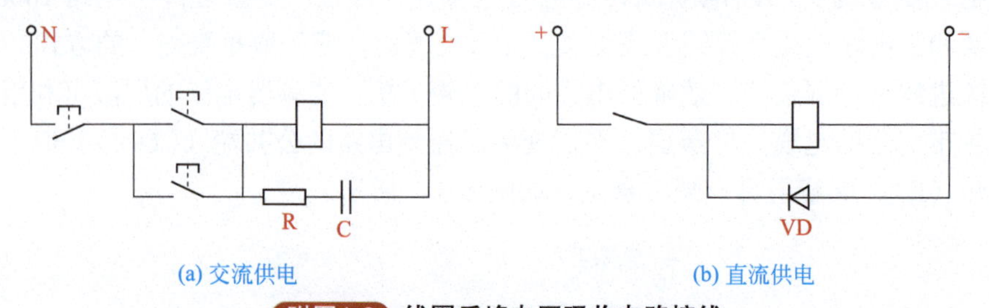

(a) 交流供电　　(b) 直流供电

附图1-8　线圈反峰电压吸收电路接线

三、变频调速系统的布线

1. 信号分类

电缆的合理布设可以有效地减少外部环境对信号的干扰，以及各种电缆之间的相互干扰，从而提高变频调速系统运行的稳定性。变频调速系统的信号分类如下：

（1）Ⅰ类信号。热电阻信号、热电偶信号、毫伏信号、应变信号等低电平信号。

（2）Ⅱ类信号。0 ～ 5V、1 ～ 5V、4 ～ 20mA、0 ～ 10mA 模拟量输出信号；电平类型开关量输出信号。

（3）Ⅲ类信号。DC24～48V 感性负载或电流大于 50mA 的阻性负载的开关量输出信号。

（4）Ⅳ类信号。AC110V 或 AC220V 开关量输出信号。

其中，Ⅰ类信号很容易被干扰，Ⅱ类信号容易被干扰，而Ⅲ和Ⅳ类信号在开关动作瞬间会成为强烈的干扰源，通过空间环境干扰附近的信号线，Ⅳ类信号的馈线可视为电源线处理布线。

2. 变频调速系统传输线

（1）屏蔽线

附图 1-9 所示为屏蔽线的用法。图（a）所示是单端接地方式，假设信号电流 i_1 从芯线流入屏蔽线，流过负载电阻 R_L 之后，再通过屏蔽层返回信号源。因为电流 i_1 和 i_2 大小相等、方向相反，所以它们产生的磁场干扰相互抵消。这是一个很好的抑制磁场干扰的措施，同时也是一个很好的抑制磁场耦合与干扰的措施。图（b）所示是两端接地方式，由于屏蔽层上流过的电流是 i_2 与地环电流 i_G 的叠加，所以它不能完全抵消信号电流所产生的磁场干扰，因此，其抑制磁场耦合干扰的能力也比图（a）所示方式差。图（c）所示屏蔽层不接地，因此，它只有屏蔽电场耦合干扰能力，而无抑制磁场耦合干扰能力。

如果图（c）所示电路抑制磁场干扰衰减能力定为 0dB，当图中的信号源内阻 R_s 都为 100Ω、负载电阻 R_L 都为 100MΩ、信号源频率为 50kHz 时，根据实验测定，图（a）所示方式具有 80dB 的衰减，即抑制磁场干扰能力很强，图（b）所示方式具有 27dB 的磁场干扰抑制能力。图（a）所示的单端接地方式抗干扰能力很好，其接地点的选择可以是图（a）中所示的情况，也可以选择负载电阻 R_L 侧接地，而让信号源浮置。

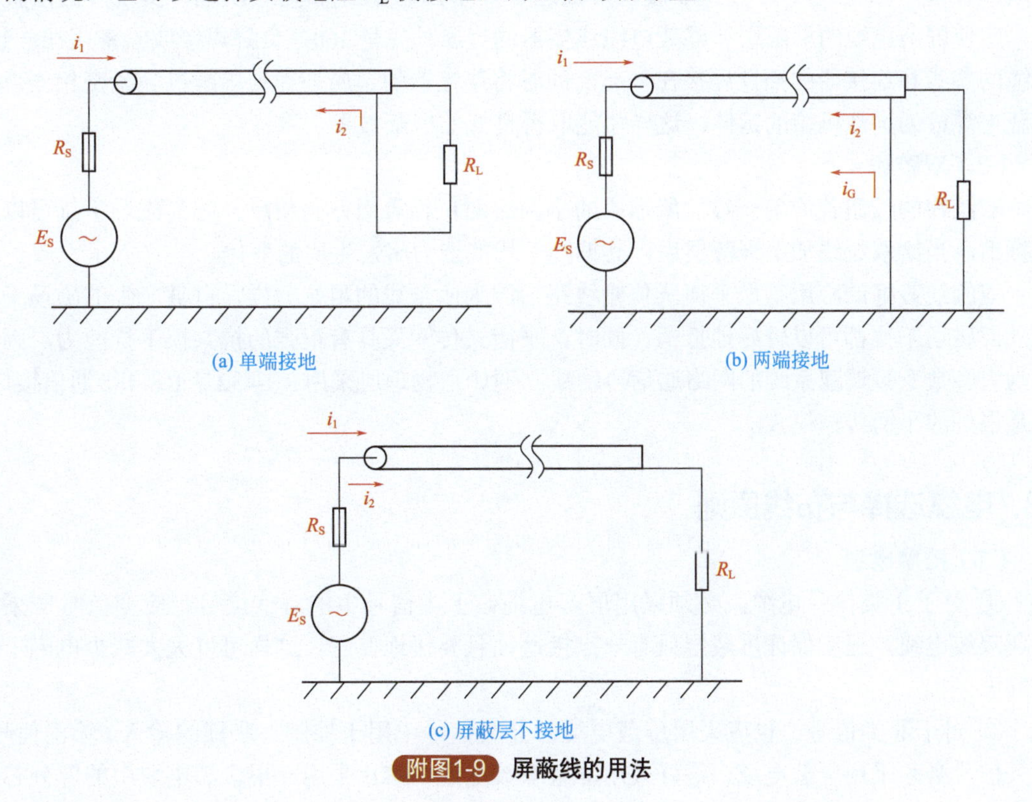

附图1-9　屏蔽线的用法

（2）屏蔽电缆

屏蔽电缆是在绝缘导线外面再包一层金属薄膜，即屏蔽层。屏蔽层通常是铜丝或铝丝编织网，或无缝铅铂，其厚度远大于集肤深度。屏蔽层的屏蔽效应主要不是因反射和吸收得到的，而是由屏蔽层接地所产生的，也就是说，屏蔽电缆的屏蔽层只有在接地以后才能起到屏蔽作用。例如，干扰源电路的导线对敏感电路的单芯屏蔽线产生的干扰是通过源导线与屏蔽线的屏蔽层间的耦合电容，以及屏蔽线的屏蔽层与芯线之间的耦合电容实现的。如果把屏蔽层接地，则干扰也被短路至地，不能再耦合到芯线公共端，屏蔽层起到了电场屏蔽的作用。但屏蔽电缆的磁场屏蔽则要求屏蔽层两端接地。例如，当干扰电流流过屏蔽线的芯线时，虽然屏蔽层与芯线间存在互感，但如果屏蔽层不接地或只有一端接地，屏蔽层上将无电流通过，电流经接地平面返回源端，所以屏蔽层不起作用，不会减少芯线的磁场辐射。如果屏蔽层两端接地，当频率较高时，芯线电流的回流几乎全部经由屏蔽层流回源端，屏蔽层外由芯线电流和屏蔽层回流产生的磁场大小相等、方向相反，因而互相抵消，达到了屏蔽的目的，但如果频率较低，则回流的大部分将流经接地平面返回，屏蔽层仍不能起到防磁作用，当频率虽高，但屏蔽层接地点之间存在地电压时，将在芯线和屏蔽层中产生共模电流，而在负载端引起差模干扰，在这种情况下，需要采用双重屏蔽电缆或三轴式同轴电缆方可解决问题。

综上所述，低频电路应单端接地。例如，信号源通过屏蔽电缆与一公共端接地的放大器相连，则屏蔽电缆的屏蔽层应直接接在放大器的公共端；而当信号源的公共端接地、放大器不接地时，屏蔽电缆屏蔽层应直接接在信号源的公共端。对于高频电路，屏蔽电缆的屏蔽层应双端接地，如果电缆长于1/20波长，则应每隔1/10波长距离接一次地。实现屏蔽层接地时，应使屏蔽电缆的屏蔽层和屏蔽电缆连接器的金属外壳呈360°良好焊接或紧密压在一起，电缆的芯线和连接器的插针焊接在一起，同时将连接器的金属外壳与屏蔽机壳紧密相连，使屏蔽电缆成为屏蔽机箱的延伸，这样才能取得良好的屏蔽效果。

（3）双绞线

双绞线的绞钮若均匀一致，所形成的小回路面积相等而方向相反，则其磁场干扰可以相互抵消。当给双绞线加上屏蔽层后，其抑制干扰的能力将发生质的变化。

双绞线最好的应用是做平衡式传输线路，因为两条线的阻抗一样，自身产生的磁场干扰或外部磁场干扰都可以较好地抵消。同时，平衡式传输又具有很强的抗共模干扰能力，因此成为大多数变频调速系统的网络通信传输线。例如，物理层采用RS-432或RS-485通信接口，就是很好的平衡传输模式。

3. 电缆选择与布线原则

（1）控制电缆

① 对于Ⅰ类信号电缆，必须采用屏蔽电缆。Ⅰ类信号中的毫伏信号、应变信号应采用屏蔽双绞电缆，还应保证屏蔽层只有一点接地，且要接地良好。这样可以大大减少电磁干扰和静电干扰。

② 对于Ⅱ类信号，也应采用屏蔽电缆。Ⅱ类信号中用于控制、联锁的输入/输出信号、开关信号必须采用屏蔽电缆，最好采用屏蔽双绞电缆，禁止采用一根多芯电缆中的部分芯线用于传输Ⅰ类或Ⅱ类信号，另外部分芯线用于传输Ⅲ类和Ⅳ类信号。

③ 对于Ⅲ类信号，允许与220V电源线一起走线，也可以与Ⅰ、Ⅱ类信号一起走线，但Ⅲ类信号必须采用屏蔽电缆，最好为屏蔽双绞电缆，且与Ⅰ、Ⅱ类信号电缆相距15cm以上。严禁同一信号的几条芯线分布在不同的几条电缆中。

④ 对于Ⅳ类信号，严禁与Ⅰ、Ⅱ类信号捆在一起走线，应作为220V电源线处理，Ⅳ类信号电缆与电源电缆一起走线，应采用屏蔽双绞电缆，绝对禁止大功率的开关量输出信号线、电源线、动力线等电缆与直接进入变频调速系统的Ⅰ、Ⅱ类信号电缆并行捆绑。

在现场电缆敷设中，必须有效地分离Ⅲ、Ⅳ类信号电缆及电源线等易产生干扰的电缆，使其与现场布设的Ⅰ、Ⅱ类信号的电缆保持一定的安全距离。

信号电缆和电源电缆应采用不同走线槽走线，在进入变频调速系统机柜时，也应尽可能相互远离，当这两种电缆无法满足分开走线要求时，必须都采用屏蔽电缆，且应满足以下要求：

① 如果信号电缆和电源电缆的间距小于15cm，则必须在信号电缆和电源电缆之间设置屏蔽用的金属隔板，并将隔板接地。

② 当信号电缆和电源电缆垂直方向或水平方向分离安装时，信号电缆和电源电缆的间距应大于15cm，对于噪声干扰特别大的应用场合，如电源电缆上接有电压为AC220V、电流在10A以上的感性负载，而且电源电缆不带屏蔽层时，则要求其与信号电缆的垂直方向间隔距离必须在60cm以上。

③ 在两组电缆垂直相交时，若电源电缆不带屏蔽层，应用厚度在1.6mm以上的铁板覆盖交叉部分。

使用模拟量信号远程控制变频器时，为了减少模拟量受来自变频器和其他设备的干扰，应将控制变频器的信号线与强电回路分开走线，距离应在30cm以上。即使在控制柜内，同样要保持这样的接线规范，该信号电缆最长不得超过50m，保护信号线的金属管或金属软管要一直延伸到变频器的控制端子外，以保证信号线与动力线彻底分开。模拟量控制信号线应使用双绞合并屏蔽线，电线截面积规格为0.5～2mm^2。在接线时，其电缆剥线要尽可能地短（5～7mm），同时对剥线以后的屏蔽层要用绝缘胶布包起来，以防止屏蔽线与其他设备接触而引入干扰。

（2）动力电缆

根据变频器的功率选择导线截面适合的三芯或四芯屏蔽动力电缆，尤其是从变频器到电动机之间的动力电缆一定要选用屏蔽结构的电缆，且要尽可能短，这样可降低电磁辐射和容性漏电流，当电缆长度超过变频器所允许的长度时，电缆电容将影响变频器的正常工作，为此要配置输出电抗器。变频器的可选件与变频器之间的连接电缆长度不得超过10m。

由于生产现场空间的限制，变频器和电动机之间往往要有一定的距离，如果变频器和电动机之间为20m以内的近距离，则可以直接与变频器连接；若变频器和电动机之间为20～100m的中距离，则需要调整变频器的载波频率来减少谐波及干扰；当变频器和电动机之间为100m以上的远距离时，则不但要适度降低载波频率，还要加装输出交流电抗器。

电动机电缆独立于其他电缆走线，其最小距离为500mm。同时应避免电动机电缆与其他电缆长距离平行走线，这样才能减少变频器输出电压快速变化而产生的电磁干扰。如果控制电缆和电源电缆交叉，应尽可能使它们按90°角交叉，与变频器有关的模拟量信号线与主电路电缆分开走线，即使在控制柜中也要如此。同时必须用合适的夹子将电动机电缆和控制电缆的屏蔽层固定到安装板上，如附图1-10所示。

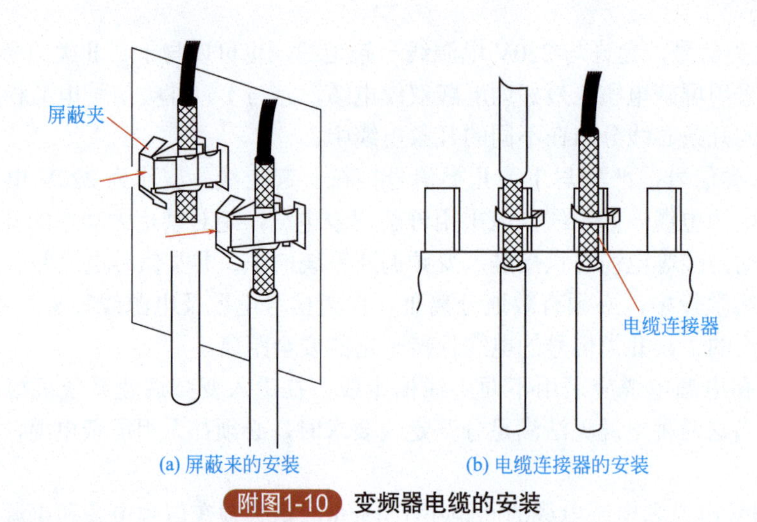

附图1-10 变频器电缆的安装

四、变频器的调试与检查

变频器安装和接线后需要进行调试，调试时先要对系统进行检查，然后按照“先空载，再轻载，后重载”的原则进行调试。

在变频调速系统试车前，先要对系统进行检查。检查分断电检查和通电检查。

1. 断电检查

（1）外观及结构检查

① 检查变频器的型号是否有误。

② 对安装和连线进行确认。确认变频器的设置环境和主电路线径是否合适，接地线和屏蔽线的处理方式是否正确，接线端子各部分的螺钉有无松动等。

③ 根据接线图对各部分连线进行检查。检查控制柜内的连线和控制柜与柜外的操作盒以及各种检测器件之间的连线是否正确。

④ 控制柜内的异物处理。用吸尘器等对控制柜内的尘土和碎线头等进行清扫。

（2）绝缘电阻的检查

① 主电路绝缘电阻检测。测量变频器主电路绝缘电阻时，必须将所有输入端（R、S、T）和输出端（U、V、W）都连接起来后，再用500V绝缘电阻表测量绝缘电阻，其值应在5MΩ以上，如附图1-11所示。

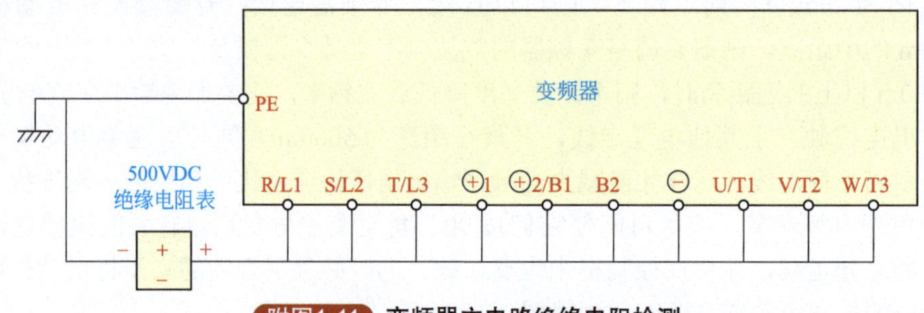

附图1-11 变频器主电路绝缘电阻检测

② 控制电路绝缘电阻检测。变频器控制电路的绝缘电阻要用万用表的高阻挡测量，不能用绝缘电阻表或其他有高电压的仪表测量。

（3）电源电压检查

检查主电路的电源电压是否在允许的范围之内，避免变频调速系统在允许电压范围外工作。

2. 通电检查

通电检查内容主要如下：

① 检查显示是否正常。通电后，变频器显示屏会有显示，不同变频器通电后显示内容会有所不同，应对照变频器操作说明书观察显示内容是否正常。

② 检查变频器内部风机能否正常运行。通电后，变频器内部风机会开始运转（有些变频器需工作时达到一定温度风机才运行，可查看变频器说明书），用手在出风口感觉风量是否正常。

3. 熟悉变频器操作面板

不同品牌的变频器操作面板会有差异，在调试变频调速系统时，先要熟悉变频器操作面板。可对照操作说明书对变频器进行一些基本操作，如测试面板各按键的功能，设置变频器的一些参数等。

4. 空载试验

在进行空载试验时，先脱开电动机的负载，再将变频器输出端与电动机连接，然后进行通电试验。试验步骤如下：

① 启动试验。先将频率设为0Hz，然后慢慢调高频率至50Hz，观察电动机的升速情况。

② 电动机参数检测。带有矢量控制功能的变频器需要通过电动机空载运行来自动检测电动机的参数，其中有电动机的静态参数，如电阻、电抗，还有动态参数，如空载电流等。

③ 基本操作。对变频器进行一些基本操作，如启动、点动、升速和降速等。

④ 停车试验。让变频器在设定的频率下运行10min，然后将频率迅速调到0Hz，观察电动机的制动情况，如果正常，空载试验结束。

5. 带载试验

空载试验通过后，再接上电动机负载进行试验。带载试验主要有启动试验、停车试验和带载能力试验。

（1）启动试验

启动试验内容主要如下：

① 将变频器的工作频率由0Hz开始慢慢调高，观察系统的启动情况，同时观察电动机负载运行是否正常。记下系统开始启动的频率，若在频率较低的情况下电动机不能随频率上升而运转起来，说明启动困难，应进行转矩补偿设置。

② 将显示屏切换至电流显示。再将频率调到最大值，让电动机按设定的升速时间上升到最高转速，在此期间观察电流变化，若在升速过程中变频器出现过电流保护而跳闸，说明

升速时间不够，应设置延长升速时间。

③ 观察系统起升速过程是否平稳，对于大惯性负载，按预先设定的频率变化率升速或降速时，有可能会出现加速转矩不够，导致电动机转速与变频器输出频率不协调，这时应考虑低速时设置暂停升速功能。

④ 对于风机类负载，应观察停机后风叶是否因自然风而反转，若有反转现象，应设置启动前的直流制动功能。

（2）停车试验

停车试验内容主要如下：

① 将变频器的工作频率调到最高频率，然后按下停机键，观察系统是否出现过电流或过电压而跳闸的现象，若有此类现象出现，应延长减速时间。

② 当频率降到0Hz时，观察电动机是否出现“爬行”现象（电动机停不住），若有此现象出现，应考虑设置直流制动。

（3）带载能力试验

带载能力试验内容主要如下：

① 在负载要求的最低转速时，将电动机带额定负载长时间运行，观察电动机发热情况，若发热严重，应对电动机进行散热。

② 在负载要求的最高转速时，变频器工作频率高于额定频率，观察电动机是否能驱动这个转速下的负载。

6. 变频器通电试机

① 按电压等级要求，接上R、S、T（或L1、L2、L3）电源线（电动机暂不接，目的是检查变频器）。

② 合上电源，充电指示灯（CHAGER）亮，若稍后可听到机内接触器吸合声（整流部分半桥相控型除外），这说明预充电控制电路、接触器等基本完好，整流桥工作正常。

③ 检查面板是否点亮，以判断机内开关电源是否工作，检查监控显示是否正常，有无故障码显示；操作面板键盘检查面板功能是否正常。

④ 观察机内有无异味、冒烟或异常响声，否则说明主电路或控制电路（包括开关电源）工作可能异常并伴有器件损坏。

⑤ 检查机内冷却风扇是否运转，风量、风压以及轴承声音是否正常。注意有些机种需发出运行命令后才运转。也有的是变频器一上电风扇就运转，延时若干时间后如无运行命令，则自动停转，一直等到运行命令（RUN）发出后再运转。

⑥ 对于新的变频器可将其置于面板控制，频率（或速度）先给定为1Hz（1Hz对应的速度值）左右，按下运行（RUN）命令键，若变频器不跳闸，说明变频器的逆变器模块无短路或失控现象，然后缓慢升频分别于10Hz、20Hz、30Hz、40Hz直至额定值（如50Hz），其间测量变频器不同频率时输出U-V、U-W、V-W端之间线电压是否正常，特别应注意三相输出电压是否对称，目的是确认CPU信号和6路驱动电路是否正常（一般磁电式万用表，应接入滤波器后才能准确测量PWM电压值）。

⑦ 断开变频器电源，接上电动机连接线（通常情况下选用功率比变频器小的电动机即可，对于直接转矩控制的变频器应置于“标量”控制模式下，电动机接入前应检查并确认良

好，最好为空载状态）。

⑧ 重新送电开机，并将变频器频率设置在1Hz左右，因为在低速情况下最能反映变频器的性能。观察电动机运转是否有力（对 U/f 控制的变频器转矩值与电压提升量有关）、转矩是否脉动以及是否存在转速不均匀现象，否则说明变频器的控制性能不佳。

⑨ 缓慢升频加速直至额定转速。然后缓慢降频消速。强调“缓慢”是因为变频器原始的加速速时间的设定值通常为默认值，过快升频易致过电流动作发生，过快降频则易致过电压动作发生。在不希望去改变设定的情况下，可以通过单步操作加减键来实现“缓慢”加减速。

⑩ 加载至额定电流值（有条件时进行）。用钳形电流表分别测量电动机的三相电流值，该电流值应大小相等，最后用钳形电流表测量电动机电流的零序分量值（3根导线一起放入钳内），正常情况下一台几十千瓦的电动机应为零点几安以下。观察电动机运转过程是否平稳顺畅，有无异常振动，有无异常声音发出，有无过电流、短路等故障报警，以进一步判断变频器控制信号和逆变器功率器件工作是否正常。经验表明，观察电动机的运转情况常常是最直接、最有效的方法，一台不能平稳运转的电动机，其供电的变频器肯定是存在问题的。

在通过以上检查后，方可认为变频器工作基本正常。

7. 电动机热过载

电动机热过载的基本特征是实际温升超过额定温升。因此，对电动机进行过载保护的目的也是确保电动机能够正常运行，不因过热而烧毁。

电动机运行时的损耗功率（主要是铜耗）转换成热能，使电动机的温度升高，电动机的发热过程属于热平衡的过渡过程，其基本规律类似于常见的指数曲线上升（或下降）规律。其物理意义在于：由于电动机在温度升高的同时必然要向周围散热，温升越大，散热也越快，故温升不能按线性规律上升，而是越升越慢；当电动机产生的热量与发散的热量平衡时，此时的温升为额定温升。

电动机过载是电动机轴上的机械负荷过重，使电动机的运行电流超过了额定值，导致其温升超过了额定值。电动机的主要特点为电流上升的幅度不大，因为在电动机选型设计时一般都充分考虑了负荷的最大使用电流，并按电动机最大温升进行设计，对于某些变动负荷和断续负荷，短时间的是允许的，因此正常情况下的过载电流幅值不会很大。电动机热过载保护系数可由下面的公式确定：

电动机热过载保护系数 = 允许最大负荷电流 / 变频器的额定输出电路 ×100%

一般情况下，定义允许最大负荷电流为负荷电动机的额定电流，注意，在一台变频器拖动多于4台电动机时，此功能不一定有效。

五、变频器的维护与检修

尽管变频器的可靠性已经很高，但是如果使用不当，仍可能发生故障或出现运行状况不佳的情况，缩短设备的使用寿命。即使是最新一代的变频器，由于长期使用，以及温度、湿度、振动、尘土等环境的影响，其性能也会有一些变化；如果使用合理、维护得当，则能延长变频器的使用寿命，并减少因突发故障造成的生产损失。因此，变频器的日常维护与检查是不可缺少的。通用变频器的维护与定期检查见附表 1-1。

附表1-1 通用变频器的维护与定期检查

检查部位	检查项目	检查事项	检查周期		检查方法	使用仪器	判定基准
			日常	定期1年			
整机	周围环境	确认周围温度、湿度、有毒气体、油雾等	√		注意检查现场情况是否与变频器防护等级相匹配。是否有灰尘、水汽、有害气体影响变频器。通风或换气装置是否完好	温度计、湿度计、红外线温度测量仪	温度在 −10 ~ +40℃内、湿度在 90% 以下，不凝露。如有积尘，应用压缩空气清扫，并考虑改善安装环境
	整机装置	是否有异常振动、温度、声音等	√		观察法和听觉法，利用振动测量仪	振动测量仪	无异常
	电源电压	主回路电压、控制电源电压是否正常	√		测定变频器电源输入端子排上的相间电压和不平衡度	万用表、数字式多用仪表	根据变频器的不同电压级别测量线电压，不平衡度不大于 3%
主回路	整体	① 检查接线端子与接地端子间电阻		√	① 拆下变频器接线，将端子 R、S、T、U、V、W 一齐短路，用绝缘电阻表测量它们与接地端子间的绝缘电阻 ② 加强紧固件 ③ 观察连接导体、导线 ④ 清扫各个部位	500V 绝缘电阻表	接地端子之间的绝缘电阻应大于 5MΩ。②、③无异常。④无油污
		② 各个接线端子有无松动		√			
		③ 各个零件有无过热的迹象		√			
		④ 清扫	√				
	连接导体、电线	① 导体有无移位		√	观察法		①、②无异常
		② 电线表皮有无破损、劣化、裂缝、变色等		√			
	变压器、电抗器	有无异味、异常声音	√	√	观察法和听觉法		无异常
	端子排	有无脱落、损伤和锈蚀		√	观察法		无异常。如有锈蚀应清洁，并减小湿度
	IGBT 模块整流模块	检查各端子间电阻、测漏电流		√	拆下变频器接线，在端子 R、S、T 与 PN 间，U、V、W 与 PN 间用万用表测量。0Hz 运行时测量	指针式万用表、整流型电压表	
	滤波电容器	① 有无漏液	√		①、②用观察法，③用电容表测量	电容表、LCR 测量仪	①、②无异常、③为额定容量的 85% 以上。与接地端子的绝缘电阻不小于 5MΩ。有异常时及时更换新件，一般寿命为 5 年
		② 安全阀是否突出、表面是否有膨胀现象	√				
		③ 测定电容量和绝缘电阻		√			

续表

检查部位	检查项目	检查事项	检查周期 日常	检查周期 定期1年	检查方法	使用仪器	判定基准
主回路	继电器、接触器	① 动作时是否有异常声音		√	观察法、用万用表测量	指针式万用表	无异常。有异常时及时更换新件
		② 触点是否有氧化、粗糙、接触不良等现象		√			
	电阻器	① 电阻的绝缘是否损坏		√	① 观察法 ② 对可疑点的电阻拆下一侧连接，用万用表测量	万用表、数字式多用仪表	① 无异常 ② 误差在标称阻值的 ±10% 以内。有异常应及时更换
		② 有无断线	√	√			
控制回路、电源、驱动与保护回路	动作检查	① 变频器单独运行		√	① 测量变频器输出端子 U、V、W 相间电压，各相输出电压是否平衡 ② 模拟故障，观察或测量变频器保护回路输出状态	数字式多用仪表、整流型电压表	① 相间电压平衡 200V 级在 4V 以内、400V 级在 8V 以内。各相之间的差值应在 2% 以内 ② 显示正确、动作正确
		② 顺序作回路保护动作试验、显示，判断保护回路是否异常		√			
	零件	全体：① 有无异味、变色		√	观察法		无异常。如电容器顶部有凸起、体部中间有膨胀现象应更换
		全体：② 有无明显锈蚀		√			
		铝电解电容器：有无漏液、变形现象		√			
冷却系统	冷却风扇	① 有无异常振动、异常声音	√	√	① 在不通电时用手拨动旋转 ② 加强固定 ③ 必要时拆下清扫		无异常。有异常时及时更换新件，一般使用 2～3 年应考虑更换
		② 接线有无松动					
		③ 清扫					
显示	显示	① 显示是否缺损或变淡	√		① LED 的显示是否有断点 ② 用棉纱清扫		确认其能发光。显示异常或变暗时更换新板
		② 清扫		√			
	外接仪表	指示值是否正常	√		确认盘面仪表的指示值满足规定值	电压表、电流表等	指示正常
电动机	全部	① 是否有异常振动、温度和声音	√	√	① 听觉，触觉，观察 ② 由于过热等产生的异味 ③ 清扫		①、②无异常，③无污垢、油污
		② 是否有异味					
		③ 清扫					
	绝缘电阻	全部端子与接地端子之间、外壳对地之间	√		折下 U、V、W 的连接线，包括电动机接线在内，用绝缘电阻表测量	500V 绝缘电阻表	应在 5MΩ 以上

1. 日常维护与检查

日常维护与检查的主要目的是尽早发现异常现象，清除尘埃，紧固部件，排除事故隐患等，在通用变频器运行过程中，可以从设备外部目视检查运行状况有无异常，通过键盘面板转换键盘查阅变频器的运行参数，如输出电压、输出电流、输出转矩、电动机转速等。掌握变频器日常运行值的范围，以便及时发现变频器及电动机问题。

日常检查包括不停止通用变频器运行或不拆卸其盖板进行通电和启动试验，通过目测通用变频器的运行状况确认有无异常情况。通常检查如下内容：

① 键盘面板显示是否正常，有无缺少字符。仪表指示是否正确，是否有振动、振荡等现象。

② 冷却风扇部分是否运转正常，是否有异常声音等。

③ 变频器及引出电缆是否有过热、变色、变形、异味、噪声、振动等异常情况。

④ 变频器周围环境是否符合标准规范，温度与湿度是否正常。

⑤ 变频器的散热器温度是否正常，电动机是否有过热、异味、噪声、振动等异常情况。

⑥ 变频器控制系统是否有集聚尘埃的情况。

⑦ 变频器控制系统的各连线及外围电器元件是否有松动等异常现象。

⑧ 检查变频器的进线电源是否异常，电源开关是否有电火花、缺相，引线压接螺栓是否松动，电压是否正常。

变频器属于静止电源型设备，其核心部件基本上可以视为免维护的。在调试工作正常完成、经过试运行确认系统的硬件和功能都正常以后，在日常的运行中可能引起系统失效的因素主要是操作失当、散热条件变化以及部分损耗件的老化和磨损。

对于常见的操作失当可能，在设计中应该通过控制逻辑加以防范，对于个别操作人员的偶然性操作不当，通过对操作规范的逐步熟悉也会逐渐减少。

散热条件的变化，主要是粉尘、油雾等吸附在逆变器和整流器的散热片以及印制电路板表面，使这些部件的散热能力降低所致。印制电路板表面的积污还会降低表面绝缘，造成电气故障的隐患。此外，柜体散热风机或者空调设备的故障以及变频器内部散热风机的故障，会对变频器散热条件产生严重的影响。

在日常运行维护中，每班运行前都应该对柜体风机、变频器散热风机以及柜用空调是否正常工作进行直观检查，发现问题及时处理。运行期间，应该不定期检查变频器散热片的温度，通过数字面板的监视参数可以完成这个检查。如果在同样负载情况以及同样环境温度下发现温度高于往常的现象，很可能是散热条件发生了变化，要及时查明原因。

经常检查输出电流，如果输出电流有在同样工况下高于往常的现象，也应查明原因。可能的原因有机械设备方面的因素，电动机方面的因素、变频器设置被更改或者变频器隐性故障。

对于监视参数中没有散热片温度或者类似参数的变频器，可以将预警温度值设置得低于默认值，观察有无预警报警信号，此时应将预警发生后变频器的动作方式设置为继续运行。

振动通常是电动机的脉动转矩及机械系统的共振引起的，特别是当脉动转矩与机械共振点恰好一致时更为严重，振动是对通用变频器的电子器件造成机械损伤的主要原因，对于振动冲击较大的场合，应在保证控制精度的前提下，调整通用变频器的输出频率和载波频率，尽量减小脉冲转矩，或通过调试确认机械共振点，利用通用变频器的跳跃频率功能使共振点排除在运行范围之外。除此之外，也可采用橡胶垫避振等措施。

潮湿、腐蚀性气体及尘埃等将造成电子器件生锈、接触不良、绝缘能力降低甚至形成短路故障。作为防范措施，必要时可对控制电路板进行防腐、防尘处理，并尽量采用封闭式开关柜结构。

温度是影响通用变频器电子器件的寿命及可靠性的重要因素，特别是半导体开关器件，若结温超过规定值将立刻造成器件损坏，因此，应根据装置要求的环境条件使通风装置运行流畅并避免日光直射。另外，因为通用变频器输出波形中含有谐波，会不同程度地增加电动机的功率损耗，再加上电动机在低速运行时冷却能力下降，将造成电动机过热。如果电动机有过热现象，应对电动机进行强制冷却通风或限制运行范围，避开低速区。对于特殊的高寒场合，为防止通用变频器的微处理器因温度过低而不能正常工作，应采取设置空间加热器等必要措施。如果现场的海拔超过 1000m，气压降低，空气会变稀薄，将影响通用变频器散热，系统冷却效果降低，因此需要注意负载率的变化。一般海拔每升高 1000m，应将负载电流下降 10%。

引起电源异常的原因很多，如风、雪、雷击等自然因素；有时同一供电系统内，其他地点出现对地短路及相间短路；附近有直接启动的大容量电动机及电热设备等引起电压波动。由自然因素造成的电源异常因地域和季节有很大差异。除电压波动外，有些电网或自发电供电系统也会出现频率波动，并且这些现象有时在短时间内重复出现。如果经常发生因附近设备投入运行造成电压降低，应使通用变频器供电系统与之分离，减小相互影响，对于要求瞬时停电后仍能继续运行的场合，除选择合适规格的通用变频器外，还应预先考虑负载电动机的降速比例，当电压恢复后，通过速度追踪和测速电动机的检测来防止再加速中的过电流，对于要求必须连续运行的设备，要对通用变频器加装自切换的不停电电源装置。对于维护保养工作，应注意检查电源开关的接线端子、引线外观及电压是否有异常，如果有异常，根据上述内容判断或排除故障，由自然因素造成的电源异常与地域和季节有很大差异。雷击或感应雷击形成的冲击电压有时能造成通用变频器的损坏。此外，若电源系统变压器一次侧带有真空断路器，当断路器通断时也会产生较高的冲击电压，并耦合到二次侧形成很高的电压尖峰，为防止因冲击电压造成过电压损坏，通常需要在变频器的输入端加装压敏电阻等吸收器件，保证输入电压不高于通用变频器主回路器件所允许的最大电压。因此，维护保养时还应试验过电压保护装置是否正常。

2. 定期检查

变频器需要作定期检查时，须在停止运行后切断电源、打开机壳后进行。但必须注意，变频器即使切断了电源，主电路直流部分滤波电容器放电也需要时间，须待充电指示灯熄灭后，用万用表等确认直流电压已降到安全电压（DC25V 以下），再进行检查。

运行期间应定期（例如，每 3 个月或 1 年）停机检查以下项目：

① 功率元器件、印制电路板、散热片等表面有无粉尘、油雾吸附，有无腐蚀及锈蚀现象。粉尘吸附时可用压缩空气吹扫，散热片有油雾吸附可用清洗剂清洗，出现腐蚀和锈蚀现象时要采取防潮防蚀措施，严重时要更换受蚀部件。

② 检查滤波电容和印制板上电解电容有无鼓肚变形现象，有条件时可测定其实际电容值，出现鼓肚变形现象或者实际电容量低于标称值的 85% 时，要更换电容器。更换的电容器要求电容量、耐压等级以及外形和连接形式与原部件一致。

③ 散热风机和滤波电容器属于变频器的损耗件，有定期强制更换的要求。散热风机的更换标准通常是正常运行 3 年，或者风机累计运行 15000h。若能够保证每班检查风机运行状况，也可以在检查发现异常时再更换。当变频器使用的是标准规格的散热风机时，只要风机功率、尺寸和额定电压与原部件一致就可以使用。当变频器使用的是专用散热风机时，应向变频器厂家订购备件。滤波电容器的更换标准通常是正常运行 5 年，或者变频器累计通电 30000h。有条件时，也可以在检测到实际电容量低于标称值的 85% 时更换。

一般变频器的定期检查应一年进行一次，绝缘电阻检查可以三年进行一次。变频器是由多种部件组装而成，某些部件经长期使用后，性能降低、劣化，这是故障发生的主要原因，为了长期安全生产，某些部件必须及时更换。变频器定期检查的目的，主要就是根据键盘面板上显示的维护信息估算零部件的使用寿命，及时更换元器件。

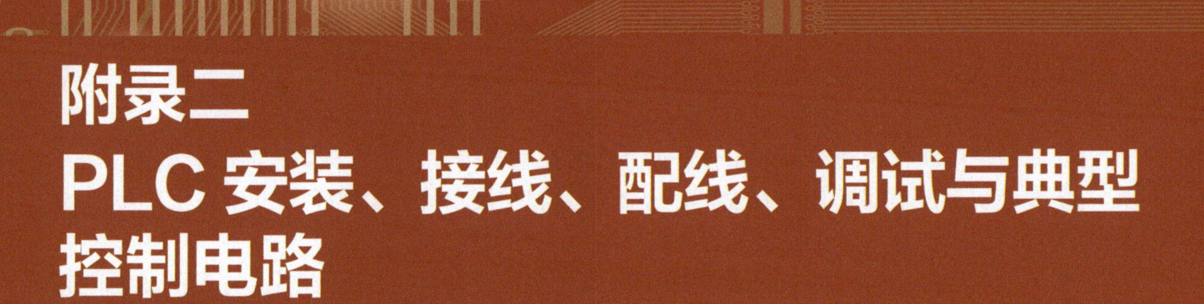

附录二 PLC 安装、接线、配线、调试与典型控制电路

附图 2-1 为应用非常广泛的西门子 S7-200 PLC 的外形结构。

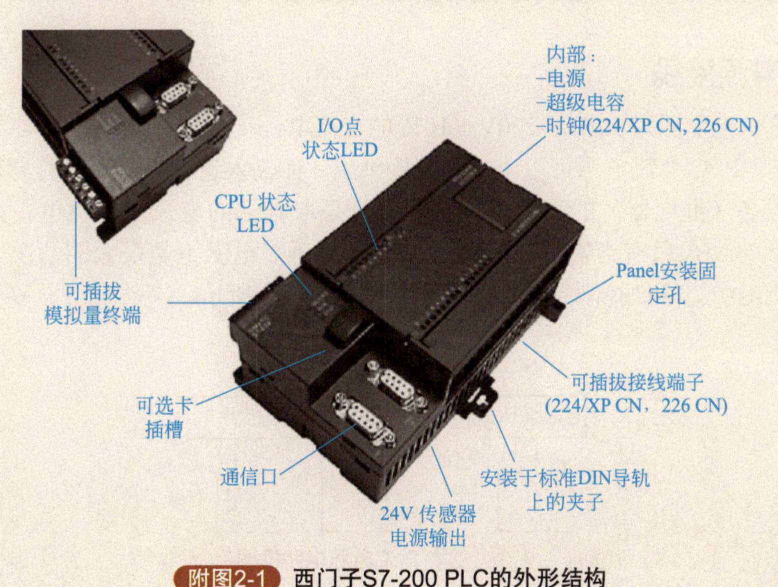

附图2-1 西门子S7-200 PLC的外形结构

一、PLC 的安装、接线、配线与调试

1. PLC 的安装

PLC 适用于大多数工业现场，它对使用场合、环境温度等都有相应要求。

① 在安装 PLC 时，要避开下列场所：

a. 环境温度超过 0 ～ 50℃的范围；

b. 相对湿度超过 85% 或者存在露水凝聚（由温度突变或其他因素所引起的）；

c. 太阳光直接照射；

d. 有腐蚀和易燃的气体，例如氯化氢、硫化氢等；

e. 有大量铁屑及灰尘场所；

f. 频繁或连续的振动场所；

g. 超过 10g（重力加速度）的冲击场所。

② PLC 轨道安装和墙面安装：小型 PLC 可编程控制器外壳的 2 个角或 4 个角上，均有安装孔。有两种安装方法，一是用螺钉固定，不同的单元有不同的安装尺寸；另一种是 DIN（德国共和标准）轨道固定。DIN 轨道配套使用的安装夹板，左右各一对。在轨道上，先装好左右夹板，装上 PLC，然后拧紧螺钉。

③ 通常把可编程控制器安装在有保护外壳的控制柜中，以防止灰尘、油污、水溅。

④ 安装机器应有足够的通风空间，基本单元和扩展单元之间要有 30mm 以上间隔。如果周围环境超过 55℃，要安装电风扇，强迫通风。

⑤ 可编程控制器应尽可能远离高压电源线和高压设备，可编程控制器与高压设备和电源线之间应留出至少 200mm 的距离。

⑥ 当可编程控制器垂直安装时，要严防导线头、铁屑等从通风窗掉入可编程控制器内部，造成印刷电路板短路，使其不能正常工作，甚至永久损坏。

2. PLC 电源接线

PLC 交流供电电源为 50Hz、220V±10% 的交流电。

一般而言，PLC 交流电源可以由市电直接供应，而输入设备（开关、传感器等）的直流电源和输出设备（继电器）的直流电源等，最好采取独立的直流电源供电。大部分的 PLC 自带 24V 直流电源，只有当输入设备或者输出设备所需电流不是很大的情况下，才能使用 PLC 自带直流电源。PLC 控制系统的电源电路如附图 2-2 所示。

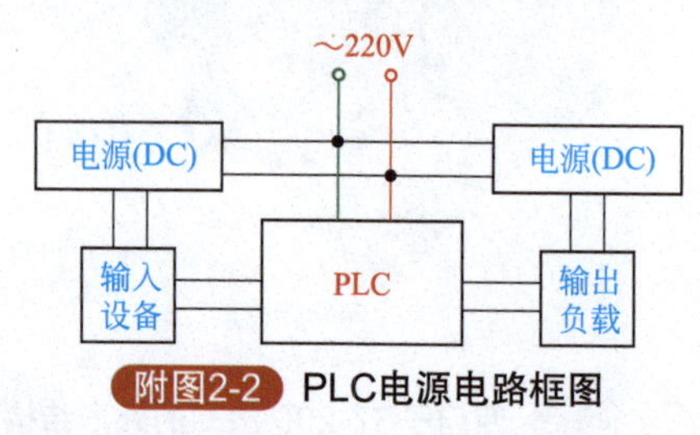

附图2-2 PLC电源电路框图

PLC 可编程控制器如果电源发生故障，中断时间少于 10ms，PLC 工作不受影响。若电源中断超过 10ms 或电源下降超过允许值，则 PLC 停止工作，所有的输出点均同时断开。当电源恢复时，若 RUN 输入接通，则操作自动进行。

对于电源线来的干扰，PLC 本身具有足够的抵制能力。如果电源干扰特别严重，可以安装一个变比为 1∶1 的隔离变压器，以减少设备与地之间的干扰。

3. PLC 接地

正确的接地系统是 PLC 控制系统抗电磁干扰的重要措施之一。接地方式有浮地方式和直接接地方式，对于 PLC 控制系统应采用直接接地方式。

PLC 各部分接地如附图 2-3 所示，西门子 S7-200 PLC 各位置接地端子标示如附图 2-4 所示。

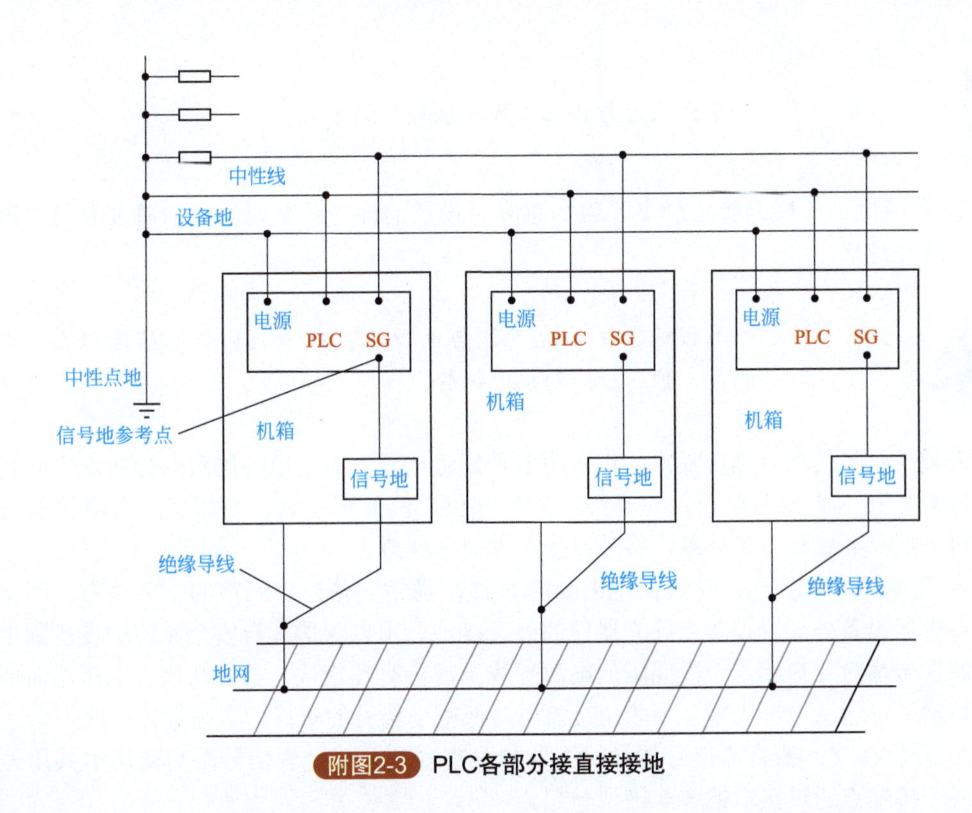

附图2-3 PLC各部分接直接接地

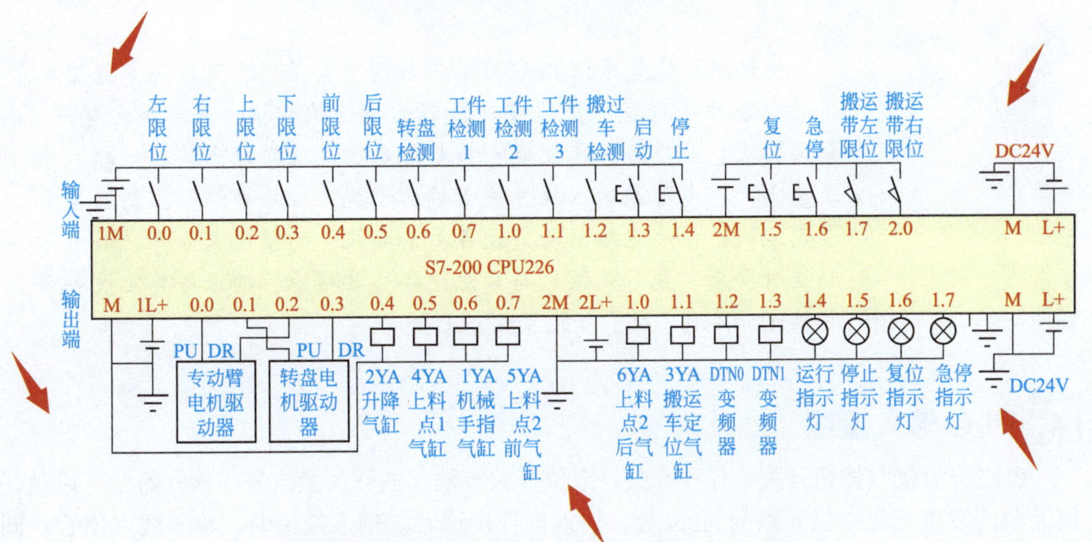

附图2-4 西门子S7-200 PLC中各位置接地端子标示

PLC 具体的接地方法如下：

① 信号地：是输入端信号元件——传感器的地。为了抑制附加在电源及输入、输出端的干扰，应对 PLC 系统进行良好的接地。一般情况下。接地方式与信号频率有关，当频率低于 1MHz 时，可用一点接地；高于 10MHz 时，采用多点接地；在 1 ～ 10MHz 间采用哪种接地视实际情况而定。接地线截面积不能小于 $2mm^2$。接地电阻不能大于 100Ω，接地线最好是专用地线。若达不到这种要求，也可采用公共接地方式。

注意：禁止采用与其他设备串联接地的方式。

② 屏蔽地：一般为防止静电、磁场感应而设置的外壳或金属丝网，通过专门的铜导线将其与地壳连接。

注意：屏蔽地、保护地不能与电源地、信号地和其他接地扭在一起。只能各自独立地接到接地铜牌上。

为减少信号的电容耦合噪声，可采用多种屏蔽措施。对于电场屏蔽的分布电容问题，通过将屏蔽地接入大地可解决。对于纯防磁的部位，例如强磁铁、变压器、大电机的磁场耦合，可采用高导磁材料作外罩，将外罩接入大地来屏蔽。

③ 交流地和保护地：交流供电电源的 N 线，通常它是产生噪声的主要地方。而保护地一般将机器设备外壳或设备内独立器件的外壳接地。用以保护人身安全和防护设备漏电。交流电源在传输时，在相当一段间隔的电源导线上，会有几毫伏、甚至几伏的电压，而低电平信号传输要求电路电平为零。为防止交流电对低电平信号的干扰，必须进行接地。

④ 直流接地：在直流信号的导线上要加隔离屏蔽，不允许信号源与交流电共用一根地线，各个接地点通过接地铜牌连接到一起。

提示：良好的接地是保证 PLC 可靠工作的重要条件，可以避免偶然发生的电压冲击危害。接地线与机器的接地端相接，基本单元接地。如果要用扩展单元，其接地点应与基本单元的接地点接在一起。为了抑制加在电源及输入端、输出端的干扰，应给可编程控制器接上专用地线，接地点应与动力设备（如电机）的接地点分开。若达不到这种要求，也必须做到与其他设备公共接地，禁止与其他设备串联接地。接地点应尽可能靠近 PLC。

4. PLC 输入接线

PLC 一般接收按钮开关、行程开关、限位开关等输入的开关量信号。输入器件可以是任何无源的触点或集电极开路的 NPN 管。输入器件接通时，输入端接通，输入线路闭合，同时输入指示的发光二极管亮。

输入端的一次电路与二次电路之间，采用光电耦合隔离。二次电路带 RC 滤波器，以防止由于输入触点抖动或从输入线路串入的电噪声引起PLC误动作。RC滤波器如附图2-5所示。

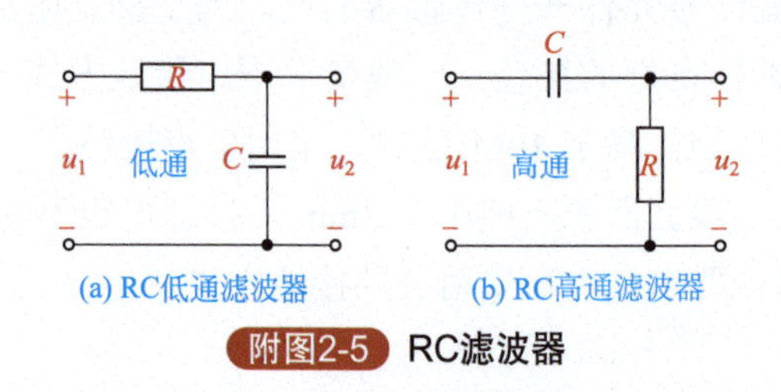

(a) RC低通滤波器　(b) RC高通滤波器

附图2-5 RC滤波器

若在输入触点电路串联二极管，在串联二极管上的电压应小于4V。若使用带发光二极管的舌簧开关，串联二极管的数目不能超过两只。

另外，输入接线还应特别注意以下几点：

① 输入接线一般不要超过30m。但如果环境干扰较小，电压降不大时，输入接线可适当长些。

② 输入、输出线不能用同一根电缆，输入、输出线要分开。

③ 可编程控制器所能接受的脉冲信号的宽度，应大于扫描周期的时间。

④ 输入端口常见的接线类型和对象。

（1）开关量信号

开关量信号包括按钮、行程开关、转换开关、接近开关、拨码开关等传送的信号。如按钮或者接近开关的接线：PLC 开关量接线，一头接入 PLC 的输入端（X0，X1，X2 等），另一头并联在一起接入 PLC 公共端口（COM 端）。如附图 2-6 所示。

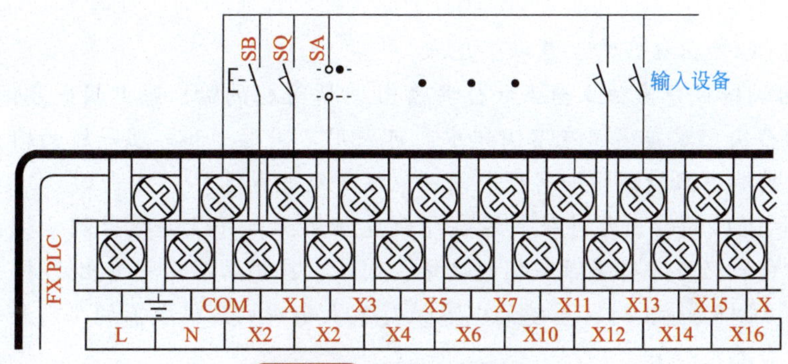

附图2-6　PLC开关量接线

（2）模拟量信号

一般为各种类型的传感器，如压力变送器、液位变送器、远程控制压力表、热电偶和热电阻等信号。模拟量信号采集设备不同，设备线制（二线制或者三线制）不同，接线方法也会稍有不同。如附图 2-7 所示。

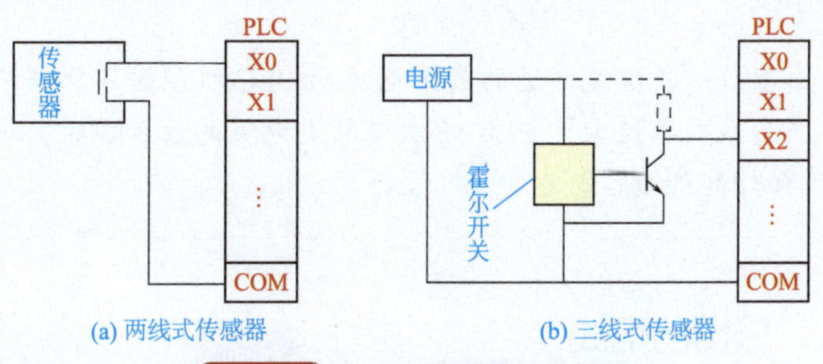

(a) 两线式传感器　　(b) 三线式传感器

附图2-7　PLC与传感器组件接线

PLC 自带的输入口电源一般为 DC24V，输入口每一个点的电流定额在 5 ～ 7mA 之间，这个电流是输入口短接时产生的最大电流，当输入口有一定的负载时，其流过的电流会相应减少。PLC 输入信号传递所需的最小电流一般为 2mA，为了保证最小的有效信号输入电流，输入端口所接设备的总阻抗一般要小于 2kΩ。也就是说当输入端口的传感器功率较大时，需要接单独的外部电源。

5. PLC 输出接线

PLC 可编程控制器有继电器输出、晶闸管输出、晶体管输出 3 种形式，如附图 2-8 所示。

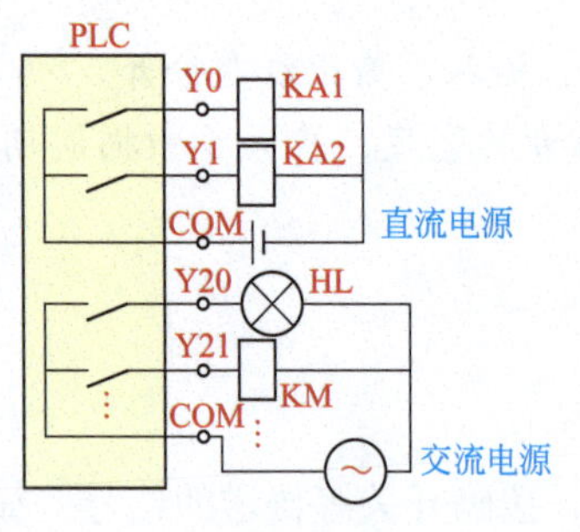

(a) 继电器方式输出

(b) 晶体管方式输出

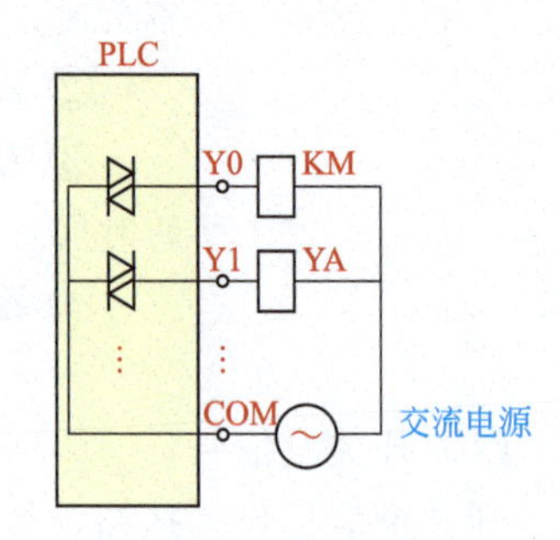

(c) 晶闸管方式输出

附图2-8 PLC三种输出方式

说明： PLC 输出接线需注意以下几点。

① 输出端接线分为独立输出和公共输出。当 PLC 的输出继电器或晶闸管动作时，同一组的两个输出端接通。在不同组中，可采用不同类型和电压等级的输出电压。但在同一组中的输出只能用同一类型、同一电压等级的电源。

② 由于 PLC 的输出元件被封装在印制电路板上，并且连接至端子板，若将连接输出元件的负载短路，将烧毁印制电路板，因此，应用熔丝保护输出元件。

③ 采用继电器输出时，承受的电感性负载大小影响到继电器的工作寿命，因此继电器工作寿命要求要长。

④ PLC 的输出负载可能产生噪声干扰，因此要采取措施加以控制。

此外，对于能使用户造成伤害的危险负载，除了在控制程序中加以考虑之外，还应设计外部紧急停车电路，使可编程控制器发生故障时，能将引起伤害的负载电源切断。

⑤ 交流输出线和直流输出线不要用同一根电缆，输出线应尽量远离高压线和动力线，避免并行。

⑥ PLC 输出端口一般所能通过的最大电流随 PLC 机型的不同而不同，大部分在 1 ~ 2A 之间，当负载的电流大于 PLC 的端口额定电流的最大值时，一般需要增加中间继电器才能连接外部接触器或者是其他设备。

6. PLC 输入、输出的配线

PLC 电源线、I/O 电源线、输入信号线、输出信号线、交流线、直流线都应尽量分开布线。开关量信号线与模拟量信号线也应分开布线，无论是开关量信号线还是模拟量信号线均应采用屏蔽线。并且将屏蔽层可靠接地。由于双绞线中电流方向相反，大小相等，可将感应电流引起的噪声互相抵消，故信号线多采用双绞线或屏蔽线。PLC 输入输出的配线如附图 2-9 所示。

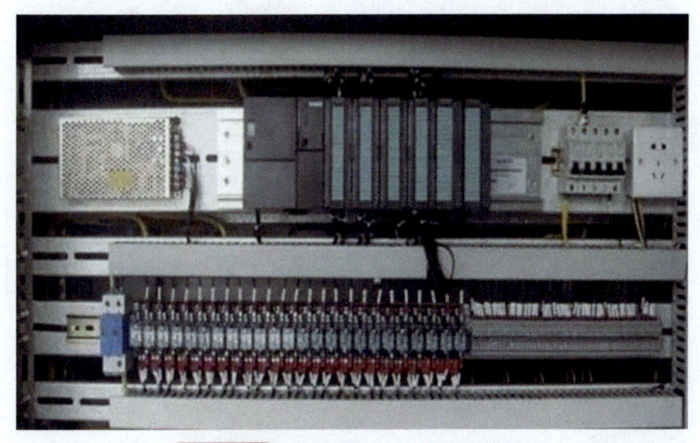

附图2-9 PLC输入、输出的配线

7. PLC 的调试

PLC 安装好后的调试非常必要，特别是复杂的的设备，如果 PLC 没有按照设计者编程设计那样去运行，会造成设备不能正常生产。

（1）调试前的操作

① 在通电前，认真检查电源线、接地线、输出 / 输入线是否正确连接，各接线端子螺钉是否拧紧。

② 在断电情况下，将编程器或带有编程软件的 PC 机等编程外围设备通过通信电缆和 PLC 的通信接口连接。

③ 接通 PLC 电源，确认电源指示 LED 点亮。将 PLC 的模式设定为“编程”状态。

④ 写入程序，检查控制梯形图的错误和文法错误。

（2）调试及试运行

① 合上电源，PLC 上的电源指示灯应该亮。

② 要将 PLC 打在“监控”上，如果没有程序上的错误，则 RUN 指示灯会亮。可人为的给输入信号（如搬动行程开关等），看看对应的指示灯是否按照设计程序点亮（注意此时输出一定要断开，如电机等）。如果程序有错误，则 RUN 指示灯会断续点亮。

③ 先模拟运行，或者不接负载运行。直至符合要求，才可以加上负载，再试运行，此时应该密切观察一段时间，以防错误。

④ 将调试过程记录在档案，以便以后查阅。

二、PLC 控制三相异步电动机启动电路

1. 电路原理

PLC 控制电动机启动电路如附图 2-10 所示。

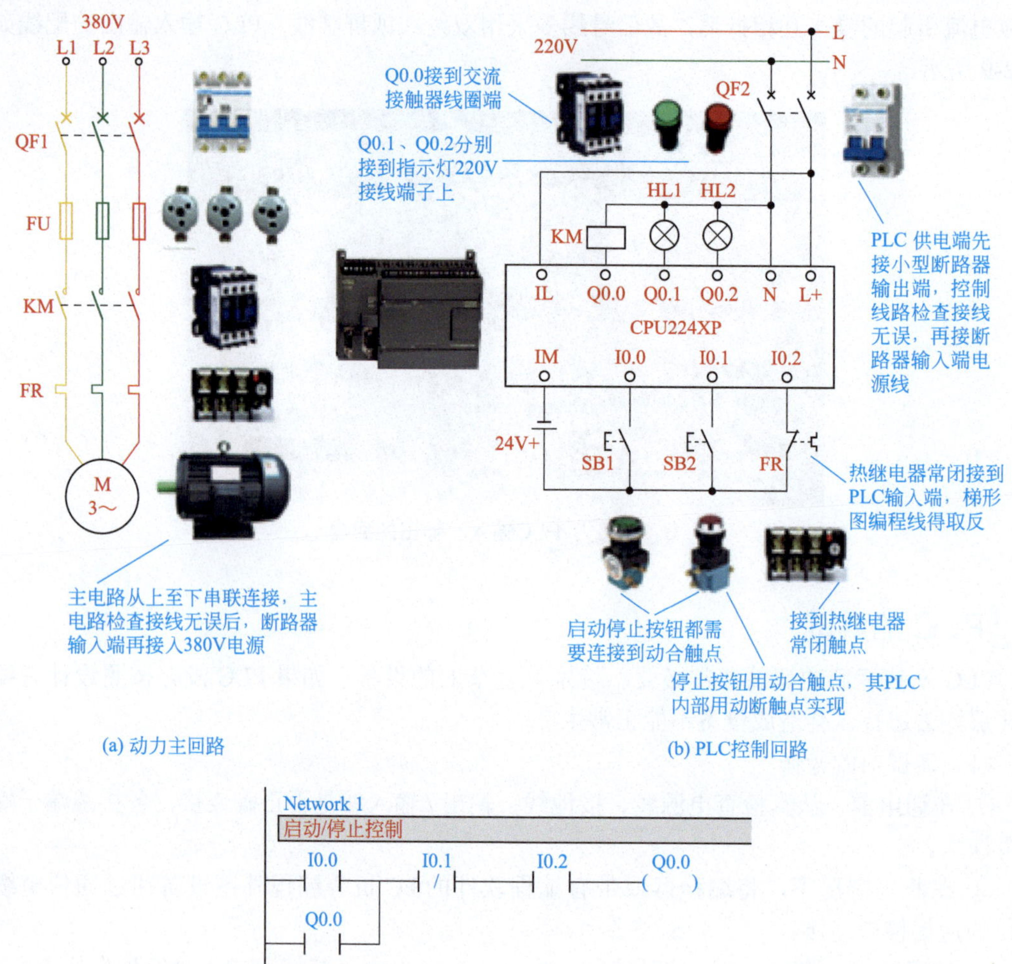

附图2-10 PLC控制三相异步电动机启动电路

控制过程：通过启动控制按钮SB1给西门子S7-200 PLC启动信号，在未按下停止控制按钮SB2以及热继电器常闭触点FR未断开时，西门子S7-200 PLC输出信号控制接触器KM线圈带电，其主触头吸合使电机启动，按下启动按钮HL1灯亮，按下停止按钮HL2灯亮。

2. 输入/输出元件及控制功能

根据原理及控制要求，列出PLC I/O资源分配表（附表2-1）。

附表2-1　I/O资源分配表

	序号	位号	符号	说明
输入点	1	I0.0	SB1	启动按钮信号
	2	I0.1	SB2	停止按钮信号
	3	I0.2	FR	热继电器辅助触点
输出点	1	Q0.0	KM	接触器
	2	Q0.1	HL1	启动指示灯
	3	Q0.2	HL2	停止指示灯

3. 电路接线与调试

按照附图 2-10 所示正确接线：先接动力主回路，它是从 380V 三相交流电源小型断路器 QF1 的输出端开始（出于安全考虑，L1、L2、L3 最后接入），经熔断器、交流接触器 KM 的主触头，热继电器 FR 的热元件到电动机 M 的三个接线端 U、V、W 的电路，用导线按顺序串联起来。

主电路连接完整无误后，再连接 PLC 控制回路。它是从 220V 单相交流电源小型断路器 QF2 输出端（L、N 电源端最后接入）供给 PLC 电源，同时 L 亦作为 PLC 输出公共端。常开按钮 SB1、SB2 以及热继电器的常闭辅助触点均连至 PLC 的输入端。PLC 输出端直接连到接触器 KM 的线圈与启动指示灯 HL1、停止指示灯 HL2 相连。

接好线路，必须再次检查无误后，方可进行通电操作。顺序如下：

① 合上小型断路器 QF1、QF2，按柜体电源启动按钮，启动电源。

② 连接好电脑和 PLC 的传输电缆，将编好的程序下载到 PLC 中。

③ 按启动按钮 SB1，对电动机 M 进行启动操作。

④ 按停止按钮 SB2，对电动机 M 进行停止操作。

三、PLC 控制三相异步电动机串电阻降压启动电路

1. 电路原理

PLC 控制三相异步电动机串电阻降压启动电路如附图 2-11 所示。

控制原理： 可参见第二章图 2-4。

控制过程： 通过启动控制按钮 SB1 给西门子 S7-200 PLC 启动信号，在未按下停止控制按钮 SB2 以及热继电器常闭触点 FR 未断开时，西门子 S7-200 PLC 输出信号控制交流接触器 KM1 线圈通电，其主触头吸合使电机降压启动。到 N 秒定时后，交流接触器 KM2 线圈通电，同时使交流接触器 KM1 线圈失电，至此异步电动机正常工作运行，降压启动完毕。

2. 输入 / 输出元件及控制功能

根据原理及控制要求，列出 PLC I/O 资源分配表（附表 2-2）。

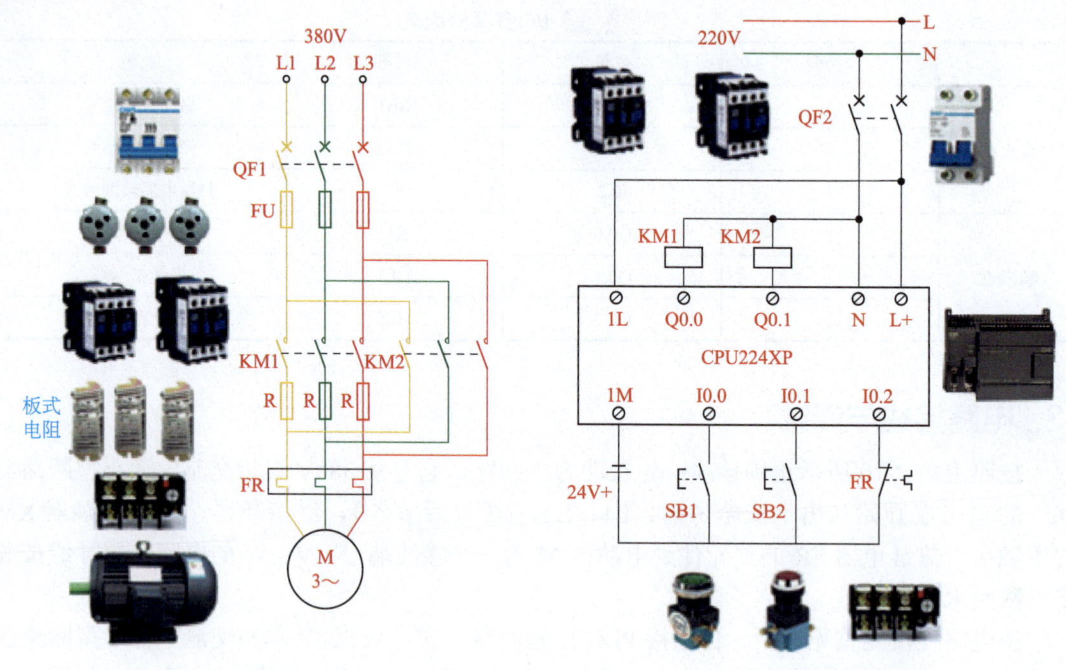

(a) 动力主回路 (b) PLC控制回路

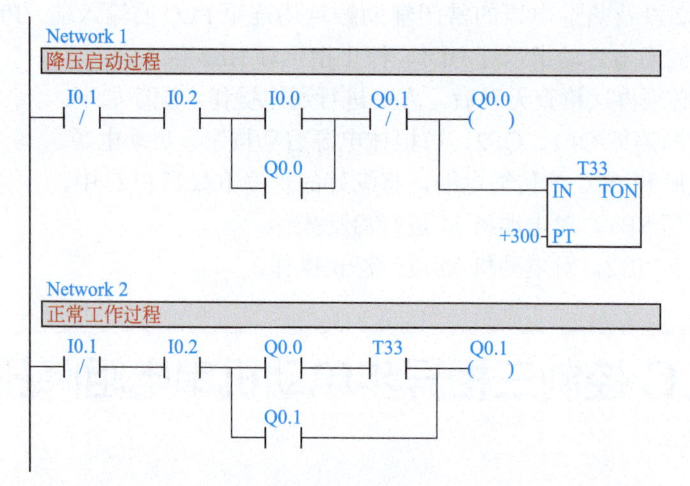

(c) PLC控制梯形图

附图2-11 PLC控制三相异步电动机串电阻降压启动电路

附表2-2 I/O资源分配表

	序号	位号	符号	说明
输入点	1	I0.0	SB1	启动按钮信号
	2	I0.1	SB2	停止按钮信号
	3	I0.2	FR	热继电器辅助触点
输出点	1	Q0.0	KM1	接触器 1
	2	Q0.1	KM2	接触器 2
定时器	1	T33	KT	延时 N 秒

3. 电路接线与调试

按照附图 2-11 所示正确接线：主回路电源接三极小型断路器输出端 L1、L2、L3，供电线电压为 380V，PLC 控制回路电源接二极小型断路器 L、N，供电电压为 220V。接线时，先接动力主回路，它是从 380V 三相交流电源小型断路器 QF1 的输出端开始（L1、L2、L3 最后接入），经熔断器、交流接触器的主触头（KM1、KM2 主触头各相分别并联）、板式电阻、热继电器 FR 的热元件到电动机 M 的三个线端 U、V、W 的电路，用导线按顺序串联起来。

主电路连接完整无误后，再连接 PLC 控制回路，它是从 220V 单相交流电源小型断路器 QF2 输出端 L、N 供给 PLC 电源（L、N 电源端最后接入），同时 L 亦作为 PLC 输出公共端。常开按钮 SB1、SB2 以及热继电器的常闭辅助触点均连至 PLC 的输入端。PLC 输出端直接和接触器 KM1、KM2 的线圈相连。

接好线路，经再次检查无误后即进行通电操作。顺序如下：

① 合上小型断路器 QF1、QF2，按柜体电源启动按钮，启动电源。

② 连接好电脑和 PLC 的传输电缆，将编好的程序下载到 PLC 中。

③ 按启动按钮 SB1，对电动机 M 进行启动操作，注意电动机和接触器的 KM1、KM2 的运行情况。

④ 按停止按钮 SB2，对电动机 M 进行停止操作，注意电动机和接触器的 KM1、KM2 的运行情况。

四、PLC 控制三相异步电动机Y-△启动电路

1. 电路原理

PLC 控制三相异步电动机Y - △ 启动电路如附图 2-12 所示。

控制原理：电动机启动时，把定子绕组接成星形，以降低启动电压，减小启动电流；待电动机启动后，再把定子绕组改接成三角形，使电动机全压运行。Y - △启动只能用于正常运行时为△形接法的电动机。

控制过程：当按下启动按钮 SB1，系统开始工作，接触器 KM、KMY 的线圈同时得电，接触器 KMY 的主触点将电动机接成星形并经过 KM 的主触点接至电源，电动机降压启动。当 PLC 内部定时器 KT 定时时间到 N 秒时，控制 KMY 线圈失电，KMD 线圈得电，电动机主回路换成三角形接法，电动机投入正常运转。

2. 输入 / 输出元件及控制功能

根据原理及控制要求，列出 PLC I/O 资源分配表（附表 2-3）。

3. 电路接线与调试

按照附图 2-12 所示正确接线：主回路电源接三极小型断路器输出端，供电线电压为 380V，PLC 控制回路电源接二极小型断路器 L、N，供电电压为 220V。

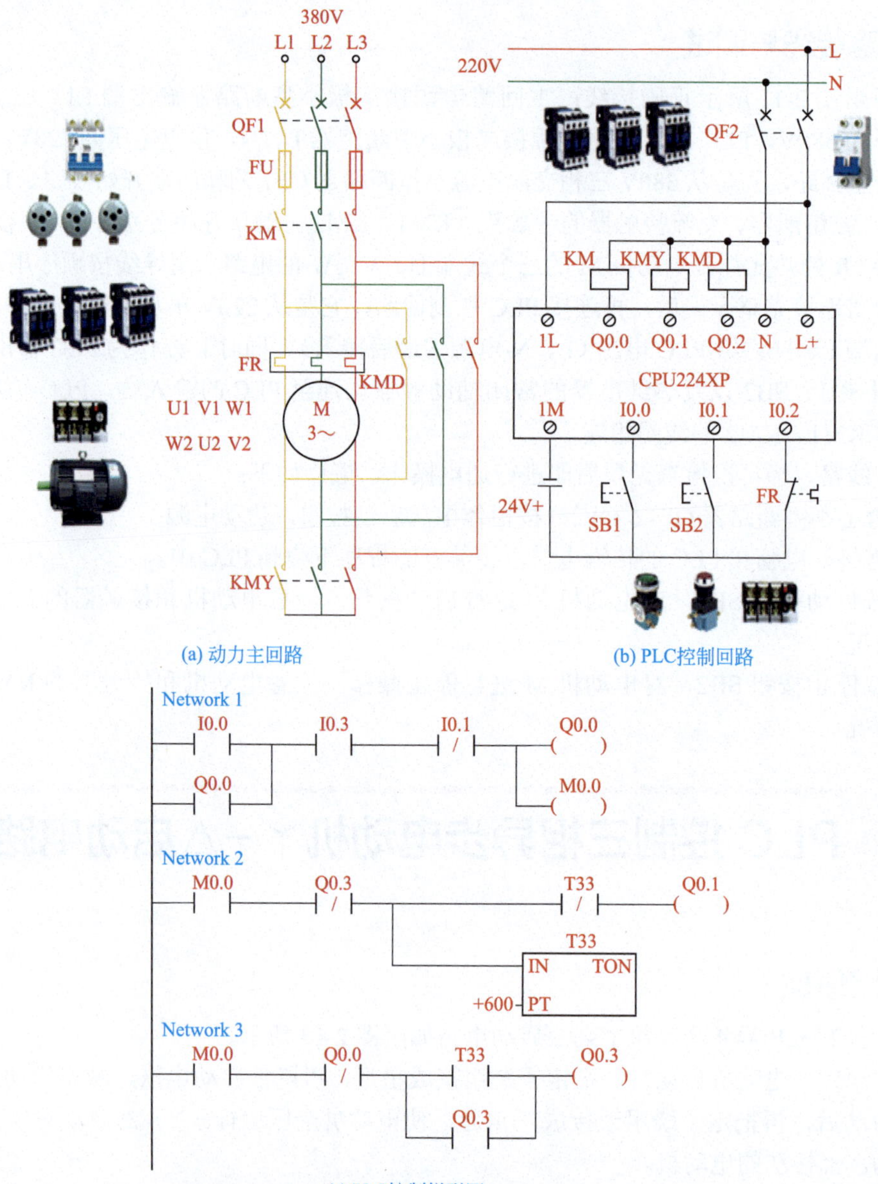

(a) 动力主回路　(b) PLC控制回路

(c) PLC控制梯形图

附图2-12 PLC控制三相异步电动机Y-△启动电路

附表2-3 I/O资源分配表

	序号	位号	符号	说明
输入点	1	I0.0	SB1	启动按钮
	2	I0.1	SB2	停止按钮
	3	I0.3	FR	热继电器辅助触点
输出点	1	Q0.0	KM	正常工作控制接触器
	2	Q0.1	KMY	Y 形启动控制接触器
	3	Q0.3	KMD	△形启动控制接触器
定时器	1	T33	KT	延时 N 秒
辅助位	1	N0.0	M0.0	启动控制位

先接动力主回路，它是从380V三相交流电源小型断路器QF1的输出端开始（L1、L2、L3最后接入），经熔断器、交流接触器的主触头、热继电器FR的热元件到电动机M的六个线端U1、V1、W1和W2、U2、V2的电路，用导线按顺序串联起来。

主电路连接完整无误后，再连接PLC控制回路，它是从220V单相交流电源小型断路器QF2输出端供给PLC电源，同时L亦作为PLC输出公共端。常开按钮SB1、SB2均连至PLC的输入端。PLC输出端直接和接触器KM、KMY、KMD的线圈相连。

接好线路，再次检查接线无误，方可进行通电操作。顺序如下：

① 合上小型断路器QF1、QF2，按柜体电源启动按钮，启动电源。

② 连接好电脑和PLC的传输电缆，将编好的程序下载到PLC中。

③ 按启动按钮SB1，需注意电动机和接触器的KM、KMY、KMD的运行情况。

④ 按停止按钮SB2，注意电动机和接触器的KM、KMY、KMD的停止运行情况。

五、PLC控制三相异步电动机顺序启动电路

1. 电路原理

利用PLC定时器来实现控制电动机的顺序启动，电路原理如附图2-13所示。

控制过程：按下启动按钮SB1，系统开始工作，PLC控制输出接触器KM1的线圈得电，其主触点将电动机M1接至电源，M1启动。同时定时器开始计时，当定时器KT定时到N秒时，PLC输出控制接触器KM2的线圈得电，其主触点将电动机M2接至电源，M2启动。当按下停止按钮SB2，电机M1、M2同时停止。

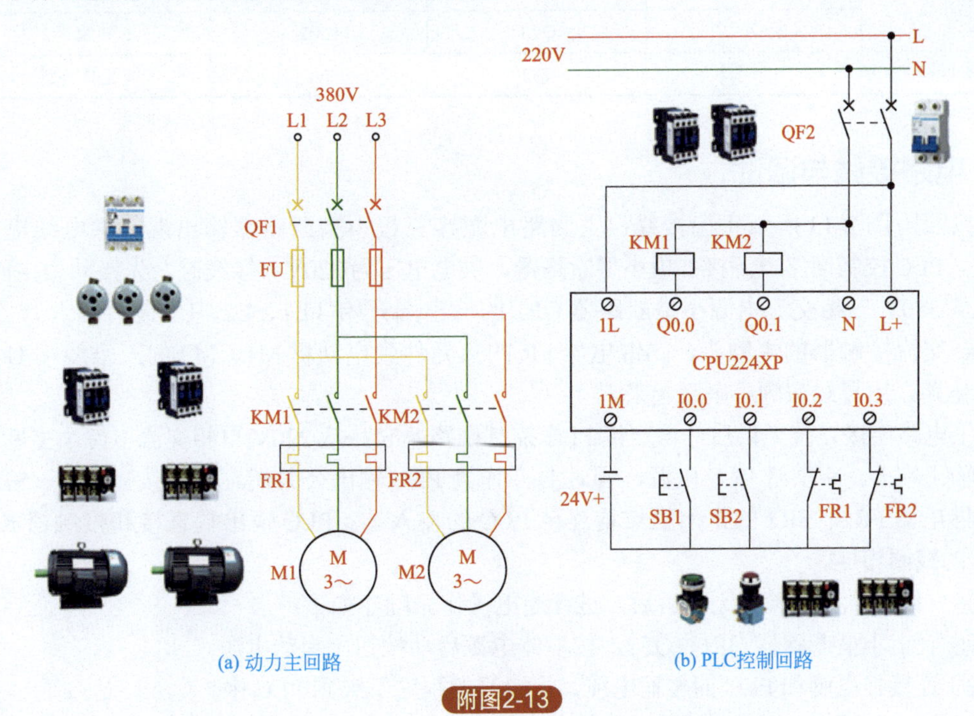

(a) 动力主回路　　(b) PLC控制回路

附图2-13

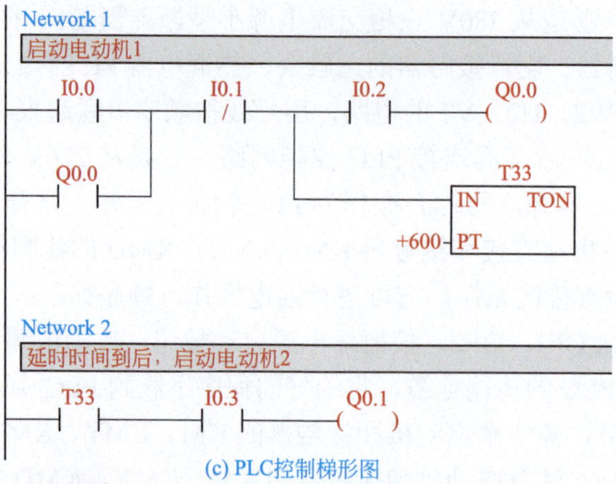

Network 1
启动电动机1
I0.0 I0.1 I0.2 Q0.0
Q0.0
T33
IN TON
+600-PT

Network 2
延时时间到后，启动电动机2
T33 I0.3 Q0.1

(c) PLC控制梯形图

附图2-13 PLC控制三相异步电动机顺序启动电路

2. 输入/输出元件及控制功能

根据原理及控制要求，列出PLC I/O资源分配表（附表2-4）。

附表2-4 I/O资源分配表

	序号	位号	符号	说明
输入点	1	I0.0	SB1	启动按钮
	2	I0.1	SB2	停止按钮
	3	I0.2	FR1	热继电器1辅助触点
	4	I0.3	FR2	热继电器2辅助触点
输出点	1	Q0.0	KM1	接触器1
	2	Q0.1	KM2	接触器2
定时器	1	T33	KT	延时N秒

3. 电路接线与调试

按照附图2-13所示正确接线：主回路电源接三极小型断路器输出端，供电线电压为380V，PLC控制回路电源接二极小型断路器，供电电压为220V。接线时，先接动力主回路，它是从380V三相交流电源小型断路器QF1的输出端开始（L1、L2、L3最后接入），经熔断器、交流接触器的主触头、热继电器FR的热元件到电动机M1、M2的三个线端U、V、W的电路，用导线按顺序串联起来。

主电路连接完整无误后，再连接PLC控制回路。它是从220V单相交流电源小型断路器QF2输出端L、N供给PLC电源，同时L亦作为PLC输出公共端。常开按钮SB1、SB2以及热继电器FR1、FR2的常闭触点均连至PLC的输入端。PLC输出端直接和接触器KM1、KM2的线圈相连。

接好线路，再次检查无误后后，进行通电操作。顺序如下：

① 合上小型断路器QF1、QF2，按柜体电源启动按钮，启动电源。

② 连接好电脑和PLC的传输电缆，将编好的程序下载到PLC中。

③ 按启动按钮SB1，注意电动机和接触器的KM1、KM2的运行情况。

④ 按停止按钮 SB2，注意电动机和接触器的 KM1、KM2 的运行情况。

六、PLC 控制三相异步电动机反接制动电路

1. 电路原理

PLC 控制三相异步电动机反接制动电路原理如附图 2-14 所示。

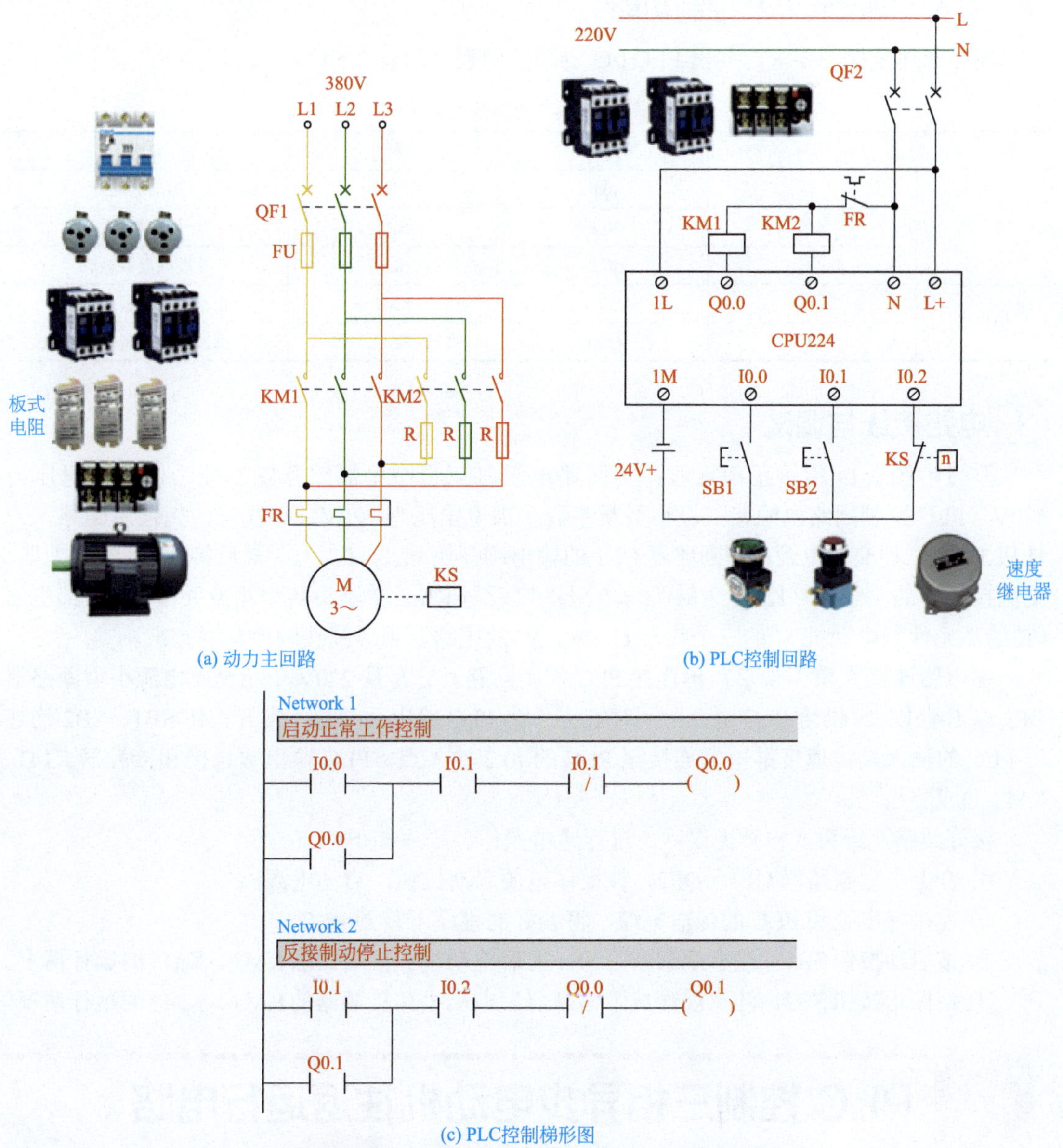

附图2-14　PLC控制三相异步电动机反接制动电路

控制原理：反接制动是利用改变电动机电源的相序，使定子绕组产生相反方向的旋转磁场，因而产生制动转矩的一种制动方法。因为电动机容量较大，在电动机正反转换接时，如

果操作不当会烧毁接触器。

控制过程： 按下启动按钮 SB1，系统开始工作，在电动机正常运转时，速度继电器 KS 的常开触点闭合，停车时，按下停止按钮 SB2，PLC 控制 KM1 线圈断电，电动机脱离电源，由于此时电动机的惯性还很高，KS 的常开触点依然处于闭合状态，PLC 控制反接制动接触器 KM2 线圈通电，其主触点闭合，使电动机定子绕组得到与正常运转相序相反的三相交流电源，电动机进入反接制动状态，电动机转速下降，当电动机转速低于速度继电器动作值时，速度继电器常开触点复位，此时 PLC 控制 KM2 线圈断电，反接制动结束。

2. 输入 / 输出元件及控制功能

根据原理及控制要求，列出 PLC I/O 资源分配表（附表 2-5）。

附表2-5 I/O资源分配表

	序号	位号	符号	说明
输入点	1	I0.0	SB1	启动按钮
	2	I0.1	SB2	停止按钮
	3	I0.2	KS	速度继电器触点
输出点	1	Q0.0	KM1	正常工作控制接触器
	2	Q0.1	KM2	反接制动控制接触器

3. 电路接线与调试

按照附图 2-14 所示正确接线：主回路电源接三极小型断路器输出端，供电线电压为 380V，PLC 控制回路电源接二极小型断路器，供电电压为 220V。接线时，先接主回路，它是从 380V 三相交流电源小型断路器 QF1 的输出端开始（L1、L2、L3 最后接入），经熔断器、交流接触器的主触头（KM2 主触头与电阻串接后与 KM1 主触头两相相反并接）、热继电器 FR 的热元件到电动机 M 的三个线端 U、V、W 的电路，用导线按顺序串联起来。

主电路连接完整无误后，再连接 PLC 控制回路。它是从 220V 单相交流电源小型断路器 QF2 输出端 L、N 供给 PLC 电源，同时 L 亦作为 PLC 输出公共端。常开按钮 SB1、SB2 均连至 PLC 的输入端，速度继电器连接至 PLC 的 I0.2 输入点。PLC 输出端直接和接触器 KM1、KM2 的线圈相连。

接好线路，经再次检查无误后，进行通电操作。顺序如下：

① 合上小型断路器 QF1、QF2，按柜体电源启动按钮，启动电源。

② 连接好电脑和 PLC 的传输电缆，将编好的程序下载到 PLC 中。

③ 按启动按钮 SB1，注意观察按下 SB1 前后电动机和接触器的 KM1、KM2 的运行情况。

④ 按停止按钮 SB2，注意观察按下 SB2 前后电动机和接触器的 KM1、KM2 的运行情况。

七、PLC 控制三相异步电动机往返运行电路

1. 电路原理

PLC 控制三相异步电动机往返运行电路如附图 2-15 所示。

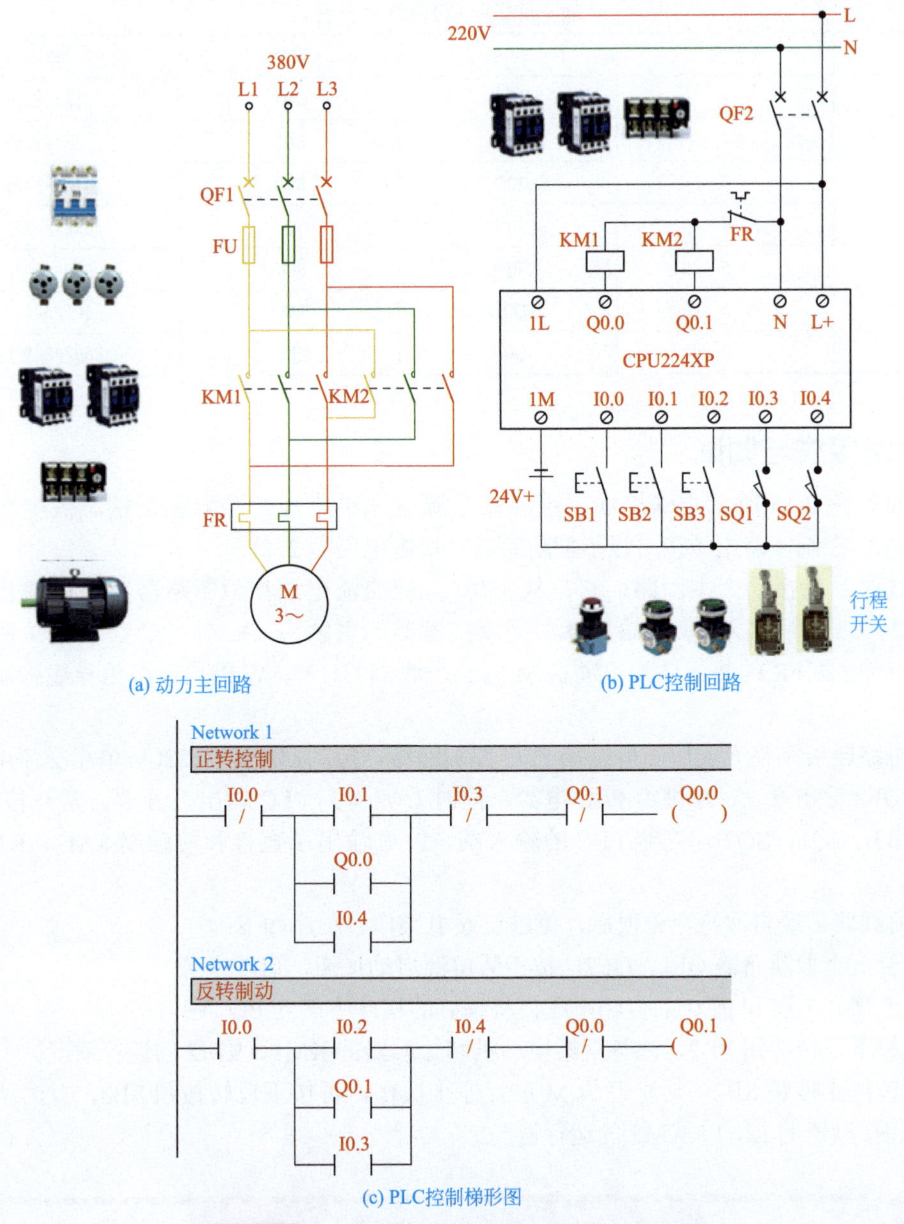

(c) PLC控制梯形图

附图2-15 PLC控制三相异步电动机往返运行电路

控制过程：限位开关SQ1放在左端需要反向的位置，SQ2放在右端需要反向的位置。当按下正转按钮SB2，PLC输出控制KM1通电，电动机作正向旋转并带动工作台左移。当工作台左移至左端并碰到SQ1时，将SQ1压下，其触点闭合后输入到PLC，此时，PLC切断KM1接触器线圈电路，同时接通反转接触器KM2线圈电路，此时电动机由正向旋转变为反向旋转，带动工作台向右移动，直到压下SQ2限位开关电动机由反转变为正转，这样驱动运动部件进行往复循环运动。若按下停止按钮SB1，KM1、KM2均失电，电机作自由运行至停车。

2. 输入/输出元件及控制功能

根据原理及控制要求，列出PLC I/O资源分配表（附表2-6）。

附表2-6 I/O资源分配表

	序号	位号	符号	说明
输入点	1	I0.0	SB1	停止按钮
	2	I0.1	SB2	正转按钮
	3	I0.2	SB3	反转按钮
	4	I0.3	SQ1	左端行程开关
	5	I0.4	SQ2	右端行程开关
输出点	1	Q0.0	KM1	正转控制接触器
	2	Q0.1	KM2	反转控制接触器

3. 电路接线与调试

按照附图 2-15 所示正确接线：主回路电源接三极小型断路器输出端，供电线电压为 380V，PLC 控制回路电源接二极小型断路器，供电电压为 220V。

接线时，先接动力主回路，它是从 380V 三相交流电源小型断路器 QF1 的输出端开始（L1、L2、L3 最后接入），经熔断器、交流接触器的主触头（KM1、KM2 主触头两相反并接）、热继电器 FR 的热元件到电动机 M 的三个线端 U、V、W 的电路，用导线按顺序串联起来。

主电路连接完整无误后，再连接 PLC 控制回路。控制回路是从 220V 单相交流电源小型断路器 QF2 输出端 L、N 供给 PLC 电源，同时 L 亦作为 PLC 输出公共端。常开按钮 SB1、SB2、SB3、SQ1、SQ2 均连至 PLC 的输入端。PLC 输出端直接和接触器 KM1、KM2 的线圈相连。

接好线路，经再次检查无误后，可进行通电操作。顺序如下：

① 合上小型断路器 QF1、QF2，按柜体电源启动按钮，启动电源。

② 连接好电脑和 PLC 的传输电缆，将编好的程序下载到 PLC 中。

③ 按下正转按钮 SB2，注意观察电动机和接触器的 KM1、KM2 的运行情况。

④ 按停止按钮 SB2，对电动机 M 进行停止操作，再按下反转按钮 SB3，此时需要观察电动机和接触器的 KM1、KM2 的运行情况。

八、用三个开关控制一盏灯 PLC 电路

1. 电路原理

用三个开关控制一盏灯 PLC 电路如附图 2-16 所示。

控制过程：用三个开关在三个不同地点控制一盏照明灯，任何一个开关都可以控制照明灯的亮与灭。

2. 输入 / 输出元件及控制功能

根据原理及控制要求，列出 PLC I/O 资源分配表（附表 2-7）。

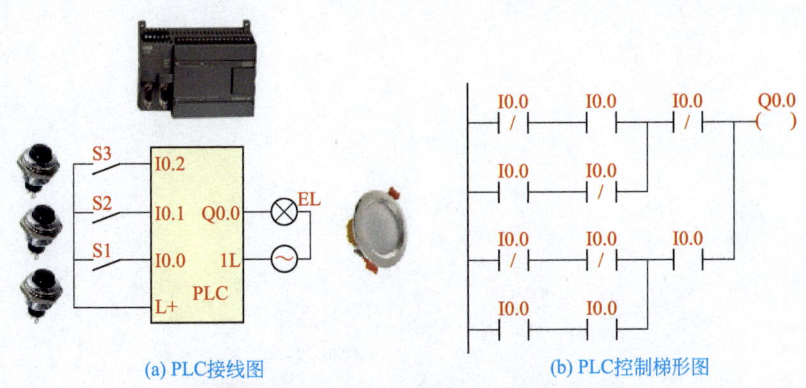

(a) PLC接线图 (b) PLC控制梯形图

附图2-16 用三个开关控制一盏灯PLC电路

附表2-7 I/O资源分配表

	PLC 软元件	元件文字符号	元件名称	控制功能
输入	I0.0	S1	开关 1	控制灯
	I0.1	S2	开关 2	控制灯
	I0.2	S3	开关 3	控制灯
输出	Q0.0	EL	灯	照明

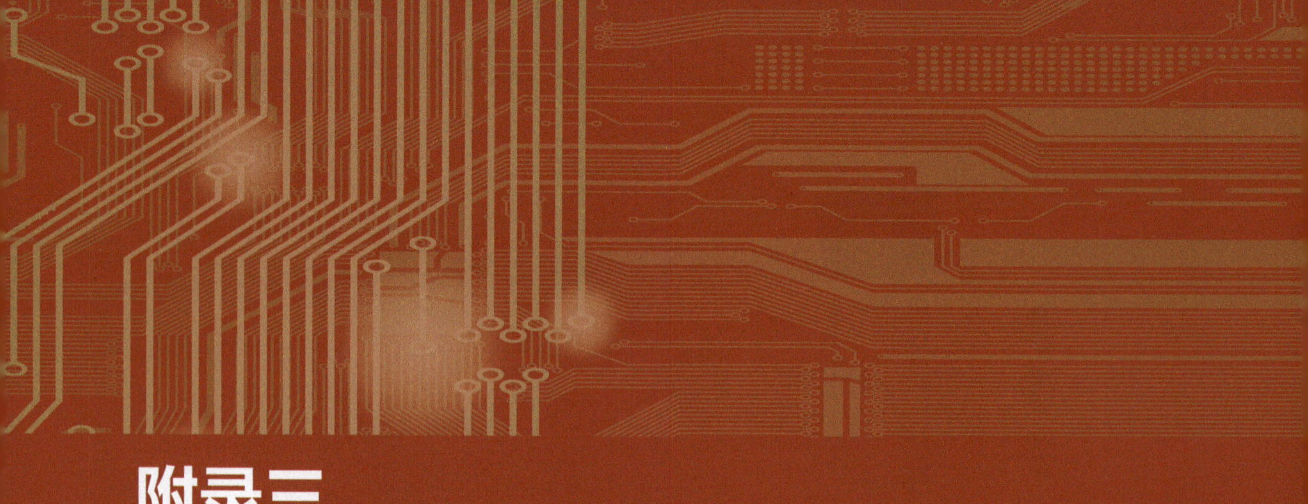

附录三
经典电气设备整机控制电路图精选

1. 单相硅整流二极管直流电焊机电路

见附图 3-1。

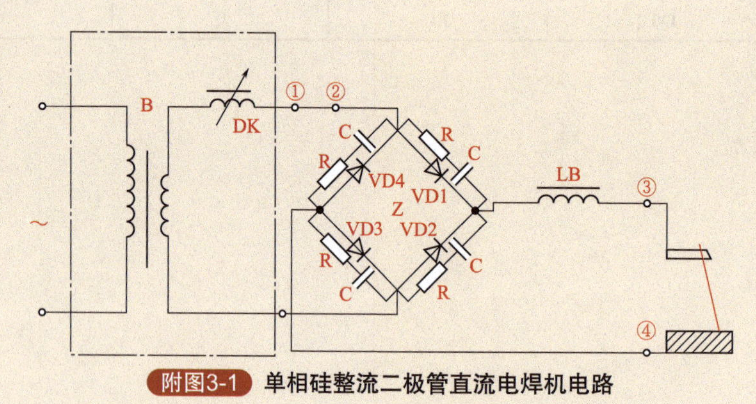

附图3-1 单相硅整流二极管直流电焊机电路

2. 三相硅整流二极管直流弧焊机电路

见附图 3-2。

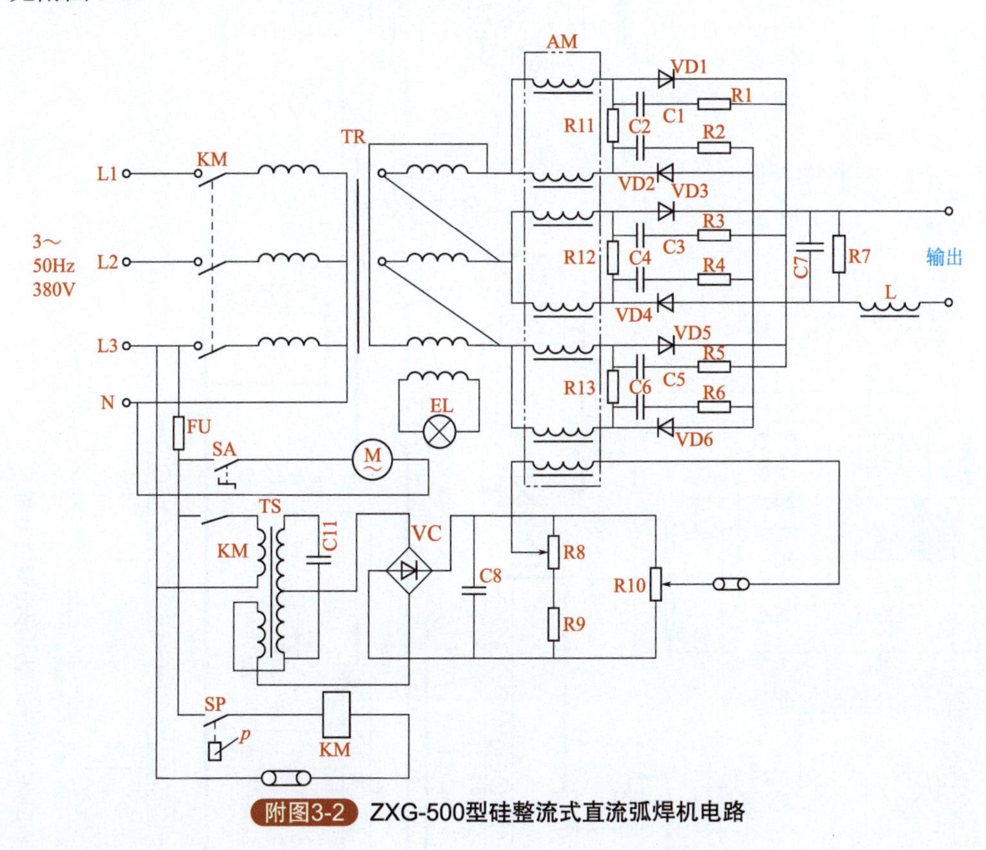

附图3-2 ZXG-500型硅整流式直流弧焊机电路

3. 逆变焊机电路

见附图 3-3。

4. 可控硅整流式直流电焊机电路

见附图 3-4。

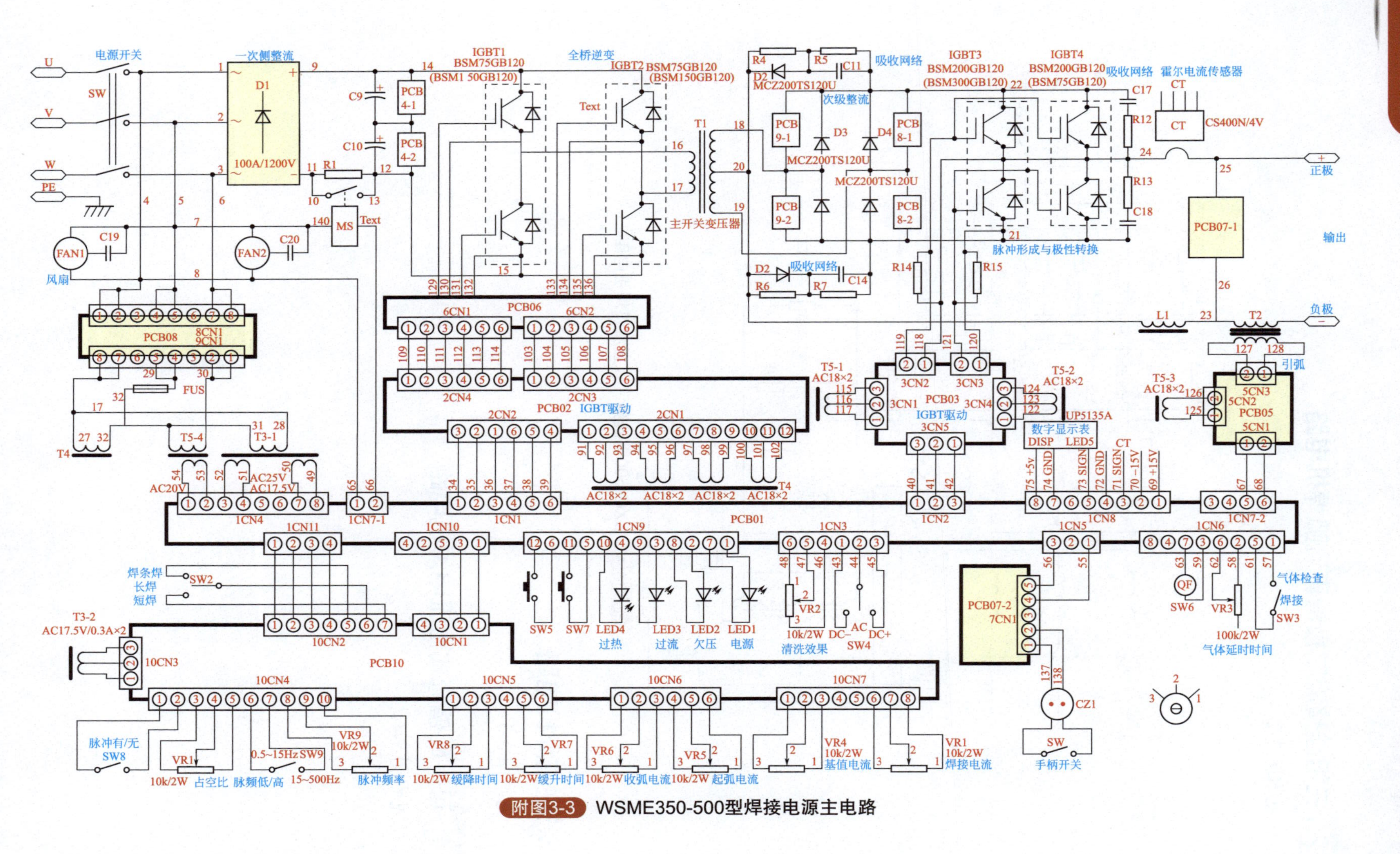

附图3-3 WSME350-500型焊接电源主电路

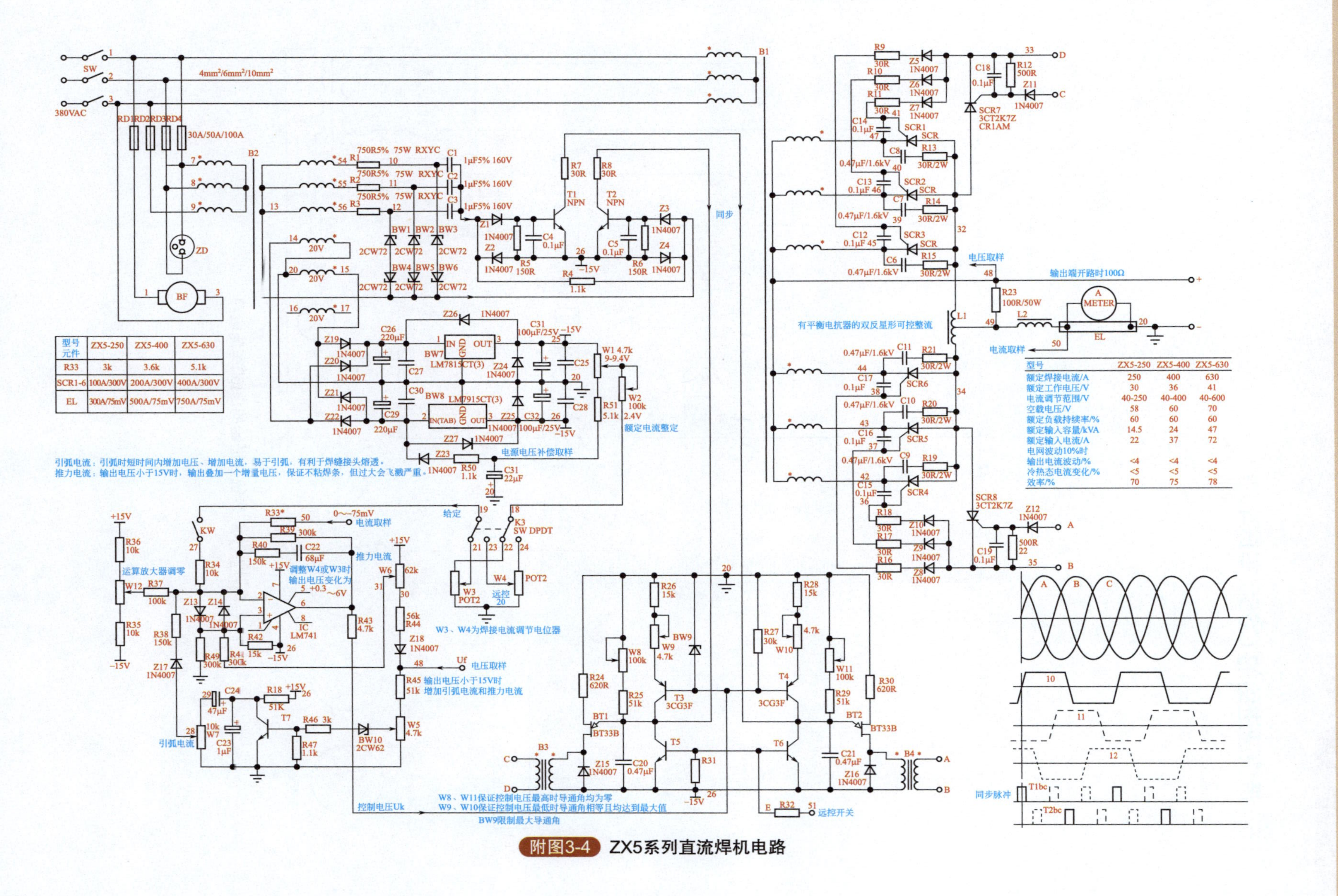

型号 元件	ZX5-250	ZX5-400	ZX5-630
R33	3k	3.6k	5.1k
SCR1-6	100A/300V	200A/300V	400A/300V
EL	300A/75mV	500A/75mV	750A/75mV

型号	ZX5-250	ZX5-400	ZX5-630
额定焊接电流/A	250	400	630
额定工作电压/V	30	36	41
电流调节范围/A	40-250	40-400	40-600
空载电压/V	58	60	70
额定负载持续率/%	60	60	60
额定输入容量/kVA	14.5	24	47
额定输入电流/A	22	37	72
电网波动10%时			
输出电流波动/%	<4	<4	<4
冷热态电流变化/%	<5	<5	<5
效率/%	70	75	78

附图3-4 ZX5系列直流焊机电路

5. 带快速进给的 C650 车床电路

见附图 3-5。

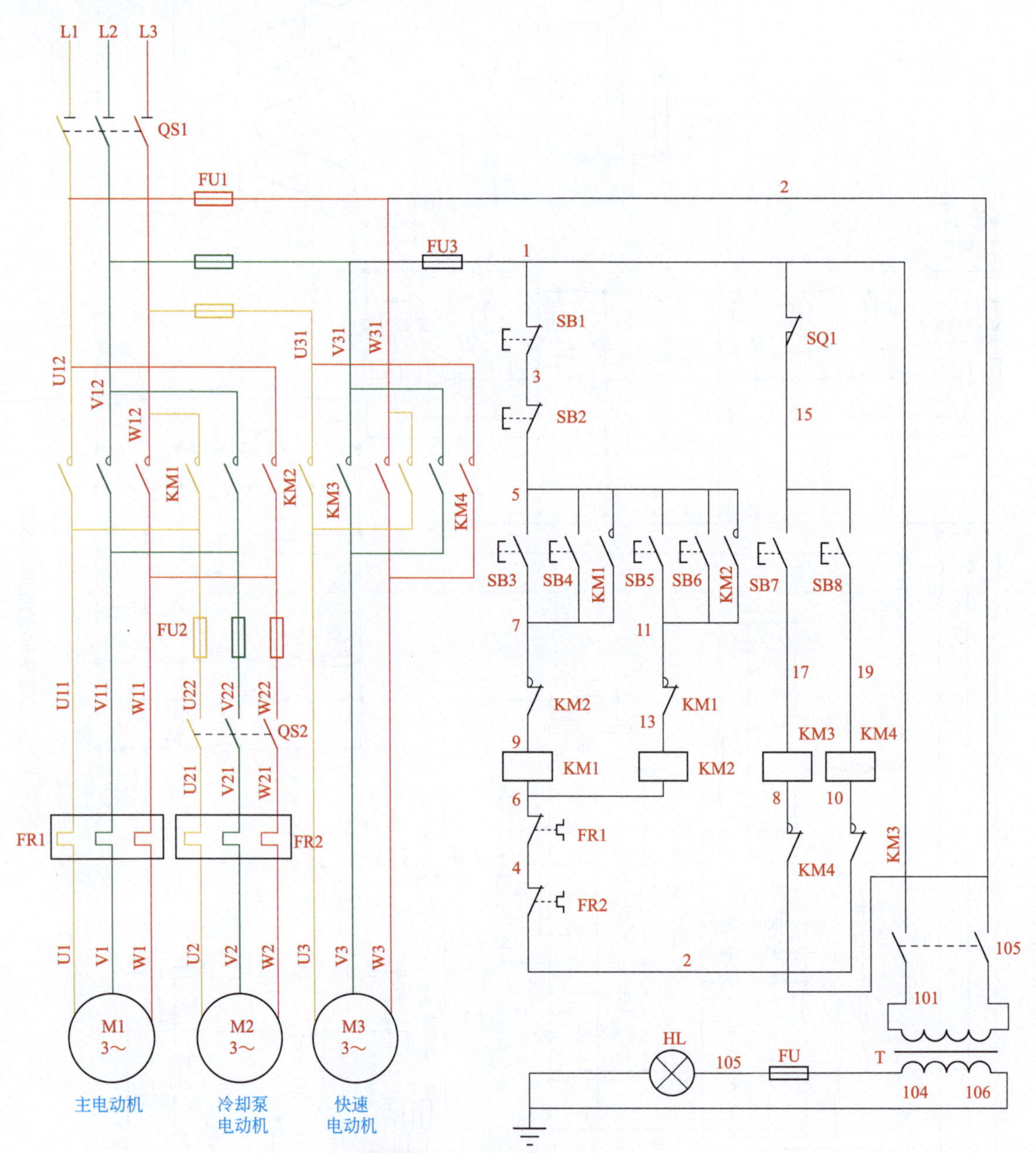

附图3-5 带快速进给的C650车床电路

6. M7130 磨床电路

见附图 3-6。

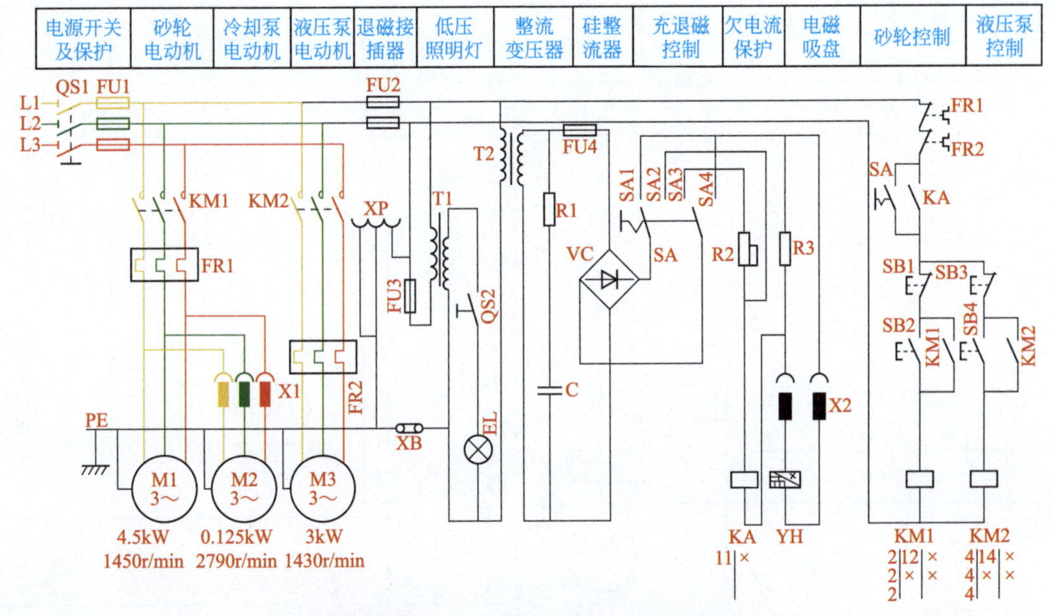

附图3-6 M7130卧轴矩台平面磨床电路

7. Z35 摇臂钻床电路

见附图 3-7。

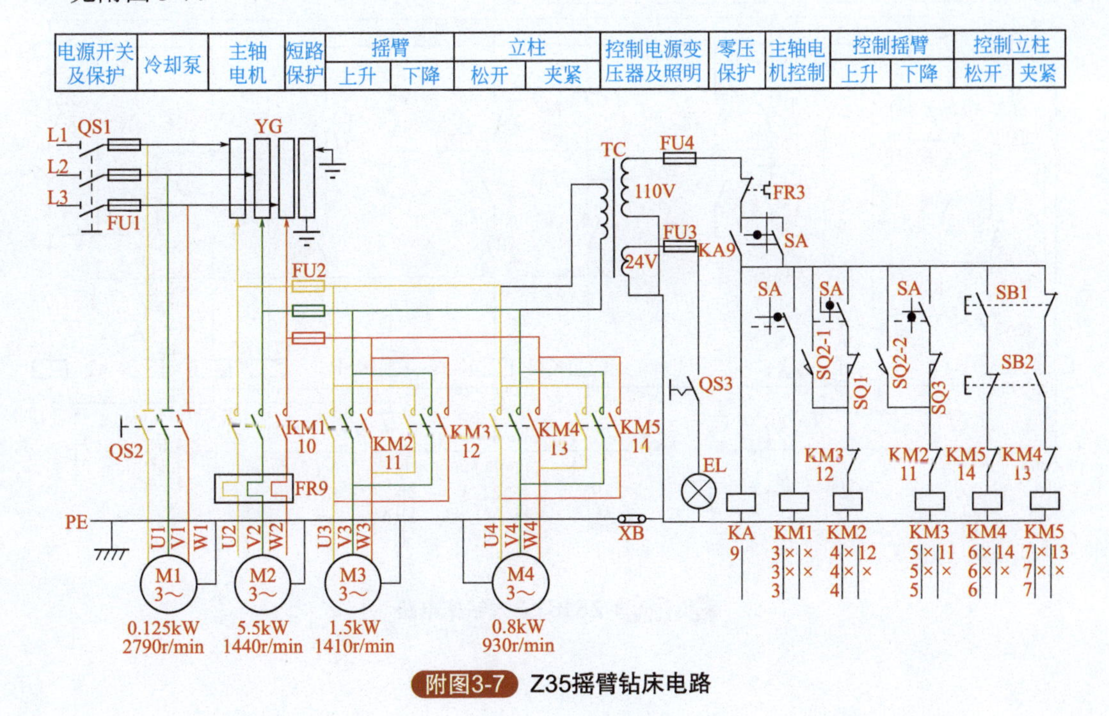

附图3-7 Z35摇臂钻床电路

8. Z5163 立式钻床电路

见附图 3-8。

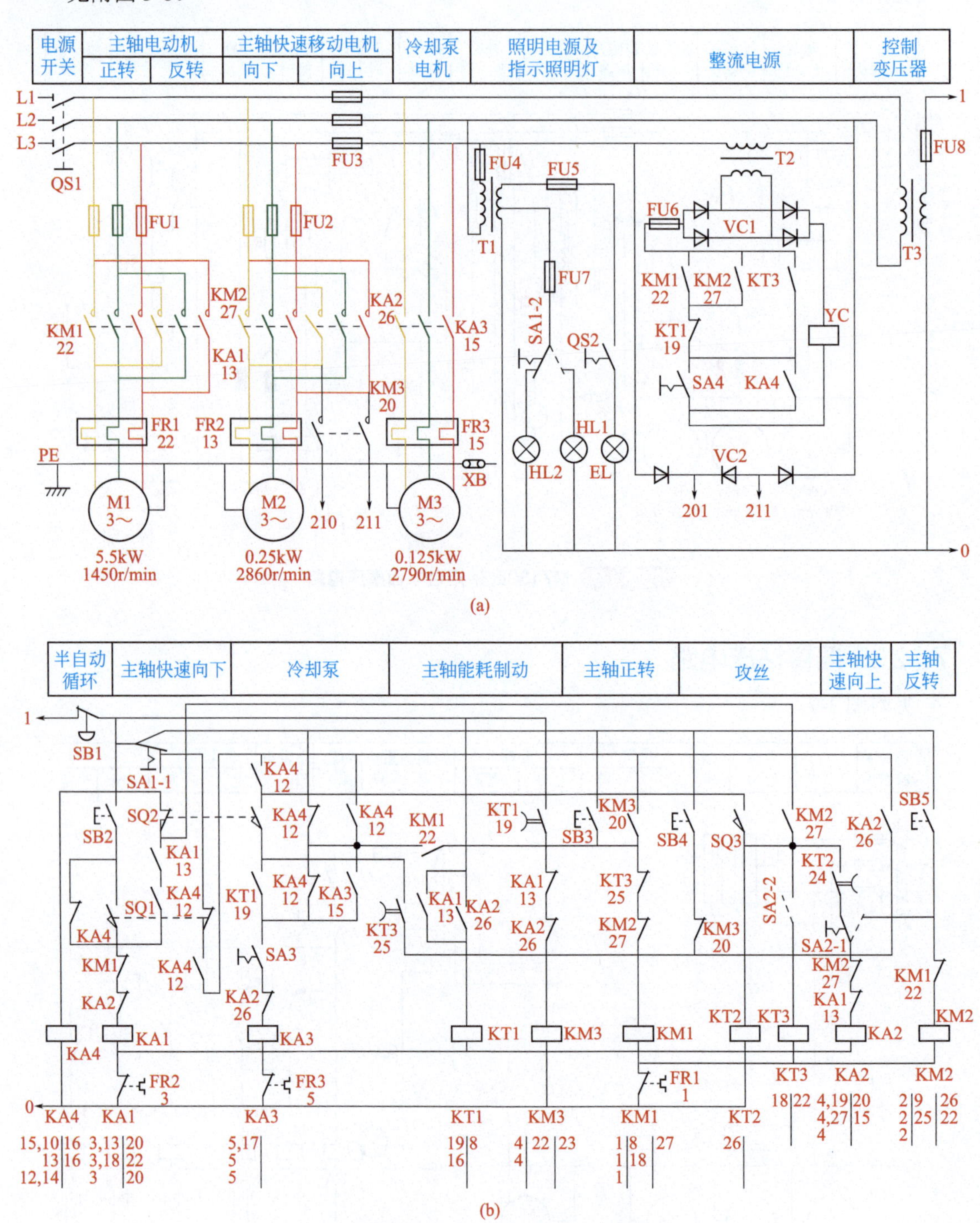

附图3-8 Z5163立式钻床电路

9. Z32/3025 摇臂钻床电路

见附图 3-9。

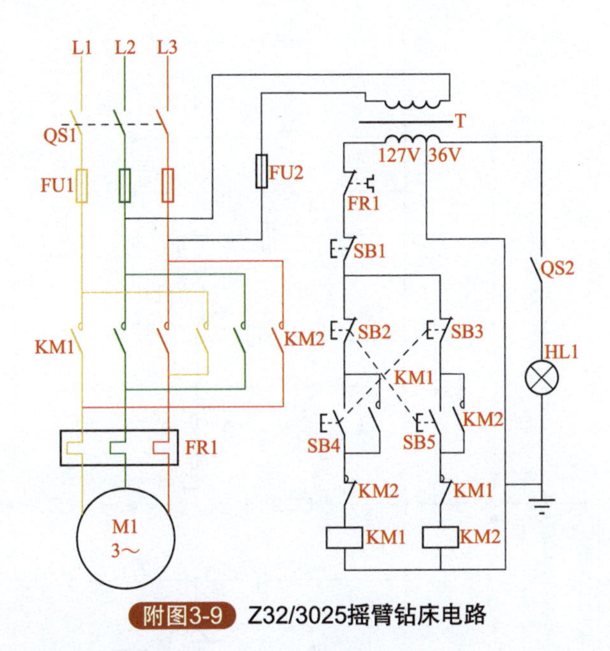

附图3-9　Z32/3025摇臂钻床电路

10. 机加工晶闸管调速电路

见附图 3-10。

11. X52 万能台铣床电路

见附图 3-11。

12. DU 组合机床电路

见附图 3-12。

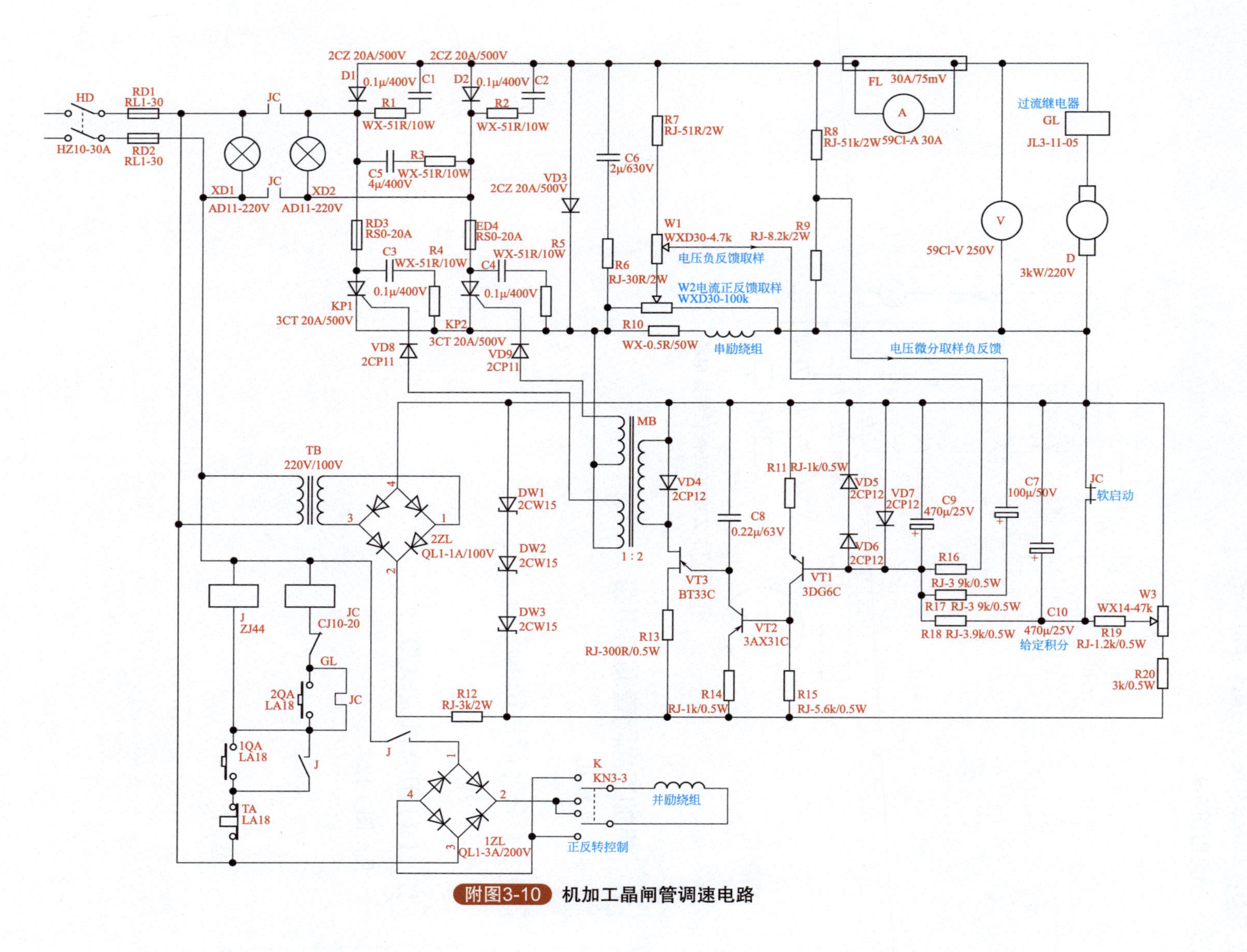

附图3-10 机加工晶闸管调速电路

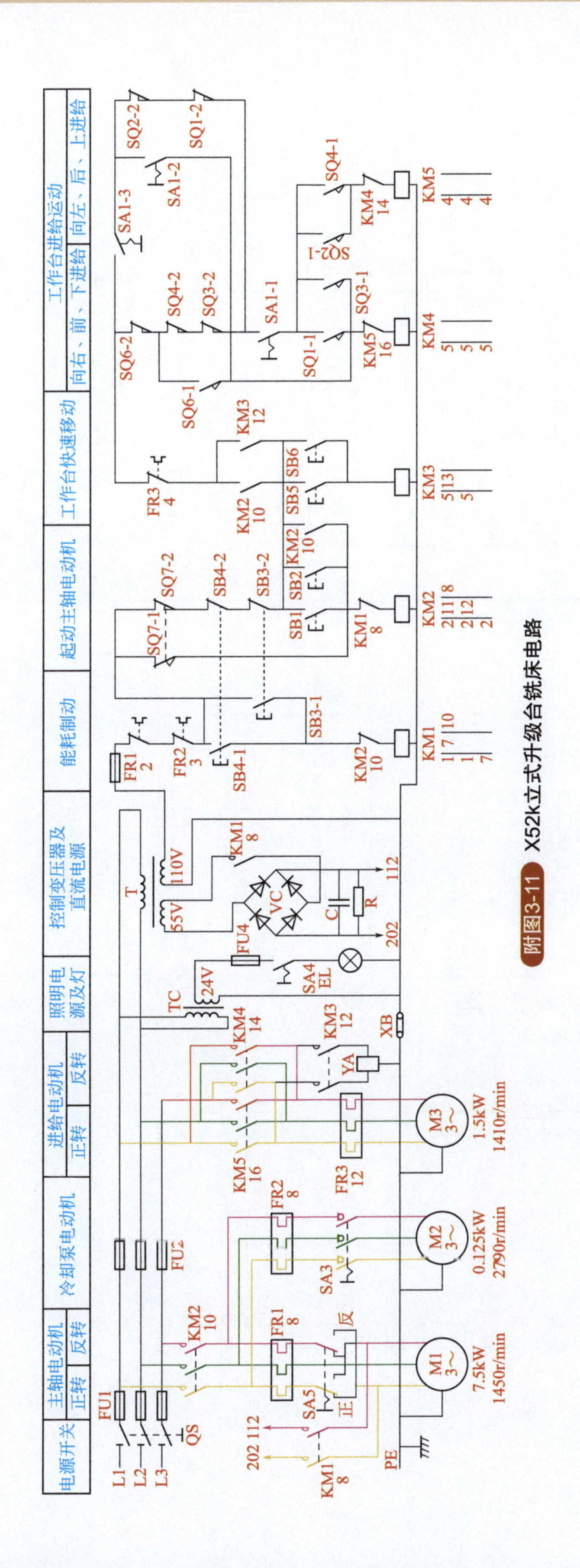

附图3-11　X52k立式升级台铣床电路

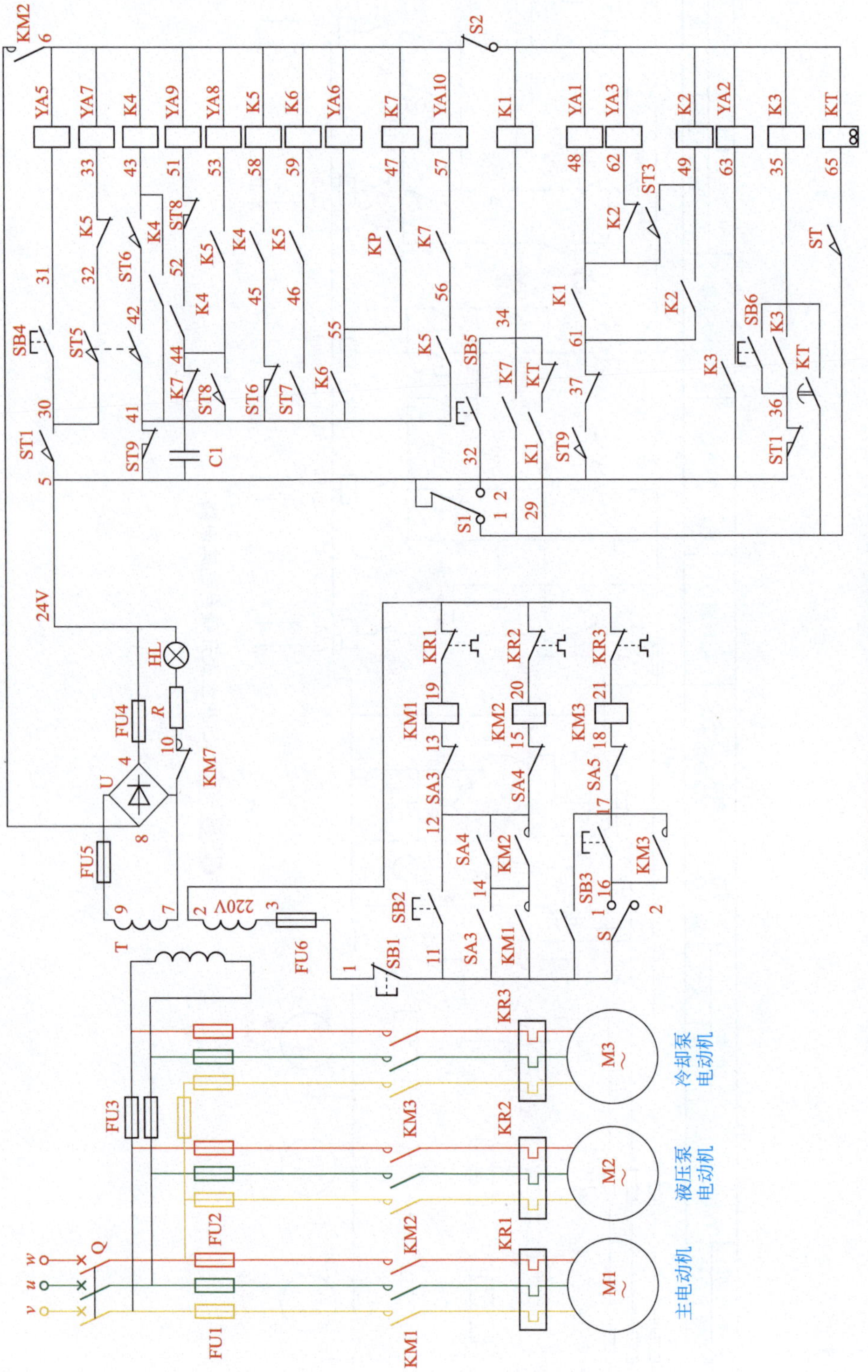

附图3-12 DU组合机床单机控制电路

13. 搅拌机料站电路

见附图 3-13。

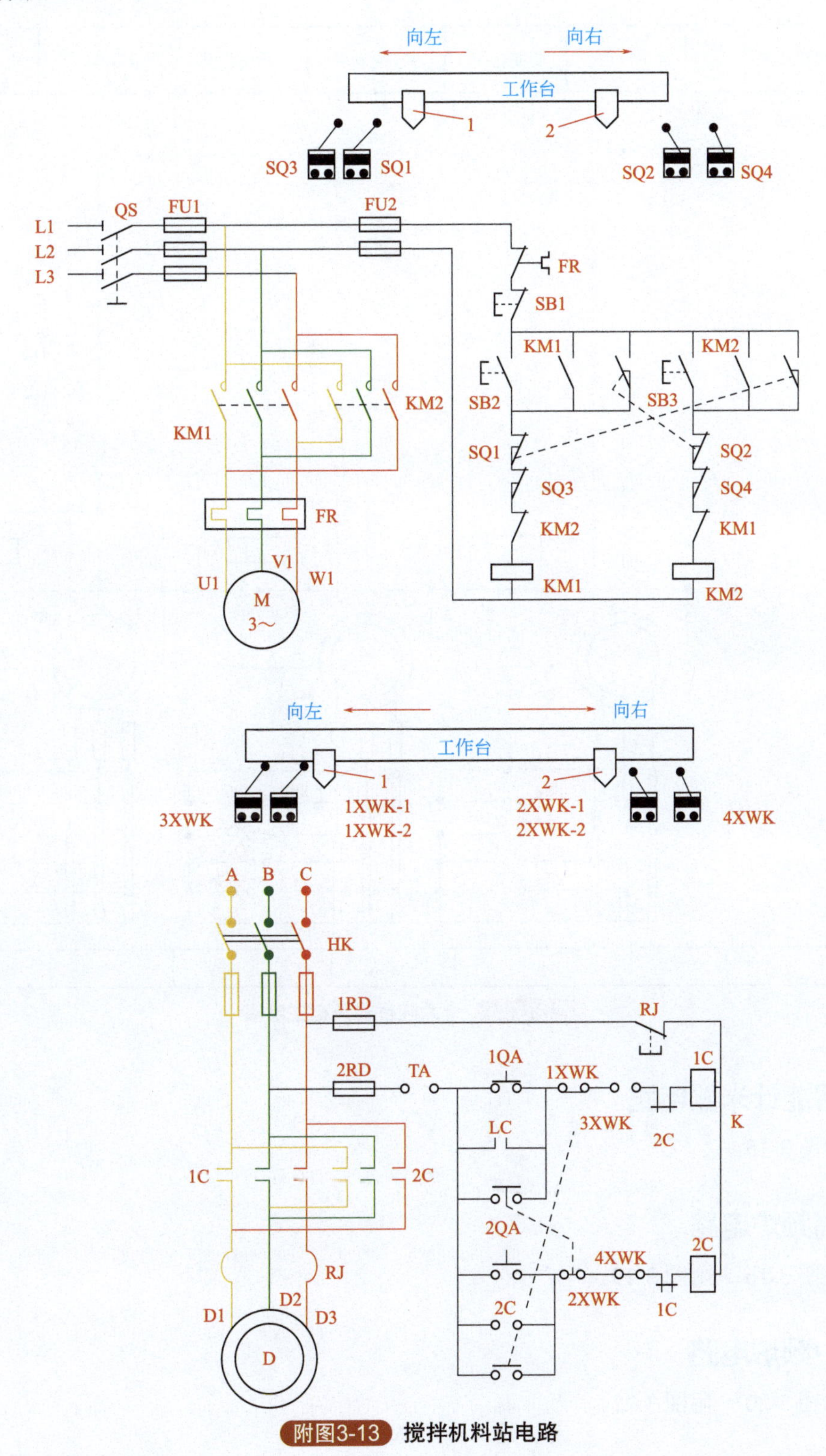

附图3-13　搅拌机料站电路

14. 十六吨桥式天车

见附图 3-14。

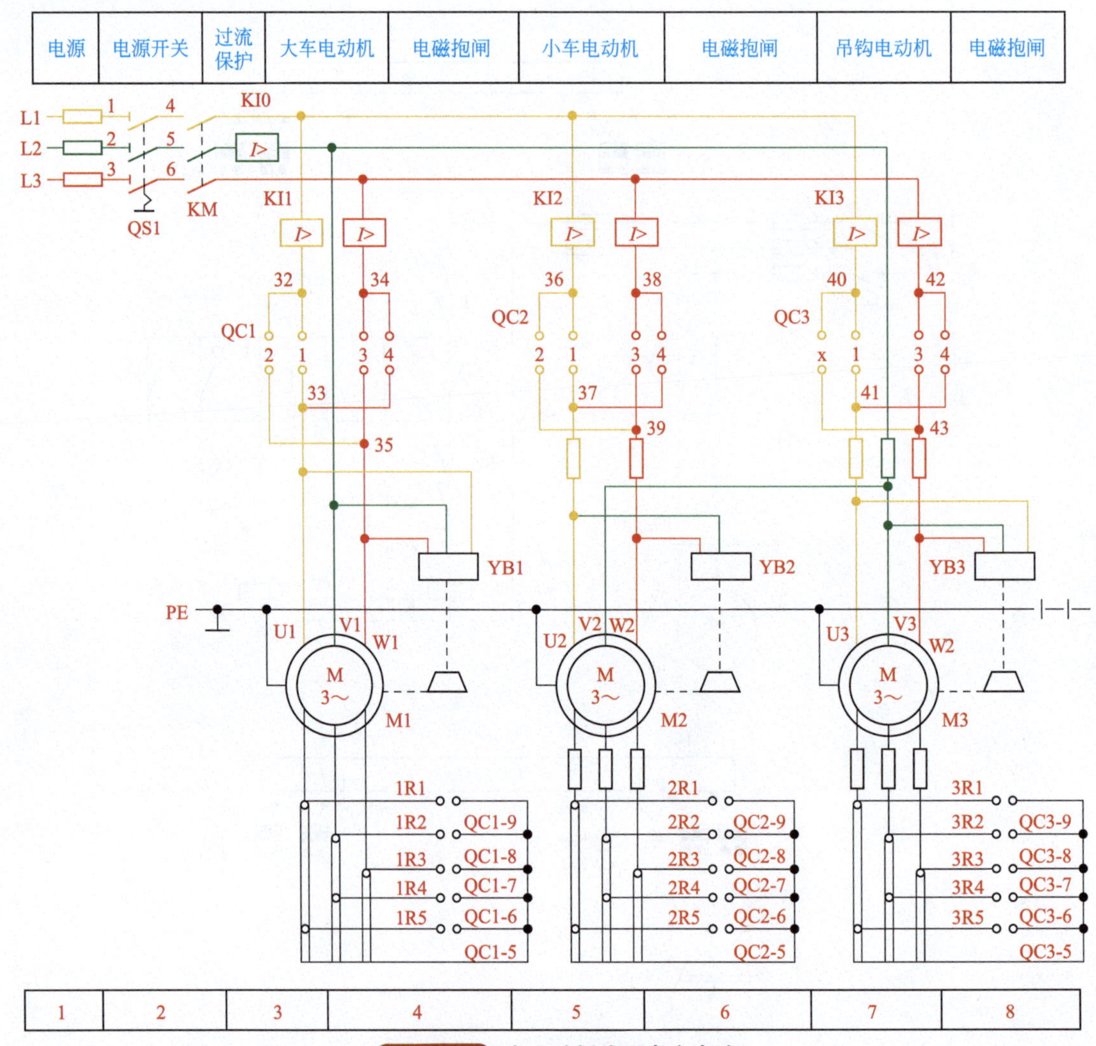

附图3-14 十六吨桥式天车主电路

15. 智能计米器电路

见附图 3-15。

16. 高频炉电路

见附图 3-16 ～附图 3-19。

17. 中频炉电路

见附图 3-20 ～附图 3-22。

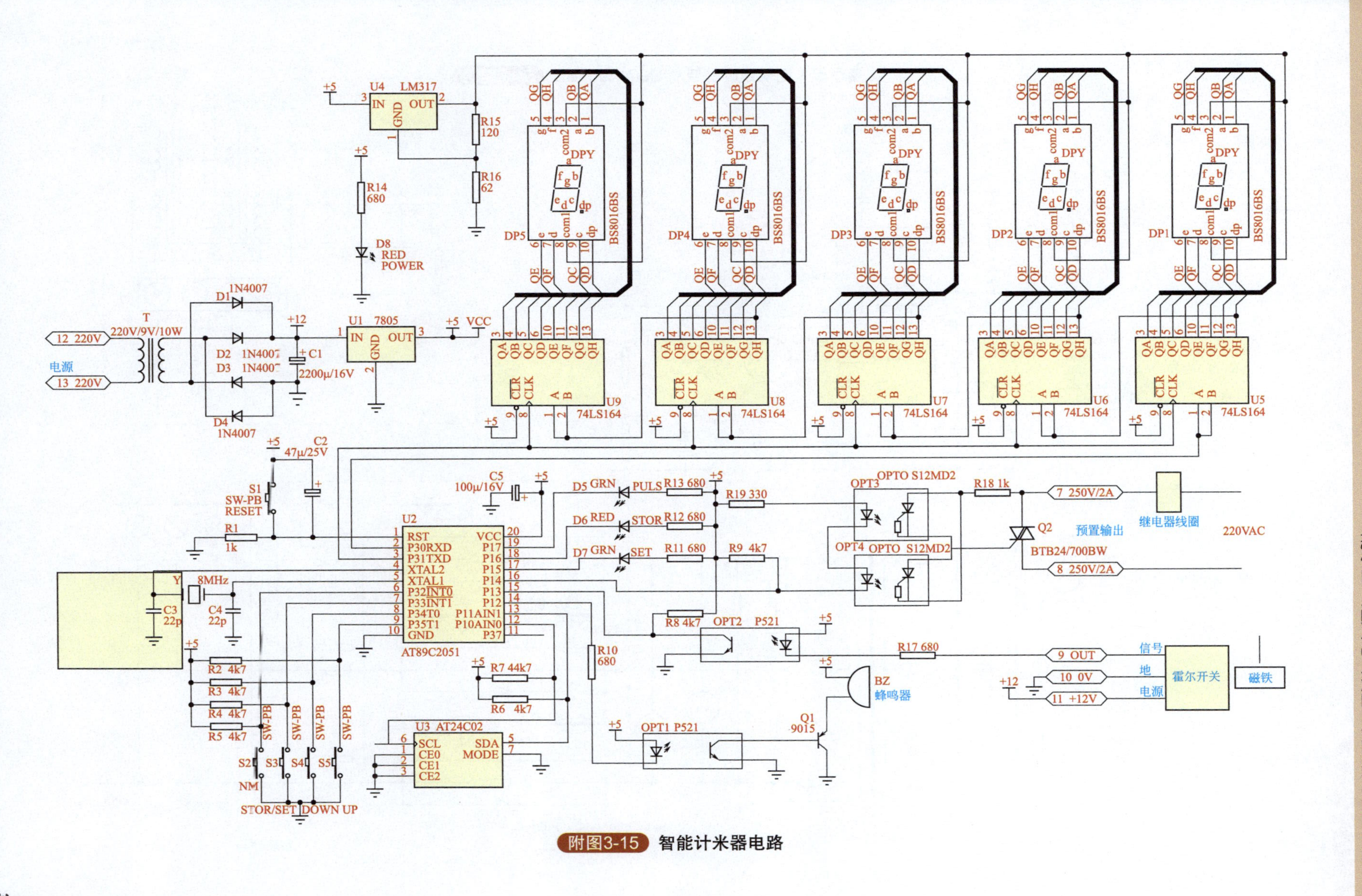

附图3-15　智能计米器电路

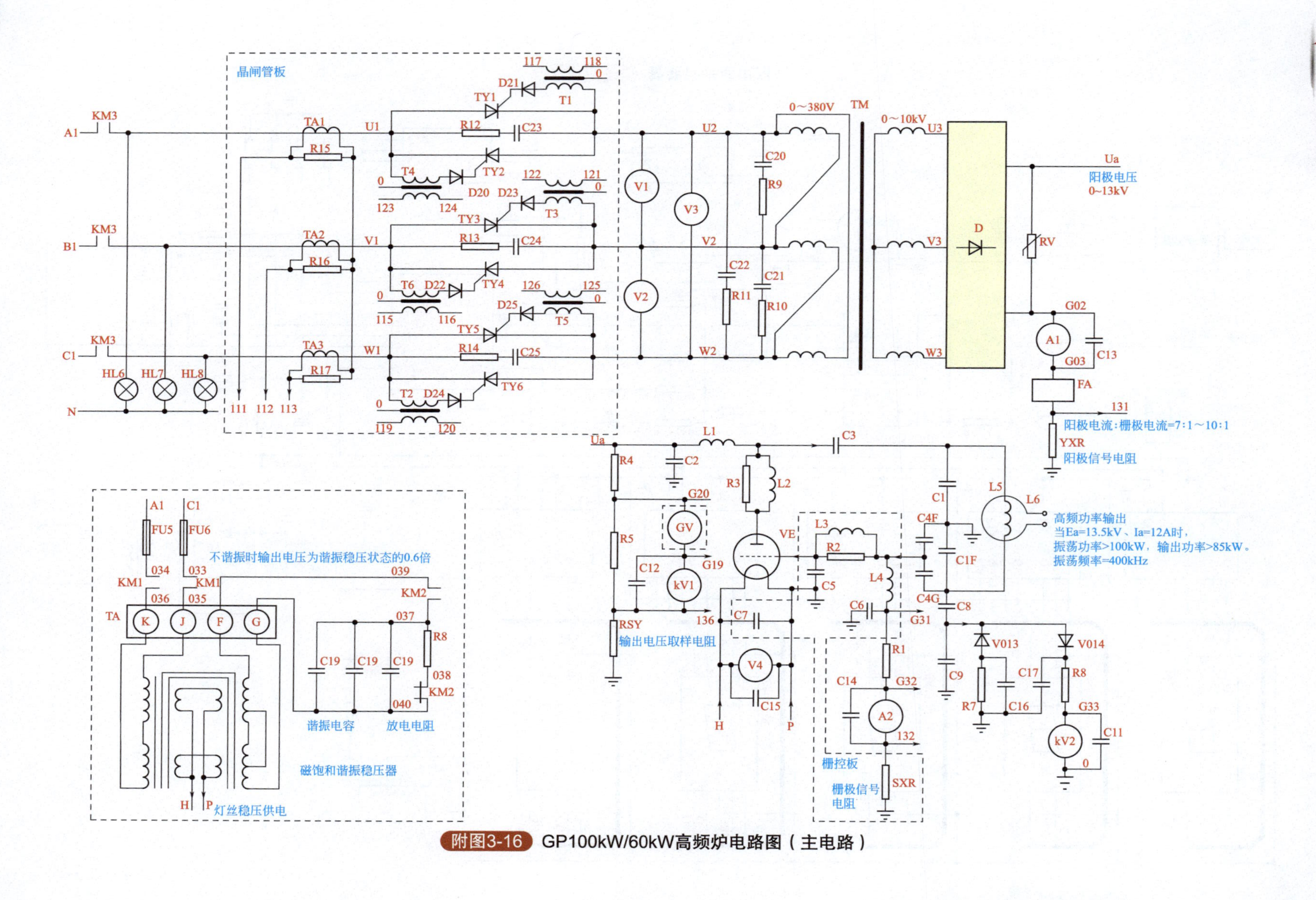

附图3-16 GP100kW/60kW高频炉电路图（主电路）

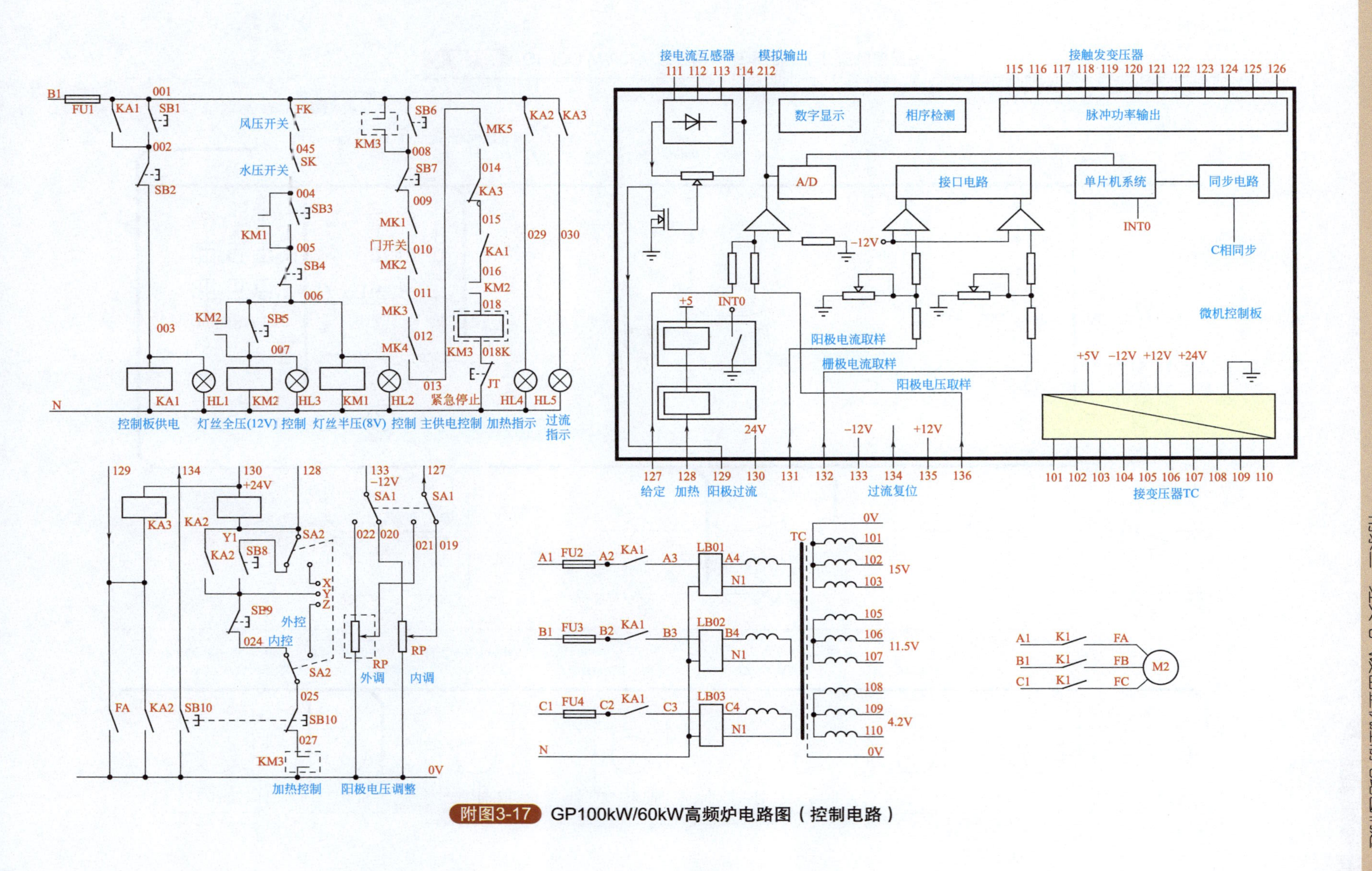

附图3-17　GP100kW/60kW高频炉电路图（控制电路）

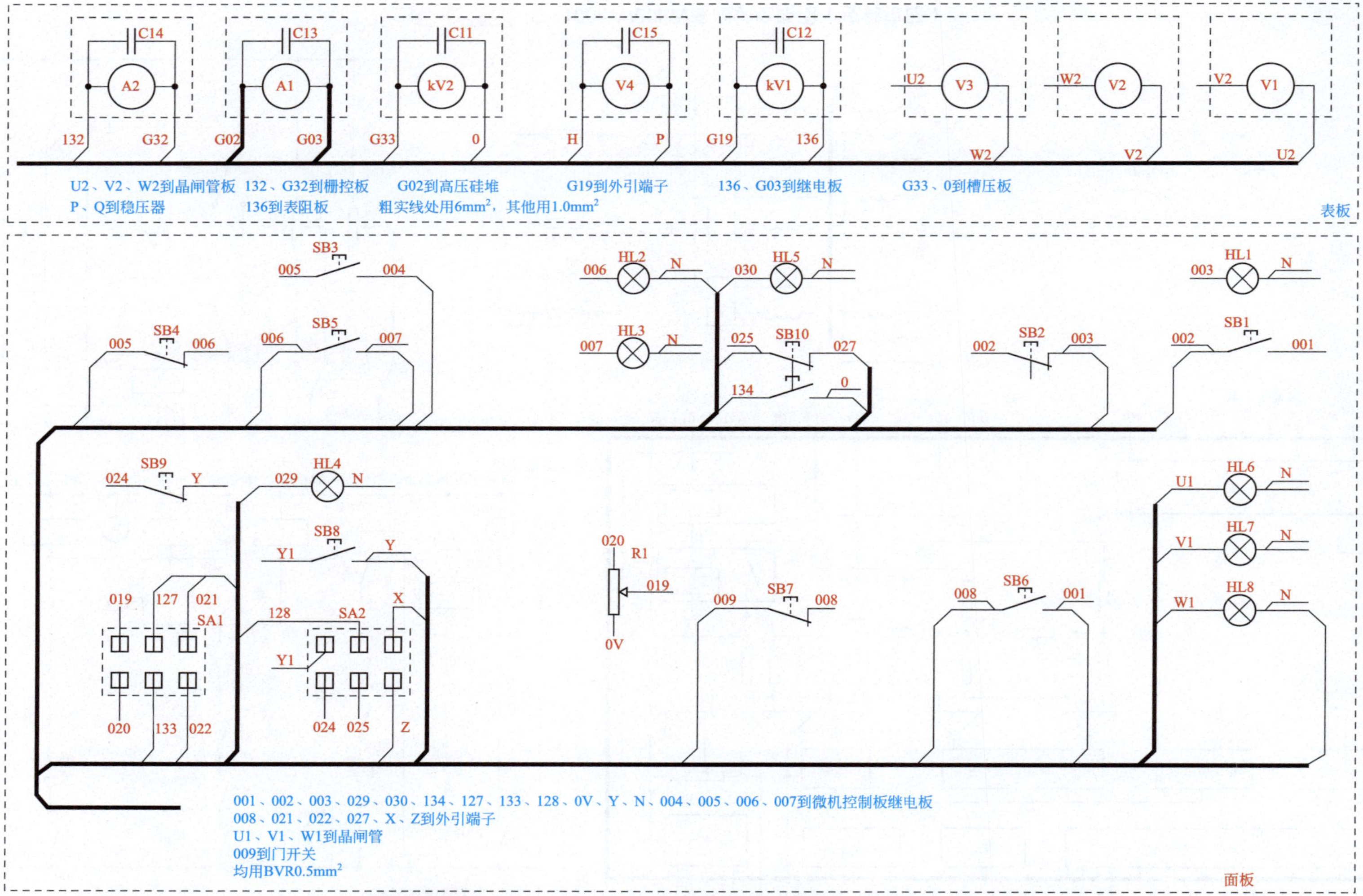

C14
A2
132
G32
C13
A1
G02
G03
C11
kV2
G33
0
C15
V4
H
P
C12
kV1
G19
136
U2
V3
W2
V2
V2
W2
V1
U2
U2、V2、W2到晶闸管板
P、Q到稳压器
132、G32到栅控板
136到表阻板
G02到高压硅堆
粗实线处用6mm²，其他用1.0mm²
G19到外引端子
136、G03到继电板
G33、0到槽压板
表板
SB3
005
004
SB4
005
006
SB5
006
007
HL2
006
N
HL5
030
N
HL3
007
N
SB10
025
027
134
0
HL1
003
N
SB2
002
003
SB1
002
001
SB9
024
Y
HL4
029
N
SB8
Y1
Y
019
127
021
SA1
020
133
022
128
SA2
X
Y1
024
025
Z
020
R1
019
0V
SB7
009
008
SB6
008
001
HL6
U1
N
HL7
V1
N
HL8
W1
N
001、002、003、029、030、134、127、133、128、0V、Y、N、004、005、006、007到微机控制板继电板
008、021、022、027、X、Z到外引端子
U1、V1、W1到晶闸管
009到门开关
均用BVR0.5mm²
面板

附图3-18 GP100kW/60kW高频炉电路接线图（表板和面板）

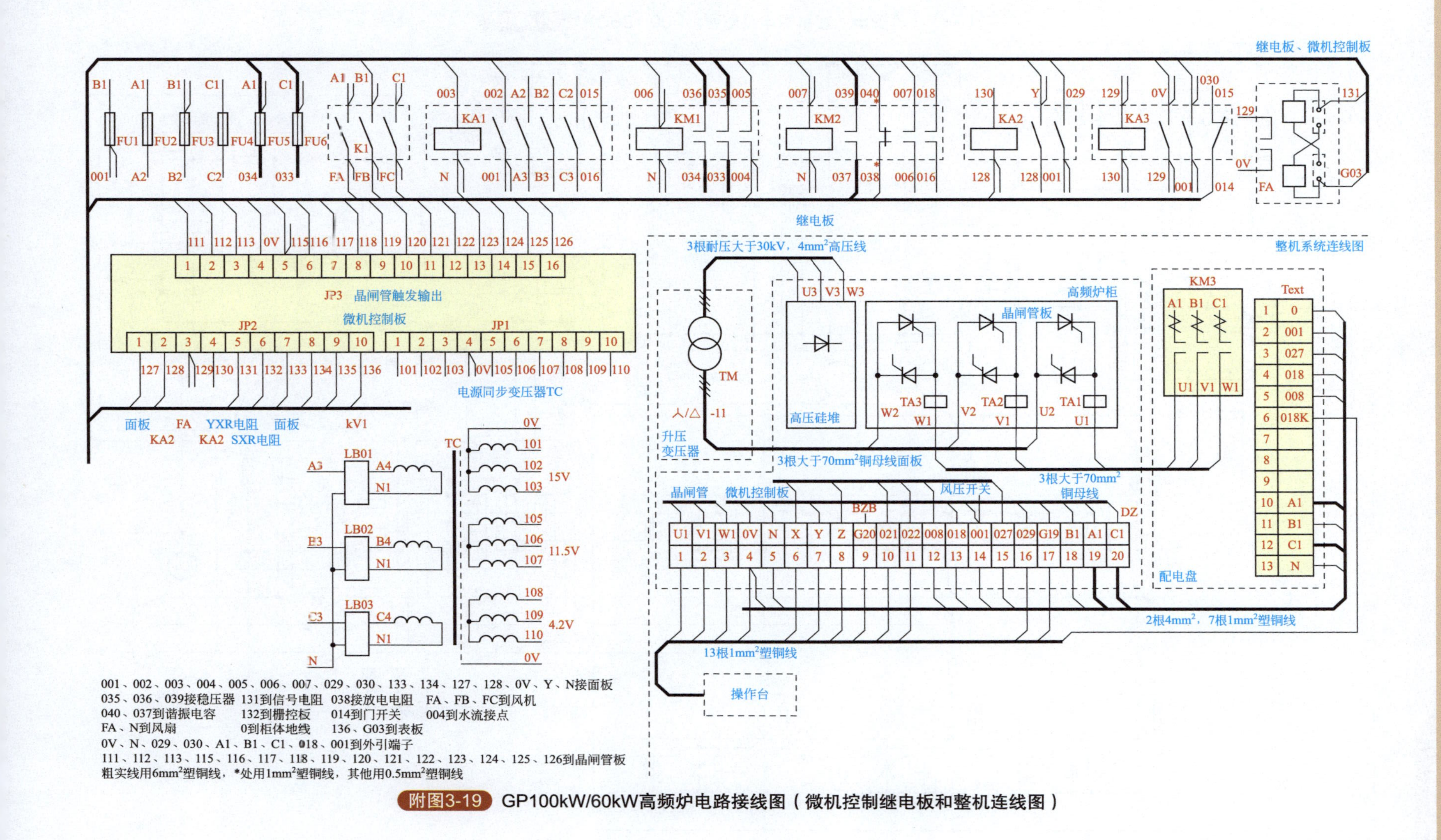

附图3-19　GP100kW/60kW高频炉电路接线图（微机控制继电板和整机连线图）

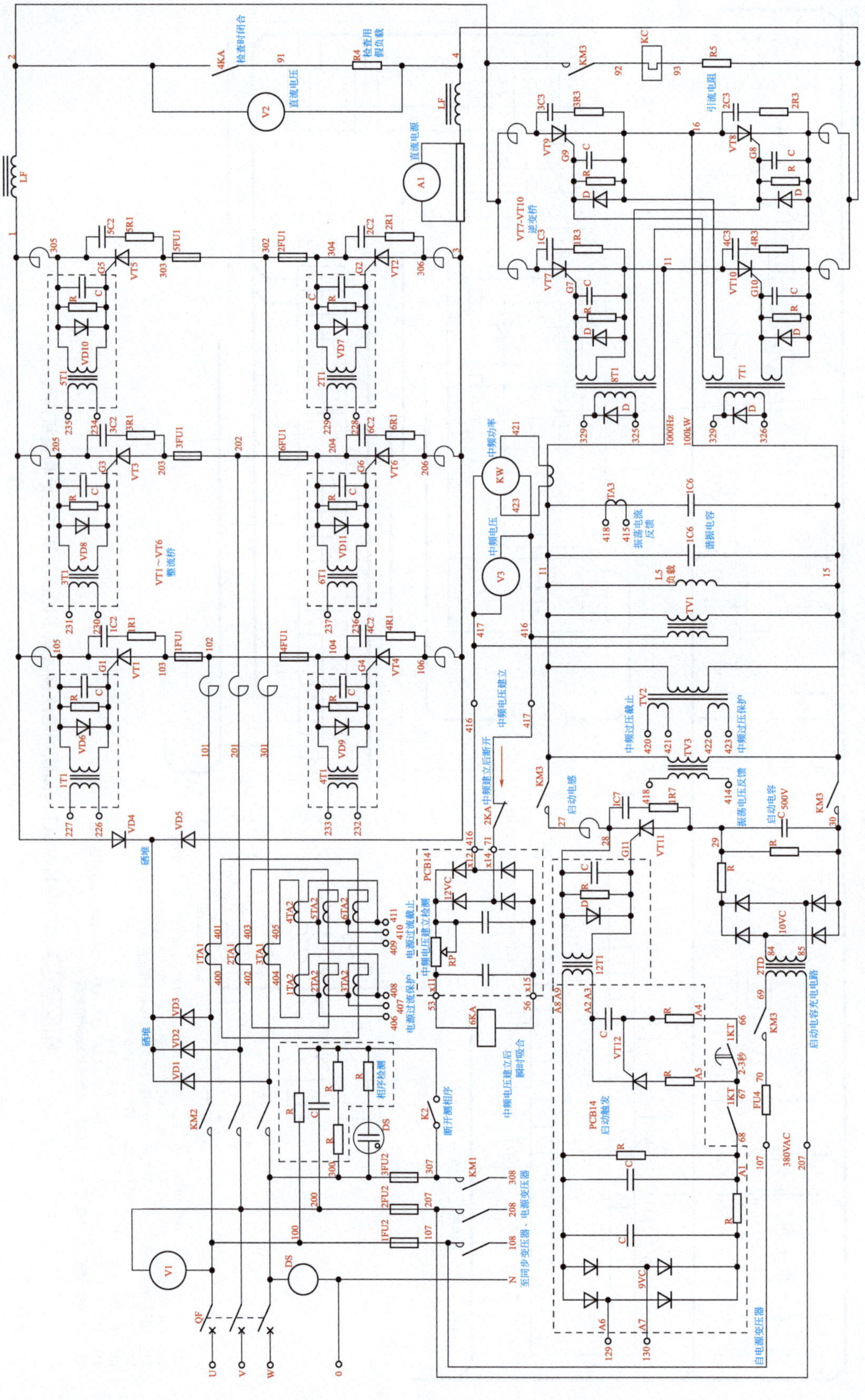

附图3-20 KGPS-100/1-4晶闸管中频电源（中频炉）（一）

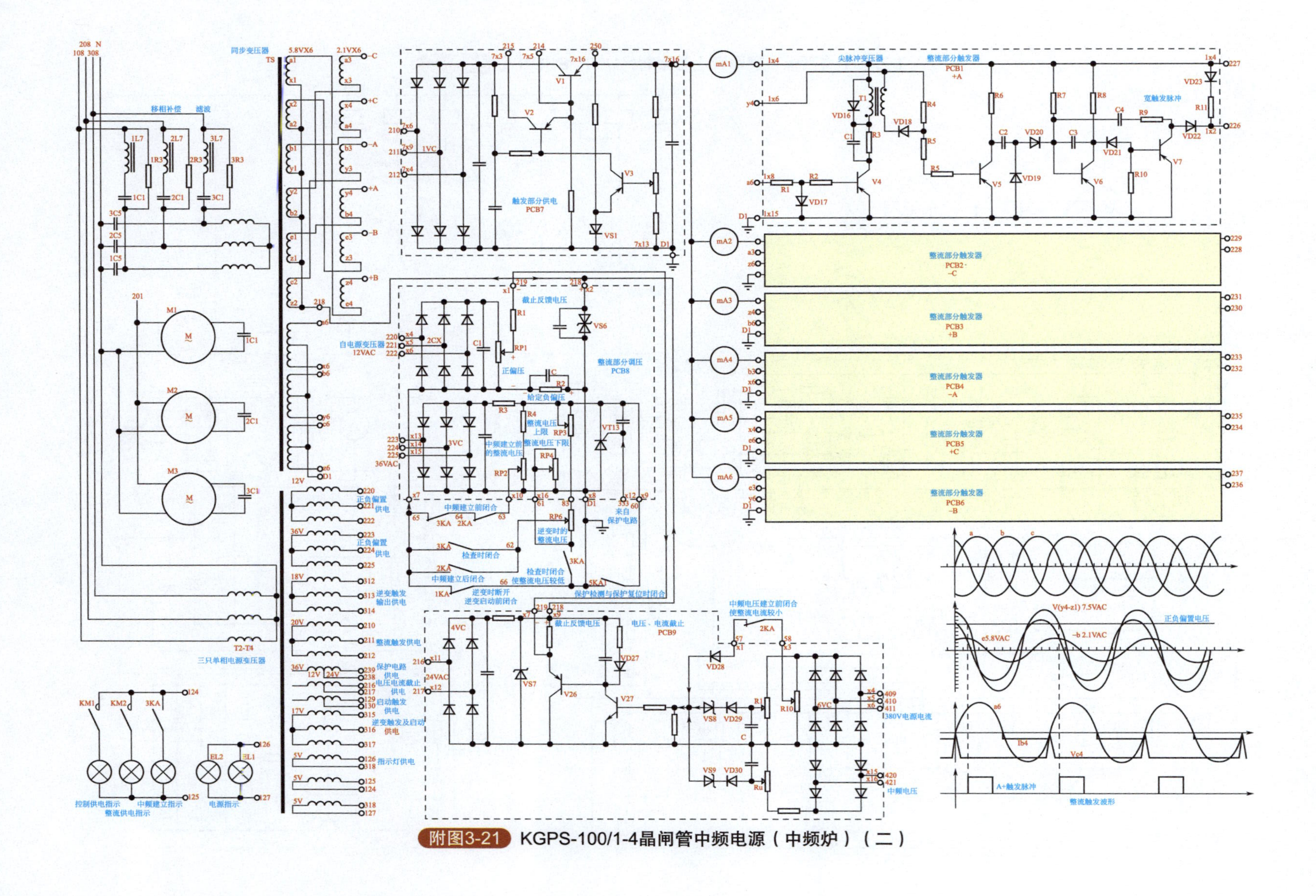

附图3-21　KGPS-100/1-4晶闸管中频电源（中频炉）（二）

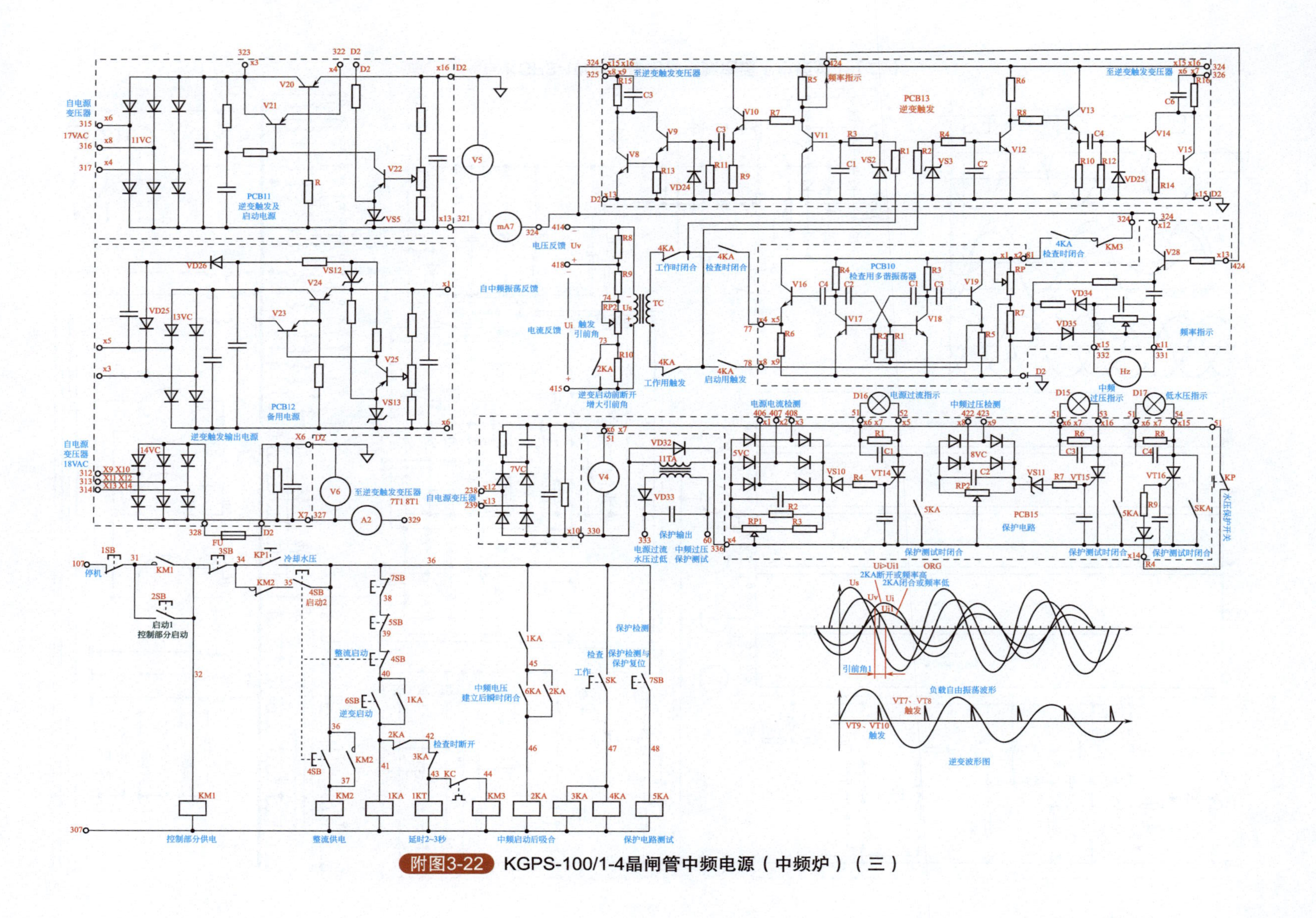

附图3-22 KGPS-100/1-4晶闸管中频电源（中频炉）（三）

18. 晶闸管直流调速器电路

见附图 3-23。

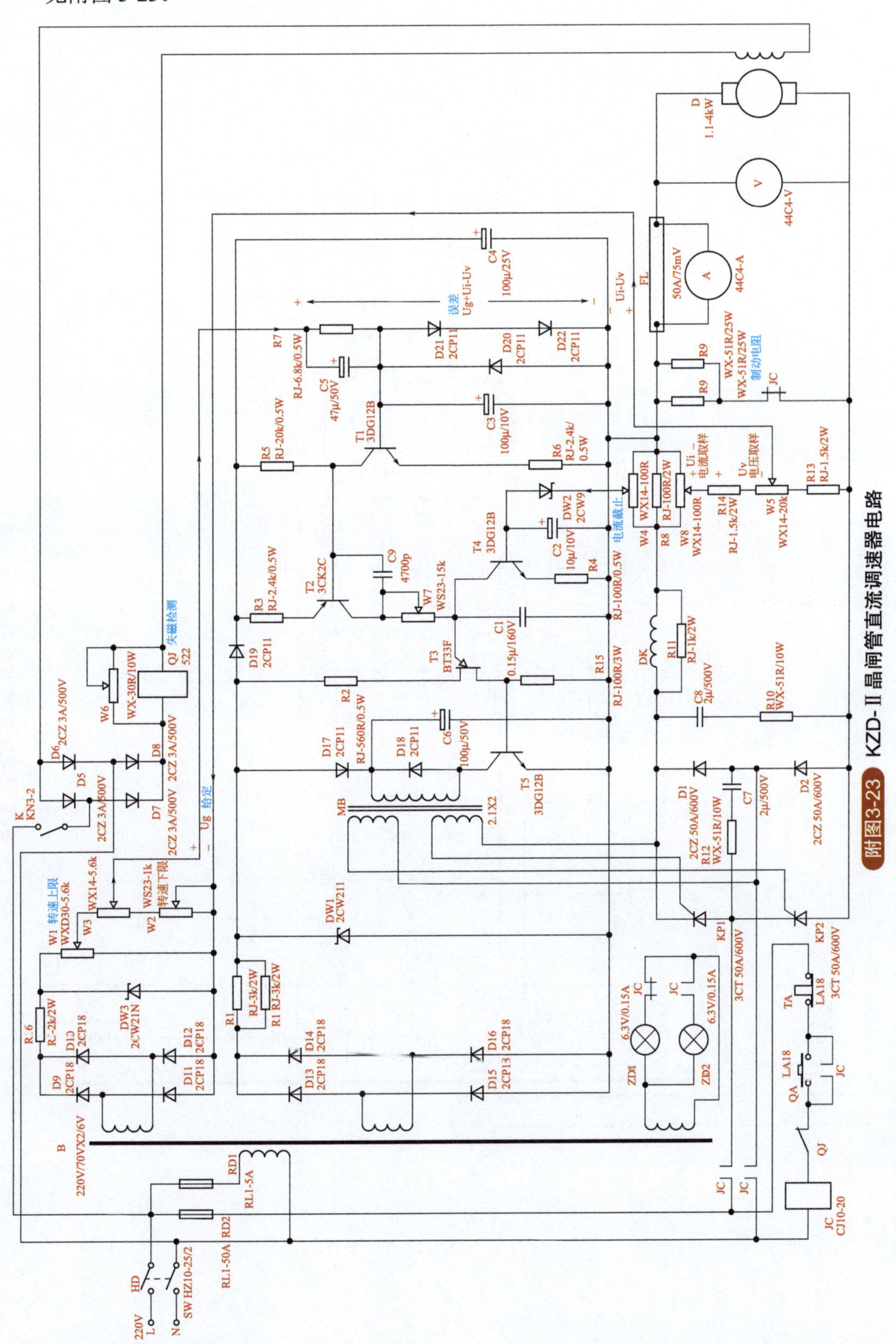

附图3-23 KZD-Ⅱ晶闸管直流调速器电路

19. 电磁调速控制电路

见附图 3-24。

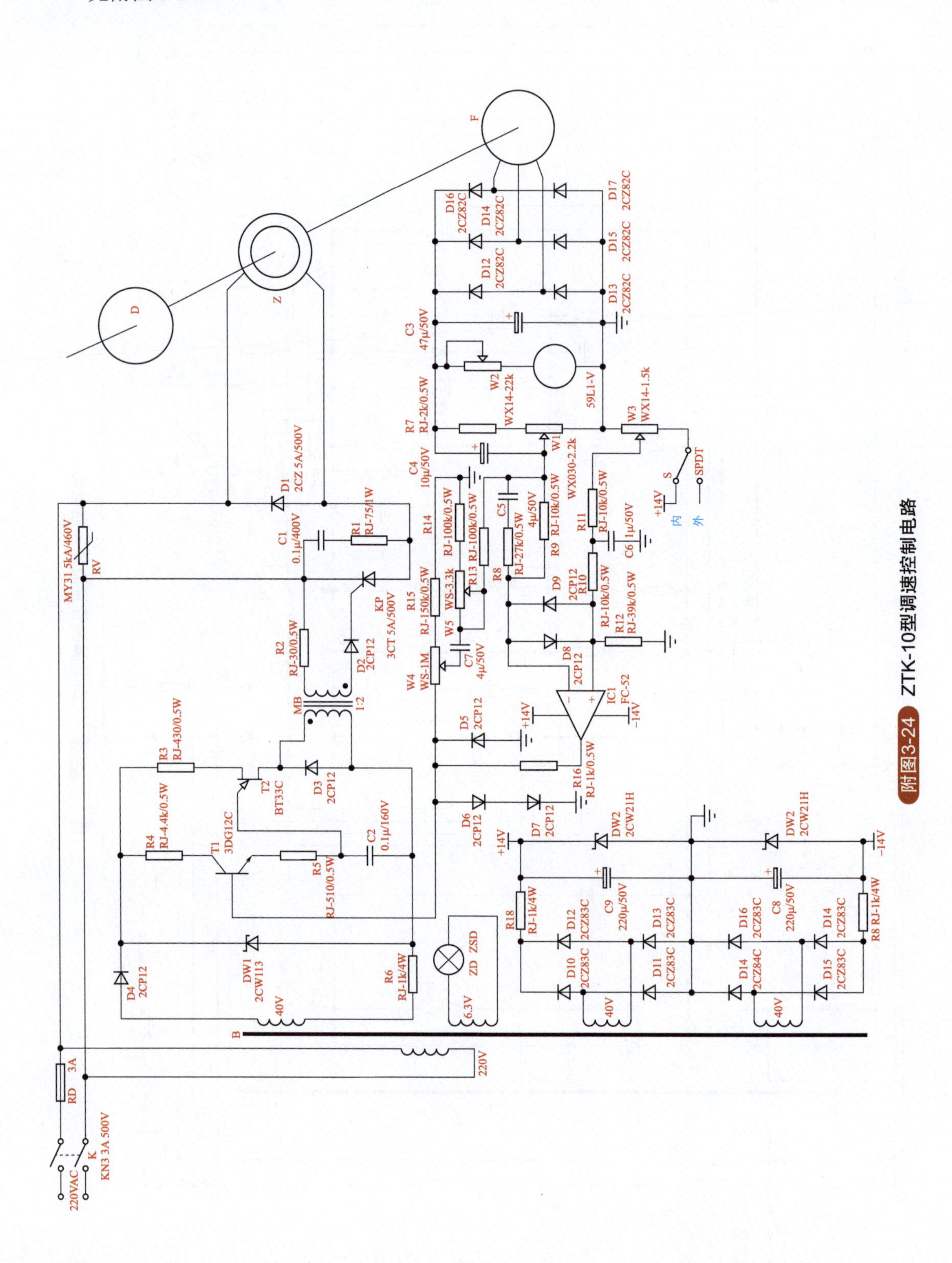

附图3-24 ZTK-10型调速控制电路

20. 步进电机控制电路

见附图 3-25 和附图 3-26。

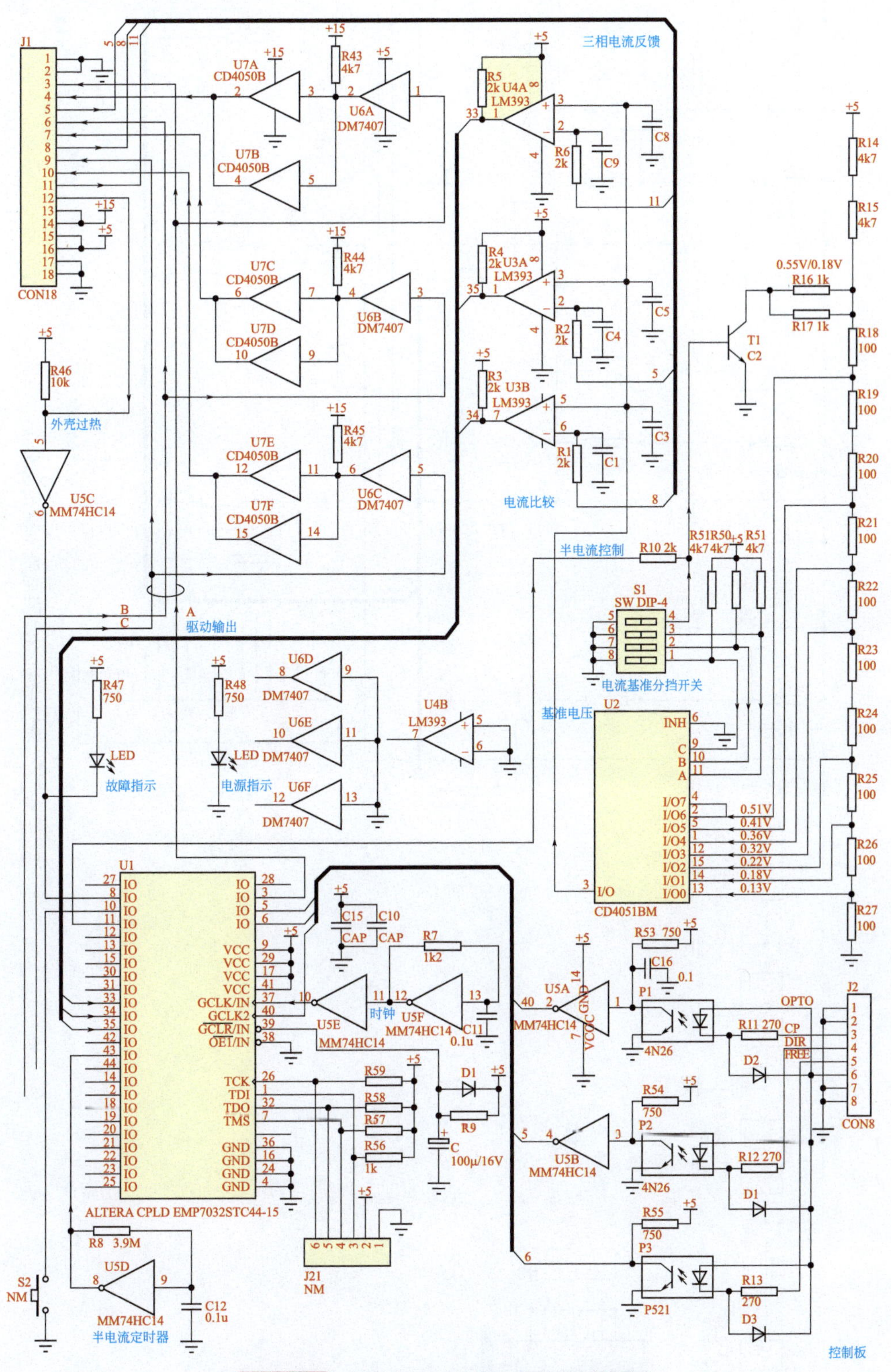

附图3-25　步进电机驱动器电路（控制部分）

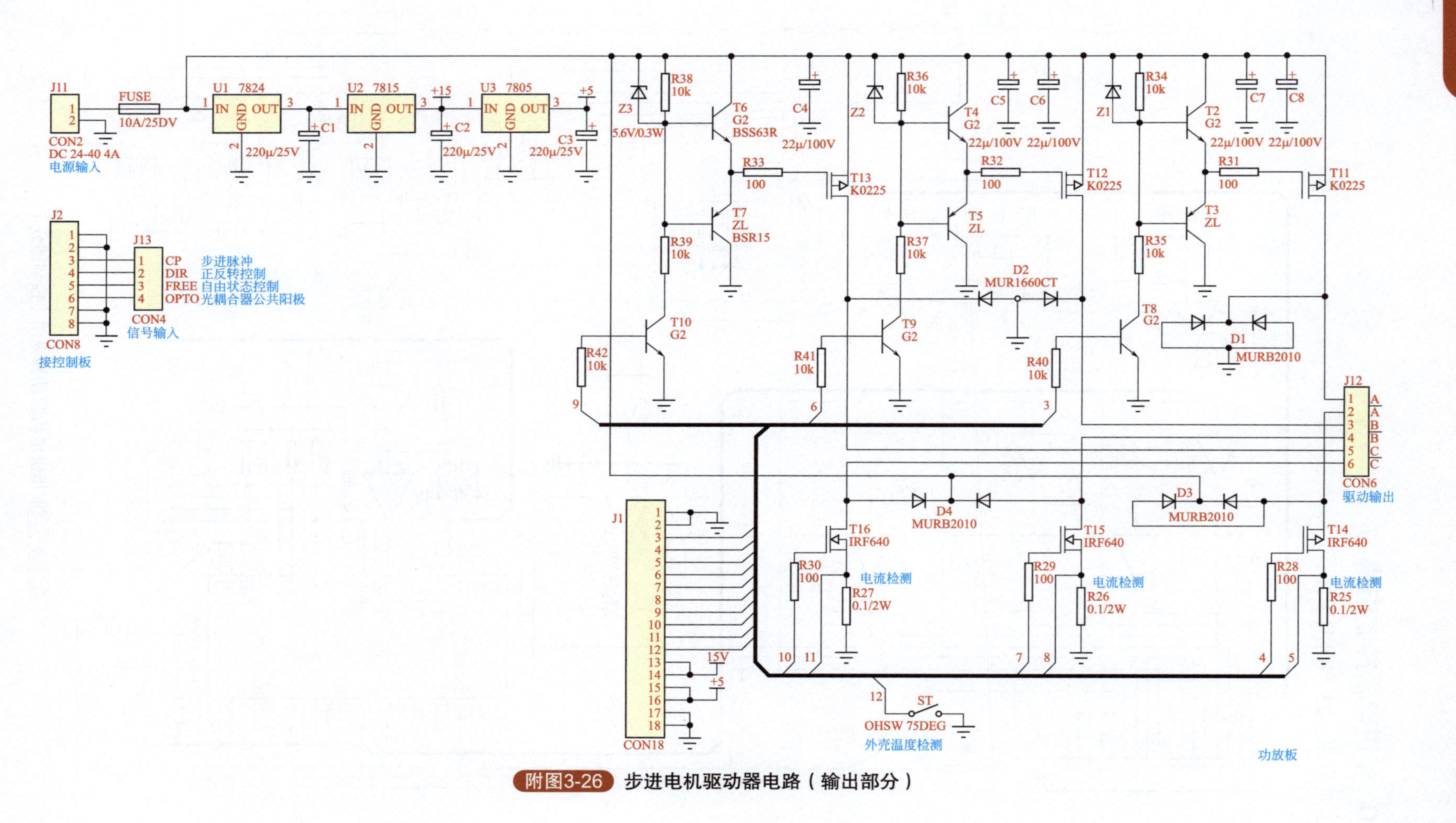

附图3-26 步进电机驱动器电路（输出部分）

21. 热合机电路

见附图 3-27。

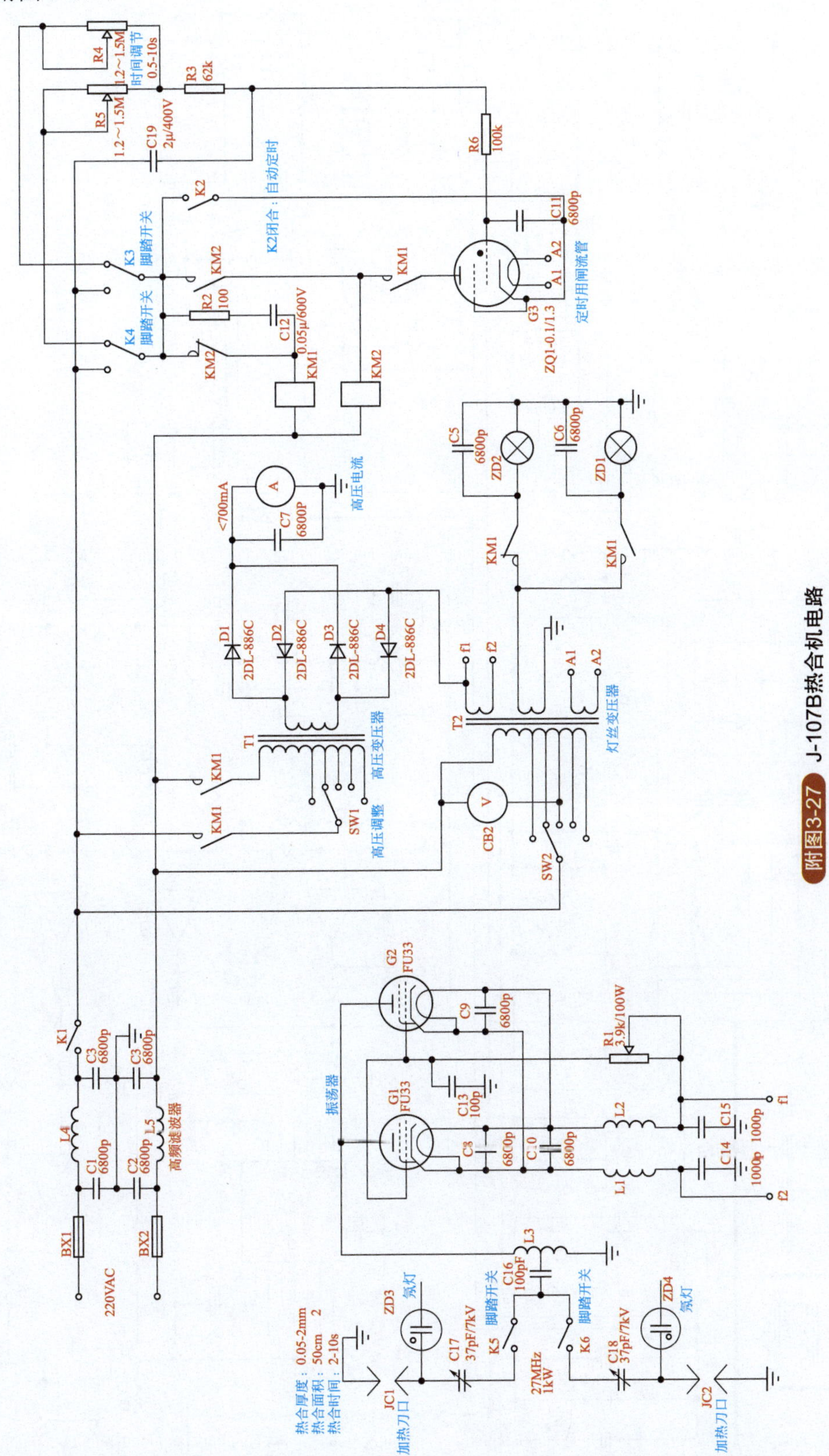

附图3-27　J-107B热合机电路

22. 逆变电源电路

见附图 3-28。

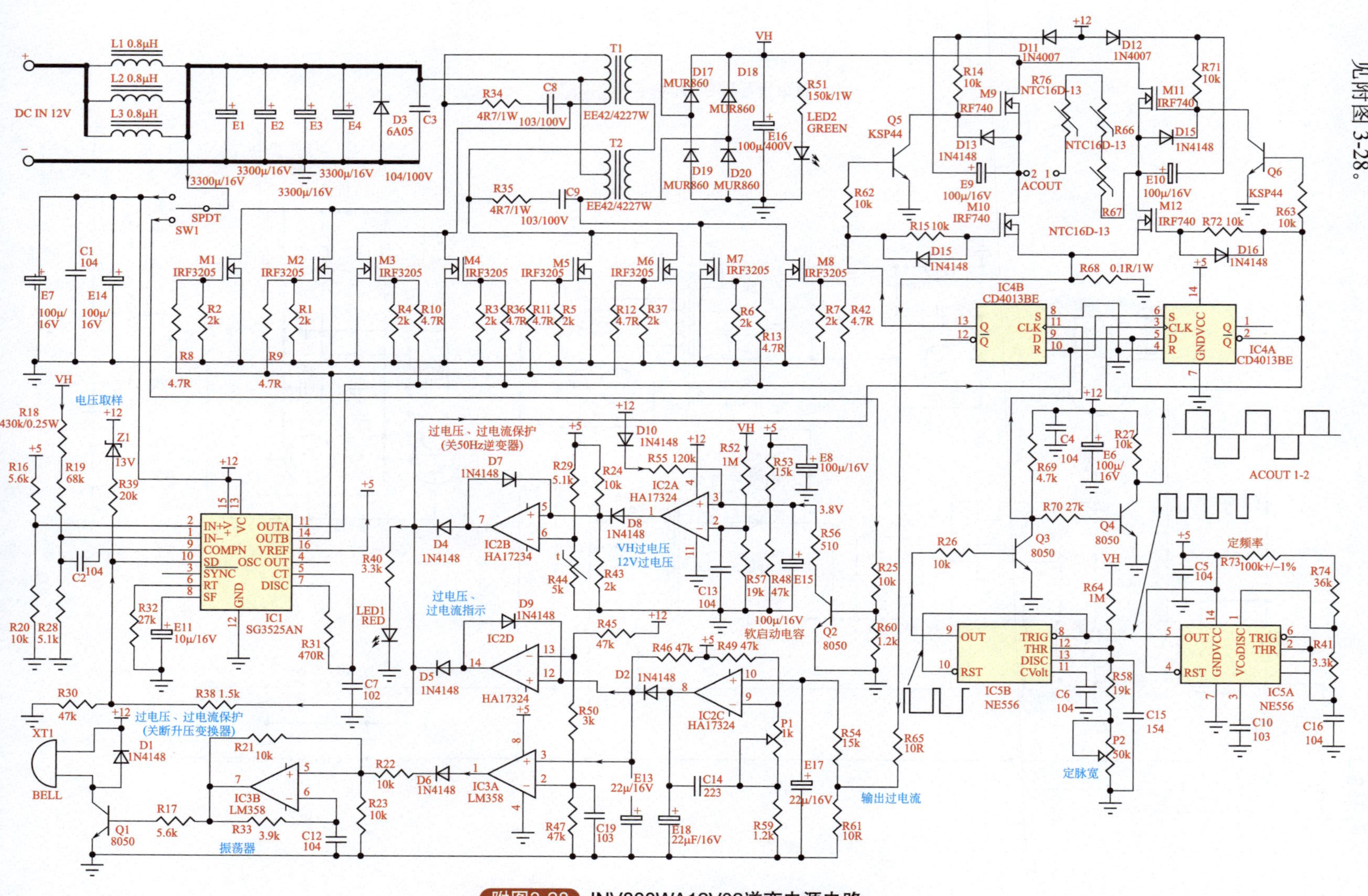

附图3-28 INV800WA12V02逆变电源电路

23. 通用变频器电路

见附图 3-29 和附图 3-30。

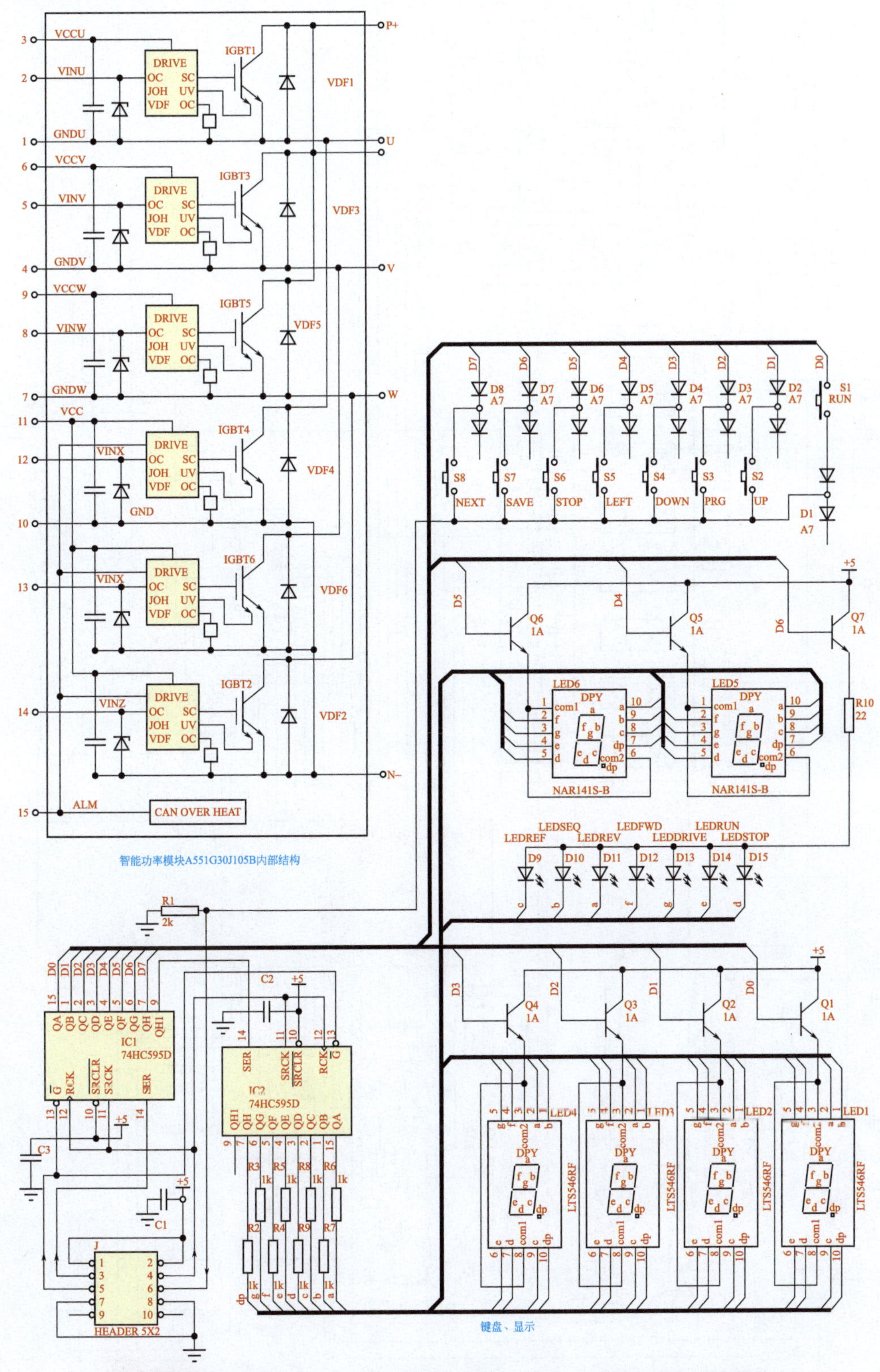

附图3-29　DZB60B-007L2型变频器电路图（显示、键盘与功率模块部分）

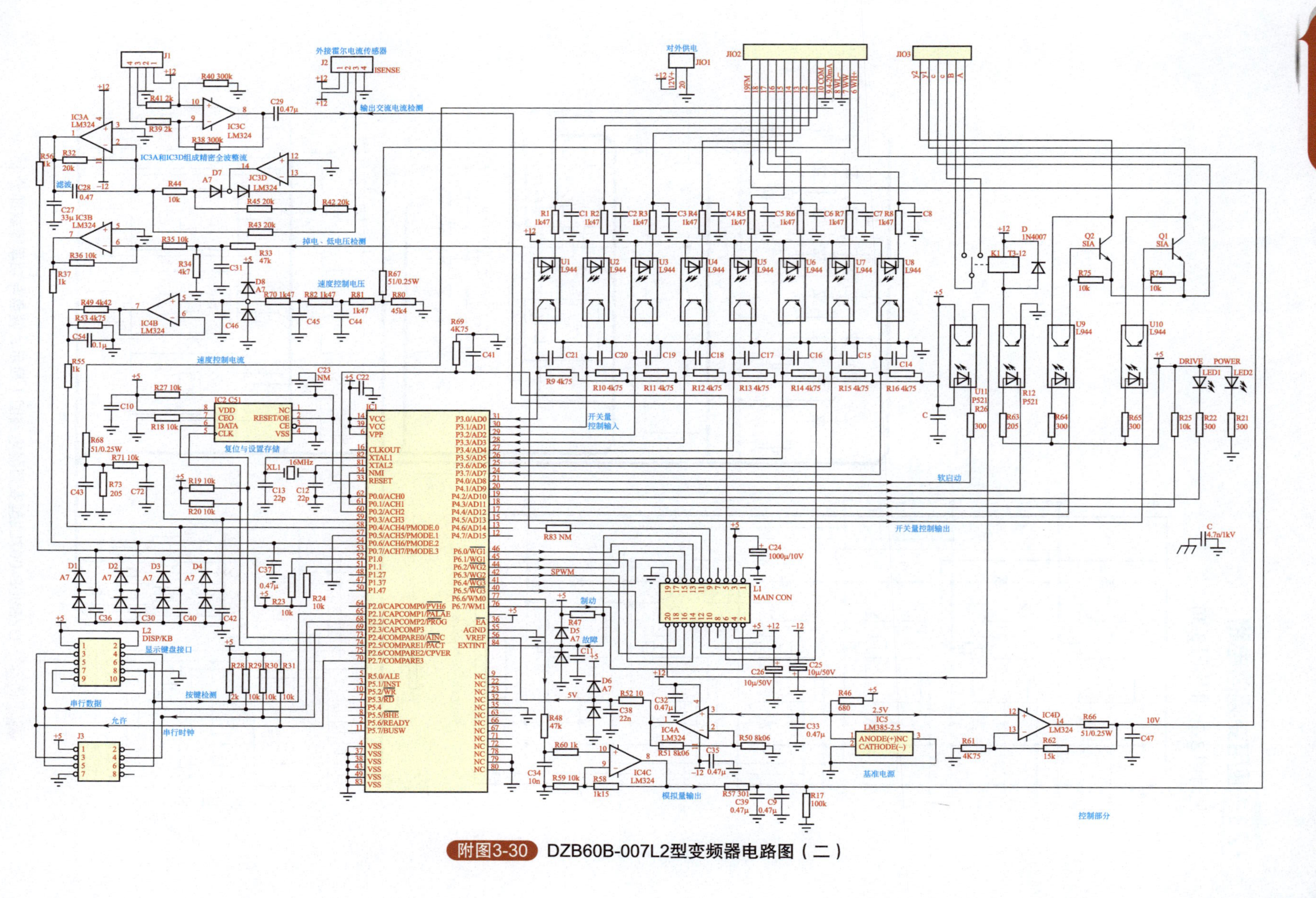

附图3-30 DZB60B-007L2型变频器电路图（二）

24. 松下变频器电路

见附图 3-31～附图 3-33。

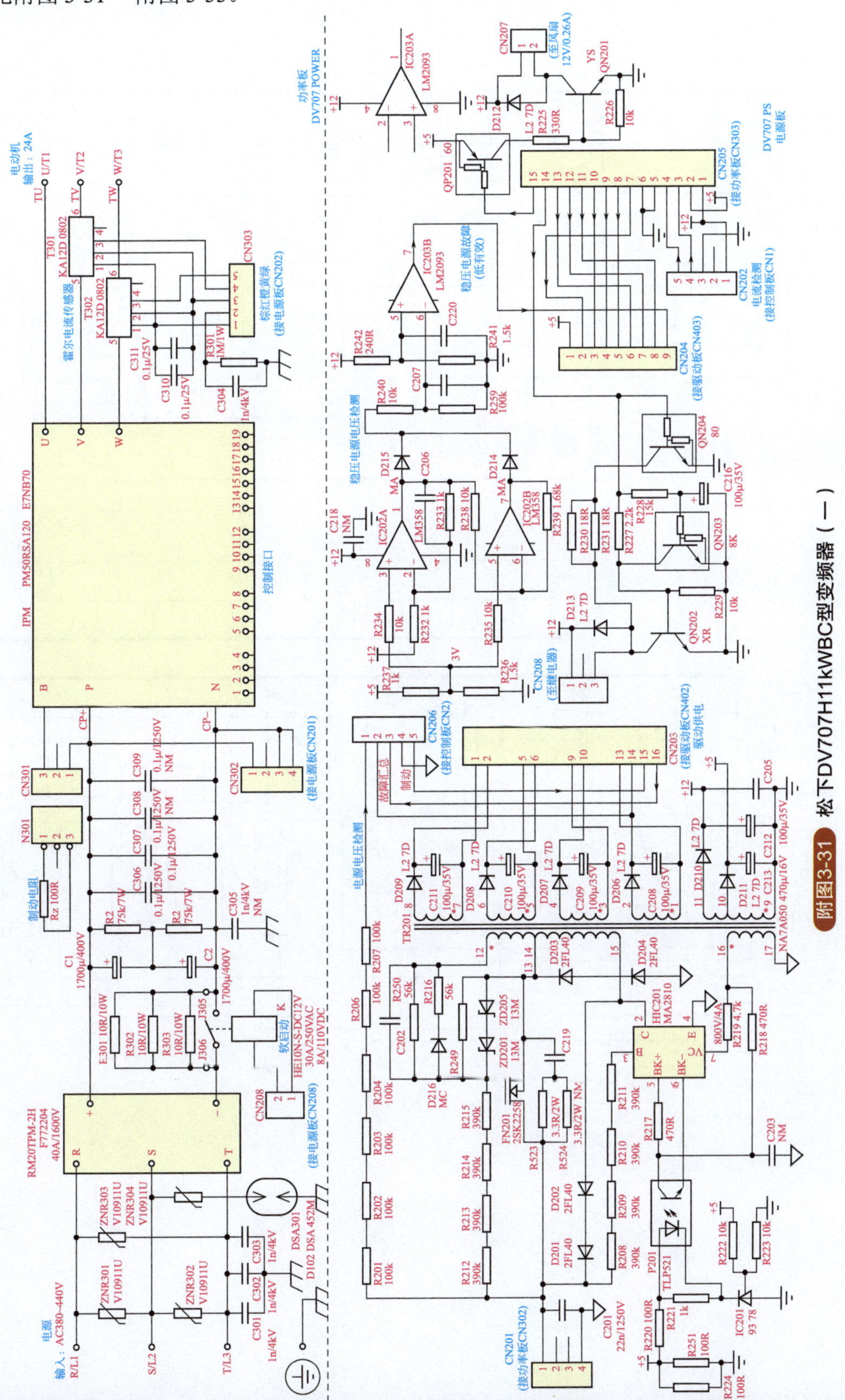

附图3-31 松下DV707H11kWBC型变频器（一）

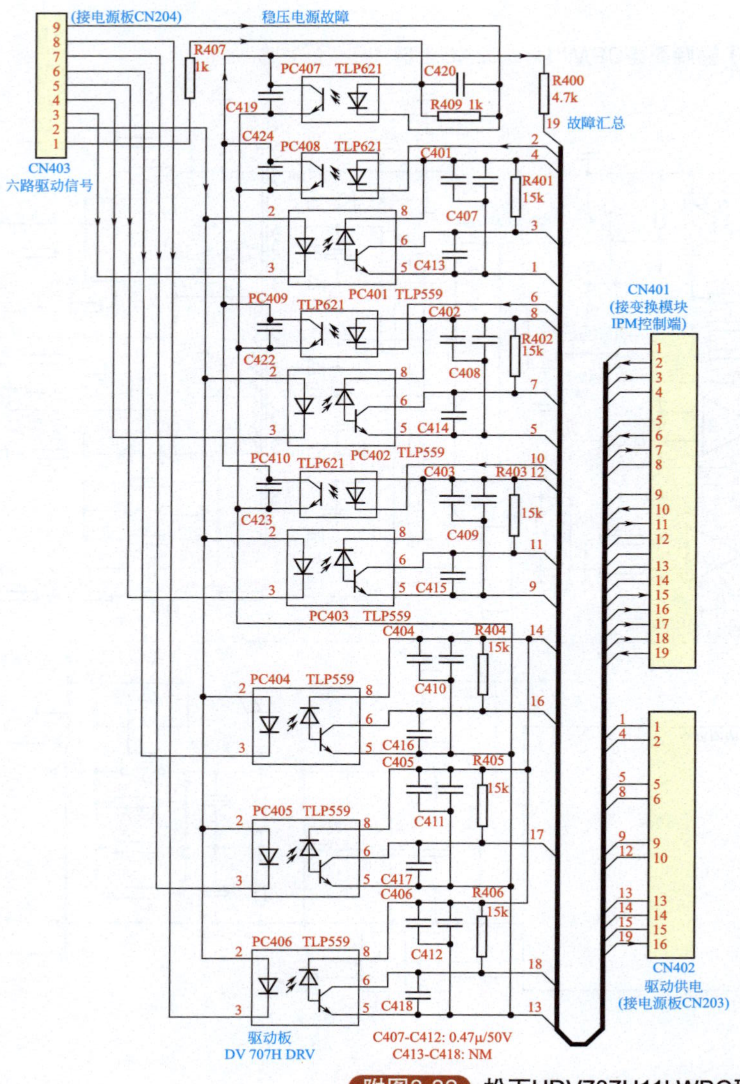

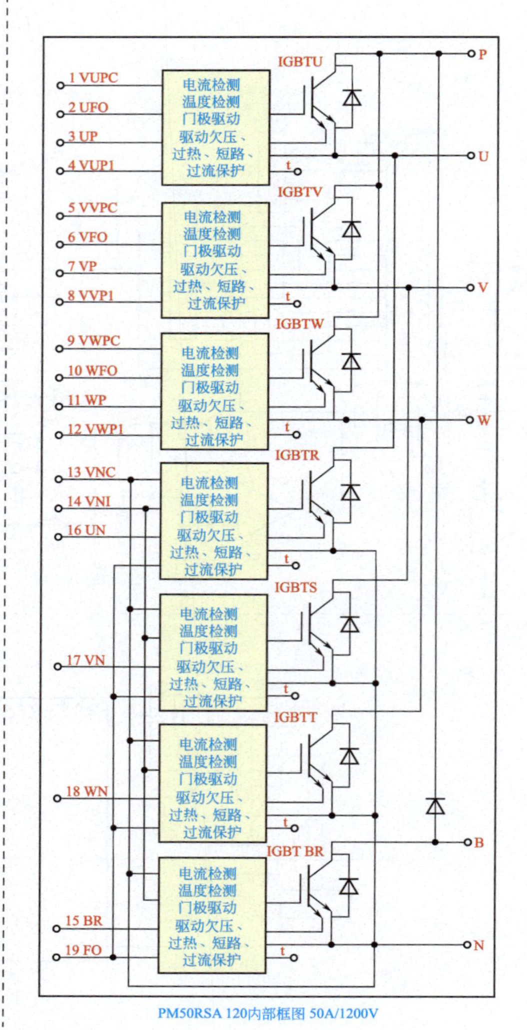

附图3-32 松下HDV707H11kWBC型变频器（二）

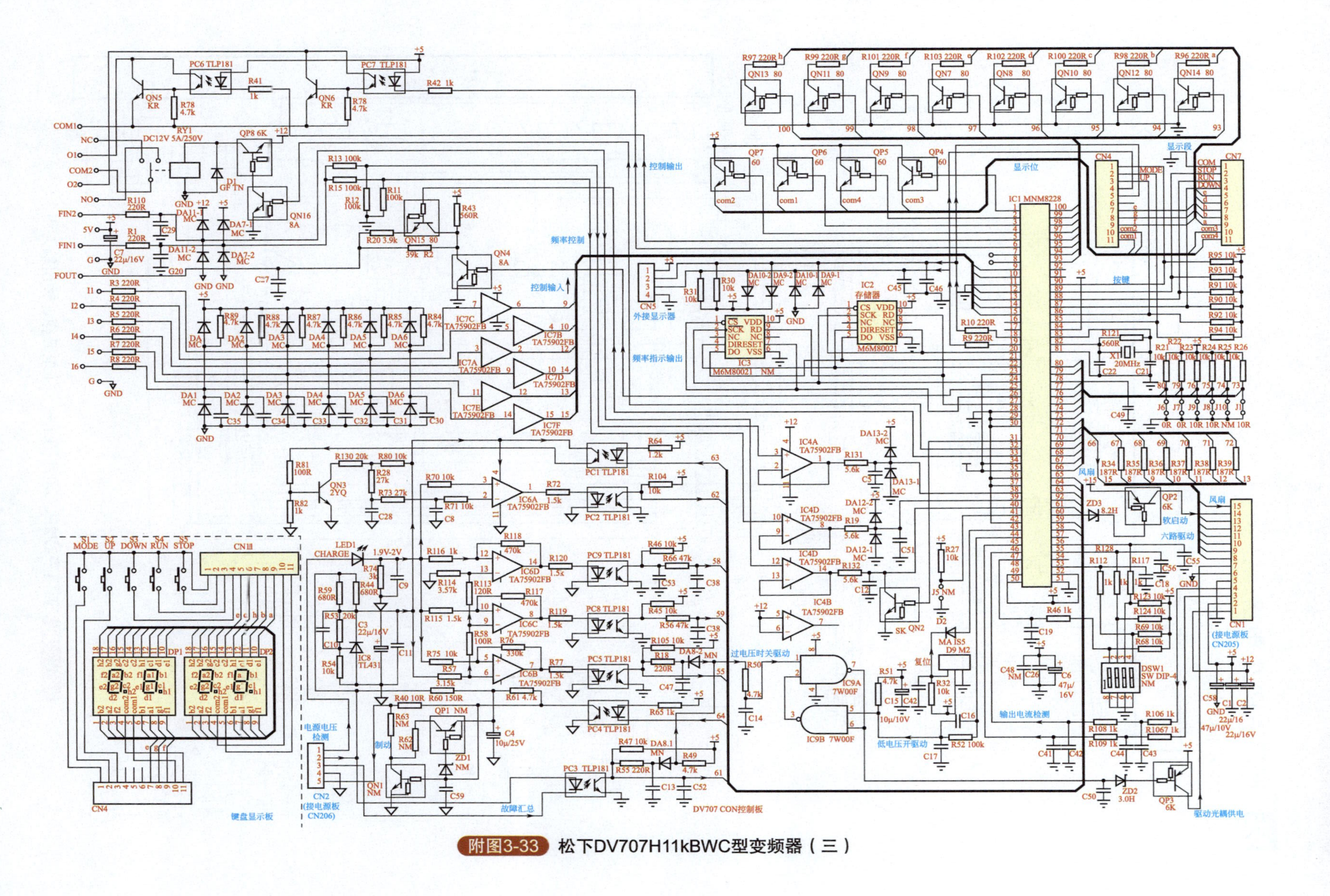

附图3-33　松下DV707H11kBWC型变频器（三）

25. 西门子 PLC 电路

见附图 3-34 和附图 3-35。

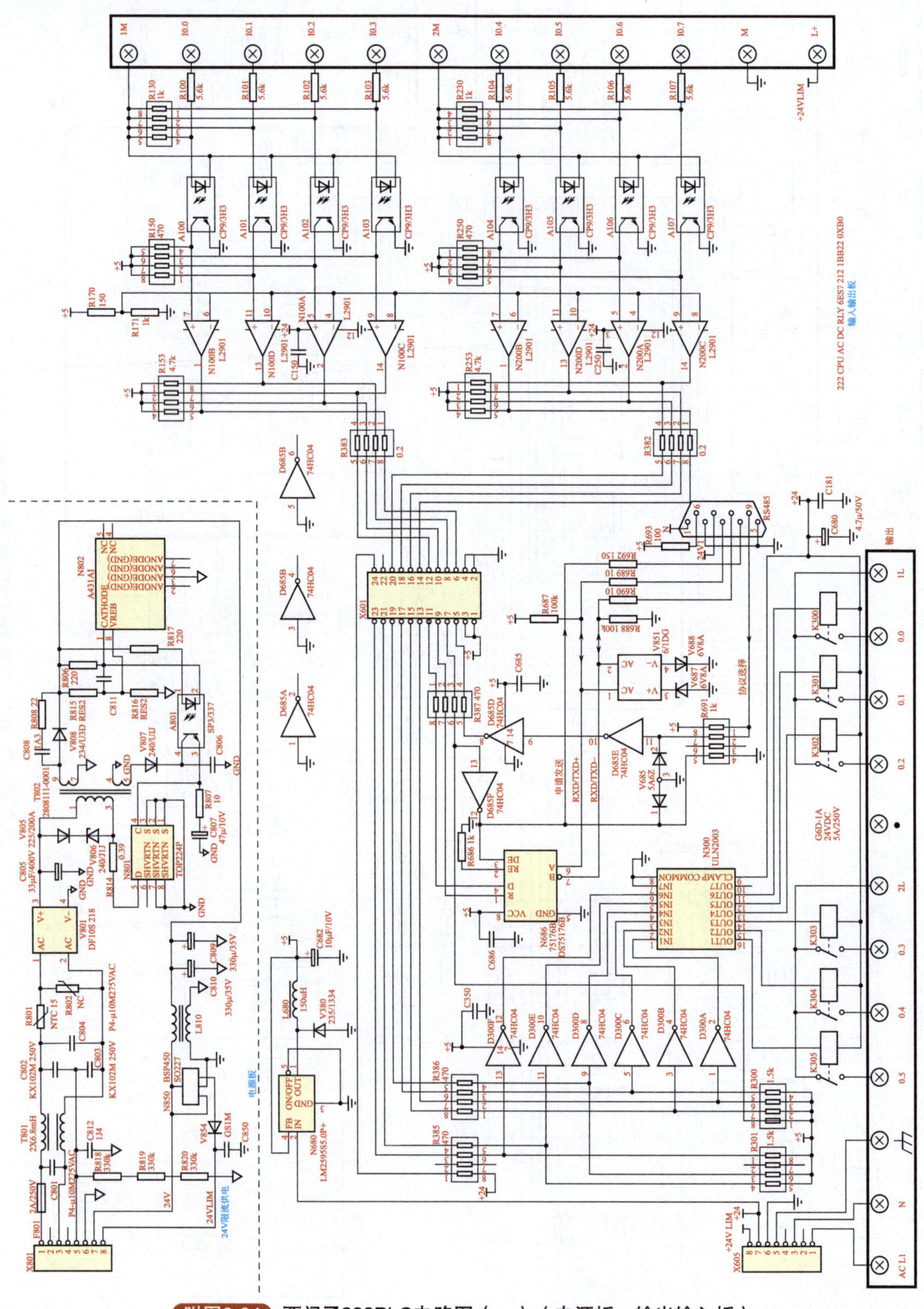

附图3-34 西门子222PLC电路图（一）（电源板、输出输入板）

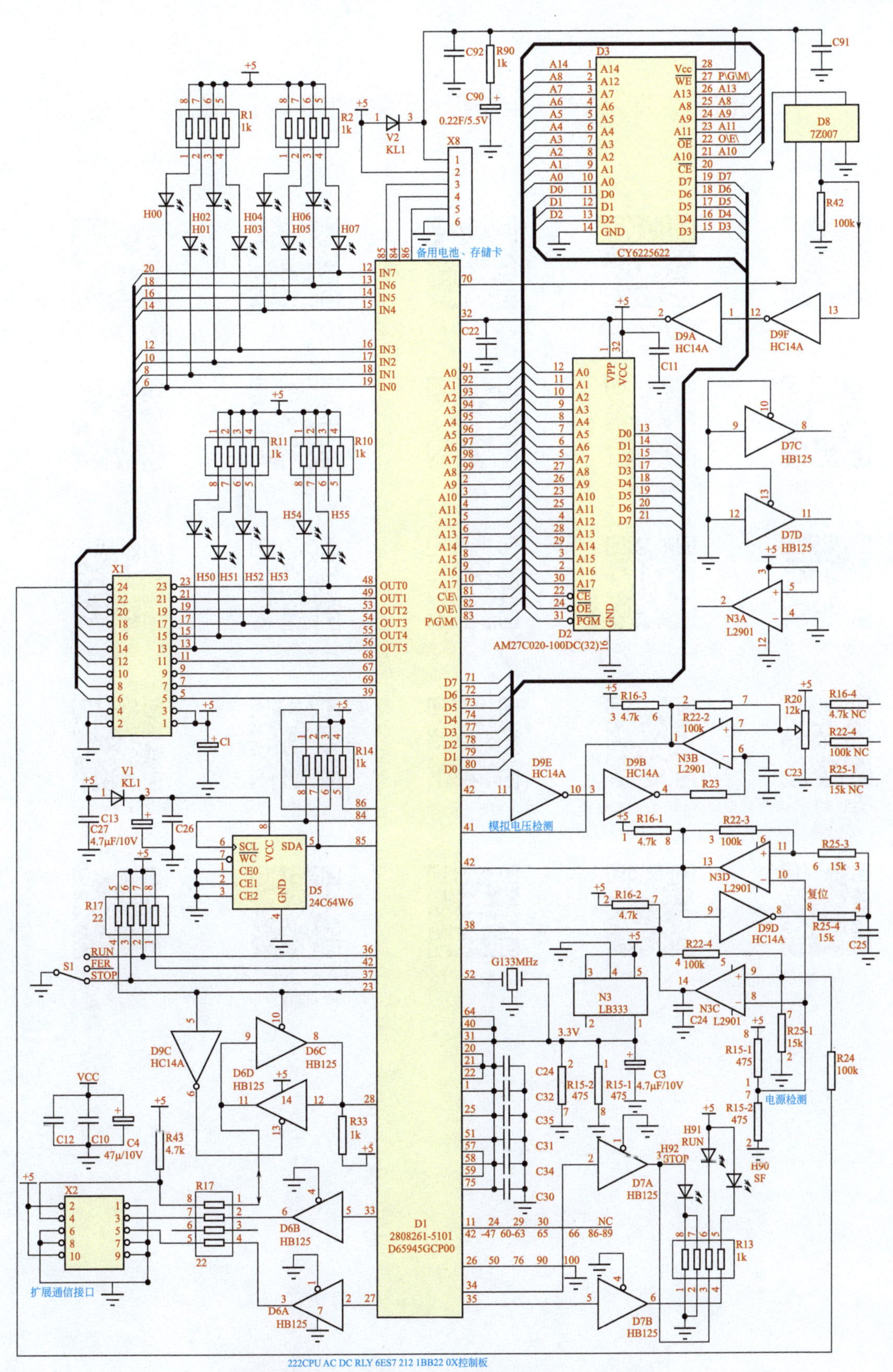

附图3-35　西门子222PLC电路图（二）（控制板）

知识拓展　视频课——电路相关元器件的识别、检测与应用

参考文献

[1] 王延才．变频器原理及应用．北京：机械工业出版社，2011.
[2] 李方圆．变频器控制技术．北京：电子工业出版社，2010.
[3] 徐第等．安装电工基本技术．北京：金盾出版社，2001.
[4] 白公，苏秀龙．电工入门．北京：机械工业出版社，2005.
[5] 王勇．家装预算我知道．北京：机械工业出版社，2012.
[6] 张伯龙．从零开始学低压电工技术．北京：国防工业出版社，2010.
[7] 刘光源．实用维修电工手册．上海：上海科学技术出版社，2004.
[8] 吕景全．自动化生产线安装与调试．北京：中国铁路出版社，2008.
[9] 张伯虎．机床电气识图 200 例．北京：中国电力出版社，2012.
[10] 王鉴光．电机控制系统．北京：机械工业出版社，1994.
[11] 曹振华．实用电工技术基础教程．北京：国防工业出版社，2008.
[12] 曹祥．工业维修电工通用培训教材．北京：中国电力出版社，2008.
[13] 徐海等．变频器原理及应用．北京：清华大学出版社，2010.
[14] 张振文．电工手册．北京：化学工业出版社，2018.

对应电路视频讲解

知识拓展，举一反三

视频课——电路相关元器件的识别、检测与应用（352 页）